böhlau

Wissenschaft, Macht und Kultur in der modernen Geschichte

Herausgegeben von Mitchell G. Ash und Carola Sachse

Band 6

Sonja Walch

Triebe, Reize und Signale

Eugen Steinachs Physiologie der Sexualhormone. Vom biologischen Konzept zum Pharmapräparat, 1894–1938

2016

Böhlau Verlag Wien Köln Weimar

Veröffentlicht mit der Unterstützung durch:

Österreichische Forschungsgemeinschaft
Kulturabteilung der Stadt Wien – MA 7, Wissenschafts- und Forschungsförderung
Universität Wien, Historisch-Kulturwissenschaftliche Fakultät

Bibliografische Information der Deutschen Nationalbibliothek:
Die Deutsche Nationalbibliothek verzeichnet diese Publikation in der
Deutschen Nationalbibliografie; detaillierte bibliografische Daten
sind im Internet über http://dnb.d-nb.de abrufbar.

Umschlagabbildung: Patent 352.687, Vorrichtung für die diathermische Behandlung des menschlichen Körpers, beantragt von Erwin Last am 5. April 1929 in Wien; Gestaltung Stefanie Rath

Wiesingerstraße 1, A-1010 Wien, www.boehlau-verlag.com

Korrektorat: Katharina Krones, Wien
Umschlaggestaltung: Michael Haderer, Wien
Satz: Michael Rauscher, Wien
Druck und Bindung: Prime Rate, Budapest
Gedruckt auf chlor- und säurefrei gebleichtem Papier
Printed in the EU

ISBN 978-3-205-20200-4

Inhalt

Teil III: Pharmakologie

Einleitung

»Was ist's für eine merkwürdige Drüse, die solche Wunder vollbringt? Ehe er sich ihrer bediente, mußte Steinach sie erst richtig entdecken; ja, man darf behaupten, eigentlich mußte er sie erst schaffen und in volles Leben rufen.«[1]

»Was wirklich neu ist, muss sich einstellen, und man muss Bedingungen dafür schaffen, dass es sich einstellen kann. Mit dem Experiment schafft sich der Forscher eine empirische Struktur, eine Umgebung, die es erlaubt, in diesem Zustand des Nichtwissens um das Nichtwissen handlungsfähig zu werden.«[2]

Während einer Sitzung im Jänner 1921 diskutierten die Mitglieder der Wiener biologischen Gesellschaft hitzig die »Frage der Zwischenzellen der Keimdrüsen« in der »Lehre Steinachs«. Der Ausgangspunkt dieser wissenschaftlichen Debatte lag in der gespaltenen Auffassung der Wiener Ärzteschaft zur Existenz und dem Ursprung der »Stoffe«, »die direkt ins Blut gelangen und dort die sogenannten sekundären Geschlechtsmerkmale hervorrufen« sollen. Der Physiologe Eugen Steinach hatte in dem vorangegangenen Jahrzehnt in unterschiedlichen Experimentalanordnungen Eierstock- und Hodentransplantationen an Ratten und Meerschweinchen vorgenommen und war zu dem Schluss gekommen, dass ein spezifischer Zelltyp – die Zwischenzellen – Sekrete und Stoffe produzierte, welche die männlichen und weiblichen Geschlechtsmerkmale und die jeweilige Sexualität beeinflussten. Ein Zelltyp unter vielen, bildeten diese Zwischenzellen kein einheitliches, mikroskopisch sichtbares Drüsenorgan, doch Steinachs Beobachtungen zufolge mussten sie eine Gesamtheit ergeben, weswegen er die Zwischenzellen in dem Konzept der »Pubertätsdrüse« zusammenfasste. Die Pubertätsdrüse, die er zu jenem Zeitpunkt bei Frauen noch nicht anatomisch identifiziert hatte, stellte die zelluläre Matrix für sämtliche physiologischen und psychischen Veränderungen, die im Zuge der Geschlechtsentwicklung auftraten. Während der Direktor des Anatomischen Instituts der Universität Wien, Julius Tandler, »hinsichtlich der Funktion der Zwischenzellen die Theorie Steinachs als richtig« anerkannte, vertraten Dermatologen wie Josef Kyrle die Ansicht, dass es sich bei den Zwischenzellen um »eine Art Unterstützung und Hilfe für die eigentli-

1 Paul Kammerer, Die Verjüngung greiser Menschen und Tiere, in: Neues Wiener Journal, 9.4.1920. Als Wunder, das geht aus dem Kontext hervor, bezeichnet der Autor die Triebe bzw. die Liebe.

2 Hans-Jörg Rheinberger, Man weiss nicht genau, was man nicht weiss, in: Neue Zürcher Zeitung, 5.5.2007.

chen, der Fortpflanzung dienenden Zellen« handle.[3] Die Forscher hatten dieselben Präparate unter dem Mikroskop betrachtet und über dieselben Versuche gelesen, kamen aber zu unterschiedlichen Sichtweisen. Denn ihrer endgültigen Einschätzung lag die Entscheidung zugrunde, den Körper entweder in seinen fließenden Prozessen zu begreifen – als physiologische Einheit – oder als organische Maschine, zusammengesetzt aus anatomisch fixierten Einzelteilen. Letztlich verhandelte man in dieser komplizierten und weit über den Jänner hin anhaltenden Diskussion aber auch die konkrete Forschungspraxis selbst: War es die Arbeit an Leichen und Präparaten, über die man die signifikanten und relevanten Einsichten gewann, oder sollten an lebenden Tieren und Menschen Experimente angestellt werden?

Diese Debatte weist auf ein charakteristisches Merkmal experimenteller Forschung hin: Die Auslegung von Befunden und der Prozess der Entwicklung wissenschaftlicher Konzepte, Ergebnisse und Tatsachen ist von vielen Faktoren abhängig und hat eine eigene Geschichte. Für deren Rekonstruktion sind beide anfänglich zitierten Einschätzungen experimenteller Forschung von Bedeutung: Wie Paul Kammerer und Hans-Jörg Rheinberger andeuteten, stellt die zeitgenössische Wissenschaft ihre Forschungsgegenstände selbst her. Dies geschieht im Rahmen eines ausgetüftelten Experimentalsystems, in dem Experimentator, Experimentalaufbau und das, was er als Gegenstand seiner Forschung ansieht, das epistemische Ding, untrennbar miteinander verbunden sind. Die Produktion von Wissen in der Wissenschaft kann somit nicht losgelöst von den Akteuren, den Forschungsobjekten und den Experimenten betrachtet werden. Gleichzeitig fließen auch in der biologischen und medizinischen Forschung in das scheinbar objektive Experiment kulturelle, technische, epistemologische, institutionelle, wirtschaftliche, soziale und politische Aspekte mit ein – eine Tatsache, auf die in der Wissenschaftsgeschichtsschreibung mit dem Konzept der Verzahnung von Labor und Gesellschaft, Kultur und Experiment geantwortet wurde.[4] So spiegeln sich auf dem Objektträger fortlaufend auch Menschen- und Körperbild, Forschungsbedingungen und historisches Umfeld wider und werden stets neu positioniert, konfiguriert und justiert.

In der Figur des einzelnen Wissenschaftlers verdichten sich diese Zusammenhänge auf scheinbar selbstverständliche wie komplexe Weise. In einer beruflichen Laufbahn werden fast immer auch gesellschaftliche und politische Gegebenheiten wirksam und haben Einfluss auf die Entwicklung der Forschungsarbeit, und zwar sowohl in technischer als auch in epistemischer Hinsicht. Eugen Steinach ist diesbezüglich ein äußerst schillernder und vielschichtiger Akteur, dessen Forschungsbiografie nicht nur

---

3 Eine wissenschaftliche Aussprache über die Lehre Steinachs, in: Neue Freie Presse, Wien 4.2.1921, 7.

4 Vgl. etwa Schmidgen, Geimer, Dierig, Kultur, 2004; Hacking, Self-Vindication, 1992.

einen Einblick in die wissenschaftlichen, gesellschaftlichen und politischen Diskurse seiner Zeit ermöglicht, sondern der für den verschlungenen Entwicklungsverlauf der Sexualhormone vom biologischen Konzept bis hin zur chemischen Substanz eine zentrale Rolle spielte. Die Komplexität dieser Vernetzungen zu analysieren erfordert ähnlich komplexe wissenschaftshistorische Zugänge, um die Grenzen, Interaktionen und die Epistemologie wissenschaftlicher Praxis verfolgen zu können. Der gleichzeitige Fokus auf den Akteur, das Forschungsfeld und das Forschungsobjekt im historischen Kontext erscheint dabei als umfangreiches Unterfangen, das in diesem Band entlang von zwei Zweigen verfolgt wird.

Entlang eines historiografischen Zweigs wird die Ausformung der modernen Lebenswissenschaften (Medizin, Biologie, Pharmazie) in den Kontext der historischen Umbrüche der Zeit gesetzt, um das wechselseitige Bedingungsgefüge zwischen größeren politischen und kulturellen Diskursen und der Entwicklung jener Wissenschaften zu beleuchten. Dabei wird die experimentelle Physiologie prominent vertreten sein, aber auch andere wissenschaftliche Disziplinen, die in der Erforschung von Nerven- und Hormonkörpern eine wichtige Rolle spielten, wie beispielsweise die Endokrinologie, die Pharmakologie und, am Rande, die physikalische Medizin. Im Zentrum stehen dabei die in jener Zeit zur wissenschaftlichen Norm avancierenden experimentellen Strategien zur Erforschung von Sexualität, Geschlecht und den sogenannten »allgemeine[n] Lebenserscheinungen«.[5]

Entlang eines epistemologischen Zweigs ist die Betrachtung dieses Ausschnitts der Wissenschaftsgeschichte um konkrete Dinge organisiert – um Nerven und Hormone, deren experimentelle Erforschung vorgestellt und kontextualisiert wird. Mit der Darstellung der Entwicklung ihrer experimentellen Erforschung wird zugleich die Entwicklung des Objekts selbst verfolgt. Steinachs Experimente hatten im Zuge seiner ätiologischen, phylogenetischen, physiologischen und morphologischen Annäherung an Sexualität, Geschlecht und das Alter eine komplexe Entwicklung durchlaufen – ein Prozess, der sich mit Veränderungen sowohl im Selbstverständnis der medizinischen Forschung als auch in deren Praktiken und vor allem in ihren »Ordnungen des Wissens« verflocht. Steinachs Forschungsbiografie und Karriere können als eine Art Prisma zur Betrachtung dieser Forschungslandschaft herangezogen werden. An ihnen lässt sich der Wandel des entwicklungsmechanisch geprägten Körperbilds des späten 19. Jahrhunderts in das sekretorisch und hormonell gelesene Körperbild des frühen 20. Jahrhunderts verfolgen. Dieser Prozess ging auch mit einem Wechsel der wissenschaftlichen Objekte einher, die aus diesen zwei Körpermodellen entsprangen: An die Stelle von Nerven traten Hormone, aus Trieben wurden Reize und Signale.

5 Steinach, Summation, 1908.

Steinachs Forschung war seit seinem Einstieg in die Elektrophysiologie 1886 und seiner Spezialisierung auf die vergleichende Physiologie und Phylogenese um 1900 von der Fachwelt aufmerksam verfolgt worden.[6] Der Physiologe beschrieb 1940 seine wissenschaftliche Arbeit als die Erforschung der organisch-psychischen Wechselwirkung von Sexualität und Geschlecht, nachdem er sich viele Jahre der »mehr allgemeinen Physiologie der Muskeln und Nerven« gewidmet habe.[7] Chronologisch lässt sich seine Forschung grob in die folgenden Etappen einteilen: Zwischen 1887 und 1907 veröffentlichte er sechsundzwanzig Aufsätze zur nervösen Reizweiterleitung, der Physiologie der Blutkapillaren und der Iris. 1894 erschien seine erste Arbeit zur vergleichenden Physiologie männlicher Geschlechtsorgane, die epistemologisch der modernen Neurophysiologie zugeordnet werden kann. 1908 nahm er erste Experimente zur Drüsenfunktion der Hoden auf.[8] 1912 sorgte eine Publikation des noch wenig bekannten Physiologen für Aufsehen bei den Fachkollegen: Eugen Steinach berichtete über eine vollständige Geschlechtsumwandlung im Tierexperiment. Durch die operative Verpflanzung von weiblichen Geschlechtsdrüsen in männliche

6 In den letzten Jahren erschien eine Reihe historischer Studien zu Eugen Steinach. Diese diskutierten vornehmlich seine Rolle in der Verjüngungsforschung und seine Bedeutung für die Etablierung von Sexualwissenschaft und Endokrinologie durch die Verknüpfung von Geschlechterbildern mit der Sexualhormonforschung. Heiko Stoffs *Die hormonelle und die utopische Geschlechterordnung* (2005), *Ewige Jugend* (2004) und *Degenerierte Nervenkörper und regenerierte Hormonkörper* (2003) nähern sich Steinachs Verjüngungs- und Hormonforschung aus einer kulturwissenschaftlichen und sozialhistorischen Perspektive vor dem Hintergrund des Konsumismus und der Verbesserung des Menschen an. Chandak Sengooptas *The most secret quintessence of life* (2006) und *The modern ovary* (2000) befassen sich mit »Gonadozentrismus« des beginnenden 20. Jahrhunderts am Beispiel der Wiener Forschungslandschaft, für die er Steinach als typischen Vertreter bewertet. Anne Fausto-Sterling wählte in *Sexing the body* (2006) eine Genderperspektive zur Betrachtung von Steinachs Forschungen zur Verknüpfung von Geschlechterbildern mit der Sexualhormonforschung. Deborah R. Coen beschreibt in *Living precisely in Fin-de-siécle Vienna* (2006) Steinach als einen Teil der Forschungsgemeinschaft der Biologischen Versuchsanstalt, die einen einheitlichen antideterministischen Erklärungsansatz in der Entwicklungsbiologie verfolgt habe. Steinach findet in den weiteren Ausführungen jedoch nur peripher Erwähnung. Cheryl Logans aktuelle Studie zu *Hormones, Heredity, and Race* (2013) beschreibt die Geschichte einer hormonellen Interpretation der Theorie zur Vererbung erworbener Eigenschaften, wobei sie sich auf die drei parallelen Biografien der in Wien aktiven Mediziner Paul Kammerer, Julius Tandler und Eugen Steinach konzentriert. Die Zusammenarbeit Steinachs mit Kammerer an der Biologischen Versuchsanstalt hatte Logan bereits in *Overheated rats* (2007) beschrieben, wobei sie hauptsächlich auf Kammerers Versuch fokussierte, die frühe Endokrinologie und Genetik mit den politischen Idealen des österreichischen Sozialismus zu verknüpfen. Wichtige Beiträge zu Steinachs (wissenschaftlichem) Lebenslauf sind: Stork, Gonad transplantation, 2006; Soukup, Eugen Steinach, 2004; Sengoopta, Dr. Steinach, 2003; Sengoopta, Glandular politics, 1998; Beiträge aus der zeitgenössischen Literatur: Schmidt, Theorie, 1922; Schmidt, Biologische Altersbekämpfung, 1927; Meng, Organpsychose, 1944; Benjamin, Eugen Steinach, 1945 sowie Steinachs wissenschaftliche Autobiografie *Sex and Life*, 1940.

7 Vgl. Steinach, Sex and Life, 1940, 14.

8 Steinach, Geschlechtstrieb, 1910.

Meerschweinchen und Ratten sei nicht nur deren physiologische Erscheinung, sondern auch ihr Wesen und Verhalten maßgeblich »verweiblicht« worden.[9] Wenige Jahre später erlangte Steinach durch Berichte über Verjüngungsoperationen, deren Effekte auf der Aktivierung der Sekretion der Geschlechtsdrüsen beruhen sollten, weltweit Bekanntheit.[10] Zwischen 1910 und 1937 veröffentlichte er neunundzwanzig Artikel zu Experimenten und Theorien zur Funktion und Wirkung der Geschlechtsdrüsen, ihrer Sekrete und später ihrer Sexualhormone.

Den Höhepunkt seiner internationalen Popularität feierte Steinach um 1920, sie wurde gekrönt durch den spektakulären öffentlichen Erfolg des Steinach-Films, in dem sich der Physiologe als experimenteller Erforscher der Natur des Menschen präsentierte. In enger Zusammenarbeit mit der Berliner Pharmafirma Schering entwickelte Steinach eines der ersten weiblichen Sexualhormonpräparate für Wechselbeschwerden, das 1928 als Progynon lanciert wurde. Für seine Arbeiten zur Funktion der Geschlechtsdrüsen, zur Endokrinologie und der Biologie des Geschlechts wurde Steinach zwischen 1921 und 1938 siebenmal für den Nobelpreis nominiert, sollte ihn aber nie erhalten. Im Gegensatz dazu wurde dem Biochemiker und Schering-Kooperationspartner Adolf Butenandt 1939 der Nobelpreis für Chemie »for his work on sex hormones« zuerkannt, den er jedoch aus politischen Gründen nicht annahm.[11] Mit dem Einstieg der Biochemie und Pharmazie in die Sexualhormonforschung hatte sich die experimentelle Physiologie schnell zu einer überholten Hilfswissenschaft entwickelt, auf deren Erkenntnisse zwar aufgebaut werden konnte, die jedoch aufgrund der fast hundertjährigen epistemischen Tradition des Faches als keine wissenschaftlichen Innovationen wahrgenommen und mit Preisen gewürdigt wurden. Die innovative wissenschaftliche Leistung bestand somit in der »Materialisierung« der Sexualhormone, wofür über chemische Verfahren aus dem tierischen Rohstoff eine kristalline Reinsubstanz abgetrennt (Isolierung) und die chemische Struktur (Konstitutionsaufklärung) bestimmt wurde. Wenn also Steinach zu seiner großen Verbitterung auch nicht mit dem Nobelpreis geehrt wurde, so ist doch sein Lebenswerk kennzeichnend für ein komplexes und für die Geschichte der Wissenschaft instruktives Übersetzungsgeschehen zwischen Tieren und Menschen, zwischen verschiedenen Körper- und Geschlechtskonzepten, zwischen Forschung und Politik, zwischen wissenschaftlichen Fragestellungen und marktwirtschaftlichen Strategien.

---

9 Steinach, Willkürliche Umwandlung, 1912.

10 Steinach, Verjüngung, 1920. Zu Steinachs Verjüngungsforschung siehe: Stoff, Ewige Jugend, 2004, 15, 30–55, 301–337.

11 Zur Biografie von Adolf Butenandt siehe: Schieder, Trunk, Kaiser-Wilhelm-Gesellschaft, 2003; Karlson, Adolf Butenandt, 1990; eine geschlechterkritische Auseinandersetzung mit seiner Forschungsbiografie liefert: Satzinger, Differenz, 2009.

GRUNDLAGEN UND FRAGESTELLUNGEN

Der Anspruch des vorliegenden Bandes liegt in der Rekonstruktion von materiell und epistemisch konstituierten Experimentalkulturen, die letztlich die Genese von Sexualhormonen evozierten. Die Dynamiken der Erkenntnisprozesse und die materiellen Ressourcenallokationen, die Wissensproduktion erst ermöglichen, werden in ihrer komplexen Verflechtung verfolgt, um aufzuzeigen, in welcher Weise sie sich wechselseitig im gegebenen historischen und kulturellen Kontext antrieben. In der Forschungsbiografie Eugen Steinachs verdichtet sich eine Vielzahl an wissenschafts- und zeithistorisch relevanten Themen zum Tier- und Menschenversuch im Spannungsfeld von Medizin, Biologie und Pharmazie. Die umfangreichen Fragen, die sich daraus ergeben, wurden auf einige zentrale Themenstränge reduziert: Welchen Einfluss hatten die historischen Bedingungen der späten Habsburgermonarchie, des Ersten Weltkriegs und der prekären Zwischenkriegsjahre auf die Entwicklung medizinischer, biologischer und pharmazeutischer Laborwissenschaften? Welche Entwicklungen durchlief das wissenschaftliche Artefakt Sexualhormon und welche wissenschaftlichen Konzepte und experimentellen Zugänge trugen zu dessen Ausformung bei? Und welche Resonanz fanden kulturelle und historische Prozesse in den Erkenntnissen der Sexual- und Hormonforschung in dieser Periode?

Steinachs Forschungsarbeiten und darauf aufbauende Therapien weckten hohe Erwartungen in einer Zeit, die von einem grundlegenden Glauben an die medizinischen Möglichkeiten zur Verbesserung des Menschen geprägt war. Nachdem um 1900 der einzelne Bürger und in weiterer Folge der »Volkskörper« von den Gefahren der Degeneration und »Verwässerung« der Geschlechter bedroht schien, hatten Akteure und Konzepte Konjunktur, die man für geeignet hielt, den modernen Körper zu retten.[12] Nicht nur die eindeutige Bestimmung der Geschlechter war wissenschaftlich und kulturell eine Herausforderung geworden, auch die Leistungsfähigkeit der Menschen, deren kontinuierliche Abnahme man diagnostizierte, sollte (wieder) gestärkt werden.

Auf einer sehr konkreten medizinischen Ebene ermöglichte das neue Wissen um die Ätiologie von Körperabläufen und Mechanismen die Entwicklung von Behandlungsmethoden, Therapien und Arzneimitteln, mit denen Ärzte in das Krankheitsgeschehen ihrer Patienten eingreifen konnten. In einer Ära, die auf Seiten der praktischen Medizin geprägt war durch die Erfindung der Organtransplantation und neuer Herstellungsmethoden für Organpräparate, bestand umgekehrt zunehmend

12 Vgl. Stoff, Hormonkörper, 2003. Zur Konstituierung eines historisch spezifischen Dispositivs zur Verhandlung von Sexualität, Wissen und Macht siehe: Foucault, Dispositive, 1978.

Bedarf an der wissenschaftlichen Fundierung dieser therapeutischen Konzepte. Es ist daher zu fragen, in welchem Zusammenhang chirurgische und medikamentöse Therapien mit der Drüsen- und Hormonforschung standen.

Die Forschung im Spannungsfeld von Medizin, Biologie und Pharmazie warf für viele zeitgenössische Experimentatoren zudem die Frage auf, inwiefern an Tieren gewonnene wissenschaftliche Erkenntnisse auf den Menschen übertragen werden können. Auch in Steinachs wissenschaftlicher Biografie findet sich die historisch typische Verflechtung von medizinischer Forschung und ärztlicher Praxis. An seinem Beispiel wird untersucht, entlang welcher theoretischen Konzepte an Tieren gewonnenes Wissen auf den Menschen übertragen wurde.

Steinachs Lebensgeschichte ist geprägt von einer Vielzahl an historisch relevanten Entwicklungen in Bezug auf die Interaktion von Wissenschaft, Gesellschaft und Industrie, denn er war nicht nur außerordentlich experimentierfreudig und bereit, Ansätze und Methoden aus unterschiedlichen Disziplinen in Verbindung zu bringen, sondern auch vielseitig hinsichtlich der Etablierung von neuen Kooperationen und Forschungsbereichen. Wenn daher entlang der Zeitachse der Forschungsbiografie Steinachs gezeigt wird, wie sich im Zuge der physiologisch-experimentellen Erforschung von Trieben, Reizen und Signalen die Idee von Sexualhormonen herausbildete, so ist diese Geschichte des Wandels eines Forschungsobjekts nicht nur diejenige eines stetigen Wissenszuwachses, sondern vor allem auch diejenige aufeinanderfolgender institutioneller Einbindungen, wissenschaftlicher Kooperationen und wirtschaftlicher Arrangements, die Steinach einging. Sie führten ihn von Universitäten der Habsburgermonarchie 1913 an die private Forschungseinrichtung Biologische Versuchsanstalt und verbanden ihn seit 1923 mit dem Berliner Pharmaunternehmen Schering, womit sich ihm im Wien der Zwischenkriegszeit anders kaum denkbare wissenschaftliche Möglichkeiten eröffneten. Diese Kooperationen sollen genauer analysiert werden, um zu verstehen, wie die jeweiligen institutionellen Einbindungen Steinachs Forschungspraxis bis hin zur Definition seiner Erkenntnisobjekte beeinflussten. Zugleich ermöglicht diese Betrachtung, die Bedeutung spezifischer historischer Bedingungen für die Ausformung einer Forschungskultur an der Schnittstelle von Hochschule, Klinik und Industrie in den Blick zu nehmen.

Dieser Band ist primär ein Beitrag zur physiologischen Erforschung von Geschlechtsdrüsen und ihrer Sekrete, die in die chemische Determinierung des weiblichen Sexualhormons mündete und darin ihren Abschluss fand, sowie der damit verbundenen Experimentalpraxis. Die Untersuchung möchte aber auch Überlegungen und Reflexionen zur Ausprägung des Verhältnisses von Wissenschaft, Politik, Wirtschaft und Kultur in Österreich anregen. In diesem Zusammenhang werden erstens Fragen zur jüdischen Identität Steinachs und deren Einfluss auf seine wissenschaftliche Karriere verfolgt. Zweitens wird untersucht, wie die wissenschaftlichen Erkenntnisse zur Existenz, Wirkungsweise und zum Einsatz von Sexualhormonen öffentlich wahrgenommen und reflektiert wurden. Im folgenden Abschnitt wird das wissenschaftliche Objekt dieses Buches in einen übergeordneten historischen Kontext gestellt.

GESCHLECHT, ARZNEIMITTELSTANDARDS, NETZWERKE

Sexualhormone sind mehr als nur körpereigene biochemische Substanzen bzw. pharmazeutische Wirkstoffe. Nach heutigem Wissensstand zählen sie zu den biologischen Determinanten des Geschlechts, des Wesens und des Verhaltens eines Menschen und spielen auch als Auslöser des biologischen Bedürfnisses nach Sexualität und Fortpflanzung eine Rolle. Es beschäftigten sich in den letzten Jahrzehnten nicht nur die moderne Medizin und Pharmazie, sondern auch die Wissenschafts- und Medizingeschichte sowie die Frauen- und Geschlechterforschung mit diesen Zusammenhängen. Dabei sind alle disziplinären Ansätze mit der Tatsache konfrontiert, dass in den als Sexualhormone bezeichneten Stoffen körperliche Eigenschaften, sozialer Status, kultureller Anspruch und marktpolitische Rechte (in Form von Patenten) auf das engste miteinander verflochten sind.

Die historische Medizin- und Wissenschaftsforschung und die Frauen- und Geschlechterforschung nutzen bei der Betrachtung des Gegenstandes ihr jeweils eigenes methodisches Repertoire. Sie kommen dementsprechend, wenn es um Sexualhormone als Arzneimittel geht, zu unterschiedlichen Denkmöglichkeiten von deren epistemologischen, sozialen und kulturellen Ursprüngen. So befasst sich die Medizin- und Wissenschaftsgeschichte mit therapeutisch eingesetzten Sexualhormonen als biochemische Wirkstoffe, denen unterschiedliche Auffassungen und Praktiken in der Medizin zugrunde liegen. Die historischen Untersuchungen nehmen Verfahren wie die chirurgische Kastration und Transplantation von Hormondrüsen,[13] die chemisch fundierte Arzneimittelkunde des beginnenden 20. Jahrhunderts und die Experimentalisierung der medizinischen Wissenschaften in den Blick.[14] Die Frauen- und Geschlechtergeschichte sieht in ihnen Repräsentanten von zeitgenössischen, kulturell und sozial geprägten Geschlechter- und Körpermodellen.[15]

---

13 Vgl. Schlich, Erfindung, 1998, 219; Pickstone, Ways, 1993; Borrell, Organotherapy, 1985; Borell, Setting, 1978; Borell, Organotherapy, 1976.

14 Vgl. beispielsweise Gaudillière, Genesis, 2004 und Gaudillière, Löwy (eds.), Invisible Industrialist, 1998.

15 Vgl. Fausto-Sterling, Sexing, 2006; Sarasin, Reizbare Maschinen, 2001; Sengoopta, Modern ovary, 2000; Sarasin, Tanner (eds.), Physiologie, 1998; Oudshoorn, Natural Body, 1994; Laqueur, Leib, 1992;

Die Basisannahme für alle diese Denkmöglichkeiten zu Sexualhormonen ist die einer biologisch festgelegten Binarität der Geschlechter. Die vielfältigen Herstellungsverfahren von Geschlechterdifferenz wurden in den letzten drei Jahrzehnten in ihrer jeweiligen historischen Ausgestaltung erforscht und hinsichtlich ihrer hierarchisierenden Wirkmacht kritisiert.[16] Inzwischen sind viele Zuschreibungen für »männlich« und »weiblich« dekonstruiert und in ihrer historischen Wandelbarkeit beschrieben worden;[17] auch die Bipolarität der Geschlechterordnung wurde infrage gestellt.[18] Speziell durch die geschlechterkritische Untersuchung medizinischer und biologischer Forschung kam eine Fülle von Beispielen dafür zutage, dass und wie Wissen über Körper durch die soziale, kulturelle und politische Geschlechterordnung mitkonfiguriert ist.[19] Die Frage, ob es sich bei Geschlecht um eine reale oder eine konstruierte Kategorie handelt, ist in der Frauen- und Geschlechtergeschichte nach wie vor ein umfangreich diskutiertes Thema. In Abgrenzung dazu wurde für die vorliegende Arbeit der Zugang einer geschlechterkritischen Untersuchung gewählt, indem die Wandelbarkeit der Begriffe vorgestellt und danach gefragt wird, welche Vorstellungen von Geschlecht sich in Steinachs Experimenten ausdrückten.

Die Mechanismen der Sexualhormonforschung, die ab den 1910er bis in die 1930er Jahre zu einer biochemischen Interpretation dieser Stoffe führten, waren, wie oben erwähnt, äußerst komplex. Mit der Rekonstruktion der pharmakologischen Ära der Endokrinologie geht die vorliegende Untersuchung davon aus, dass es sich bei den ersten Sexualhormonpräparaten um Gemeinschaftsprodukte von Laboratorium, Klinik und pharmazeutischer Industrie handelte. Jede dieser Stätten der Sexualhormonforschung hatte ihre eigenen Spezifitäten, jede wurde motiviert durch ihre eigenen Interessen und Logiken, jede operierte entsprechend ihrer lokalen, sozialen, materiellen und kulturellen Beschaffenheit. Während die Sexualhormone vor allem auch in den Austauschbeziehungen zwischen diesen drei Orten »Substanz« erhielten, waren es in der frühen Entwicklungsphase hauptsächlich Physiologen und Biologen, Gynäkologen und schließlich Chemiker, welche an ihnen arbeiteten.[20] Zahlreiche Interessengruppen und Institutionen, darunter Laborwissenschaftler, Kliniker, Forschungsinsti-

---

Schiebinger, Mind, 1989; Foucault, Histoire, 1976. Eine Methodenkritik naturwissenschaftskritischer Artikel aus der Genderperspektive liefert Ebeling, Wenn ich meine Hormone nehme, 2006, 235–246.

16 Exemplarisch: Satzinger, Differenz, 2009; Hausen, Geschlechtscharaktere, 2001; Eifert, Epple, Kessel (eds.), Was sind Frauen, 1996; Scott, Gender, 1996. Eine gute Überblicksdarstellung zur Fülle der Arbeiten der letzten Jahre liefern Becker, Kortendiek (eds.), Handbuch, 2004.

17 Vgl. Wetterer, Arbeitsteilung, 2002.

18 Vgl. Butler, Gender trouble, 1992; Fausto-Sterling, Sexing, 2006.

19 Exemplarisch: Honegger, Ordnung der Geschlechter, 1991; Bleier, Science and Gender, 1985.

20 Vgl. Oudshoorn, Natural body, 1994, 66–68; Oudshoorn, Labortests, 1993; Oudshoorn, Research materials, 1990, 8–9; Oudshoorn, United, 1993.

tute, Krankenanstalten und die pharmazeutische Industrie, waren an der Entstehung von Sexualhormonen als Arzneimittel beteiligt, ebenso an ihrer Anwendung und Nutzung als Therapeutika. Letztlich mündeten die Kooperationen in einem Spektrum an Therapien, Präparaten und neuen medizinischen Ansätzen. In der folgenden Darstellung wird danach gefragt werden, welche Bedingungen und Möglichkeiten sich für industrielle Kooperationen in den Zwischenkriegsjahren ergaben und welchen Einfluss die einzelnen Interessengruppen und Institutionen auf die Wahl der Anwendungsgebiete, das Arzneimittel und die therapeutischen Konzepte hatten.

Während die Geschichte der Sexualhormone aus einer medizinhistorischen, kultur-, sozial- und geschlechterwissenschaftlichen Perspektive umfassend untersucht ist, befassten sich erst jüngere historische Analysen mit dem wissenschaftlichen Wissen zu Sexualhormonen, speziell als Arznei- und Wirkstoffe.[21] Dieser Umstand kann zum Teil auch darauf zurückgeführt werden, dass Arzneistoffe und -mittel in historischen Arbeiten der letzten zehn Jahre vermehrt mit industriellen Praktiken assoziiert wurden.[22] Die Untersuchung der experimentellen, medizinischen und der technologischen Praktiken ihrer Hervorbringung erweiterte zwar das Verständnis der Entstehungsprozesse von Wirkstoffen grundlegend,[23] dabei wurden Arzneistoffe jedoch häufig als Produkte der modernen Chemie oder der chemischen Synthese beschrieben.[24] So wird in Studien zur relativ gut untersuchten Geschichte deutscher Pharmafirmen oftmals darauf hingewiesen, dass während der Industrialisierung der Arzneimittelproduktion, die in der zweiten Hälfte des 19. Jahrhunderts stattfand, chemische und pharmakologische Entwicklungsmodelle für Arzneistoffe dominierten.[25] Demzufolge wurden Wirkstoffe üblicherweise durch die chemische Isolierung und Reinigung physiologisch aktiver Substanzen gewonnen, im nächsten Schritt ihre molekulare Struktur chemisch charakterisiert, um anschließend – wenn möglich – chemisch synthetisiert zu werden.[26] Die vorliegende Studie geht indessen von einer Hybridisierung von Wissensinhalten, Methoden und Verfahren aus, die in den Zwischenräumen der Lebenswissenschaften, Naturwissenschaften und Technik stattfand. Die Herausbildung quer etablierter Disziplinen aus der Biologie, Medizin, Pharmazie, Chemie, Labor- und Präparatetechnik wie die physiologische Chemie oder Pharmakologie,

21 Vgl. Stoff, Wirkstoffe, 2012.

22 Vgl. Ratmoko, Chemie, 2010; Chast, Histoire, 1995; Weatherall, In search, 1990.

23 Zur Geschichte von Wissenschaft, Technologie und Medizin siehe: Pickstone, Ways, 2000.

24 Ein Beispiel ist die Biografie des ursprünglich pflanzlichen Wirkstoffes Taxol: Goodman, Walsh, Story of Taxol, 2001.

25 Vgl. Lesch, Chemistry and biomedicine, 1993; Travis, Rainbow makers, 1993; Wimmer, Wir haben, 1994; Bürgi, Pharmaforschung, 2011.

26 Vgl. Bovet, Chimie, 1988.

Biochemie, pharmazeutische Chemie oder anderer »Bindestrich-Disziplinen« ist ein signifikanter Hinweis auf die interdisziplinäre Dynamik, die die Hervorbringung von Sexualhormonen als wissenschaftliche Tatsachen markierte. Dieser soll nun retrospektiv in der Betrachtung der konkreten Praxis innerhalb dieser Zwischenräume Rechnung getragen werden. Hiermit sind die drei Abschnitte des Bandes – Elektrophysiologie, Endokrinologie und Pharmakologie – als grobe Zäsuren zur Ordnung der wissenschaftlichen Diskurse der jeweiligen Zeitperiode innerhalb der vorliegenden Darstellung zu verstehen; es wird jedoch nicht von expliziten Brüchen in Steinachs Epistemologie des Experimentierens ausgegangen.

Die Verarbeitung von Ovarien in einen Arzneistoff, den man Sexualhormon nannte, war mit komplexen Formen der Standardisierung und Herstellung verbunden.[27] Die Standardisierung stellt ein Charakteristikum der industriellen Kultur des 19. Jahrhunderts dar. Seit der zweiten industriellen Revolution wurden Werkzeuge, Behelfe und Prozeduren der Standardisierung als bevorzugte Mittel für die Reduktion von Variabilität, zur Überwachung von Arbeitsprozessen und zur Homogenisierung von Produkten eingesetzt.[28] Die Standardisierung von Arzneimitteln hatte drei Ziele. Erstens sollten dadurch identische Produkte mit einheitlichen Wirkungen erzeugt werden. Diese Anforderung an Arzneimittel konnte nur durch die Einführung der Qualitätskontrolle und das Einhalten strikter Herstellungsnormen erreicht werden. Zweitens wurden Standardisierungsprozesse auch als eine Möglichkeit wahrgenommen, den therapeutischen Einsatz der Arzneimittel zu kontrollieren. Standardisierte, festgelegte Dosierungen, Administrationswege und Indikationen standen dabei im Zentrum der Empfehlungen der Pharmafirmen an die Anwender. Drittens wurde die Standardisierung eingesetzt, um die pharmakologischen Wirkungen eines Arzneistoffes oder -mittels zu messen. Dafür kamen bevorzugt biologische Tests als Hilfsmittel (»Tools«) zum Einsatz. Die Standardisierung hatte somit Einfluss auf wissenschaftliche, industrielle und klinische Aspekte der Arzneistoffentwicklung.[29]

Im Falle von Sexualhormonen spricht Jean-Paul Gaudillière von »biotechnologischen Netzwerken«, die über Standardisierungsprozesse zwischen den industriellen Herstellern, ihren klinischen Partnern und medizinischen Laborwissenschaftlern geschaffen wurden.[30] Der deutsche Konzern Schering war einer der Pioniere in der

27 Zusätzlich waren sie mit einer speziellen gesetzlichen Regelung verknüpft, da sie häufig einen Sonderstatus zwischen verschreibungspflichtigen Arzneimitteln und frei erhältlichen Konsumgütern eingeräumt bekamen. Vgl. Gaudillière, Drug trajectories, 2005, 605–606.

28 Vgl. Wise, Values of Precision, 1995; Gaudillière, Löwy (eds.), Invisible Industrialist, 1998.

29 Vgl. Gaudillière, Drug trajectories, 2005, 606 f.

30 Gaudillière untersuchte Teile eines solchen industriellen und klinischen Netzwerks am Fallbeispiel Schering in den 1930er Jahren: Gaudillière, Genesis, 2005. Oudshoorn untersuchte alle drei Teile dieses

Entwicklung und umfassenden Anwendung von biologischen Tests, die als Hilfsmittel zur Definierung der weiblichen und männlichen Natur der Sexualhormone herangezogen wurden. Ebenso setzte die Firma biologische Tests ein, um die Wirkstärke von Rohstoffextrakten zu messen und dadurch, nach einer entsprechenden Verdünnung oder Potenzierung der Extrakte, die Dosierung ihrer Hormonpräparate zu vereinheitlichen. Gleichzeitig wurden die industriellen Arbeiten an neuen chemischen Derivaten von Sexualhormonen dadurch angetrieben, dass laufend billigere, einfachere und leichter kontrollierbare Herstellungsprozesse gesucht wurden, was bis zu einem gewissen Teil in einer Standardisierung von Laborprozessen resultierte. Dies bedeutete, dass sich die biochemische Forschung mit der damit verbundenen Laborpraxis verstärkt auf die Entschlüsselung, Stabilisierung und Reproduktion chemischer Reaktionen konzentrierte, die in der lebenden Zelle wie auch im Pharmabetrieb stattfinden konnten. Insofern war die Suche nach chemischen Sexualhormonen auch eine Suche nach stabilen und kontrollierten Herstellungsprozessen. Da aber Hormone biogene Stoffe sind, konnte ein solches Ziel nur durch die Entwicklung eines natürlichen »Standards« erreicht werden. Das heißt: Erst durch die Festlegung dessen, was als die normale und natürliche Form des Sexualhormons verstanden werden sollte, geschah die Transformation von vielfältigen physiologischen Substanzen in einheitliche biochemische Stoffe.[31]

EPISTEMISCHE DINGE, BOUNDARY OBJECTS UND WIRKSTOFFE

Wie bereits erwähnt, wird der gleichzeitige Fokus auf den Akteur, das Forschungsfeld und das Forschungsobjekt im jeweiligen historischen Kontext entlang einer historiografischen und einer epistemologischen Linie verfolgt, die wiederum verschiedene Muster skizziert. Eine Skizze befasst sich mit der konzeptuellen und stofflichen Beschaffenheit des Wissensobjekts Sexualhormon von seinen Ursprüngen in der Elektro- und Neurophysiologie über die Endokrinologie bis hin zur Pharmakologie im experimentellen Kontext und betrachtet die Experimente und Experimentalsysteme, die Sexualhormone als solche entstehen ließen, formten, konkretisierten, definierten und festlegten. Bei den untersuchten Experimenten handelt es sich um Experimente an Tieren und an Menschen sowie um chemische Experimente im Reagenzglas zu und mit Sexualhormonen. Dabei werden in Anlehnung an Hans-Jörg Rheinberger und Ludwik Fleck die wissenschaftlichen Objekte in ihren experimentellen Kontext ein-

Netzwerks am Firmenbeispiel Organon: Oudshoorn, Natural body, 1994.

31 Vgl. Gaudillière, Drug trajectories, 2005, 607.

gebettet und die Erschaffung eines wissenschaftlichen Faktums entsprechend historisiert.[32] Diese Historisierung der Epistemologie erfolgt demnach in der immanenten Logik der Experimentalsysteme und in Bezug auf den Denkstil ihrer Akteure. Entlang der Forschungsbiografie Steinachs wird die Entwicklung einer Forschungsstrategie detailliert verfolgt und mit den jeweils von ihm untersuchten Forschungsobjekten in Beziehung gesetzt. Trotz epistemischer Unterschiede in den physiologischen Arbeiten Steinachs im Vergleich zu Flecks Geschichte der Wassermann-Reaktion und Rheinbergers genetischen Fallbeispielen wird die Struktur biowissenschaftlicher Laborarbeit als ähnlich verstanden. Das Experimentalsystem wird darüber hinaus als eine Forschungsstrategie gelesen, in der sowohl wissenschaftsimmanente als auch kulturelle und soziale Parameter zusammenfließen und das epistemische Ding prägen.

Eine weitere Skizze befasst sich mit dem experimentellen Forschungsprozess in unterschiedlichen institutionellen, wissenschaftlichen und industriellen Kontexten und den jeweiligen (medizinischen, geschlechterkulturellen, wirtschaftlichen) Vorstellungen und Erwartungen der beteiligten Akteure. Susan Leigh Star und James Griesemer entwarfen für die Untersuchung von wissenschaftlicher Arbeit, an der verschiedene soziale Gruppen beteiligt sind, den Begriff der boundary objects.[33] Ihr Konzept bezieht sich auf die vielfältigen Identitäten, die Objekte des Wissens annehmen. Sie können, je nach Anforderung seitens der Akteure, modellierbar oder stabil, abstrakt oder konkret sein. Dennoch ist ihre Struktur einfach genug, um für die beteiligten Akteure vertraut und (wieder-)erkennbar zu sein. In der vorliegenden Studie wird davon ausgegangen, dass Sexualhormone solche Grenzobjekte darstellen. Auch wenn der Begriff nicht explizit entfaltet wird, war das Konzept der boundary objects doch hilfreich, um vor allem im Kontext von Steinachs Zusammenarbeit mit Vertretern seines breitgefächerten wissenschaftlichen Netzwerks sowie mit der Pharmaindustrie zu beobachten, ob und wie er seine Vorstellungen von Sexualhormonen an die seines jeweiligen Umfelds anglich.

Eine letzte Skizze beleuchtet das weibliche Sexualhormon als Arznei- und Wirkstoff, wofür die politisch-akademisch-ökonomischen Verwicklungen, die zu seiner Entwicklung beitrugen, in die Analyse miteinbezogen werden.[34] Diese Verflechtungen werden kulturell und historisch kontextualisiert, wodurch sich wissenschaftsimmanente und -historische Perspektiven auf die Forschung im Spannungsfeld von Biologie, Medizin und Pharmazie eröffnen. Die konzeptuelle Betrachtung des Sexualhormons als Wirkstoff ermöglicht, dieses zugleich als wissenschaftliches Objekt und als pharmazeuti-

32 Vgl. Rheinberger, Epistemologie, 2006; Fleck, Entstehung, 1980 (orig. 1935).

33 Vgl. Star, Griesemer, Institutional ecology, 1989.

34 Vgl. Balz, Schwerin, Stoff, Wahrig (eds.), Prekäre Stoffe, 2008; Stoff, Wirkstoffe, 2012.

sches Produkt zu betrachten. So können die Identitäten von Progynon – Hormon, Präparat, Wirkstoff – nachvollzogen und entsprechend kontextualisiert werden.

QUELLENLAGE

Die wichtigsten Quellen stammen aus Archiven. Für die Rekonstruktion von Steinachs Forschungen vor 1900 sowie seines persönlichen und wissenschaftlichen Lebenslaufs wurde vorwiegend auf Akten aus dem Archiv der Karls-Universität in Prag zurückgegriffen. Dieser sehr diverse Quellenbestand setzt sich aus Korrespondenzen Steinachs mit dem k. k. Ministerium für Cultus und Unterricht und dem Dekanat der Universität Wien zu Gehaltsfragen, Forschungs- und Laborbeihilfen zusammen. Steinachs akademische Karriere ist hauptsächlich durch seine Bewerbungen sowie Anfragen einzelner Institutsvorstände und des Professorenkollegiums der Universität Prag an das Ministerium dokumentiert. Weitere Korrespondenzen innerhalb des Dekanats und des Ministeriums befassen sich mit amtlichen Dekreten zur Zuerkennung von Gehältern und Professuren. Wichtige Quellen sind auch der 1890 von Steinach selbst verfasste Lebenslauf sowie seine Literaturliste für die Habilitation.

Die Organisation der laborexperimentellen Arbeiten nach 1912 sowie der Aufbau und die Ausstattung des Laboratoriums für experimentelle Physiologie an der Biologischen Versuchsanstalt können anhand der wenigen erhaltenen Quellen im Archiv der Österreichischen Akademie der Wissenschaften nur lückenhaft rekonstruiert werden. Neben Korrespondenzen zwischen Steinach, dem Kuratorium der Biologischen Versuchsanstalt, der mathematisch-naturwissenschaftlichen Klasse der Kaiserlichen Akademie der Wissenschaften und dem Ministerium für Kultus sind dort Ansuchen um Forschungsgelder archiviert. Die allgemeine finanzielle Situation des Instituts und die wissenschaftlichen Arbeiten der Abteilungsleiter sind verhältnismäßig gut dokumentiert durch die erhaltenen Tätigkeitsberichte und Jahresbudgets, die der Abteilungsleiter für die Kommission der Akademie der Wissenschaften verfasste. Die Fotografien zur physiologischen Abteilung sind Steinachs Fotoalbum entnommen, das im Nachlass von Fritz Knoll integriert ist. Für die Zeit nach 1938 liegen Briefe zwischen dem vorübergehenden Leiter des Vivariums, Franz Köck, und der Schering-Rechtsabteilung vor. Anhand dieser Akten und mit ergänzenden Quellen aus dem Archiv der ehemaligen Schering konnten die Umstände von Steinachs Emigration in die Schweiz, seine finanzielle und politische Situation in dieser Zeit sowie die Ausstattung des Wiener Laboratoriums ab 1938 rekonstruiert werden.

In Ergänzung dazu geben die im Österreichischen Staatsarchiv befindlichen Vermögensentzugsakten zu Eugen und Antonie Steinach detaillierten Aufschluss über die Lebens- und Vermögensverhältnisse des Ehepaars kurz vor und nach ihrer Flucht.

Der Briefverkehr zwischen Steinach und seinem New Yorker Kollegen und Freund Harry Benjamin zwischen 1920 und 1944, der im Archiv der New York Academy of Medicine aufbewahrt ist, gibt Aufschluss über inhaltliche, strukturelle und personelle Details der endokrinologischen Forschung. Die Briefe Steinachs und Abschriften der Briefe Benjamins sind nahezu lückenlos erhalten und bilden eine der wenigen biografischen Quellen zu Steinach. Hinsichtlich Steinachs Verjüngungsforschung arbeitete Heiko Stoff den Briefwechsel umfassend für seinen Band *Ewige Jugend* auf. Für die vorliegende Studie liefert er die Basis für die Untersuchung von Steinachs experimentalwissenschaftlichen, therapeutischen und pharmazeutischen Arbeiten.

Weitere wichtige biografische und wissenschaftshistorische Quellen befinden sich im Scheringianum, dem historischen Firmenarchiv der Schering A. G., die seit der Übernahme durch Bayer HealthCare Pharmaceuticals 2006 als deren Tochtergesellschaft Bayer Schering Pharma A. G. in Berlin geführt wird. Dabei handelt es sich um einen qualitativ und quantitativ sehr umfangreichen Bestand zur Kooperation Steinachs mit Schering. Die archivierten Verträge sowie Korrespondenzen Steinachs mit der Rechts- und Personalabteilung, der Direktion und dem Hauptlaboratorium liefern wichtige Einblicke in die Forschungsorganisation und die experimentellen Laborarbeiten Steinachs und der Pharmafirma Schering von 1923 bis 1939. Viele Briefe richtete Steinach direkt an den Leiter des Hauptlabors, Walter Schoeller. Von Schoellers Antwortschreiben sind Abschriften erhalten. Ebenso sind Sitzungsprotokolle zu innerbetrieblichen Besprechungen über die Zusammenarbeit mit Steinach vorhanden. Für die Untersuchung wurden darüber hinaus archivierte Quellen zu Walter Hohlweg, ab 1925 Steinachs chemischer Assistent und späterer Mitarbeiter bei Schering, herangezogen. Dabei wurden überwiegend Korrespondenzen, Verträge und Akten der Personal- und Rechtsabteilung zu Gehaltsfragen verwendet, um einen ergänzenden Einblick in die personellen Aspekte der Kooperation sowie die chemischen und pharmazeutischen Arbeiten im Wiener Labor zu erhalten.

Einen weiteren Quellenbestand dieser Studie bilden Patente von Schering, von Walter Hohlweg und von Erwin Last. Letzterer war in Steinachs ärztlicher Privatpraxis als Verjüngungsarzt angestellt und fungierte später auch als klinischer Prüfer für Progynon.

Neben diesen unpublizierten Dokumenten sind zeitgenössische wissenschaftliche Artikel und Monografien zentrale Quellen. Zu diesen Veröffentlichungen zählen sämtliche wissenschaftlichen Aufsätze Steinachs, die er zwischen 1887 und 1940 publizierte. Die zahlreichen Aufsätze, die während des Untersuchungszeitraums von anderen Autoren zum Thema innere Sekrete der Geschlechtsorgane sowie zu Sexualhormonen veröffentlicht wurden, lassen sich grob in drei Gruppen unterteilen: Bei der ersten Gruppe handelt es sich um Arbeiten, deren Fokus auf die experimentelle Erforschung dieser Substanzen und deren Funktion im tierischen und im menschlichen Körper gerichtet ist. Von diesen Artikeln sind vor allem jene aussagekräftig, die sich mit Steinachs Forschung auseinandersetzen oder umgekehrt, auf die der Physiologe sich bezog. Die zweite Gruppe der Aufsätze diskutiert den therapeutischen Wert der Hormontherapie und einzelner pharmazeutischer Präparate. Die dritte Gruppe richtet ihre Aufmerksamkeit auf (bio-)chemische Aspekte der Sexualhormonforschung. Von den Publikationen der letzten zwei Gruppen sind für die vorliegende Studie vor allem jene von Bedeutung, die sich Scherings Sexualhormonforschung und dem Präparat Progynon widmen.

AUFBAU DER ARBEIT

Als narrative Strategie dieses Buches wurde ein chronologischer Zugang gewählt, der den Wandel der Steinach'schen experimentellen Arbeitspraxis, seiner Forschungsfelder und -objekte von 1894 bis 1928 verfolgt und in den wissenschaftshistorischen und historischen Kontext einbettet. Dieser Ansatz wird durchgehend durch eine Analyse der kulturellen Entwicklung der Wissensobjekte ergänzt, indem die Versuchsanordnungen, Fragestellungen, Untersuchungsmethoden, Interpretationsmuster und Versuchsobjekte im Zusammenhang von gesellschaftlichen und soziopolitischen Ereignissen betrachtet werden. Die zehn Kapitel von *Triebe, Reize und Signale* nehmen unterschiedliche Perspektiven ein, um die Sichtweisen der Akteure wissenschaftlicher Praxis und ihres Umfeldes zu erhellen sowie eine eigene Betrachtung des epistemischen Dings zu erlauben. In jedem Kapitel spielen personelle, strukturelle und institutionelle Aspekte experimenteller Forschung eine Rolle und werden näher beschrieben. Darüber hinaus werden die Kapitel chronologisch in drei Felder eingeordnet: Das erste Feld ist im Teil, »Elektrophysiologie« darauf ausgerichtet, einen Überblick über die experimentellen Laborwissenschaften in der späten Habsburgermonarchie (1850–1918) zu liefern. Der zweite Teil, »Endokrinologie«, widmet sich den vielfältigen kulturellen und gesellschaftlichen Einflüssen auf die biologische Sexualforschung und beschreibt die Wechselwirkungen von Geschlechterdiskurs, Sexualreform, Körpermodellen und Biopolitik mit der experimentellen Sexualforschung und Endokrinologie zwischen 1900 und 1920. Der dritte Teil, »Pharmakologie«, ist vorwiegend in den 1920er Jahren angesiedelt und beschreibt die Kooperation von Steinach mit Schering zur Entwicklung des Präparats Progynon. Der Band endet in einem vierten Teil mit der Rekonstruktion der Folgen des sogenannten Anschlusses Österreichs an das nationalsozialistische Deutschland für die Biologische Versuchsanstalt und für Steinachs Arbeit sowie einer knappen Darstellung seines Exils bis zu seinem Tod 1944.

Teil I: Elektrophysiologie

Kapitel 1

Elektro- und Neurophysiologie in der späten Habsburgermonarchie

Dieses Kapitel stellt in einer Verflechtung aus wissenschaftsbiografischer Erzählung und einer groben Darstellung der Entwicklung der für ihn bedeutsamen Institutionen und wissenschaftlichen Zusammenhänge den Protagonisten dieses Bandes vor, den Physiologen Eugen Steinach (1861–1944). Damit zeichnet es zugleich ein Bild der Ursprünge seiner Experimentalkultur. In Anlehnung an Rheinberger wird die Experimentalkultur verstanden als ein »Cluster von Gruppen von Experimentalsystemen, in denen ein bestimmter material bedingter Forschungsstil vorherrscht«, ein Forschungsstil, der im Falle Steinachs geprägt ist durch seine große Beweglichkeit zwischen Forschungsfeldern, Fächern oder Institutionen.[35] Steinachs Forschertätigkeit beginnt bei der Elektro- und Neurophysiologie, in der er jedoch bereits jenen Forschungsstil entwickelte, der später in verschiedenen Fächern und Fragestellungen Anwendung finden sollte. Das Forschungsprofil und die Karriere dieses Wissenschaftlers werden dabei zugleich in Hinblick auf wissenschaftsimmanente Herausforderungen wie die jeweiligen Anstellungsverhältnisse und Forschungsfinanzierung – auch oder vor allem im Kontext des Antisemitismus – betrachtet. Dadurch wird einerseits ein Ausschnitt der medizinischen Forschungslandschaft näher betrachtet, deren Epistemologie und kulturelle Ansprüche an der Ausformung des wissenschaftlichen Artefakts Sexualhormon maßgeblich beteiligt waren. Andererseits wird auch ein näherer Blick auf die Arbeits- und Forschungsbedingungen zumal für jüdische Wissenschaftler in der österreichischen Gesellschaft der Habsburgermonarchie geworfen.

PHYSIOLOGIE UND SEXUALFORSCHUNG IM KONTEXT DES ANTISEMITISMUS

Eugen Steinach wird entweder mit Sexual- und Hormonforschung sowie Hormontherapie assoziiert, die seit dem Beginn des 20. Jahrhunderts unter dem Sammelbegriff »Drüsenforschung« oder »Endokrinologie« gehandelt wurden, oder mit der II. Wiener Medizinischen Schule, deren Anstrengungen vielfach mit Nobelpreisen ge-

35 Vgl. Rheinberger, Experimentalsysteme, 2001, 172.

würdigt wurden. Häufig steht auch seine jüdische Identität bei der Betrachtung seiner Karriere im Mittelpunkt des historischen Interesses.[36] Die Sexual- und Hormonforschung im historischen und kulturellen Kontext zu lesen bedeutet auch, diese in den fachlichen und politischen Kontext ihrer Akteure zu setzen. Stichworte wie Krieg, medizinische Schulen oder gesellschaftliche Stellung sind dabei ebenso relevant wie die Frage, wie die Wissenschaftler ihre Forschung finanzierten und an welchen Institutionen diese durchgeführt wurde. So interessierte sich beispielsweise die Politik vehement für Steinachs Themen – zumal in Kriegszeiten. Eine Karriere an österreichischen Universitäten schien jedoch aufgrund seines jüdischen Hintergrunds lediglich begrenzt möglich und Steinachs aufwändige und kostenintensive Experimentalforschung – die er zu großen Teilen aus privaten Mitteln finanzierte, wurde letztendlich durch einen zusätzlichen Forschungsauftrag durch die Pharmaindustrie in einem privaten Forschungsinstitut realisierbar.

Angesichts der Tatsache, dass drei der vier Österreicher, die vor dem Zweiten Weltkrieg den Nobelpreis für Medizin erhielten, jüdischer Herkunft waren und die Medizinische Fakultät mit den jüdischen Wissenschaftlern 1938 die Hälfte ihres Lehrpersonals von ihren Positionen vertrieb, wird deutlich, welchen immensen Einfluss jüdische Wissenschaftler auf die österreichische Wissenschaftskultur verzeichneten.[37] Trotz der Emanzipationsgesetzgebung von 1867, die Juden anderen Konfessionen gleichstellte, unterschieden sich die Universitätskarrieren jüdischer Mediziner in Österreich und Deutschland von denen ihrer nichtjüdischen Kollegen dadurch, dass es bei ihnen in der Regel deutlich länger dauerte, bis sie ihre Habilitation abschließen und in wissenschaftlichen Positionen aufsteigen konnten.[38] Paradoxerweise trug diese Diskriminierung innerhalb des Wissenschaftsbetriebs zur Disziplinenentwicklung bei und förderte die Hervorbringung wissenschaftlicher Innovationen, denn es zeichnete sich in der zweiten Hälfte des 19. Jahrhunderts bis 1938 die Entwicklung ab, dass jüdische Wissenschaftler verstärkt in medizinischen Randgebieten aktiv wurden. Sigmund Freud ist wohl das prominenteste Beispiel dieser Tendenz. Dementsprechend hatte die Vertreibung der jüdischen Wissenschaftler 1938 unterschiedliche Auswirkungen in den verschiedenen Fächern: Während die Hälfte der Pharmakologen und etwa vierzig Prozent der Physiologen, Histologen und Embryologen aus »rassischen« Gründen entlassen wurden, waren es bei den Chirurgen »nur« zehn Prozent.[39] Darüber hinaus gründeten jüdische Mäzene unabhängige Forschungsinstitutionen wie

36 Vgl. Logan, Hormones, 2013.
37 Vgl. Krauss, Physikalische, 1995, 83–120.
38 Vgl. Hubenstorf, Vertriebene, 1988, 766–793.
39 Hubenstorf, Ärzte-Emigration, 1987, 358–415.

beispielsweise die Biologische Versuchsanstalt Hans Przibrams, Leopold Portheims und Wilhelm Figdors, in denen jüdische Wissenschaftler ihren Studien nachgehen konnten, worauf dieses Kapitel noch ausführlich eingehen wird.[40]

Zu Beginn des 20. Jahrhunderts zählten Sexualforschung und Endokrinologie zweifellos zu den wissenschaftlichen »Orchideenfächern« und damit zu den Fächern der jüdischen Marginalisierung. Steinachs Assistent Otto Peczenik führte dies 1945 darauf zurück, dass nur wenige Wissenschaftler »Sexualprobleme unbefangen und natürlich durchdenken« könnten.[41] Die hitzigen Debatten, die in Österreich rund um Steinachs Sexualforschungen geführt wurden, beschrieb Oskar Kalbus bezeichnenderweise mit Kriegsmetaphern: Die »Entdeckungen« und »Reflexionen« des Physiologen über den Zusammenhang von Sexualhormonen und physischen und psychischen Geschlechterdifferenzen wurden »in medizinischen, physiologischen und biomechanischen Zeitschriften« sowie »Büchern, auf Lehrstühlen und Kongressen mit allen Mitteln kollegialer Kampfmethoden angegriffen und bekämpft«.[42] Die Debatten um Steinachs Arbeiten machten diese einerseits berühmt, andererseits musste sich der Physiologe mit Anfeindungen und Drohbriefen auseinandersetzen. Während er dies als eine Reaktion auf sein Forschungsfeld wahrnahm und seine Kritiker nur noch sarkastisch als die »anständige Ärzteschaft« bezeichnete, verstand der befreundete Kollege Harry Benjamin diese Übergriffe auch als Äußerungen »antisemitischer Ethikheuchler«.[43]

Als Gegenbewegung zum zunehmenden Antisemitismus an österreichischen Hochschulen formierten sich Studenten um 1900 in jüdisch-nationalistischen Studentenverbindungen. Viele der Studentenverbindungen, die sich als jüdisch-national bezeichneten, vertraten eine zionistische Weltanschauung. Steinach schloss sich schon 1879, im Alter von achtzehn Jahren, einer solchen Verbindung an, was nicht nur hinsichtlich der Geschichte jener Organisationen, sondern auch speziell in Bezug auf Steinachs persönlichen Hohenemser und familiären Hintergrund als ungewöhnlich gelten darf und möglicherweise schon etwas über seine Aufmerksamkeit für die Rahmenbedingungen seiner wissenschaftlichen Arbeit aussagt.[44] 1891 wechselte Steinach jedoch, inzwischen dreißigjährig, zum Protestantismus über, was im Sinne einer »Assimilation« verstanden werden kann, einer Konvertierung, die die

40 Einen Überblick zur Biologischen Versuchsanstalt (BV) liefert: Reiter, Zerstört, 1999. Zu einer ebenfalls privaten Forschungseinrichtung, dem Radiuminstitut, siehe: Fengler, Kerne, 2014.

41 Peczenik, Steinach, 1945, 29.

42 Kalbus, Steinachfilm, 1924, 223–224.

43 NYAM, Benjamin an Steinach, NY 3.6.1924; NYAM, Steinach an Benjamin, 26.6.1924. Zur Außenseiterposition Steinachs in der Wissenschaft siehe: Heiko Stoff, Jugend, 2004, 72 ff.

44 Vgl. Flatz, Hohenemser, 1994, 52.

Berufung auf eine Professur an eine Universität der Habsburgermonarchie begünstigen sollte.[45] Selbst die offiziell anerkannte Organisation der Wiener Juden, die »Israelitische Kultusgemeinde« stand, so Jacques le Rider, dem assimilierten und verbürgerlichten Judentum näher als dem Zionismus und dem jüdischen Nationalismus. Vor allem in Wien hatte sich bis 1900 in der jüdischen Elite die Idee einer Assimilation durchgesetzt, doch wurde die Taufe vergleichsweise selten explizit religiös verstanden. Die Konversionen erfolgten häufig bei Zwangslagen, beispielsweise im Berufsleben oder bei sogenannten Mischehen.[46]

Konvertierte jüdische Privatdozenten oder habilitierte Assistenten konnten – bis zum Zusammenbruch des österreichischen Vielvölkerstaates – auf der universitären Karriereleiter weit aufsteigen. Für Mediziner konnte eine Konversion äußerst hilfreich sein, um in der Krankenhaushierarchie zu avancieren. Ähnlich stellte sich die Situation bei Menschen dar, die in der Öffentlichkeit standen, wie beispielsweise Schauspielerinnen und Schauspieler, die häufig aus Karrieregründen konvertierten, um so den gesellschaftlichen Erwartungen zu entsprechen. Für Juristen jüdischen Glaubens war es fast unmöglich, eine Stelle im staatlichen Rechtssystem zu erlangen. Die Zahl der in den Jahrzehnten vor und nach 1900 in Wien konvertierten Juden war im Vergleich zu den übrigen Städten der Habsburgermonarchie oder Berlin deutlich höher, doch blieb der Anteil der konvertierten Juden unter zehn Prozent des Wiener Judentums. Die meisten Konversionen fanden im bürgerlichen und kleinbürgerlichen Milieu statt, wobei Intellektuelle vor allem zum Protestantismus übertraten.[47]

MEDIZINISCHE PRAXIS UND EXPERIMENTELLE PHYSIOLOGIE

Schon der Bildungsweg Eugen Steinachs kann als charakteristisch für die Entwicklung der Physiologie als eigenständiger Wissenschaft innerhalb der Medizin gelten.

45 Vgl. Staudacher, Austritte, 2009, 581; AT-OeStA/AdR DG-VA 8312,72, Verzeichnis über das Vermögen von Juden, gez. Antonie Steinach, Zürich 15.7.1938. Im Rahmen der nationalsozialistischen Rassepolitik geriet auch Steinachs jüdische Identität – definiert gemäß der rassistischen Gesetzgebung – ins Blickfeld der einschlägigen Behörden: So holte das Bibliographische Institut in Leipzig 1940 gezielt Erkundigungen beim Obmann der BV ein, ob Steinach den Nürnberger Gesetzen entsprechend »Jude« oder »Mischling« sei. Der Obmann gab die Auskunft, dass Steinach einerseits »Protestant« sei, andererseits einer jüdischen Familie entstamme und somit als »Volljude« zu gelten habe. AÖAW-BV, 4/1, 350, Bibliographisches Institut an die Akademie der Wissenschaften in Wien (AW), Leipzig 17.10.1940; AW an Bibliographisches Institut, Wien, 22.10.1940.

46 Vgl. Rider, Illusion, 1990, 259 f.

47 Rider, Illusion, 1990, 260; Beller, Wien, 1993, 46. Zur jüdischen Selbstwahrnehmung und zum Einfluss der Außenseiterposition der Wissenschaftler auf ihre Forschung siehe: Feichtinger, Innovationen, 2001.

Geboren am 27. Jänner 1861, entstammte er einer jüdischen bürgerlichen Familie und wuchs im vorarlbergischen Hohenems auf. Sein Vater, Simon Steinach (1834–1904), hatte in den 1850er Jahren an der medizinischen Fakultät in Wien im Laboratorium des renommierten Physiologen Ernst Brücke (1819–1892) studiert.[48] Trotz seines Interesses für die Wissenschaft hatte er jedoch nach Abschluss des Studiums 1860 die väterliche Arztpraxis in Hohenems übernommen.[49] Ins selbe Jahr fiel seine Heirat mit Flora Rosenthal (1838–1909), deren Familie im Zuge der Industrialisierung der Textilfertigung ein beträchtliches Vermögen erwirtschaftet hatte. Die Rosenthals galten als die zweitreichste Familie in Hohenems. Sie verfolgten hohe Bildungsideale und ermöglichten ihren Kindern ein Studium in der Hauptstadt Wien.[50]

Eine frühe Prägung für Eugen Steinach und seinen Bruder Josef (1865–1912) bedeutete sicherlich die Einberufung ihres Vaters 1870 zum Militärdienst an die deutsch-französische Front. Da das Thema Krieg im Untersuchungszeitraum hinsichtlich seines Einflusses auf die Entwicklungen im medizinischen Fach noch eine Rolle spielen wird, sei an dieser Stelle kurz erwähnt, dass der Krieg für die Entwicklung eines neuen Forschungsstils, der Chirurgie im Sinne einer »Wiener Schule«, bedeutsam wurde: Simon Steinach war für zwei Jahre am Militärspital in Karlsruhe tätig, wo er von dem renommierten deutschen Chirurgen Theodor Billroth (1829–1894), der seit 1867 die zweite chirurgische Lehrkanzel an der Universität Wien innehatte, in die Behandlung von Wunden und die Durchführung von Amputationen eingeführt wurde.[51] Diese Tätigkeit fiel ursprünglich in den Arbeitsbereich der Feldärzte, die ihre Ausbildung im Josephinum, der Militärakademie, erhielten – also nicht über ein so umfangreiches Studium verfügten wie Billroth und Steinach. Seine in diesem Kontext gewonnenen Erfahrungen machten Simon Steinach in späteren Jahren zu einem unverzichtbaren Chirurgen in der kleinen Gemeinde Hohenems.

Offenbar war die intensive ärztliche Tätigkeit seines Vaters für Steinach nicht oder nicht sofort eine Motivation, sich ebenfalls der Medizin zuzuwenden, denn er entschloss sich nach seinem Schulabschluss 1879 zu einem Studium der Zoologie und der Chemie in Genf – ein Indiz für sein grundlegendes Interesse an den Labor- und

48 Bei Simon Steinachs Abschlussarbeit handelte es sich um eine »Untersuchung über das Zylinderepithelium der Darmzotten und seine Beziehung zur Fettresorption«. Wie fließend die Übergänge zwischen den verschiedenen medizinischen Fachrichtungen damals noch waren, belegt das Beispiel Josef Brettauers, der ebenfalls an diesem Forschungsprojekt mitgearbeitet hatte und der später ein berühmter Augenarzt in Triest wurde. Vgl. Soukup, Steinach, 2006, 4.

49 Vgl. Flatz, Hohenemser, 1994, 47.

50 Für die Hinweise zur jüdischen Gemeinde Hohenems und ihrer jüdischen Tradition danke ich Hannes Sulzenbacher. Zur jüdischen Familiengeschichte in Vorarlberg und Tirol siehe u. a. die genealogische Datenbank des Jüdischen Museums Hohenems.

51 Vgl. Flatz, Hohenemser, 1994, 43.

Naturwissenschaften. Zusätzlich war Genf nach 1848 ein Zufluchtsort für politische Flüchtlinge, was im Kontext von Steinachs frühem Engagement für den Zionismus ein relevantes Entscheidungskriterium für die Wahl dieses Studienortes gewesen sein könnte. Vielleicht schreckte Steinach die chirurgische Tätigkeit seines Vaters sogar ab, die trotz der Innovationen durch Theodor Billroth zum damaligen Zeitpunkt auch als ein Handwerk beschrieben werden kann.[52] Nach einem Jahr des Studiums in Genf wechselte er jedoch zum Fach Medizin und an die Universität Wien über.

Steinachs Wechsel in das Studienfach Medizin fand vermutlich auch unter dem Einfluss seines Vaters statt. Während der jüngere Bruder Josef die Leitung der familiären Textilfabrik, der Spinnerei der Firma Gebrüder Rosenthal, übernahm, sollte Eugen Steinach die ärztliche Familientradition weiterführen. Dabei kann das Medizinstudium für ihn durchaus ambivalent besetzt gewesen sein, denn es bedeutete die fortdauernde finanzielle Abhängigkeit von seiner Familie, die unter Umständen Bedingungen stellte oder das Studium eines Familienmitglieds als Investition bewertete. Doch wie eingangs erwähnt übernahm Eugen Steinach nicht die väterliche Praxis. Dennoch schien Simon Steinach zumindest in späteren Jahren mit der vornehmlich wissenschaftlichen medizinischen Laufbahn seines Sohnes durchaus einverstanden gewesen zu sein. Jedenfalls betonte der Autor eines Nachrufs auf Simon Steinach die Freude, die jener darin genossen habe, »sein wissenschaftliches Streben, dessen dauernde Betätigung ihm versagt geblieben war, in seinem älteren Sohne Eugen fortgesetzt zu sehen«.[53]

Wissenschaftssoziologische Studien ergaben, dass um 1900 die soziale Herkunft von österreichischen Universitätsstudenten in engem Zusammenhang mit der Wahl ihrer Studienfächer stand. So sollen sich Söhne[54] von höheren Beamten oder aus dem vermögenden Bürgertum am häufigsten für die Rechtswissenschaften, an zweiter Stelle für die Medizin oder für ein Pharmaziestudium entschieden haben. Sämtliche dieser wissenschaftlichen Felder versprachen neben einer berufsorientierten (Aus-)Bildung die Möglichkeit, eine privilegierte Stellung in der österreichischen Gesellschaft einzunehmen.

Die Wahl des Studienfachs Medizin war in der zweiten Hälfte des 19. Jahrhunderts zudem aufgrund von Entwicklungen institutionell begünstigt, die oben schon anklangen: Seit der Schließung des Josephinums 1872 war die Erlaubnis, als Arzt zu praktizieren, ausschließlich auf Absolventen der Universität Wien beschränkt. Davor hatten

52 Vgl. AUP, CV Steinach, Prag 18.6.1890.

53 Sternberg, Nachruf Simon Steinach, 1904, 660.

54 Anm.: Die Zahl an zum Studium zugelassenen Frauen war so gering, dass hier bewusst nicht auf studierende Töchter bzw. Frauen eingegangen wird.

Feld- oder Wundärzte nach Absolvierung eines dreijährigen Studiums die behördliche Befugnis zur Behandlung von Patienten erhalten. Hatten 1850 noch 3.011 akademische Mediziner im Vergleich zu 4.272 Wundärzten in Cisleithanien praktiziert, waren es 1906 11.215 Mediziner im Gegensatz zu 623 Wundärzten.[55] Die Zahl der praktizierenden Ärzte hatte sich damit in etwas mehr als fünfzig Jahren verdoppelt, die Abnahme an Konkurrenz im Bereich der Patientenversorgung durch Wundärzte wurde wahrscheinlich durch die starke Zunahme an akademischen Medizinern kompensiert.

Steinachs Medizinstudium fiel in die Zeit des Aufstiegs der Experimentalphysiologie zur neuen medizinischen Leitdisziplin. Die physiologisch-experimentell orientierte Universitätsmedizin entstand in der zweiten Hälfte des 19. Jahrhunderts und dominierte bis in die erste Hälfte des 20. Jahrhunderts die laborwissenschaftliche Medizin. Grundsätzlich lassen sich mehrere Typen von Medizin und Wissenschaft unterscheiden, die jeweils spezifischen institutionellen und sozialen Kontexten zugeordnet werden können, charakteristische Eigenheiten in ihrer praktischen und epistemologischen Vorgehensweise aufweisen und sich mit jeweils unterschiedlichen Auffassungen von Wissenschaftlichkeit verbinden.

Bevor sich die Physiologie als forschungsorientierte, medizinische Wissenschaft etablierte, war die Krankenhausmedizin vorherrschend gewesen. Für ihre Vertreter stand die »Dienstleistung« im Vordergrund, zum Beispiel die Behandlung von Patienten und die Ausbildung von Ärzten. Ihre Leitwissenschaft, die pathologische Anatomie, war konzeptionell und praktisch eng mit der Chirurgie verbunden und kann in ihrer unmittelbaren Funktion, der Herstellung diagnostischer Befunde, wiederum als eine Dienstleistung für das Krankenhaus bezeichnet werden.[56] Im Gegensatz dazu war für laborwissenschaftlich arbeitende Universitätsmediziner die Patientenversorgung nur ein Anliegen unter vielen. Ihre Vertreter bemühten sich vor allem um die Schaffung neuen Wissens. Diese Wissensproduktion wurde zunehmend auch mit wissenschaftlicher Anerkennung belohnt. Innerhalb der Universitätsmedizin entstanden, zunächst besonders ausgeprägt in Frankreich und im deutschsprachigen Raum, Disziplinen, die sowohl um wissenschaftliche Autorität als auch um materielle Ressourcen untereinander konkurrierten. Dazu zählten die Pathologie, die Bakteriologie und die Physiologie. Diese Disziplinen verband ihre Epistemologie: die Rekonstruktion natürlicher Phänomene im Experiment, eine eng an das Laboratorium gebundene Forschungspraxis.

55 Vgl. Kühschelm, Bürgertum, 2010, 866–887. Anm.: Als »Cisleithanien« wurden nach Errichtung der Doppelmonarchie 1867 inoffiziell die nördlichen und westlichen Kronländer Österreich-Ungarns bezeichnet. »Transleithanien« umschloss wiederum den südöstlichen Teil der Reichshälfte.

56 Vgl. Foucault, Klinik, 1973.

Der Aufstieg der Laborwissenschaften im späten 19. Jahrhundert war somit ein wichtiger Faktor für die Entwicklung der medizinischen Universitätswissenschaften. Insbesondere in der experimentellen Chemie, Physiologie und Physik richteten europäische und amerikanische Universitäten ihren Wissenschaftlern zwischen 1870 und 1914 kostspielige Laboratorien und Institute ein und stellten sie soweit von anderen Aufgaben frei, dass sie verhältnismäßig ungestört ihren Experimenten nachgehen konnten. Das Experiment nahm in diesem Zeitraum für die wissenschaftliche Begründung medizinischen Denkens und Handelns eine zentrale Rolle ein und die medizinischen Experimentalwissenschaften trugen entscheidend bei zu einer Erweiterung und Umorganisation des Wissens und der Konzepte vom menschlichen Körper. Besonders die Physiologie galt als eine Grundlagenwissenschaft, weil sie ihrem Anspruch nach der klinischen und praktischen Medizin eine wissenschaftliche Basis gab.[57]

Der französische Physiologe Claude Bernard (1813–1878) plädierte in seiner *Introduction à l'étude de la médecine expérimentale* 1865 erstmals für eine Emanzipation der Physiologie von der Klinik. Damit inaugurierte er eine Reihe von Texten methodologischer und wissenschaftspolitischer Ausrichtung, welche für die experimentelle Medizin und deren Unabhängigkeit eintraten.[58] Bernard beabsichtigte, die in der Chemie und Physik verfolgten methodologischen und epistemologischen Wege zum Studium der Natur auch in der Medizin und Biologie einzusetzen. Dies sei durch Tierversuche möglich. Folgerichtig übertrug Bernard eines der zentralen Prinzipien der Experimentalkultur auf den medizinischen Bereich: Würde im Experiment jeweils nur ein Faktor verändert, alle anderen aber konstant gehalten werden, so wäre es Bernard zufolge möglich, auch jene Phänomene zu studieren, die bisher in der Medizin als individuell und unvorhersehbar angesehen worden waren. In weiterer Folge könnten, aufbauend auf dem gewonnenen Wissen, entsprechende Therapiemethoden tierexperimentell entwickelt und die bisher als unheilbar betrachteten Phänomene behandelt werden. Demnach läge die Zukunft der medizinischen Therapie in der experimentellen Physiologie, da diejenigen Vorgänge, die der Physiologe am Labortier erforschen und behandeln konnte, sich prinzipiell ebenfalls am Menschen finden und therapieren lassen müssten. Diesen Anspruch verknüpfte Bernard mit der Forderung nach der Institutionalisierung der Experimentalphysiologie an der Universität.

Parallel zur Fundierung der Medizin auf dem Experiment fanden einschneidende Veränderungen in den Erklärungskonzepten statt: Im deutschsprachigen Raum hatte

57 Vgl. Schlich, Erfindung, 1998, 219–224; Pickstone, Ways, 1993, 449–452.

58 Vgl. Gaudillière, Médecine, 2006, 28 f.

sich seit der Mitte des 19. Jahrhunderts eine reduktionistische Richtung in der medizinischen Forschung durchgesetzt, die Lebensvorgänge ausschließlich auf chemische und physikalische Prozesse zurückzuführen suchte.[59] Wissenschaftlichkeit bedeutete in dieser Richtung der experimentellen Medizin die Verknüpfung von medizinischer und naturwissenschaftlicher Forschung. So bezeichnete der in Berlin tätige Physiologe Emil Du Bois-Reymond (1818–1896) 1878 die Physiologie als die »Königin der Naturwissenschaften«.[60] Im Zuge des äußerst erfolgreichen Einsatzes von laborexperimentellen, chemischen und physikalischen Methoden des Erkenntnisgewinns bauten die Physiologen eine Wissenschaftsgemeinde mit eigenen Lehrstühlen, Instituten, Forschungslaboratorien, Zeitschriften sowie nationalen und internationalen Gesellschaften auf. In Deutschland waren vor allem die vier äußerst einflussreichen Freunde Hermann von Helmholtz (1821-1894), Ernst Brücke, Emil Du Bois-Reymond und Carl Ludwig (1816–1895) prägend. Sie vertraten das Paradigma der Physiologie, welches den Körper als eine nach »den Gesetzen der Physik und der Chemie funktionierende Elektro-Maschine« entwarf.[61] Ernst Brücke brachte die deutsche, »exakte, naturwissenschaftliche, quantitativ vorgehende, messende physikalisch-chemische Richtung«[62] der Physiologie nach Österreich, als er 1849 einem Ruf an die Universität Wien folgte, wo er den Lehrstuhl für Physiologie bis 1890 innehatte.

Wie sein Vater arbeitete Steinach während seines Studiums »mehrere Semester im Wiener physiologischen Institute unter der Leitung des Herrn Hofrats von Brücke«.[63] Der Mediziner und Autor einer der ersten »Geschichte[n] der Physiologie«, Karl E. Rothschuh, beschrieb Brücke als eine Autorität innerhalb der wissenschaftlichen Elite Wiens, der zudem großes Ansehen am Hof des österreichischen Kaisers genossen haben soll.[64] Rothschuh fokussierte in seiner Rekonstruktion vorwiegend auf medizinische Traditionen bzw. »Schulen«, jedoch nur wenig auf den allgemeinen Kontext ihrer Etablierung. Dennoch soll im Folgenden an Rothschuhs Beschreibung angeknüpft werden, da er Steinach als einen Vertreter von Ewald Herings (1834–1918) Forschungstradition bewertete – dazu später ausführlicher.

Rothschuh zufolge waren es Brücke und Du Bois-Reymond, die jene Tradition begründeten. Beide hatten sich einem einheitlichen, physiologischen Forschungsstil verschrieben, den Du Bois-Reymond zur Mitte des 19. Jahrhunderts in einer Korre-

---

59 Vgl. Schlich, Erfindung, 1998, 224–225; Rothschuh, Physiologie, 1953, 91–95.

60 Reymond, Der physiologische Unterricht, 1878, 24, zit. nach: Sarasin, Tanner, Aufstieg, 1998, 24.

61 Sarasin, Tanner, Aufstieg, 1998, 24–27.

62 Rothschuh, Physiologie, 1953, 93.

63 AUP, CV Steinach, Prag 18.6.1890.

64 Rothschuh, Physiologie, 1953, 141.

spondenz benannte: »Brücke und ich, wir haben uns verschworen, die Wahrheit geltend zu machen, daß im Organismus keine anderen Kräfte wirksam sind als die gemeinen physikalisch-chemischen.«[65] In Österreich bildete die Lehre von Ernst Brücke den Ausgangspunkt für die »neue österreichische Physiologenschule«, die seine unmittelbaren Schüler Alexander Rollett (1834–1903), Maximilian von Vintschgau (1832–1901?) und Sigmund Exner (1846–1926) weiter ausbauten. Rollett hatte in Graz die erste Professur für Physiologie inne, Exner übernahm den Lehrstuhl Brückes in Wien und Vintschgau lehrte am neu geschaffenen Physiologischen Institut der Universität Innsbruck. Bei Letzterem erhielt Steinach, vermutlich auf Empfehlung Brückes, nach Abschluss seines Grundstudiums 1885 eine dreijährige Stelle als Assistent.

1886 promovierte Steinach im Fach Physiologie, das mit seinen tierexperimentellen und naturwissenschaftlichen Forschungsmethoden eine geeignete Verknüpfung seiner zoologischen, chemischen und medizinischen Studien ermöglichte. Das Laboratorium in Innsbruck war jedoch schlecht ausgestattet und zusätzlich erlaubte der Leiter Vintschgau den Gebrauch der vorhandenen physiologisch-technischen Apparate nur für demonstrative Vorlesungszwecke, nicht für eigene Forschungen seiner Assistenten. Diese mussten »nachts und in den Ferien heimlich« ihre Versuche durchführen.[66] Steinach konnte sich diesen denkbar schlechten Arbeitsbedingungen durch die Übernahme einer Assistentenstelle unter Ewald Hering 1889 an der Deutschen Universität in Prag entziehen.[67] Er habilitierte sich 1890 und arbeitete die folgenden Jahre als Privatdozent für das Fach Physiologie.

Bis 1908 überwog in Steinachs Versuchsanordnungen der Einsatz von Mess- und Aufzeichnungsgeräten, mit deren Hilfe Nervenreize und Reflexe in Form von Geräuschen oder Kurven repräsentiert wurden. Auch die Vivisektion – die invasive operative Untersuchung am lebenden Tier – setzte er gemäß dem zeitgenössischen Verständnis exzellenter medizinischer Forschungspraxis in seinen Versuchen breit ein. Steinach beschrieb retrospektiv die Physiologie um 1900 als eine komplexe Mischung entwicklungsmechanischer und physikalisch-chemischer Theorien:

> »Medical thought was based on a mechanistic and chemical interpretation of life. The organic structure of man obeyed the laws of physics, ionic concentration was responsible for muscular activity and nervous excitation, the principle of conservation of energy was sufficient explanation for metabolic processes, and even the dynamics of circulation was

65 Brief Du Bois-Reymonds an Eduard Hallmann, s. d., zit. nach Rothschuh, Physiologie, 1953, 140.
66 Rothschuh, Physiologie, 1953, 142 f.
67 Vgl. AUP, CV von Steinach, Prag 18.6.1890.

governed by physical laws. A sober but nonetheless inspiring cosmology reigned in the field of medicine. Even love, that ›oldest, newest, one and only world event‹, as the poet called it, even the dark secret of sex and of the sexes, was believed to be initiated and dominated by mechanistic and chemical phenomena.«[68]

Thomas Schlich bringt die experimentelle Herangehensweise, die einer solchen Epistemologie entsprang, prägnant auf den Punkt: »Körperfunktionen wurden erfahrbar gemacht, indem die Forscher im Labor mittels eines chirurgischen Eingriffs selektiv die Bedingungen änderten, unter denen die Lebensvorgänge abliefen, und die Reaktion mit Hilfe physikalischer und chemischer Meßmethoden registrierten.«[69] Dafür benötigten die Physiologen Laborapparate.

LABORAPPARATUREN

Wissenschaftshistoriker zeichnen das allgemeine Bild der experimentellen Physiologie zum Ende des 19. Jahrhunderts als das einer Wissenschaft, deren epistemologische Wurzeln in der aufkommenden Präzisionsmessung und Quantifizierung mit Hilfe von technischen Geräten lagen.[70] Eine solche Laborpraxis wurde ohne Zweifel in verschiedenen europäischen Forschungsstätten kultiviert und führte zu einer Reihe bahnbrechender Experimente.

Das Kymographion und das Myographion zählten in der zweiten Hälfte des 19. Jahrhunderts zu den wissenschaftlich produktivsten Laborapparaturen. Für die Entwicklung neuer oder die Modifikation bekannter Apparaturen gingen Physiologen häufig Kooperationen mit Werkstätten ein. Sowohl bei der Anschaffung als auch der Konstruktion von Laborgeräten stellte das Budget der Forschungsinstitution einen ausschlaggebenden Parameter dar. Ein prominentes Beispiel dafür ist Emil Du Bois-Reymond, der in seinen frühen Forschungsjahren gemeinsam mit Handwerkern in deren Werkstätten Laborinstrumente und mechanische Vorrichtungen für seine Untersuchungen anfertigte. Die Herstellung und Entwicklung der kostspieligen Laborapparaturen für sein physiologisches Institut in Berlin, das Du Bois-Reymond 1877 eröffnete und das er auch als physiologische »Fabrik« bezeichnete, übernahm wiederum das Unternehmen Siemens & Halske.[71]

68 Steinach, Sex, 1940, 13 f.

69 Schlich, Erfindung, 1998, 224.

70 Vgl. beispielsweise: Sarasin, Tanner, Physiologie, 1998; Schmidgen, Geimer, Dierig, Kultur, 2004.

71 Dierig, Maschinenstadt, 2006, 14.

Die Arbeiten Du Bois-Reymonds inspirierten Steinach sowohl in epistemischer als auch technischer Hinsicht. Du Bois-Reymond wird, gemeinsam mit Hermann Helmholtz, Ernst von Brücke und Claude Bernard, als Pionier der grafisch registrierenden Messtechnik in der Physiologie bewertet. Die Apparaturen für derartige Messungen waren um 1900 bereits sehr weit entwickelt, die Messeinheiten größtenteils standardisiert und genormt.[72] 1862 hatte Du Bois-Reymond mehrere »Vorrichtungen« für elektrophysiologische Untersuchungen an Versuchstieren in Publikationen vorgestellt.[73] Einen der Apparate hatte er für die Messung der Geschwindigkeit der nervösen Reizweiterleitung mit Hilfe von Elektrizität entwickelt, doch der Widerstand der Messleitungen und das komplizierte Ein- und Ausschalten des Apparates erschwerten ein exaktes Messen. Der Experimentator musste viele Messungen vornehmen und sich Erfahrung im Umgang mit dem Gerät aneignen, um annähernd gleiche Messergebnisse zu erhalten. Diesen Umstand nutzte Steinach für eine eigene Erfindungsleistung:

1899 veröffentlichte er einen Artikel zu einer »Contaktvorrichtung«, die er gemeinsam mit dem Mechaniker der Prager technischen Universität konstruiert hatte, um die Mängel von Du Bois-Reymonds Apparat zu beheben. Er nannte seine Vorrichtung einen »Vacuum-Quecksilberschlüssel für Stromunterbrechung und Nebenschluss«. Dabei handelte es sich um einen Schalthebel, der mit einer kleinen Glühbirne verbunden war. Darin befanden sich etwas Quecksilber sowie zwei Platindrähte. Das Quecksilber stellte einen dauernden Kontakt zwischen den Drähten her und sollte, angeschlossen an eine Stromquelle, durch das Leuchten der Birne auf einen konstanten Stromfluss hinweisen. Der Schalter hatte einen minimalen Leitungswiderstand, ermöglichte eine gleichmäßige Stromzufuhr sowie ein präzises Schalten und konnte auch an Hermanns Galvanometer angeschlossen werden.[74] Der letztgenannte Hinweis bildete den Abschluss des Artikels und bezog sich höchstwahrscheinlich auf Steinachs im selben Jahr publizierte Studie zur elektrischen Erregungsleitung in Nervenstammpräparaten (Spinalganglion), welche er auch als »galvanometrische Versuche« bezeichnet hatte.[75]

Neben den galvanometrischen Versuchen veröffentlichte Steinach zwischen 1899 und 1908 weitere vier Versuchsreihen, die an Du Bois-Reymonds elektrophysiologische Untersuchungen anknüpften. Die »active Contraction der Capillaren«, die von zeitgenössischen Medizinern als ein Reflex verstanden wurde, untersuchte Steinach

72 Vgl. Chadarevian, Kurven, 1993, 43–46.
73 Vgl. Reymond, Beschreibung, 1862. Zu Reymonds und Helmholtz' zeitmessenden Versuchen siehe etwa: Schmidgen, Of frogs, 2002, 142–148.
74 Steinach, Quecksilberschlüssel, 1899, 289–290.
75 Steinach, Erregungsleitung, 1899, 294.

1903 anhand ihrer Reaktion auf elektrische Reize.[76] Bei den 1908 in zwei Artikeln präsentierten Experimenten zur *Summation einzeln unwirksamer Reize als allgemeine Lebenserscheinung* handelte es sich um eine Studie zum Phänomen der sogenannten Aufsummierung von Nervenimpulsen in der Reizweiterleitung:[77] Teile des Nervengewebes reagierten auf bestimmte äußere Reize nur dann, wenn diese mit einem oder mehreren Reizen kombiniert auftraten.

Für Experimente zur Aufsummierung von Reizen in Muskel- und Nervenzellen verwendete Steinach Carl Ludwigs Kymographion – einen Wellenschreiber zur grafischen Aufzeichnung von elektrischen Nervenimpulsen.[78] Der Neurophysiologe verkabelte die Untersuchungsobjekte über Leitungen mit dem Apparat. Kleinste Spannungsabfälle, die mit Nervenimpulsen in Verbindung gebracht wurden, führten zur Bewegung eines Griffels. Dieser lag auf einem Bogen berußten Papiers auf, das von einer rotierenden Walze bewegt wurde, und ritzte die Impulse in Form von Wellen ein. Im Zuge seines Experiments verabreichte Steinach den Versuchstieren durch Elektroden Stromstöße und registrierte grafisch den nervösen Reflex auf elektrische Reize. Diesen interpretierte er dementsprechend anhand der Kurvenzeichnung oder der eingesetzten Spannung. So betrage die »Differenz zwischen Einzelreizschwelle und Summationsschwelle bis zu 30 mm bzw. 10 Volt«. Die Versuchstiere stammten aus mehreren taxonomischen Gruppen von Tieren – Einzeller (Protozoa), Seegurken (Holothuroidea), Kopffüßer (Klasse Cephalopoda), Seesterne (Asteroidea), Frösche (Ranoidea), Tauben (Columbidae) und Hunde (Canidae) – sowie des Menschen (Hominidae). Dieselben nahm Steinach durch die Empfindungsmessung von 0,1 bis 0,5 Volt an seiner eigenen Zungenspitze in die Experimentalreihe auf.[79]

Das zugrundeliegende physiologische Phänomen, das Steinach mit Hilfe des Kymographions festhalten wollte, beschrieb er als »Action«. Die unbewusste, durch die Wahrnehmung nicht beeinflusste Reaktion der Muskulatur und des Nervengewebes auf elektrische Reize bewertete er als ein Merkmal für physiologische Aktivität, die Aussagen zur allgemeinen »physiologische[n] Verfassung« erlaube. Eine höhere »Resistenz« gegen elektrische Reflexerregbarkeit des Muskels könne beispielsweise durch einen besseren »Ernährungszustand der Muskulatur« erklärt werden.[80] Bei allen Versuchstieren konnte Steinach eine Adaption an kurze, wenig starke Reize durch

76 Vgl. Steinach, Contractilität, 1903, 109–113.

77 Vgl. Steinach, Summation, 1908, 290–346; Steinach, Summation II, 1908, 347–348.

78 Einen Überblick zur Funktionsweise unterschiedlicher Wellenschreiber und deren Anwendung in der experimentellen Medizin zwischen 1850 und 1900 liefert: Chadarevian, Kurven, 1993.

79 Zum medizinischen Selbstexperiment im 19. und 20. Jahrhundert siehe beispielsweise: Hess, Selbstversuch, 2008.

80 Steinach, Summation, 1908, 290–317.

den Mechanismus der Summation messen. Die Ergebnisse der einzelnen Experimente übertrug er anschließend auf sämtliche Arten der jeweiligen taxonomischen Gruppe. Dabei formulierte er die These, dass es sich bei der Summierung von Nervenimpulsen um eine »natürliche Reaktion« handle, welche »eine allgemein verbreitete Lebenserscheinung« und in »vielen und ganz verschiedenartigen« Muskel- und Nervengeweben der Lebewesen zu finden sei.[81] Der physiologischen Aktivität bzw. (Re-)Aktion wurde damit eine gewichtige Stellung in der Biologie des Lebens eingeräumt. Nicht nur das Zentralnervensystem, auch die Muskulatur wurde Steinach zufolge von Reflexen gesteuert.

Jene Wissenschaftler, die nicht auf kostspielige elektrophysiologische Messgeräte zurückgreifen konnten, wichen entweder auf alternative Forschungstechniken aus oder griffen auf einfache Laborbehelfe zurück, die ebenfalls aus Werkstätten stammten.[82] Bereits in Innsbruck und später in Prag veröffentlichte Steinach in wissenschaftlichen Journalen Aufsätze, in denen er selbst entwickelte Laborbehelfe vorstellte. Dabei wies er mehrmals darauf hin, dass jene Hilfsmittel speziell für Laboratorien mit nur geringen finanziellen Mitteln konzipiert waren. So hatte er noch zu Beginn seiner Assistenztätigkeit in Innsbruck von einem Wiener Glas- und Keramikhersteller Siebdosen – Spezialbehältnisse aus Laborglas für die Behandlung mikroskopischer Präparate – herstellen lassen. 1887 stellte er diese Siebdosen als ineinandersteckbare Filtereinheiten aus Glas und Keramik vor, die er für das schnelle und saubere Einfärben von histologischen Gewebeschnitten und Bakterienpräparaten entworfen habe.[83] Die Vorrichtung wurde Steinach zufolge bereits »in vielen Wiener und anderen Instituten in Verwendung« genommen.[84] Steinachs Entwicklung der Siebdosen war in der Überzeugung begründet, dass mit Hilfe von technischen Laborbehelfen »wissenschaftlicher« gearbeitet werden könne. Denn mit »der fortschreitenden Wissenschaft werden die Ansprüche, die an die mikroskopische Technik gestellt werden, höher, und in demselben Maasse« wachse das Bedürfnis, sie »zu vervollkommnen und zu verfeinern«.[85]

Einen weiteren Laborbehelf präsentierte der Physiologe 1893 als »Kopfhalter für Versuchstiere verschiedener Größe«, geeignet für die Vivisektion am Kopf. Vor seinem Wechsel an das physiologische Institut der Universität in Prag hatte Steinach

81 Steinach, Summation II, 1908, 348.

82 Vgl. Klein, Laboratory, 2008, 774.

83 Die Vorrichtung bestand aus vier Teilen und konnte über den Laborbedarf Siebert in der Alserstraße 19 in Wien zum Preis von 2,60 Fl. ö. W. bezogen werden.

84 Steinach, Siebdosen, 1887, 434 FN 1.

85 Steinach, Siebdosen, 1887, 433.

Experimente zur Anästhesierung des Auges und zur Physiologie der Iris[86] an Tieren durchgeführt. Damit die Tiere sich bei invasiven Eingriffen nicht bewegten, war es in den Experimentalwissenschaften üblich, sie mit Halterstangen oder Körben zu fixieren. Diese konnten direkt von Mechanikern aus wissenschaftlichen Werkstätten bezogen werden. Zwei Werkstätten – eine in Marburg und eine in Paris – lieferten europaweit sogenannte Kaninchen-, Meerschweinchen- oder Rattenhalter. Ihre Konstruktionen waren Steinach zufolge jedoch für »Operationen am Schädel, Gehirne und auch zu Operationen in der Gegend des Auges unbrauchbar [...], weil der über die Mittellinie des Kopfes verlaufende Halterstab die bezeichneten Gebiete als Operationsfelder« ausschließe.[87] Um seine Experimente besser oder überhaupt durchführen zu können, ließ Steinach vom Mechaniker der Werkstätte des physiologischen Institutes in Prag einen speziellen »Kopfhalter« anfertigen. Dieser war größenverstellbar und für die Fixierung verschiedener Versuchstiere wie Meerschweinchen, Kaninchen sowie »kleine oder junge Hündchen« konzipiert,

> »da es namentlich jenen Arbeitern, welche nicht über ein für Vivisectionen reich ausgerüstetes Institut verfügen, erwünscht sein dürfte, mit einer einzigen einfachen Vorrichtung für die mannigfachsten Operationen an verschiedenen Grössen der üblichen Versuchsthiere auszukommen«.[88]

Der französische Physiologe Louis-Charles Malassez (1842–1909) hatte jedoch drei Jahre vor Steinachs Publikation einen ähnlichen Kopfhalter auf einer Messe für Laborbedarf der Société de Biologie in Paris und London ausgestellt. Der am histologischen Laboratorium des Collège de France tätige Malassez sah aufgrund von Steinachs Artikel seine Priorität auf die Erfindung der Metallkonstruktion verletzt und wies in einem Aufsatz darauf hin, dass sein »Apparat [...] von mehreren Gesichtspunkten aus, dem des Herrn Steinach vorzuziehen« sei.[89] Steinach reagierte auf diesen ersten Prioritätsstreit in seiner wissenschaftlichen Karriere mit einer offiziellen Erklärung in derselben Fachzeitschrift. Darin gestand er, dass er den Kopfhalter von Malassez nicht kenne. Er sei »weder in Paris noch in London« gewesen, »wo der Contentiv-Apparat, wie Herr Malassez meldet, ausgestellt war; habe von ihm nichts gelesen oder gehört« und sei »mit Vergnügen bereit, [...] die von Malassez beanspruchte Priorität anzuerkennen«. Diese gebühre jedoch dem Mechaniker aus Mar-

86 Hierzu ausführlicher unten, Die Grenze zwischen Physiologie und Pharmakologie.
87 Steinach, Kopfhalter, 1893, 171–172.
88 Steinach, Kopfhalter, 1893, 174.
89 Malassez, Contentiv-Apparat, 1893, 585.

burg, der den ersten Tierhalter für Vivisektionen am Kopf konstruiert habe. Damit betrachtete Steinach die ihm »an und für sich recht unwesentlich scheinende Streitfrage für abgethan«.[90]

Dieser bestimmte Ton seiner Stellungnahme deutet vermutlich darauf hin, dass Steinach wenig Interesse an der Klärung von wissenschaftlich-technischen Erfinderrechten hatte. Der Physiologe stellte selbst zwar keine Ansprüche auf das geistige Eigentum an der technischen Erfindung, erkannte sie aber auch dem vermeintlichen Erfinder nicht zu, sondern dem herstellenden Konstrukteur oder Mechaniker.[91] Damit verbunden war der Umstand, dass Steinachs Kopfhalter nicht bei ihm, sondern nur beim Prager Mechaniker bestellt werden konnte.[92] Ob der Physiologe am Umsatz der Kopfhalter beteiligt war, ist nicht dokumentiert. Ebenso wenig kann nach der aktuellen Quellenlage beurteilt werden, ob die Entwicklung der Siebdosen tatsächlich einem Bedürfnis nach Optimierung und Standardisierung der technischen Bedingungen für das experimentelle Arbeiten entsprang, auf fehlende Laborbehelfe dieser Art zurückzuführen ist, auf der Notwendigkeit von Zusatzverdiensten basierte oder aus einer Mischung der drei Aspekte. Dass die Publikation von neu entwickelten Laborbehelfen während Steinachs Forschungsjahren in Innsbruck und Prag einen so relativ großen Stellenwert einnahm, während er nach seinem Wechsel des Forschungsstandorts nach Wien 1912/1913 keine weiteren Arbeiten zu technischen Erfindungen mehr veröffentlichte, könnte – neben den grundsätzlich besseren materiellen Bedingungen in Wien[93]– auch mit dem späteren Wechsel des Forschungsschwerpunkts in die Sexualendokrinologie zusammenhängen, in der mechanische bzw. technische Laborapparaturen eine untergeordnete Rolle spielten.

90 Steinach, Bemerkungen, 1893, 552–554.

91 In späteren Jahren seiner wissenschaftlichen Karriere befand sich Steinach in der umgekehrten Situation, nämlich bei Prioritätskonflikten zur »Steinach-Operation«. Der chirurgische Eingriff bestand aus einer Vasektomie, einer klassischen operativen Methode zur Sterilisierung von Männern. In den 1920er Jahren beanspruchte Steinach das alleinige Erfinderrecht an der Durchführung einer Vasektomie zu Verjüngungszwecken. In der Folge trug der Physiologe zur Priorität auf diese chirurgische Verjüngungsmethode mit Chirurgen ausgedehnte wissenschaftliche und öffentliche Konflikte aus. Vgl. Stoff, Jugend, 2004, 35.

92 »Universitätsmechaniker Rothe hat bereits solche Halter an Institute geliefert und berechnet vorläufig für den Kopfhalter – Messing vernickelt – mit den 3 Ringen und Gelenk 15 Mark«. Steinach, Kopfhalter, 1893, 174 FN 1.

93 Vgl. hierzu ausführlich Kapitel 2.

ZWISCHEN PHYSIOLOGIE UND PHARMAKOLOGIE

Dem Artikel zum Kopfhalter für Versuchstiere waren pharmakologische Experimente zur örtlichen Betäubung des Auges für Untersuchungen an der Iris vorausgegangen, die der in Innsbruck tätige Universitätsassistent Eugen Steinach im August 1888 in der *Wiener klinischen Wochenschrift* veröffentlicht hatte.[94] Die Studie über »eine physiologische Wirkung der Strophantus-Präparate« war entstanden, nachdem er jenes pflanzliche Herzmittel bei vorangegangenen Tierexperimenten eingesetzt und dabei eine noch nicht beschriebene, anästhesierende Wirkung beobachtet hatte. Diese »Entdeckung« erforschte er in nachfolgenden Experimenten an Tieren und Menschen näher.

Die pharmakologische Praxis des späten 19. Jahrhunderts ist von vielen Berichten über zufällig gemachte Entdeckungen und deren Erforschung geprägt.[95] Auch die Wirkung der afrikanischen Kletterpflanze Strophanthus auf das Herz wird häufig als einer dieser Funde beschrieben. Jene Wirkung soll 1859 im Rahmen einer missionarischen Expedition von David und Charles Livingstone in Afrika entdeckt worden sein, als die Zahnbürste eines Biologen unbemerkt in Kontakt mit einem Brei aus Strophanthussamen kam, der von den Bewohnern der Region als Pfeilgift eingesetzt wurde. Unmittelbar darauf seien die Herzbeschwerden, die der Biologe bis dahin gehabt hatte, verschwunden. Die Brüder Livingstone nahmen das Pfeilgift mit nach Europa. Auf ihre Berichte folgte eine Welle an medizinischen Untersuchungen zu Strophanthussamen sowie deren Einsatz als Herztonika. Pharmazeuten suchten intensiv nach einem chemischen Wirkstoff, was dem schottischen Pharmakologen Thomas Fraser 1862 mit der Isolierung des k-Strophanthin gelang und damit den Weg für eine industrielle Herstellung von Reinstoffpräparaten und einen breiten medizinischen Einsatz ebnete. Als Fraser das Pulver aus Strophanthussamen in Strophanthin verwandelte, vollbrachte er mehr als eine Herauslösung des Wirkstoffs. Er reduzierte das ursprünglich pflanzliche Arzneimittel auf eine pharmakologisch aktive, chemische Substanz.[96] 1885 wurde in Deutschland das Gesamtextrakt der Samen als Tinctura Strophanthia in die Herztherapie eingeführt und ein paar Jahre später ins deutsche Arzneibuch aufgenommen.[97] Der Weg von Afrika bis in Steinachs Laboratorium war also verschlungen gewesen.

---

94 Vgl. Steinach, Strophantuspräparate I, 1888.

95 Eine solche Entdeckungsgeschichte pharmakologischer Wirkstoffe schreibt etwa: Bickel, Pharmakologie, 2000.

96 Vgl. zu ähnlichen Verläufen Gaudillière, Médecine, 2006, 68 f.

97 Der deutsche Kardiologe Albert Fraenkel führte 1905 Strophanthin zur intravenösen Behandlung von Herzinsuffizienz in die Klinik ein.

Der Einsatz von Arzneimitteln in der physiologischen Experimentalpraxis basierte auf der Grundannahme, dass die Veränderung der gegebenen Physiologie durch pflanzliche oder chemische Wirkstoffe eine Aussage über den vermeintlich normalen physiologischen Zustand ermögliche. Kam es beispielsweise nach der Verabreichung von Kokain zu mess- oder beobachtbaren Veränderungen des Schmerzempfindens beim Versuchsobjekt, konnte der Physiologie durch den Aufbau eines experimentellen Vergleichs – etwa die Messung der Reaktionszeit des Versuchstiers vor und nach der Gabe von Kokain – den zugrundeliegenden physiologischen Mechanismus genauer untersuchen. Steinach setzte sich mit dieser experimentellen Methodik bereits während seiner Assistenzzeit an der Universität in Innsbruck auseinander. In den drei Jahren von seiner Promotion 1886 bis zum Wechsel an die Deutsche Universität in Prag 1889 war Steinach in die Studien des Laborleiters Maximilian Vintschgau zur physiologischen Reaktionszeit von Sinneswahrnehmungen und -empfindungen eingebunden. Bis 1888 veröffentlichten Steinach und Vintschgau mehrere gemeinsame Experimente zu Temperaturempfindungen, Geschmack-, Seh- und Drucksinn.[98] Wahrscheinlich geschah die intensive Beschäftigung mit dem Forschungsbereich Vintschgaus nicht ganz freiwillig. Wie oben kurz erwähnt, erlaubte dieser seinen Assistenten keine autonome Forschung bzw. untersagte die dafür notwendige Verwendung von Laborapparaturen. Jener Umstand könnte auch den Aufbau der im Folgenden rekonstruierten physio-pharmakologischen Studie Steinachs erklären, die fast gänzlich ohne den Einsatz elektrophysiologischer Laborapparaturen auskam:

Für seine Habilitation untersuchte Steinach die Adaption des Auges, einen physiologischen Vorgang, der mit der Kontraktion und Dilatation der glatten Pupillenmuskulatur in Verbindung gebracht wurde. Um 1888 testete er im Vorfeld zu den Experimenten am Auge verschiedene Arzneistoffe auf deren Eignung als Reagenzien. Was er suchte, war eine Substanz mit pupillenerweiterndem Effekt, auch mydriatische Wirkung genannt, um die physiologischen Abläufe der Irisbewegung genauer studieren zu können. Unter den getesteten Arzneistoffen befanden sich auch Präparate aus Strophanthussamen, die jedoch keine Mydriasis erzeugten. Steinach beobachtete aber einen anderen Effekt des Präparats. Die als Versuchstiere eingesetzten Kaninchen und Katzen wiesen eine verminderte Schmerzempfindlichkeit am Auge auf. Während die Tiere beim Eintropfen von Flüssigkeiten immer stark mit den Lidern zuckten und sehr unruhig wurden, waren sie nach der Anwendung von Strophanthuspräparaten ungewöhnlich ruhig und schlossen ihre Augen nicht. Nachdem von dieser Wirkung in Fachartikeln noch nicht berichtet worden war, entschied Steinach, das Phänomen experimentell näher zu untersuchen.

98 Vgl. Vintschgau, Steinach, Reaktionszeit, 1887; Vintschgau, Steinach, Drucksinn, 1888.

Für die Versuche setzte er verschiedene Samenpräparate und auch Strophanthinlösungen ein. Die Samen kaufte er in unterschiedlichen Wiener Apotheken und ließ diese im Innsbrucker Institut oder in der »Apotheke des H. Tobisch in Innsbruck« zu den gängigsten flüssigen Verabreichungsformen pflanzlicher Samen verarbeiten: wässrige Ätherextrakte, wässrige Alkoholextrakte, wässrige Lösungen oder Mazerate. Auch »fertige Tincturen aus verschiedenen Wiener Apotheken« setzte er ein. Die industriell hergestellten Strophanthinpräparate bezog er als ein- und zweiprozentige Lösungen über eine Apotheke von der Pharmafirma Merck.

In einer ersten Experimentalreihe testete der Physiologe die Extrakte sowie die Merk'schen Strophanthinlösungen an Kaninchen, Tauben und Katzen. Die Versuche deuteten darauf hin, dass vorwiegend die Äther- und Alkoholextrakte eine anästhesierende Wirkung hatten. Auch lieferten die Samenextrakte der verschiedenen Apotheken, vor allem in Bezug auf Wirkstärke und Wirkdauer, sehr unterschiedliche Ergebnisse. Von den Merk'schen Strophanthinpräparaten war nur eine sehr schwache anästhesierende Wirkung im Experiment zu beobachten. Steinach schloss daraus, dass nicht Strophanthin die schmerzstillende Komponente der Samen sei, sondern ein anderes, noch nicht entdecktes »Princip«. Die Tierversuche zu den wirksamsten Ausgangsprodukten und Zubereitungsarten führte Steinach erneut an Kaninchen, Tauben und Katzen durch. Nach dem Eintropfen der Strophanthuslösungen testete er deren schmerzstillende Wirkung »gewöhnlich mit Pinsel, Sonde, Scalpell und der Pincette«. Die Empfindungslosigkeit setzte durchschnittlich nach dreißig Minuten ein und hielt bis zu zwölf Stunden an.

Im nächsten Schritt wollte Steinach nicht nur die anästhesierende Wirkung am Auge, sondern am ganzen Körper testen. Nach ersten Injektionen der Extrakte unter die Haut der Versuchstiere konnte Steinach jedoch die Reaktionen der Tiere nicht deuten. Die »Empfindungsäusserung der Thiere« sei »unbestimmt und unverlässlich« und es gelinge »bei ihnen überhaupt nicht, feinere Unterschiede in der Sensibilität« festzustellen. Während Kaninchen »oft schwere Eingriffe nur mit einer leisen Muskelzuckung« beantworteten, sah Steinach in Hühnern jedoch »sehr empfindliche Individuen« und auch »kräftige, lebhafte Frösche« reagierten »prompt« auf äußere Reize. »Aus diesen Gründen« entschied er sich für »mehrere Injections-Versuche an Fröschen und Hühnern«.[99] Die Wahl des geeigneten Versuchstiers war demnach ebenso essentiell für die experimentelle Untersuchung der Arzneimittelwirkung wie das Präparat selbst.[100] Steinach injizierte den Fröschen und Hühnern hauptsächlich

99 Vgl. Steinach, Strophanthuspräparate I, 1888, 432–435.

100 Zur epistemischen und kulturellen Bedeutung der Versuchstiere für das Experiment siehe: Logan, Rats, 2001.

wässrige Alkoholextrakte der ursprünglich als Pfeilgift angewandten Strophanthussamen, was bei den Fröschen nach fünfundzwanzig Minuten zum Tod führte. Auch die Hühner starben nach kurzer Zeit, woraufhin Steinach empfahl, keine Injektionen an Menschen vorzunehmen.

In der nachfolgenden Ausgabe der *Wiener klinischen Wochenschrift* präsentierte Steinach Experimente mit Strophanthuspräparaten, die er an Menschen durchgeführt hatte. Eine Übertragung seiner Ergebnisse aus den Tierversuchen sah der Physiologe deswegen nicht angebracht, da nach seinen »Erfahrungen über die pharmakodynamischen Wirkungen verschiedener Mittel am Thier- und Menschenauge« es durchaus möglich sei, dass die Präparate beim Menschen nicht die gleichen Wirkungen ausübten wie bei Tieren. »Ausserdem liess das Thier-Experiment noch manche Frage im Unklaren«, beispielsweise ob durch die lange Anästhesie die Sehschärfe beeinflusst werde. Steinach war aber offenbar von der Ungefährlichkeit der Anwendung von Strophanthuslösungen überzeugt, denn er ersuchte einen Innsbrucker Dozenten für Augenheilkunde, ihm bei Selbstversuchen am Auge zu assistieren.

Am 11. März 1888 um sieben Uhr sieben ließ sich Steinach drei Tropfen einer Lösung in sein linkes Auge eintropfen. Nach einer Stunde setzte die »totale Anästhesie der Hornhaut« ein, was bedeutete, dass er das Betupfen des Auges mit der Sonde nicht spürte und die Hornhaut »sich auch ohne das geringste Schmerzgefühl mit der Haken-Pincette fassen« ließ. Die Wirkung hielt für einen Tag an, weitere Versuche zwei Wochen später konnten die experimentellen Beobachtungen bestätigen. Das Auge wurde völlig empfindungslos, Steinach hatte keinerlei »unbehagliches Gefühl«, nur waren häufig »regenbogenfarbige Ringe sichtbar«, beispielsweise »um die Gasflammen der Strassen«, und alle »Gegenstände des Zimmers« erschienen, »als ob ein fein vertheilter Rauch oder schwacher Nebel hereingedrungen wäre«.[101]

Steinach machte bei der Wahl der Versuchsmethode keine Unterschiede zwischen Tieren und sich selbst oder anderen Menschen. Er testete die anästhesierende Wirkung jeweils mittels der Berührung der Augen mit einer Pinzette oder einer Sonde. Selbstversuche waren keine unübliche Praxis in den medizinischen Experimentalwissenschaften. Mediziner kritisierten jedoch häufig die fehlende Objektivität der Aussagen des Experimentators, der gleichzeitig die Versuchsperson war.[102] Steinach hatte demgegenüber gerade dieser zweiseitige epistemische Zugang, der die eigene Wahrnehmung und Betrachtung des Experimentators mit einschloss, zu Selbstexpe-

101 Steinach, Strophantuspräparate II, 1888, 461–462.

102 Zum Anspruch von Objektivität in den Wissenschaften siehe: Daston, Galison, Objektivität, 2007. Zu im 20. Jahrhundert speziell entwickelten Versuchsanordnungen, die bei Experimenten mit Menschen den Parameter der subjektiven Wahrnehmung auszuschließen suchten, siehe etwa: Schmidgen, Telegraphie, 2004.

rimenten motiviert. Der Wissenschaftler war davon überzeugt, dass er »das schrittweise Auftreten und Abklingen der subjectiven Empfindungen und der objectiven Veränderungen« »genauer controlliren« könne als andere Versuchspersonen. Für ihn war damit der Wissenschaftler auch die Instanz, die zwischen subjektiv und objektiv vorhandenen Extraktwirkungen unterscheiden könne. Er tat dies durch die Kontrolle der Experimentalbedingungen, indem er beispielsweise beim Auftreten einer »unangenehme[n] subjektive[n] Empfindung« im Auge erneut Extrakt eintropfte. Wurde sie danach verstärkt, so handelte es sich Steinach zufolge um eine objektiv ermittelte Wirkung des Extrakts.

Weitere Versuche führte Steinach an »R. S.«, einem »Gymnasialschüler«, durch, der sich nach Ansicht des Experimentators als Versuchsperson eignete, weil er ein »sehr empfindliches Individuum« sei. Um wen es sich bei der Testperson handelte, ist in dem Aufsatz nicht dokumentiert, die Initialen könnten aber auf ein Familienmitglied Steinachs hinweisen. Die Experimente waren ähnlich aufgebaut wie die Selbstversuche: Steinach tropfte zwei bis drei Tropfen der Testsubstanz in eines der Augen und berührte in regelmäßigen Zeitabständen den Augapfel mit einem Finger oder einer feinen Pinzette. Nach ein bis zwei Tagen nahm die anästhesierende Wirkung, je nach Dosierung, wieder ab. Steinach ging mit der Testung der Extrakte am menschlichen Auge ein großes gesundheitliches Risiko ein. Aus dem Aufsatz geht hervor, dass er auch eine mögliche Ablösung oder Trübung der Hornhaut als Nebeneffekt in Betracht gezogen hatte. Dennoch schien er überzeugt gewesen zu sein, den Ausgang des Experiments abschätzen zu können, da er sonst die Selbstversuche vermutlich nicht durchgeführt hätte.

Die Ergebnisse der Humanversuche bestätigten Steinachs Vermutung, dass die Stärke und Dauer der schmerzstillenden Wirkung von der Qualität der angewandten Präparate sowie von der verabreichten Menge abhing. Nachdem reine Strophanthinpräparate im Selbstexperiment keine anästhesierende Wirkung gezeigt hatten, schloss Steinach eine schmerzstillende Wirkung von Strophanthin nun gänzlich aus. »Vielleicht«, so vermutete er, sei »das anästhesierende Princip, das nach den Erfolgen des Aether-Wasserauszugs zu schliessen, auch in starker Verdünnung sehr ausgiebig wirkt«, anderen »Substanzen« zuzuordnen, »welche noch ausser Strophantin aus der Mutterpflanze« chemisch isoliert worden waren. Andernfalls berechtige »die Vollendung der heutigen chemischen Methoden zu der Hoffnung, dass die Isolirung jenes Bestandtheiles, von dem die anästhesirende Eigenschaft der Strophantuspräparate abhängt, in nicht zu langer Zeit gelingen werde«.[103] Auch hier ist es also die chemische Substanz innerhalb der pflanzlichen Materie oder des daraus gewonnenen phar-

103 Steinach, Strophantuspräparate II, 1888, 461–465.

mazeutischen Präparats, auf die der Forscher die physiologische Wirkung zurückführt.

Die Studie zur anästhesierenden Wirkung von Strophanthus kann in eine Reihe von Forschungsunternehmen, vor allem in Deutschland, Frankreich und Großbritannien, eingegliedert werden, die sich in der zweiten Hälfte des 19. Jahrhunderts auf die experimentelle Identifizierung und chemische Isolierung von Wirkstoffen aus traditionell eingesetzten Arzneipflanzen konzentrierten. Zu den prominenten schmerzstillenden und narkotisierenden Beispielen zählen das 1804 aus Opium isolierte Morphin und das um 1860 aus den Blättern des Kokastrauches isolierte Kokain. Beide Substanzen erfuhren eine rasche Verbreitung als kurz und schnell wirksame Lokalanästhetika und Betäubungsmittel.[104]

Steinachs Studie zur Wirkung von Strophanthus- und Strophanthinpräparaten setzte sich nur am Rande mit der Anwendbarkeit jener Substanzen im physiologischen Experiment auseinander. Vielmehr konzentrierte sie sich auf die Wirkung der Präparate auf tierische und menschliche Körper sowie die Nutzung der erforschten Effekte in der Humanmedizin. Während er die zwei Artikel über die Strophanthuswirkungen primär auf pharmakologische Fragestellungen wie die Wirkung der Extrakte, ihre Dosierung sowie ihre möglichen medizinischen Einsatzbereiche ausrichtete, veröffentlichte er die physiologischen Fragestellungen zur Kontraktion des Auges, die er wie gezeigt ebenfalls mit Hilfe von Strophanthusextrakten untersuchte, gesondert in seiner Habilitation. Nach der Übernahme der Assistentenstelle unter Ewald Hering in Prag setzte Steinach die in Innsbruck begonnenen Forschungen zur Pigmentierung der Iris, den Pupillenreflexen und der Erregungsleitung im Sehnerv fort.[105] Mit seinem Aufsatz zur vergleichenden Physiologie der Iris konnte er sich 1890 habilitieren, worauf ihm die Lehrbefugnis für Physiologie erteilt wurde.[106] Es kann somit angenommen werden, dass Steinach die ursprünglich physiologische Experimentalreihe zur Pupillenkontraktion um einzelne pharmakologische Untersuchungen erweitert hatte, als die erwähnten zufälligen Funde diese Möglichkeit eröffneten. Gleichzeitig spielten mögliche karrierefördernde Anreize, die pharmazeutische »Entdeckungen« gewissermaßen versprachen, sicherlich auch eine Rolle bei der Wahl dieser Fragestellung.

---

104 Steinach wies in seiner Studie auf den häufigen medizinischen Einsatz von Kokain am Auge hin. Einen Überblick über die Geschichte pharmazeutischer Zubereitungen liefert Gaudillière, Médecine, 2006, 66–83.

105 Vgl. Steinach, Pupillarreaktion, 1887; Steinach, Iris I, 1890; Steinach, Anatomie, 1891; Steinach, Demonstration, 1891; Steinach, Iris II, 1892.

106 Vgl. Steinach, Iris I, 1890. Der Habilitationsvortrag handelte vom »Einfluß des Lichtes auf contractille thierische Gebilde«, AUP, Dekan an KBV, Prag 18.7.1890; Berufungsschreiben, Lainz 6.6.1895.

Damit verhielt sich Steinach nicht konform zur Mehrheit seiner Forscherkollegen in der Physiologie, denn der Einsatz pharmakologisch wirksamer Substanzen in der experimentellen Forschung führte in der Medizin jener Zeit nicht automatisch zu einer näheren Beschäftigung der Experimentatoren mit den Wirkungen von Präparaten. Dazu wäre ein zumindest geringes Interesse an der therapeutischen Anwendbarkeit experimenteller Ergebnisse notwendig gewesen.[107] Doch Steinach konnte sich für anwendungsorientierte Entdeckungen und Erfindungen begeistern – eine Besonderheit, die sein ganzes Forscherleben prägen sollte. So griff der Physiologe in seinen experimentellen Studien wiederholt auf pharmazeutische Extrakte zurück. In einer 1910 durchgeführten Experimentalreihe zur Physiologie der Geschlechtsdrüsenfunktion verwendete er etwa Extrakte aus tierischen Hoden, Ovarien, Gehirn, Rückenmark, Leber, Magen- und Muskelsaft. Nach 1923 untersuchte er die Wirkung von Ovarien- und Plazentaextrakten der Pharmafirma Schering in umfangreichen Studien.[108]

Die Überschneidung von physiologischer und pharmakologischer Forschungspraxis brachte letztlich auch eine Vereinheitlichung der untersuchten epistemischen Objekte mit sich. Ob nun Pflanzenextrakt oder chemischer Wirkstoff – beide sollten in die Abläufe der chemisch-physikalischen Maschine Mensch eingreifen können. Was die physiologische Forschung von der pharmakologischen unterscheidet, war und ist die Konzentration der Letzteren auf den Stoff im Sinne eines stofflichen »Prinzips«, zumeist reduziert auf einen chemischen »Bestandteil« – im Gegensatz zum physiologischen Mechanismus, den dieser in Gang setzt. Doch da pharmazeutische Präparate sich spätestens im 20. Jahrhundert zu einem wichtigen Element in der experimentalphysiologischen Forschung entwickelten und hier, ähnlich wie die Wahl des Versuchstieres, epistemischen Einfluss auf das Experiment hatten, wurde die Grenze zwischen Pharmakologie und Physiologie mitunter ausgehebelt – eine gewisse Offenheit vorausgesetzt konnte ein Forscher in beiden Bereichen aktiv werden, womit sich bestimmte Ergebnisse in beiden Feldern nutzen ließen. Um die Bedeutung dieser Grenzverwischung einordnen zu können, ist es hilfreich, noch einmal grob zusammenzufassen, was die jeweiligen Domänen auszeichnet: Ging und geht es in der pharmazeutischen Chemie um den betrachteten (Wirk-)Stoff als ein Objekt, so betrachtete und betrachtet die Pharmakologie die konkrete Wirkung solcher Stoffe auf den Körper, während die Physiologie sich auf Mechanismen innerhalb des Körpers konzentriert (u. a. unter Einsatz von Wirkstoffen als experimentelle Hilfsmittel). Der dritte Teil dieser Studie wird sich ausführlich Steinachs Arbeiten im Bereich der Pharmakologie zuwenden.

107 Vgl. Gaudillière, Médecine, 2006.

108 Hierauf wird im dritten Teil dieser Studie genauer eingegangen.

LABORATORIUM FÜR VERGLEICHENDE PHYSIOLOGIE IN PRAG

Der einflussreiche Physiologe Ewald Hering hatte wesentlichen Anteil an der Gründung der Deutschen Universität in Prag, ein Ergebnis der 1882 erfolgten institutionellen Trennung der Prager Universität in eine deutsch- und eine tschechischsprachige.[109] Hering setzte, nach einem Studium und ersten wissenschaftlichen Forschungen in Leipzig, diese ab 1865 an der militärärztlichen Akademie in Wien fort. 1870 wurde er nach Prag berufen, wo er sein Untersuchungsgebiet, die Sinnesphysiologie, weiter ausbaute und eine eigene Schule begründete.[110]

Steinachs Forschungsbedingungen in Prag waren teilweise schwierig. Er konnte an den Experimenten Herings mitarbeiten, wurde in seinen Arbeits- und Denkstil eingeführt und bekam das Labormaterial zur Verfügung gestellt. Dafür musste er ohne ein Gehalt auskommen und war während dieser frühen Studienjahre auf die Finanzierung durch seine Familie angewiesen. Dies war nicht unüblich – an österreichischen Universitäten lagen durchschnittlich sieben Jahre zwischen unbezahltem Extraordinariat und bezahltem Ordinariat.[111] Von dem Zeitpunkt, an dem Wissenschaftler eine Funktion im Lehrkörper einer Universität einnahmen, bis zu dem Moment, ab dem sie regelmäßig Geld für ihre Forschung und Lehre erhielten, waren sie größtenteils von privaten finanziellen Mitteln sowie von Stiftungen und Förderungen abhängig. 1894 schlug Hering im Namen des Professorenkollegiums nach »beinahe 10jähriger Thätigkeit als Assistent an den physiologischen Instituten zu Innsbruck und Prag« dem Ministerium Steinachs Ernennung als außerordentlicher Professor vor. Der Minister für Cultus und Unterricht entschied jedoch, dass eine bezahlte Anstellung noch zu früh sei, da der Physiologe »erst eine verhältnismäßig kurze Zeit, lediglich 4 Jahre«, an der Universität in Prag tätig gewesen sei. Steinach legte gegen diese Entscheidung Berufung ein, woraufhin ihm im selben Jahr der Titel eines außerordentlichen Professors verliehen wurde, jedoch ohne den Anspruch auf ein Gehalt.[112] Der Physiologe konnte somit 1894 den Titel und damit die soziale, nicht jedoch die finanzielle Anerkennung eines Professors genießen.

---

109 Vgl. hierzu ausführlicher am Ende des Kapitels Anfänge des Forschungsinstituts für das physikalisch-chemische Experiment.

110 Vgl. Rothschuh, Physiologie, 1953, 190.

111 Allerdings ist es aufgrund der vielen unterschiedlichen wissenschaftlichen Dotationsformen schwierig, ein durchschnittliches Alter, in dem Mediziner an der Universität Prag um 1900 ihr erstes Gehalt erhielten, zu ermitteln. Für diesen Hinweis danke ich Jan Surman.

112 AUP, Akte Rex, Professorenkollegium an MKU, Prag 10.1894; Dekanat an KBV, Prag 12.11.1894; MKU an Rex, Prag 5.1.1895; Rex zu Berufungsschreiben, Lainz 6.6.1895.

Am physiologischen Institut in Prag fand kurz darauf ein Vorstandswechsel statt, nachdem Hering 1895 die Leitung von Carl Ludwigs renommiertem physiologischen Laboratorium in Leipzig übernommen hatte. Der neue Prager Institutsvorstand, Johannes Gad (1842–1926), hatte zuvor die experimentelle Abteilung des physiologischen Institutes der Universität in Berlin geleitet, war ein vormaliger Assistent von Emil Du Bois-Reymond und beschäftigte sich vorwiegend mit Elektrophysiologie, Atmung, Nervenleitung im Rückenmark und der Fettverdauung.[113] Gad setzte sich 1895 erneut beim Ministerium für die Zuerkennung eines regulären Gehalts für Steinach ein. Sein wichtigstes Argument war, dass er Steinach die Vermittlung eines bezahlten Postens in Berlin vorgeschlagen, dieser »aber in anerkennender Weise auf die Candidatur in Berlin verzichtet« habe, »mit dem richtigen Gefühle, dass die Fortsetzung seiner bisherigen Thätigkeit gerade bei dem Vorstandswechsel von besonderer Bedeutung« sei.[114] Nach vielen Amtswegen innerhalb der österreichischen Bürokratie in der Doppelmonarchie, die, wie auch schon bei Steinachs Berufung 1894, bis zu Kaiser Franz Joseph führten, ging zwei Jahre nach der Verleihung des Professorentitels der positive Bescheid bezüglich eines Gehalts für Steinach in Prag ein.

So erhielt Steinach 1896 – mit fünfunddreißig Jahren – sein erstes Jahresgehalt von 800 Gulden für Lehrtätigkeiten als außerordentlicher Professor.[115] Dies entsprach in etwa der Bezahlung eines niedrigen Staatsbeamten. Im Verhältnis dazu kostete in Prag eine in den zentralen Bezirken gelegene Wohnung jährlich rund 500 Gulden Miete.[116] Steinach legte beim Minister für Cultus und Unterricht Berufung ein, woraufhin 1897 eine Verdoppelung seiner Bezüge durch Genehmigung eines Professorengehaltes zuzüglich einer »Aktivitätszulage« genehmigt wurde.[117] Auch hier wieder ein Vergleich, um die Höhe dieses Gehalts einordnen zu können: Die 1.600 Gulden, die Steinach nunmehr erhielt, entsprachen etwa 3.200 Kronen. Die Grenze, ab der ein Einkommen steuerpflichtig war, lag bei 1.200 Kronen. Im Jahr

113 Vgl. Rothschuh, Physiologie, 1953, 190.

114 Es handelte es sich um die »Stelle einer außerordentlichen Professur und Abteilungsvorstandes am physiologischen Institute der Universität in Berlin«. AUP, MKU an Rex, 28.9.1897.

115 Vgl. AUP, Gad an KBV, Prag 14.11.1895; MKU an Rex, 28.9.1897; Antragsbewilligung durch Rex, Mürzsteg 8.10.1897. Anm.: 1892 wurde in der gesamten Habsburgermonarchie der Gulden durch die Krone ersetzt, jedoch blieb der Gulden noch bis 1900 im Umlauf, bis er aufgrund der Verordnung vom 21.9.1899 an Gültigkeit verlor.

116 Vgl. Vosahlikova, Einleitung, 1998, 22.

117 AUP, Berufungsschreiben Steinach, Wien 22.5.1895. Anm.: 2005 entsprachen 1.620 Gulden einer Kaufkraft von etwa 28.512 Euro und damit einem Monatsgehalt von knapp 2.400 Euro. Bei der Aktivitätszulage handelte es sich um eine Vergütung, die staatlich Bediensteten in der Habsburgermonarchie zum Ausgleich der Lebenshaltungskosten gewährt wurde. Vgl. Eybl, Eule, 2005, 339–341.

1900 betrug das Salär von immerhin 150 Ärzten weniger als diese Summe. Im Gegensatz dazu verbuchten 284 Mediziner ein Mindesteinkommen von 12.000 Kronen, womit sie einem erheblich besseren Lebensstil mit zumeist bürgerlichen Gewohnheiten nachkommen konnten.[118]

In den nun folgenden Jahren legte Steinach den Grundstein für seine eigenständige physiologische Forschung. Die Finanzierung seiner Experimente hatte er ab 1900 über eine zusätzliche bezahlte Assistentenstelle, die er am physiologischen Institut einnahm, sowie über wissenschaftliche Preise gesichert. 1902 wandte sich der Physiologe mit der Bitte an das Unterrichtsministerium, ihm ein Laboratorium »zur Erfüllung seines Lehrauftrages sowie die für seine wissenschaftlichen Arbeiten nötigen Localitäten und Behelfe« einzurichten. Er schlug vor, unter Beibehaltung der Bezüge »die von ihm bekleidete Assistentenstelle in die Stelle eines Vorstands der Abteilung für allgemeine u. vergleichende Physiologie am deutschen physiologischen Institut in Prag umzuwandeln«. Das Ministerium stimmte dem im November 1902 zu und ernannte Steinach zum Vorstand einer Abteilung für vergleichende Physiologie.[119]

Diese Einwilligung dürfte auch an fachimmanente Entwicklungen gekoppelt gewesen sein: Der physikalisch-chemische Ansatz in der Experimentalphysiologie spielte inzwischen eine zentrale Rolle im Wissenschaftsbetrieb und wurde in den Tageszeitungen sogar als »Jahrhundertprogramm der Naturbeherrschung im Labor«[120] gefeiert. Die im deutschen Sprachraum erfolgreich etablierten physiologischen Institute – darunter insbesondere Emil Du Bois-Reymonds Berliner »Physiologie-Fabrik« – wurden zum Vorbild für ähnliche Einrichtungen in anderen Ländern.[121] Vermutlich wollten die wissenschaftlich-behördlichen Entscheidungsträger auch in Prag der durch Industrialisierung und Modernisierung angekurbelten Diversifizierung der Forschungsfelder nicht im Wege stehen und bewilligten das ehrgeizige Projekt des noch unbekannten Professor Steinach.

Dieser richtete sein Laboratorium ganz nach dem Vorbild bestehender physiologischer Forschungsstätten in Deutschland und Österreich ein. Das Besondere an Steinachs Abteilung war jedoch deren Ausrichtung auf das Spezialfach vergleichende Physiologie – ein verhältnismäßig neues Forschungsgebiet, das auf die Erforschung der gemeinsamen physiologischen Grundlagen der Lebewesen ausgerichtet war. Den entsprechenden Studien mit evolutionsbiologischen Fragestellungen näherte sich der

118 Vgl. Kühschelm, Bürgertum, 2010, 867 f.

119 AUP, Bericht des k. k. Statthalters für Böhmen, Wien 22.9.1900; Dekan an KBV, Prag 16.6.1902; Bericht KBV, Wien 7.11.1902; Bericht KBV, Wien 7.12.1902.

120 Dierig, Wissenschaft, 2006, 15.

121 Vgl. Schlich, Erfindung, 1998, 225.

Physiologe mit bislang praktizierten experimentellen Methoden. Er untersuchte physiologische Funktionen von Organen und Geweben mit Hilfe von chirurgischen Eingriffen und den mittlerweile etablierten physikalisch-chemischen Verfahren. Damit blieben die experimentellen Praktiken größtenteils unverändert, während die epistemischen Rahmenbedingungen variierten.

Bereits wenige Jahre nach seiner Gründung hatte sich Steinachs Laboratorium als wissenschaftliche Einrichtung etabliert. Die darin abgehaltenen Lehrveranstaltungen waren äußerst gut besucht und dem Physiologen wurde ein renommierter Forschungspreis verliehen. 1906 stellte das Prager Professorenkollegium fest:

> »Die Zahl der Hörer stieg im letzten Semester bis auf 25, eine Hörerzahl, welche für ein rein theoretisches Spezialfach eine bemerkenswert hohe ist und auch beweist, dass die Vorlesungen Steinach's außerdem einem Unterrichtsbedürfnisse der Mediziner entsprechen.«[122]

1906 verlieh das Ministerium Steinach den Titel eines ordentlichen Professors, allerdings weiterhin mit den Bezügen eines außerordentlichen Professors.[123] So blieb zu konstatieren, dass – trotz seines Erfolgs als Vortragender und Laborleiter – die »aussergewöhnliche Dürftigkeit der wissenschaftlichen Einrichtung und Dotierung« ihn in seinen experimentellen Studien zu sehr einschränkte.[124] Was der Physiologe brauchte, waren jedoch nicht nur ein technisch gut ausgestattetes Laboratorium, sondern auch die Kontakte und budgetären Möglichkeiten, die eine Forschungsstätte in Wien ermöglichen konnte.

122 AUP, Professorenkollegium an KBV, Prag 16.6.1906.

123 Vgl. AUP, Professorenkollegium an KBV, Prag 16.6.1906; Rex zu Berufungsschreiben, Ischl 20.12.1906; Statthalterei Böhmen an KBV, Prag 16.8.1906. Anm.: Steinachs Jahreseinkommen belief sich danach auf insgesamt 7.140 Kronen, was ungefähr der Bezahlung eines höheren Staatsbeamten entsprach. Die Kaufkraft 2005 war etwa 31.400 Euro. Vgl. Eybl, Eule, 2005, 339–341.

124 Steinach, Summation, 1908, 317.

Kapitel 2

Die Biologische Versuchsanstalt in Wien 1902–1918

Eugen Steinachs inkretorische und endokrinologische Forschung war eng mit der Institution verwoben, in der sie stattfand, der Biologischen Versuchsanstalt, sowie der Wahl des Forschungsstandorts Wien – die Hauptstadt der Habsburgermonarchie und eine der Zentren für Sexualforschung um 1900. Im Rahmen von zwei Gastaufenthalten in Wien verschob er sukzessive sein neurophysiologisches Forschungsfeld in den Bereich inkretorischer Studien – die Lehre von den inneren Sekreten, die sich in den folgenden Jahren in die Endokrinologie transformierte. Dieses Kapitel präsentiert die Biologische Versuchsanstalt, das Interesse der Gründer an experimenteller naturwissenschaftlicher Forschung sowie die Umsetzung ihrer Idee. Die Gründung einer privaten Forschungseinrichtung durch jüdische Wissenschaftler kann sicherlich auch als Reaktion auf die beschränkten Arbeitsmöglichkeiten für Juden an der Universität Wien gelesen werden. Dieses avantgardistische und anspruchsvolle Unternehmen entwickelte sich in den folgenden Jahren zu einer staatstragenden Einrichtung, deren auftretende ökonomische Schwierigkeiten bei der Erhaltung schließlich durch die Integration der Einrichtung in die Akademie der Wissenschaften und durch staatliche Unterstützung – selbst in Zeiten des Krieges und der Weltwirtschaftskrise – gelöst wurden. Dies lag wohl auch an einem Interesse des Staates für Geschlechtsforschung und insbesondere an Steinachs Behandlungsvorschlägen für Homosexualität. Ein besonderer Schwerpunkt des Kapitels liegt darauf, wie Steinach die Leitung einer Abteilung innerhalb der Biologischen Versuchsanstalt übernahm und seine Studien unter enormem finanziellen Aufwand durchführte. Die folgenden Teile dokumentieren, wie er die Physiologie als Forschungsrichtung innerhalb der Biologischen Versuchsanstalt ausbaute und bis in die frühen 1920er Jahre aus seinem Laboratorium ein internationales Forschungszentrum für die experimentelle Sexual- und Hormonforschung machte. Der Physiologe zeichnete sich dabei nicht nur durch fachliche Kompetenz aus, sondern auch durch seine Fähigkeit, Trends wahrzunehmen, Allianzen zu schließen, sein Wiener Institut voranzutreiben und international zu etablieren sowie Biologen und Mediziner zu motivieren, sich an seinen Themen und Arbeiten zu beteiligen.

ANFÄNGE DES FORSCHUNGSINSTITUTS FÜR DAS PHYSIKALISCH-CHEMISCHE EXPERIMENT

Etwa zeitgleich mit der Eröffnung von Steinachs physiologischem Laboratorium in Prag wurde durch eine Privatinitiative jüdischer Wissenschaftler ein eigenes Forschungsinstitut für die experimentellen Laborwissenschaften in Wien gegründet: die Biologische Versuchsanstalt. Aus wissenschaftshistorischer Sicht kann die Gründung der Biologischen Versuchsanstalt in den Kontext der Wiener Moderne eingeordnet werden. Zur Jahrhundertwende herrschte in Wien eine außergewöhnlich inspirierende Atmosphäre in der Ärzte, Architekten, Autoren, Musiker, Schauspieler, Philosophen und Wissenschaftler – bezeichnenderweise nicht jeweils beiderlei Geschlechts – ihre Wissens- und Tätigkeitsfelder erweiterten und neue begründeten. Trotz der Aufbruchsstimmung in Richtung einer geschlechtlichen Gleichberechtigung bestanden noch für Jahrzehnte (wenn nicht bis in die Gegenwart) nicht die gleichen Rahmenbedingungen sowie Handlungs- und Partizipationsräume für Frauen und Männer. Die ab den frühen 1960er Jahren erschienenen Arbeiten Carl Schorskes schufen ein dominantes Paradigma für das Verständnis Wiens um 1900 als eines großen, wenn nicht *des* kulturellen Zentrums Europas. Schorske erklärte den kulturellen Erfolg der Stadt im Kontext der Niederlage des Liberalismus und der politischen Krise der 1890er Jahre. Ihren politischen Einfluss, dessen Höhepunkt zwischen 1860 und 1880 erreicht war, hätten die Liberalen im Kampf gegen die Aristokratie gewonnen. Um 1900 erlangten neue politische Bewegungen wie beispielsweise der Feminismus, die Sozialdemokratie oder der antisemitisch ausgerichtete christliche Sozialismus enormen politischen Einfluss. Die Liberalen hätten zwar ihren politischen Einfluss an jene Strömungen verloren, aber dennoch ein Klima geschaffen, in dem sich neue soziale und politische Kräfte entwickeln konnten. Die städtische Umgestaltung in den späten 1880er und 1890er Jahren eröffnete darüber hinaus das räumliche Potenzial für kulturelle und wissenschaftliche Aktivitäten. Damit sah Schorske das Entstehen der Wiener Moderne in der Reaktion der kulturellen Elite auf das Scheitern des Liberalismus begründet.[125]

Steven Beller zufolge war es genau dieses von Schorske geschaffene Paradigma, das Wien in einen weit verbreiteten Forschungsgegenstand verwandelt hatte. Bis 1980 waren Schorskes Arbeiten als die kanonische Betrachtungsweise Wiens um die Jahrhundertwende akzeptiert. Mit der Frage nach dem jüdischen Beitrag zur Wiener Kultur forderten Historiker wie Beller, Ivar Oxaal und George Steiner Mitte der

125 Vgl. Schorske, Fin-de Siècle, 1980; Reiter, Zerstört, 1999, 591–594; Rentetzi, Trafficking, 2008, 66, 115.

1980er Jahre nicht nur das Modell Schorskes heraus, sondern trugen damit auch zur Anerkennung der jüdischen Tradition und Erfahrung an der Wiener Kultur bei. Diese Debatte führte zu einem komplexeren Verständnis der Beziehung zwischen Kultur und Politik im Wien um 1900. Neuere Studien beschäftigen sich unter anderem mit dem komplexen Verhältnis zwischen ökonomischer und politischer Macht und den vielschichtigen Einflusszonen des liberalen Bürgertums auf den österreichischen Staat.[126]

In der zweiten Hälfte des 19. Jahrhunderts erlebte Österreich eine Periode ungewöhnlicher wirtschaftlicher Prosperität, die die Basis für den ökonomischen Aufstieg und den politischen Machtgewinn des Bürgertums lieferte. Aus diesem rekrutierte sich nach 1867 die liberale Regierung, die eine städtebauliche und verkehrstechnische Modernisierung Wiens begann. Die Prunkbauten der Ringstraße erinnern noch heute an diese reichen »Gründerjahre« und den politischen Einfluss des Großbürgertums.[127] Das Gebäude, das die Biologischen Versuchsanstalt später bezog, war anlässlich der Weltausstellung 1873 von Großindustriellen in Wiens größtem urbanen Garten und Vergnügungspark errichtet worden, um in Aquarien und einem kleinen Zoo Tiere zur Schau zu stellen. Das Unternehmen machte sich jedoch nicht bezahlt, denn der nahe gelegene Tiergarten in Schönbrunn mit seinen Elefanten und Affen zog weit mehr Besucher an.

Die Besitzer des kleinen Zoos im Prater mussten den als »Aquarium« bekannt gewordenen Bau um die Jahrtausendwende verkaufen. 1902 erwarben der Zoologe Hans Przibram (1874–1944), der Botaniker Leopold von Portheim (1869–1947) und der Pflanzenphysiologe Wilhelm Figdor (1866–1938) das Gebäude im Wiener Prater, um darin ein Forschungsinstitut für experimentelle Laborforschung einzurichten. Die finanziellen Mittel dafür stammten aus Familienvermögen der Gründer, die angesehenen jüdischen Familien mit engen Kontakten zu industriellen und kulturell progressiven Kreisen in Wien angehörten.[128] Przibram arbeitete zur Zeit der Gründung an seiner Habilitation zur experimentellen Morphologie an der Universität Wien, Portheim war ein sogenannter Privatgelehrter und Figdor ein Privatdozent – allesamt niedrige akademische Karrierestufen, die in ihrer typischen Abfolge für jüdische Akademiker die drei Wissenschaftler darin bestärkt haben könnten, ihre eigene Forschung privat voranzutreiben. Das Aquarium eignete sich hervorragend für die Haltung und Züchtung von Versuchstieren: Vor und hinter dem Gebäude

126 Vgl. Beller, Wien, 1993, 9; Rentetzi, Trafficking, 2008, 66.

127 Vgl. Severit, Wien, 1998, 11.

128 Vgl. Reiter, Zerstört, 1999, 591–594; Rentetzi, Trafficking, 2008, 115 ff. Zum Antisemitismus an der Universität Wien siehe beispielsweise: Rathkolb, Antisemitismus, 2013.

lagen sechzehn Meerwasserbecken, gefüllt mit Wasser aus der Adria, im Inneren der Anstalt befanden sich Süßwasseraquarien, Terrarien und Käfige. Darin wurden Fische, Reptilien und Landtiere gehalten, die ursprünglich als Ausstellungsobjekte gedacht waren. Die Tiere waren, nachdem die Eigentümer den Konkurs angemeldet hatten, gemeinsam mit dem Gebäude zum Verkauf ausgeschrieben worden. Während Przibram eine zoologische Abteilung einrichtete und deren Leitung übernahm, gründeten Figdor und Portheim eine botanische Abteilung. In den folgenden Jahren wurde das inzwischen als »Vivarium« bezeichnete Gebäude zu einem Ort der experimentellen Forschung umgebaut, die Anstalt mit Arbeitssälen, Laboratorien, Ställen, Glashäusern, Garten- und Hofparzellen ausgestattet.[129]

Grundsätzlich unterstützten die Institutsgründer jegliche Forschung zu unterschiedlichen biologischen Fragestellungen – mit einer Einschränkung: Die wissenschaftlichen Erkenntnisse sollten durch Experimente an lebenden Organismen gewonnen werden.[130] Innerhalb der Medizin und Zoologie stand dies im krassen Widerspruch zu den traditionellen Methoden der nahe gelegenen Wiener Universität, in der die pathologische Anatomie die medizinische Forschung dominierte, das Wissen also aus der Untersuchung toter Tiere und Menschen abgeleitet wurde.[131] Innerhalb der Botanik konnte sich dieser Zugang an der Universität Wien bereits früher durchsetzen, vor allem in dem 1873 von Julius Wiesner (1838–1916) gegründeten pflanzenphysiologischen Institut. Die Forschung im traditionsreichen Naturhistorischen Museum und dem Botanischen Garten fokussierte dennoch vornehmlich auf dem Studium von getrockneten oder durch Flüssigpräparation erhaltenen Pflanzen. Darüber hinaus standen der Universität Wien nicht die umfassenden finanziellen Mittel zur Verfügung, um die kostspielige Züchtung und Erhaltung von Versuchstieren in großem Rahmen zu fördern. Auch für Przibram, Portheim und Figdor stellte diese eine finanzielle Herausforderung dar, ebenso wie die hohen laufenden Kosten für Betrieb und Instandhaltung der Einrichtung. In den Gründungstatuten hatten sie festgehalten, vermutlich in Abgrenzung zur Universität Wien, dass sämtliche Räumlichkeiten ausschließlich für die wissenschaftliche Forschung, nicht für den

129 Vgl. Reiter, Zerstört, 1999, 586–588.

130 Vgl. Sengoopta, Quintessence, 2006, 58.

131 Vgl. Coen, Living, 2006, 494. Das Thema Vivisektion wurde seit etwa Mitte des 19. Jahrhunderts sowohl wissenschaftlich als auch öffentlich breit diskutiert. Neben epistemologischen und methodologischen Themen war in diesen Debatten auch der Tierschutz ein wichtiger Punkt. So forderte die AW 1913 bei Verhandlungen über eine institutionelle Anbindung der BV, dass operative Eingriffe an »Warmblütlern« nur mehr unter Narkose oder Anästhesie vorgenommen werden dürften. AÖAW-BV, 1/1, 340, Vorschlag, 1.1.1913. Zur veränderten Einstellung gegenüber dem Tierversuch siehe etwa: Opitz, Tierversuche, 1968.

Unterricht, genutzt werden durften. Diese Klausel sollte den Abteilungsleitern die Konzentration auf die experimentelle Forschung garantieren. Die laufenden Kosten der Anstalt planten sie durch die Vermietung von Arbeitsplätzen an Gastwissenschaftler zu decken. Das österreichische Ministerium für Cultus und Unterricht unterstützte dieses Konzept, indem es jährlich fünf Laborplätze für Gastforscher, sogenannte »staatliche Freiplätze«, subventionierte und so ein Drittel der Anstaltskosten deckte.[132]

Steinach konnte 1908 erstmals einen staatlichen Freiplatz an der Versuchsanstalt für seine Experimente zur Summation von Reizen nutzen.[133] Er hatte Prag für einen Gastaufenthalt an der Biologischen Versuchsanstalt verlassen, wo ihm die Institutsleiter unentgeltlich einen Arbeitsplatz und Materialien zur Verfügung stellten. In Wien fand Steinach ein inspirierendes experimentalwissenschaftliches Umfeld vor, zum einen in dem gut ausgestatteten Privatinstitut und zum anderen an der Universität Wien. Während Steinach in der Biologischen Versuchsanstalt Experimente zur Physiologie der Reizweiterleitung durchführte, erweiterte er parallel an der medizinischen Fakultät der Universität Wien sein Untersuchungsgebiet. Dort arbeiteten unter anderen die Gynäkologen Rudolf Chrobak (1843–1910) und Josef Halban (1870–1937) sowie der Anatom Julius Tandler (1869–1936) und der habilitierte Dermatologe Siegfried Grosz (1869–1922) an verschiedenen Studien zur Drüsenfunktion der Geschlechtsorgane, die er mit großem Interesse verfolgte. So ist es vermutlich kein Zufall, dass Steinachs erste Arbeit zur endokrinen Sexualphysiologie in Wien entstand. Die Ergebnisse entsprechender Experimente, die der Physiologe systematisch über vier Jahre angestellt hatte, veröffentlichte er 1910 im *Zentralblatt für Physiologie* unter dem Titel *Geschlechtstrieb und echt sekundäre Geschlechtsmerkmale als Folge der innersekretorischen Funktion der Keimdrüsen*. Zu Beginn seines Aufsatzes bezog sich Steinach auf einen veröffentlichten Vortrag des Anatomen Julius Tandler und bedankte sich für dessen Hilfe bei seinen Experimenten.[134]

1912 stellten die Institutsleiter der Biologischen Versuchsanstalt Steinach erneut einen subventionierten Laborplatz für physiologische Experimente zur Verfügung.[135] Die finanzielle Situation des Privatinstituts hatte sich mittlerweile jedoch verändert. Bereits wenige Jahre nach der Gründung des Vivariums wurde die finanzielle Belastung für die Institutsleiter so hoch, dass sie sich veranlasst sahen, eine Anbindung der

132 Für einen wissenschaftshistorischen Überblick zu Przibram, Portheim und Figdor siehe: Coen, Living, 2006. Die Institutionengeschichte der BV wurde von Hofer, Rudolf Goldscheid, 2002, und Reiter, Zerstört, 1999, beschrieben.

133 Vgl. Steinach, Summation, 1908, 317.

134 Vgl. Steinach, Geschlechtstrieb, 1910, 564. Ausführlicher zu Tandlers Forschungen vgl. Kapitel 3.

135 Vgl. Steinach, Umwandlung, 1912, 106.

Forschungsanstalt an akademische Institutionen mit Lehrverpflichtung in Erwägung zu ziehen. Im Jänner 1911 verhandelten sie erstmals mit der Kaiserlichen Akademie der Wissenschaften in Wien (AW) über eine Angliederung des Vivariums.[136] Die Akademie selbst hatte zuvor Interesse an der Anbindung spezialisierter und selbstständig geleiteter Institutionen gezeigt. So waren 1906 die Biologische Station in Lunz am See und 1910 das Wiener Institut für Radiumforschung als externe Forschungsinstitute an die Akademie angegliedert worden.[137]

Die Verhandlungen zwischen den Besitzern der Anstalt, dem Präsidium der AW und dem Unterrichtsministerium über die finanziellen, juridischen, organisatorischen und personellen Bedingungen dauerten bis zum Jahresende 1913. Figdor legte seine Funktion als Leiter der Anstalt nieder, war danach aber weiterhin als Leiter einer eigenen pflanzenphysiologischen Abteilung tätig.[138] Zusätzlich überlegten Przibram und Portheim, zwei weitere Abteilungen einzurichten. Für die Leitung einer Abteilung für physikalisch-chemische Biologie sahen sie den medizinischen Chemiker und Pharmakologen Wolfgang Pauli (1869–1955) vor. Außerdem hatten Przibram und Portheim schon länger die Einrichtung einer experimentalphysiologischen Abteilung geplant und boten Steinach an, diese zu übernehmen. Über die finanziellen Bedingungen konnten sich die Anstaltsleiter und die zukünftigen Abteilungsleiter schnell einigen: Beiden wurden eine jährliche Forschungsbeihilfe von 500 Kronen, ein subventionierter »Freiplatz« für Gastforscher und ein Beitrag für die laufenden Regie- bzw. Betriebskosten durch die Versuchsanstalt zugesichert. Am 1. Jänner 1913 wurden mit Pauli und Steinach Verträge abgeschlossen, in denen sie den Bedingungen der Angliederung des Vivariums an die AW und den Statuten vorläufig zustimmten. Gleichzeitig räumte die Akademie den Abteilungsleitern das Recht ein, Detailfragen noch zu verhandeln. Steinach nutzte, im Unterschied zu Pauli, diese Klausel und konnte den Zuschuss für die »Anschaffung von Apparaten und der allgemein gebräuchlichen Glasgeräte und Chemikalien etc.« bis zur »Fertigstellung der Abteilungsräume« verdoppeln.

Als Arbeitsbereich standen Steinach in der Biologischen Versuchsanstalt zwei Räume im ersten Stock und ein größerer Raum im Hochparterre, der sogenannte Flugraum, zur Verfügung. Die Institutsleitung ließ für das neue physiologische La-

136 Vgl. AÖAW-BV, 1/1, Promemoria an AW, Wien 5.1.1911. Anm.: Die unter der Schirmherrschaft von Kaiser Ferdinand I. (1793–1875) 1846 als »Kaiserliche Akademie der Wissenschaften (in Wien)« gegründete Einrichtung wurde 1921 per Bundesgesetz in »Akademie der Wissenschaften in Wien« umbenannt. 1947 beschloss der Nationalrat, den Namen der Akademie in »Österreichische Akademie der Wissenschaften« zu ändern.

137 Zum Institut für Radiumforschung siehe: Fengler, Kernforschung, 2014; Meyer, Vorgeschichte, 1950.

138 Vgl. AÖAW-BV, 1/1, Notiz, 25.2.1913.

boratorium die vorhandenen Räumlichkeiten aufwändig umbauen und stattete sie für die Haltung der Versuchstiere mit sechs »heizbare[n] Stall-Abteilungen« für Ratten sowie einem »zementierte[n] grosse[n] Froschbassin« aus. Strom- und Gasanschlüsse, eine lokale und eine zentrale Heizung, Becken für Regen-, Hochquell-, Brunnen-, See- und destilliertes Wasser sowie einige Terrarien waren bereits vorhanden. Die Leitung einer Abteilung in der hervorragend ausgestatteten Biologischen Versuchsanstalt, die nun als »Schenkung« in die renommierte Akademie der Wissenschaften eingegliedert werden sollte, war für Steinach sicherlich die Erfüllung eines langersehnten wissenschaftlichen Traums – wären da nicht zwei Haken gewesen.

Erstens forderte das Präsidium der Akademie die zukünftigen Abteilungsleiter der Abteilungen auf, jährlich je 2.000 Kronen für die Erhaltung der Versuchsanstalt beizusteuern.[139] Dieser Betrag entsprach in etwa einem Drittel des Jahreseinkommens, das Steinach in Prag für Lehre und Forschung erhalten hatte.[140] Zweitens sollten die Abteilungsvorstände formell sämtliches Inventar ihrer Laboratorien in den Besitz der Akademie übergeben. Auch Przibram und Portheim hatten, mit Ausnahme ihrer wissenschaftlichen Bibliotheken und Mikroskope, ihre gesamte Laboreinrichtung der AW »geschenkt«.[141] Zu Steinachs Inventar zählte jedoch auch die »Ausrüstung des physiologischen Institutes [in Prag] mit physiologischen Apparaten, Mikroskopen, elektrischen Vorrichtungen und anderen Utensilien« im geschätzten Mindestwert von 7.500 Kronen.[142] Diese Klausel stand lange einer Einigung Steinachs mit der AW im Weg, vermutlich deshalb, weil der Physiologe durch eine Übergabe unwiderruflich an die Versuchsanstalt gebunden gewesen wäre. Der Verlust seiner Laborausstattung würde eine Rückkehr in sein Prager Laboratorium oder einen Wechsel an eine andere Forschungsstätte kostspielig, wenn nicht sogar unmöglich machen. Seine Stellung an der Universität in Prag gab Steinach mit der Vertragsunterzeichnung in Wien nicht auf, sondern ließ sich immer wieder beurlauben. Mit dieser geschickten Strategie konnte Steinach sein Professorengehalt und die Gelder für sein Prager Laboratorium für seine Forschungen an der Biologischen Versuchsanstalt sichern.

1913 hatte Steinach seine Beurlaubung von der Universität in Prag um ein Jahr verlängert. Kurz darauf bat die Prager medizinische Fakultät »um baldige defin. Lösung der Frage«, ob Steinach weiterhin seine Professur und Lehrverpflichtungen ausüben werde, doch der Ausbruch des Ersten Weltkriegs verzögerte offenbar eine

139 AÖAW-BV, 1/1, Übereinkommen Steinach, 1.1.1913. Vgl. Übereinkommen Pauli, 1.1.1913.
140 Vgl. AUP, Statthalterei Böhmen an KBV, Prag 16.8.1906.
141 Vgl. AÖAW-BV, 1/1, vorläufiges Übergabedokument, 30.4.1913.
142 AÖAW-BV, 1/1, Übereinkommen Steinach, 1.1.1913.

definitive Klärung. Schließlich stellte der Dekan 1917 erbost fest, dass Steinach trotz seiner Abwesenheit »im Genusse der system.[atisierten] Extraord.[inats] Bezüge« stehe und für das Prager Laboratorium »nur zur Förderung seiner wissenschaftlichen Arbeiten eine Jahressubvention von 3000 K« erhalte. In einem Antrag an das Unterrichtsministerium ersuchte er deshalb, Steinachs Bezüge für die Bezahlung eines anwesenden Mitarbeiters der Prager Universität einsetzen zu dürfen.[143] Im Ministerium reagierte man verwirrt auf die Sachlage und beschloss, die Zahlungen einzustellen. Die AW hatte bereits 1913 hinsichtlich Steinachs Verortung in zwei Laboratorien – dem in Prag und dem in Wien – Position bezogen. In seinem Vertrag mit der Versuchsanstalt und der Akademie befand sich – im Unterschied zum Vertrag mit Pauli – eine Klausel, die eine jährliche Zahlung von 1.000 Kronen bis zum Jahresende 1915 bei längerer Abwesenheit durch Krankheit oder Berufung an ein anderes Institut vorsah.[144]

Mit dem 1. Jänner 1914 wurde die Biologische Versuchsanstalt rechtskräftig in die Akademie der Wissenschaften eingegliedert.[145] In der Folge konnte das Vivarium auf staatliche Subventionen in Höhe von 22.000 Kronen jährlich für Laborplätze, Betriebskosten, Versuchstiere, Geräte und Löhne für Gärtner und Hausmeister sowie für den administrativen Mitarbeiter und Biologen Paul Kammerer (1880–1926) zurückgreifen. Die Verhandlungen mit den zwei Abteilungsvorständen waren erst ein halbes Jahr später abgeschlossen. Mit Wolfgang Pauli scheiterten sie, denn dieser erklärte am 6. Juni 1914 »mit Rücksicht auf die verschlechterte materielle Lage« seiner Abteilung, dass er »die Stelle eines Abteilungsvorstandes an der biologischen Versuchsanstalt gekündigt habe«.[146]

Steinach, nun Leiter der »Abteilung für die experimentelle Erforschung von Organismen, insbesondere der experimentellen Morphologie und Physiologie«, stimmte den neuen Statuten nur widerwillig zu.[147] Er hatte seit Jahresbeginn 1913 insgesamt eineinhalb Jahre mit der AW über die Zahlung der Raummiete und die Übergabe seines Prager Inventars verhandelt und musste letztendlich seine diesbezügliche Weigerung zurücknehmen. Er tat dies nur widerwillig, doch war die Aussicht, in der inspirierenden Wiener Forschungsinstitution zu arbeiten, anscheinend ein großer Anreiz. In einem Brief vom 8. Juni 1914 an die Vertragspartner der Akademie verband Steinach seine Einwilligung zu den Bedingungen der AW mit einer Erläuterung zu wissenschaftlichen Arbeiten, die nicht unterbrochen werden dürften, sowie

143 AUP, Dekanat an KBV, 12.3.1917.
144 Vgl. AÖAW-BV, 1/1, Übereinkommen Steinach und Pauli, 1.1.1913.
145 Vgl. Reiter, Zerstört, 1999, 589 f.
146 AÖAW-BV, Pauli an AW, 6.6.1914.
147 Vgl. AÖAW-BV, 1/1, Statut, 30.4.1913.

zu bereits erfolgten Investitionen, allerdings auch mit einem deutlich resignierten Unterton bezüglich der Bedingungen:

> »Da meine Forschungen mächtig fortschreiten und neue bedeutsame Ergebnisse in sichere Aussicht stellen, ich also meine Arbeit nicht verlassen kann und soll,—
>
> da ich ferner für die vollständige Einrichtung und Möblierung der ›Physiolog. Abteilung‹, für die Ausrüstung mit vielen Instrumenten und Apparaten sowie allen nötigen Laboratoriumsbehelfen bereits zu grosse materielle Opfer gebracht habe,—
>
> [...] bleibt mir nichts anderes übrig, als die vorgelegte Leitungsverordnung der biologischen Versuchsanstalt zur Kenntnis zu nehmen, obwohl die neuen Satzungen und deren Interpretation den Beteiligten, der den ganzen kostspieligen Betrieb der Physiologischen Abteilung und ihrer Arbeitsplätze aus eigenem zu bestreiten und ausserdem der Anstalt einen Beitrag zu leisten hat, mit schwerer Sorge für die Zukunft erfüllen müssen!«[148]

Die Motivation für Steinachs Übernahme einer Forschungsabteilung in der Biologischen Versuchsanstalt und damit die Wahl seines primären Laborstandorts in Wien kann aufgrund der lückenhaften Quellenlage nur vermutet werden. Tatsächlich entsprach eine Tätigkeit in Wien einem wichtigen Karriereschritt bürgerlicher Mediziner in der Habsburgermonarchie. Zwar hatte das österreichische Bürgertum zu Beginn des 20. Jahrhunderts nur wenig Einfluss auf den Staat, wohl aber auf die Hauptstadt Wien. Prinzipiell wird in der historischen Forschung zur Differenzierung der gesellschaftlichen Großgruppe Bürgertum zwischen den zwei Kategorien Bildungsbürgertum und Wirtschaftsbürgertum unterschieden – je nachdem, ob der Anspruch aus einer gehobenen gesellschaftlichen Stellung, aus Bildungspatenten oder unternehmerischer Tätigkeit resultierte. Steinach gehörte als Arzt und Professor der sozialen Gruppe an, die mit dem Etikett Bildungsbürger kategorisiert wurde. Im Rahmen seines Medizinstudiums hatte er die akademische Vorleistung erbracht, um ins bürgerliche Leben integriert zu werden. Dies wäre jedoch vermutlich nicht möglich gewesen ohne den mütterlicherseits gegebenen familiären Hintergrund im Wirtschaftsbürgertum, denn wie dargestellt erhielt Steinach für seine Tätigkeit erst ab einem Alter von fünfunddreißig Jahren überhaupt ein Einkommen – von dem sich jedoch zunächst kaum ein angemessener Lebensunterhalt bestreiten ließ.

Darüber hinaus verzichtete er auf die Gründung einer Familie und damit auch auf die gesellschaftliche Stellung als »Hausvater« bzw. Patriarch. Weiterhin war die Situation des Studenten häufig von Abhängigkeit von den Eltern, materiellen Nöten und einer existenziellen Ungewissheit gekennzeichnet. Zugleich gehörte Steinach jener

148 AÖAW-BV, 1/2, Erklärung Steinach, Wien 8.6.1914 (Formatierung l. O.).

Abb. 1: Außenansicht der Biologischen Versuchsanstalt: »Physiologischer Trakt, Grundgeschoss«.

dynamischen Variante von Bürgerlichkeit an, die von Beweglichkeit im räumlichen Sinn markiert war. Um eine repräsentative Universitätsbildung zu erwerben, zogen viele Studenten wie er für Jahre in die Großstadt. 1880 stammten 82 Prozent der Studenten an der Universität Wien nicht aus dem Kronland Niederösterreich. Für angehende Beamte und Wissenschaftler stellte sich der längere Aufenthalt in Wien einschließlich des dort möglichen Knüpfens von Kontakten als ein wichtiger Faktor für den folgenden Karriereweg heraus. Neben Wien stellten die nationalen Metropolen Prag, Krakau und Lemberg weitere wichtige Stationen für den beruflichen und sozialen Aufstieg dar. Steinachs Studium in Wien und seine 25-jährige Forschungs- und Lehrtätigkeit in Prag waren sicherlich auch bei ihm wichtige Faktoren für seine wissenschaftliche Karriere. Ob er seine Forschungsstandorte und wissenschaftlichen Stationen nach einem typischen Karrieremuster zeitgenössischer bürgerlicher Wissenschaftler ausgerichtet hatte, kann an dieser Stelle nur vermutet werden. Steinachs erneuter Wechsel nach Wien war wahrscheinlich – neben institutionellen, finanziellen und karrieretechnischen Aspekten – auch von politischen Überlegungen motiviert.

Sieben Jahre bevor Steinach 1889 als junger wissenschaftlicher Assistent an die medizinische Fakultät in Prag wechselte, war die Prager Universität in zwei Bildungsanstalten aufgespalten worden – eine deutsch- und eine tschechischsprachige. Dieser institutionellen Trennung war eine Vielzahl an nationalen Konflikten vorangegangen. 1848 hatten Studenten der Universität Prag erfolgreich für die Einführung von Vorlesungen in tschechischer Sprache demonstriert. Diese Kritik wurde auch in der Gründung von verschiedensprachigen wissenschaftlichen und gewerblichen Vereinen fortgesetzt. So gründeten die Mediziner in Böhmen seit den frühen 1860er Jahren vereinsmäßige Berufsvertretungen, die optional deutsch oder tschechisch organisiert waren. Selbst in der 1894 errichteten böhmischen Ärztekammer mussten Ärzte die sprachliche Wahl treffen, da ihre Standesvertretung in entsprechende Sektionen separiert war.[149] Die Professionalisierung brachte dadurch, im Vergleich zur Hauptstadt der Donaumonarchie eine gewisse zeitliche Verzögerung mit sich, da die Formierung der Berufsgruppen nach Sprachnationen übergreifende Aktivitäten nur innerhalb von engen Grenzen ermöglichte. Auch dieser Einschränkung konnte Steinach durch den erneuten Wechsel seines Forschungsstandorts nach Wien ausweichen.

NERVENREIZE UND ÄUSSERE SEKRETE: DIE MÄNNLICHE SEXUALITÄT

Dem Wechsel des Forschungsstandorts folgte auch Steinachs Wechsel des Forschungsfelds von der Elektro- und Neurophysiologie zur physiologischen Sexual- und Drüsenforschung. Allerdings können die Anfänge seiner Forschungen in diesem Bereich schon in Experimenten gesehen werden, die er 1894 in dem Aufsatz *Untersuchungen zur vergleichenden Physiologie der männlichen Geschlechtsorgane, insbesondere der accessorischen Geschlechtsdrüsen* publizierte.[150] Der Physiologe selbst schilderte seinen Zugang zur Sexual(hormon)forschung 1940 als die Folge eines wissenschaftlichen »Unfalls« im Sinne einer nicht geplanten Abweichung von seinen bisherigen Fragestellungen, die jedoch nicht durch zufällig gemachte experimentelle Beobachtungen ausgelöst wurden, sondern als Reaktion auf eine 1887 veröffentlichte

149 Vgl. Kühschelm, Bürgertum, 2010, 850 ff.

150 Vgl. Steinach, Geschlechtsdrüsen, 1894. Anm.: Der Begriff »akzessorisch« trägt in der Medizin die Bedeutung von »nebensächlich«, »hinzukommend« oder »zusätzlich«. Als akzessorische Geschlechtsdrüsen werden aktuell sämtliche Drüsen entlang des Genitaltrakts bezeichnet, die zu den sogenannten primären Geschlechtsdrüsen –Hoden oder Ovarien – hinzukommen, bei Männern beispielsweise die Samenblasendrüse (Bläschendrüse) und bei Frauen die Paraurethraldrüse. Die ursprüngliche Bezeichnung als akzessorische Drüse spiegelte die medizinische Einschätzung von deren physiologischer Stellung innerhalb des Körpers als einer nebensächlichen wider und auch Steinach konzentrierte sich in seinem weiteren Forschungsverlauf nicht mehr auf die Nebendrüsen, sondern auf Hoden und Ovarien sowie deren Sekrete.

Studie des russischen Physiologen Iwan Romanowitsch Tarchanoff (1846–1908) entstanden. Die folgende Kettenreaktion an inhaltlichen Entscheidungen und Experimenten hätte schließlich in einer linearen Entwicklung seiner Sexualitäts-, Geschlechter- und Sexualhormonforschung gemündet:

> »especially the idea of probing and explaining their organic and psychic interrelationships, appeared to me to be an alluring problem after so many years devoted to the more general physiology of muscles and nerves. As a matter of fact, only the initial decision to study sex and its effect upon the entire organism was a free choice. Once that first choice was made, each succeeding problem followed automatically, each successive study being a direct outgrowth of what had gone before. That the first problem chosen concerned itself with sexuality was probably the only accident in my entire research career. The immediate cause of this ›accident‹ was a paper published in a scientific periodical in 1892. The author's name was Tarchanoff and the title of the paper read: ›On the Physiology of the Sex Apparatus of the Frog.‹«[151]

Im Widerspruch zu Steinachs Selbstaussage kann seine Sexual- und Hormonforschung auch dahingehend interpretiert werden, dass sie in den für wissenschaftliches Arbeiten charakteristischen verschlungenen Bahnen entstand. Seine gesamte Tätigkeit war ebenso geprägt von zufälligen Beobachtungen und intuitivem Handeln wie rationellen Überlegungen, Rückschlägen und Erfolgen, Neuausrichtung und Umorientierung und der Anpassung an institutionelle, technische, finanzielle, epistemische und experimental-systematische Rahmenbedingungen. Der Wechsel vom Forschungsthema Reizweiterleitung in die Sexualforschung kann zudem nicht mit einem Bruch markiert werden. Zum Zeitpunkt der Veröffentlichung zur Physiologie der männlichen Geschlechtsorgane hatte sich Steinach dem seit Mitte des 19. Jahrhunderts bestehenden Forschungszweig der Muskel- und Nervenphysiologie, aktuell ein Teilgebiet der Neurophysiologie, verschrieben. Diese erste Studie zur Funktion männlicher Geschlechtsorgane fokussierte noch nicht auf das Forschungsobjekt Hormon, sondern setzte sich mit der Rolle von Nervenreizen bei der Sexualität von Fröschen auseinander, weswegen sie Steinachs neurophysiologischen Veröffentlichungen – zwischen 1887 und 1907 erschienen sechsundzwanzig Aufsätze zur nervösen Reizweiterleitung, der Physiologie der Blutkapillaren und der Iris – zugeordnet werden kann. Seine neurophysiologischen Studien sollte Steinach jedoch in späteren Jahren als unbedeutend betrachten, während er sich auf den Artikel zur vergleichenden Physiologie männlicher Geschlechtsorgane bis zu seinem Lebensende bezog. Mit dem Fort-

151 Steinach, Sex, 1940, 14.

schreiten seiner Arbeiten zur Drüsenfunktion versuchte Steinach zunehmend, sich als Pionier der Sexualhormonforschung zu positionieren, seine Forschungsanfänge auf einen früheren Zeitpunkt und nach Prag zu verlagern, während er zu diesem Thema erst um 1908 in Wien startete, als das Hormonkonzept, die zentralen Forschungsfragen und experimentellen Techniken bereits grob umrissen und an mehreren Standorten bearbeitet wurden.[152] An dieser Stelle wurde ein weiterer Aspekt an Steinachs Forscherpersönlichkeit, neben seinem Interesse an unterschiedlichen Inhalten – und ihrer Verknüpfung –, einschließlich Fragen nach Arbeitspraktiken, Institutskooperationen und Anwendungsbezogenem, tragend: sein erstaunliches unternehmerisches Talent, das auch in einer exzellenten Eigenvermarktung mündete.[153]

Den 1894 publizierten Artikel zur Auslösung des Geschlechtstriebs von Fröschen bezog Steinach wie bereits erwähnt auf eine Studie Tarchanoffs, in der dieser die Samenblase als den physiologischen Ursprung männlicher Sexualität identifizierte. Zeitgenössische Biologen verstanden den Geschlechtsakt von Fröschen als einen Reflex: Während der Paarungszeit umklammern männliche Frösche paarungsbereite Weibchen für mehrere Tage, bis diese ihre Eier ablegen und der Laich befruchtet werden kann. Diese Umklammerung des Froschweibchens wurde auf physiologische Mechanismen im Nervensystem zurückgeführt, doch waren die Auslöser für den sogenannten Umklammerungsreflex noch ungeklärt. Tarchanoff stellte dazu im physiologischen Laboratorium der medizinischen Akademie in St. Petersburg Experimente an und kam zu dem Schluss, dass Spermien innerhalb der Froschsamenblase den Reflex auslösten und lokalisierte somit die Samenblase als auslösendes Organ der männlichen Sexualität. Tarchanoff zufolge würde der männliche Geschlechtstrieb jedoch nur dann ausgelöst, wenn die Samenblase vollständig gefüllt sei.[154] Steinach beschrieb Tarchanoffs These als »Vorstellung«, in der »die Nervenendigungen der angefüllten Samenbläschen einerseits durch die sich steigernde Spannung, andererseits durch das fortwährende ›Anstossen‹ der sich energisch bewegenden Samenfäden an die Wandungen mechanisch gereizt und die Zuleitung dieser Erregungen zu den oberen Rückenmarksabschnitten« den Geschlechtstrieb bzw. den »Reflextonus des Umklammerungscentrums« auslösten.[155]

Einen ähnlichen Mechanismus schlug Tarchanoff bei Säugetieren vor und regte zu weiteren Untersuchungen zu diesem Thema an.[156] Steinach zweifelte diese These keineswegs an, vielmehr hatte sie sein Interesse für die Auslöser des Geschlechtstriebs

152 Zur Sexualhormonforschung in Wien vgl. den zweiten Teil dieser Arbeit.
153 Vgl. den dritten Teil dieses Bandes.
154 Vgl. Tarchanoff, Physiologie, 1887, 351.
155 Steinach, Geschlechtsdrüsen, 1894, 305.
156 Vgl. Tarchanoff, Physiologie, 1887, 351.

bei Säugetieren sowie den anatomischen Aufbau der Samenblase geweckt. Er kritisierte aber die Annahme Tarchanoffs, die experimentellen Ergebnisse von Versuchen an Amphibien könnten auf Säugetiere übertragen werden, da »die Aeusserungen des Geschlechtstriebs beim Frosch mit denen der Säuger nicht ohne weiteres vergleichbar« seien sowie »die Samenblasen der Frösche und die gleichnamigen Gebilde der Säuger« physiologisch keine »homologe[n] Organe darstellten«. Steinach führte vergleichende Experimente mit Fröschen und Ratten durch und kam zu dem Ergebnis, dass der Sexualtrieb tatsächlich mechanischen Auslösern unterworfen sei, allerdings die physiologische Funktion der Samenblase und des Hodengewebes sowie der Geschlechtstrieb bei Säugetieren differenzierter betrachtet werden müssten.[157]

So zeigten die Versuche, dass die chirurgische Entfernung der Samenblasen lebender Frösche keinen Einfluss auf den Geschlechtstrieb während der Paarungszeit hatte, ebenso wenig die operative Entleerung der Samenblase. Auch männliche Ratten zeigten keinerlei Veränderungen in ihrem Paarungsverhalten nach der Entfernung ihrer Samenblase. Was jedoch das Paarungsverhalten von Fröschen und Ratten nachhaltig veränderte, war die Entfernung der Hoden *vor* der Pubertät, obwohl selbst nach diesem drastischen Eingriff einige Tiere immer noch sexuell aktiv waren. Wurden die Ratten jedoch erst nach der Erlangung der Geschlechtsreife kastriert, schien der Geschlechtstrieb in keinem der Fälle davon beeinflusst. Diese Experimente überzeugten Steinach, dass die Hoden den Geschlechtstrieb auslösten. Die Dauer der Umklammerung bzw. das lange Anhalten des Umklammerungsreflexes bei Fröschen brachte er wiederum mit der Füllung der Samenblasen in Verbindung.

Das im Verlauf einer Experimentalreihe beobachtete Paarungsverhalten von kastrierten Ratten erklärte Steinach mit einem bereits vor der Pubertät existierenden Geschlechtssinn, der jedoch nur schwach und nicht an die Fortpflanzung gekoppelt wäre. Die »zur Fortpflanzung nöthige Entwicklung desselben [würde] erst durch die von den schwellenden Keimdrüsen ausgehenden Impulse befördert, welche die hohe Steigerung der Erregbarkeit der dem Geschlechtssinne dienenden Centren« bedinge.[158] Der Geschlechtstrieb sei demnach angeboren, würde aber erst mit beginnender Spermienproduktion in den Hoden einsetzen. Den Auslöser jenes Triebs im Sinne eines automatisierten, unbewussten Reflexes konkretisierte er als einen »Impuls«, der von den Hoden auf das Zentralnervensystem übergehe. Dabei bezog Steinach sich wahrscheinlich auf einen Nervenimpuls, der über die Nervenbahnen in das vermeintlich die Sexualität regulierende »Zentrum« gelange.[159]

157 Vgl. Steinach, Geschlechtsdrüsen, 1894, 305.
158 Steinach, Geschlechtsdrüsen, 1894, 337.
159 Vgl. Sengoopta, Quintessence, 2006, 57.

Weiterhin untersuchte Steinach ein »eiweissartiges Secret«,[160] welches von der Prostata und im Inneren der Samenblase produziert wurde. Seit der Mitte des 19. Jahrhunderts schrieben Mediziner diesem Sekret die Funktion zu, »die Masse des Samens zu vermehren und ihn dadurch zu verdünnen«.[161] Steinach war davon überzeugt, dass »die Verdünnung des Samens allein nicht« die ausschlaggebende Funktion dieses Sekrets war, und wollte nun die »physiologische Bedeutung« der Samenflüssigkeit genauer untersuchen. Dafür entfernte er in mehreren Experimenten männlichen Ratten die Prostata und die Bläschendrüse. Obwohl sich die Tiere danach häufig mit weiblichen Ratten paarten und dabei auch ejakulierten, wie die »mikroskopische Untersuchung des ausgelöffelten Vaginalsecretes« bewies, trat bei keinem der Weibchen eine Befruchtung ein. Steinach folgerte daraus, dass erst »durch die Vermischung mit den Secreten der accessorischen Geschlechtsdrüsen die Spermatozoen befruchtungstüchtig« würden, »sei es, dass sie ihnen das Nährmaterial bieten und dadurch die Bewegungsfähigkeit länger erhalten; sei es, dass sie ihre Widerstandskraft gegen schädigende Einwirkungen vermehren«.

Anschließend untersuchte Steinach die Funktion des Prostatasekrets. Dafür trug er Spermien von Kaninchen, Meerschweinchen, Mäusen und Ratten auf einen Objektträger auf, tropfte etwas physiologische Kochsalzlösung oder Prostatasekret dazu und beobachtete die Bewegung der Spermien unter dem Auflichtmikroskop. Im Vergleich zur Kochsalzlösung blieben im Prostatasekret die Spermien länger beweglich. Daraus folgerte Steinach, dass die Samenflüssigkeit auch Einfluss auf die männliche Fruchtbarkeit hätte.[162] Letztere versuchte er experimentell näher zu untersuchen, indem er männliche und weibliche Ratten so lange gemeinsam in einen Käfig setzte, bis sie sich paarten. Wenig später gebaren die Muttertiere Junge, die Steinach zählte und aus deren Anzahl er die Fruchtbarkeit des Vatertiers ableitete. Je mehr Jungtiere in einem Wurf waren, als umso fruchtbarer wurde das Vatertier eingestuft. Die Fruchtbarkeit des Muttertiers integrierte der Physiologe nicht in die Untersuchung oder die Auswertung, ebenso wenig die Abhängigkeit des Paarungsverhaltens der männlichen Ratten von der Paarungsbereitschaft der weiblichen.

Steinach ging in seinem Artikel, anders als Tarchanoff, also überhaupt nicht auf die Rolle der weiblichen Versuchstiere bei der Paarung ein. Der russische Physiologe hatte, nachdem er seine Experimente ebenfalls nur an männlichen Fröschen durchgeführt hatte, in seiner Einleitung den Forschungsstand zum Anteil weiblicher Frösche an der Paarung vorgestellt. Steinachs Ableitungen aus den Experimenten lassen

160 Steinach, Geschlechtsdrüsen, 1894, 315.

161 Kölliker, Samenflüssigkeit, 1856, 208.

162 Steinach, Geschlechtsdrüsen, 1894, 328–332.

somit vermuten, dass er zum Zeitpunkt des Erscheinens seines Artikels die Fortpflanzung hauptsächlich auf die männlichen Tiere bezog, weswegen er eine nur sehr eingeschränkte Wahrnehmung von weiblichem Paarungsverhalten zeigte.[163]

Steinachs zögerlicher Einstieg in das Forschungsfeld der Geschlechtsphysiologie war nicht nur dadurch markiert, dass der Physiologe nach deren Veröffentlichung über zwölf Jahre keine weiteren Untersuchungen zu diesem Thema anstellen sollte und sich mit dem fünf Jahre später publizierten Quecksilberschaltelement erneut dem mechanistischen Körperbild zuwandte. Auch 1910 war Steinachs Denken noch weiterhin von elektrophysiologischen Ansätzen geprägt. So führt er bis 1908 Experimente zur Reizweiterleitung in Nerven durch, deren Ergebnisse er in den Aufsätzen *Über die Summation einzeln unwirksamer adäquater Reize* und *Die Summation einzeln unwirksamer Reize als allgemeine Lebenserscheinung* veröffentlichte.[164] Ab 1912 wechselte Steinach offiziell in die Sexualforschung und verlegte seinen Arbeitsplatz und Wohnsitz endgültig von Prag nach Wien.

UMBRÜCHE UND GELEGENHEITEN WÄHREND DES ERSTEN WELTKRIEGS

Die Gründung der physiologischen Abteilung zum 8. Juni 1914 garantierte nur kurz eine stabile Experimentalumgebung. Kurz nach der Kriegserklärung Österreich-Ungarns an Serbien am 28. Juli 1914 wurde die Biologische Versuchsanstalt geschlossen und erst im März 1915 wieder geöffnet. In der Zwischenzeit richteten die Institutsleiter Przibram und Portheim »unter teilweiser Benützung der Räume und Regie der Anstalt ein Verwundeten-Spital auf ihre eigenen Kosten im ›Vivarium‹« ein.[165] Die enormen Umbrüche und Einschnitte, die der Erste Weltkrieg für die akademische Wissenschaft bedeutete, stellten vor allem die finanziellen Sorgen, die Steinach sich für die Zukunft seiner experimentalphysiologischen Abteilung gemacht hatte, in den Schatten.

Zwischen 1914 und 1918 unterstützte das Unterrichtsministerium die Biologische Versuchsanstalt zwar weiterhin mit staatlichen Subventionen, allerdings reichten diese Mittel für die Erhaltung des Betriebs schon bald nicht mehr aus. 1914 lagen die Ausgaben der physiologischen Abteilung bei 7.200 Kronen, wovon rund die Hälfte durch staatliche Subventionen und Zuschüsse der Biologischen Versuchsan-

163 Während seiner Versuche habe Steinach auch »häufig Homosexualität beobachtet«, ein Phänomen, welches von Tarchanoff nicht beschrieben worden war. Vgl. Steinach, Geschlechtsdrüsen, 1894, 320.

164 Vgl. Steinach, Summation II, 1908, 347 f.; Steinach, Summation, 1908, 290–346.

165 AÖAW-BV, 1/1, Protokoll Kuratoriumssitzung, 1914; AÖAW-BV, 1/3, Jahresbericht 2014.

stalt gedeckt wurden. Den Differenzbetrag trug Steinach aus seinen privaten Mitteln (vermutlich aus einer Erbschaft) bei. Die Rechnungsabschlüsse der Jahre 1915 bis 1918 belegen, dass die tierexperimentellen Abteilungen der Versuchsanstalt, also Przibrams zoologisches Labor und Steinachs physiologisches Labor, im Verhältnis zu den botanischen Abteilungen Portheims und Figdors deutlich mehr Ausgaben zu verbuchen hatten. Grund dafür dürfte hauptsächlich die kostspielige Haltung der Versuchstiere gewesen sein.[166] In den Jahren 1917 und 1918 verdoppelte sich der Umsatz der physiologischen Abteilung im Vergleich zur zoologischen Abteilung, was Przibram bei einer Budgetbesprechung mit dem Kuratorium der Akademie der Wissenschaften mit der Aufstockung der Labortier- und Mitarbeiterressourcen Steinachs zur »planmässige[n] Weiterführung« seiner »Erforschung des Geschlechtswesens« rechtfertigte.[167]

1917 zog das Prager Professorenkollegium, wie oben kurz angedeutet, die Konsequenzen aus Steinachs Abwesenheit, nachdem dieser 1913 nach einjähriger Freistellung nicht wieder aus Wien zurückgekehrt war. Die historischen Rahmenbedingungen der institutionellen Verhandlungen, vor allem der Kriegseintritt der Vereinigten Staaten und die sich verschlechternde Versorgungslage mit Nahrungsmitteln in Österreich, stellten für Steinach vermutlich ein günstiges Moment dar. Die Fragen zur offiziellen institutionellen Zugehörigkeit österreichischer Wissenschaftler schien offenbar nebensächlich angesichts des aktuellen Kriegsgeschehens. Das Kollegium zeigte sich versöhnlich und wollte nach einer Lösung suchen, die für alle Beteiligten »zufriedenstellend« sei. Sie boten dem Physiologen eine Professur »extra statum« an der medizinischen Fakultät in Prag an. Im Gegenzug solle dieser auf »seine Übernahme in den Gebührenstatus der kaiserl. Akademiebeamten in Wien« drängen. Die AW erklärte sich kurz darauf bereit, Steinach ein Vorstandsgehalt zu zahlen.[168]

Dennoch wurde die Aufrechterhaltung des Laborbetriebs mit dem Fortdauern des Krieges zunehmend schwieriger. Neben den finanziellen Engpässen standen Steinach nur wenige Hilfskräfte zur Verfügung. So wurde der Laborant Rudolf Krenn, der auch im Vivarium wohnte und sich um die Tierfütterung, die Beheizung der Räume sowie die Laboratoriums- und Stallreinigung kümmerte, kurz nach Kriegsbeginn zum Militär eingezogen, ebenso die beiden Institutsleiter Portheim (geb. 1869) und Przibram (geb. 1874). Steinach (geb. 1861) wurde nicht zum Kriegsdienst als Soldat

166 Vgl. AÖAW-BV, 3/2, BV-Leitung an AW, Wien 27.6.1918; Akte Steinach, Jahresberichte 1914, 1917; Budgetpläne 1915–1916; Rechnungsabschlüsse 1917–1918.

167 AÖAW-BV, 1/3, Jahresbericht 1917; Rechnungsabschlüsse 1917–1918.

168 Vgl. AUP, KBV, Wien 12.3.1917; AÖAW-BV, 3/2, 439, KBV an Dekanat der medizinischen Fakultät Prag, Abschrift, 5.6.1917.

verpflichtet, da ihn sein Geburtsjahr automatisch von der Militärpflicht ausschloss: Bis zur Wehrreform 1868 waren Juden in der österreichischen Monarchie vom Militärdienst ausgeschlossen gewesen. Das Datum des Beschlusses für das neue Wehrgesetz galt danach als Stichtag. Österreichische jüdische Bürger, die nach dem Stichtag geboren waren, wurden in der Folge zum Militärdienst rekrutiert.[169]

1917 stellte das Landesverteidigungsministerium Rudolf Krenn »mit Rücksicht darauf, dass die übrigen Diener der Anstalt im Kriegsdienst stehen, und unter besonderer Bedachtnahme auf die praktischen Heilerfolge, welche die in der Abteilung ausgeführten wissenschaftlichen Vorarbeiten und Versuche ermöglicht« hätten, vom Militärdienst frei.[170] Bei den »praktischen Heilerfolgen« handelte es sich höchstwahrscheinlich um die Versuche zur Therapierung von Kastrationsfolgen nach Kriegsverletzungen durch Hodentransplantationen, die Steinach gemeinsam mit dem Urologen Robert Lichtenstern (1874–1952) ab 1915 durchführte.[171] Lichtenstern besetzte sowohl 1915 als auch 1916 in Steinachs Abteilung einen staatlich subventionierten Arbeitsplatz.[172]

Steinach und Lichtenstern untersuchten an Versuchstieren die Auswirkungen der Kastration und Transplantation von Hoden auf den Körper und das Sexualverhalten. Diese Forschungen standen in engem Zusammenhang mit der Nutzung der Biologischen Versuchsanstalt als Verwundetenspital. 1915 operierte Lichtenstern einen »Kriegsverletzten«, dem »infolge von Zertrümmerungen durch ein Explosivgeschoss beide Hoden entfernt werden mussten«. Die Kastrationsfolgen machte Steinach an einem Verlust der »Männlichkeit« fest, der sich sowohl in physischen als auch psychischen Merkmalen äußerte: »starker Fettansatz, erhebliche Abnahme der Körperbehaarung, namentlich des Schnurrbarts und an der Linea alba, vollständiges Schwinden der Libido und Potenz, allgemeine Teilnahmslosigkeit und Entkräftung«.

169 Vgl. AÖAW-BV, 3/2, Wettstein an AW, Wien 8.7.1918.

170 AÖAW-BV, 3/2, Steinach an KBV, 1917.

171 Vgl. Lichtenstern, Erfolg, 1916; Steinach, Lichtenstern, Umstimmung, 1918.

172 Daneben sind während des Ersten Weltkriegs der Psychoanalytiker Paul Federn (1871–1950), der Physiologe Josef Schleidt und der Gynäkologe Albert Blau (1874–?) als Gastforscher in Steinachs Abteilung dokumentiert. Sie alle scheinen ebenfalls zu geschlechtsbezogenen Fragestellungen geforscht zu haben. Schleidt konnte 1914 einen staatlichen Freiplatz für Versuche zur Wechselwirkung von Geschlechtsdrüsen mit der Hirnanhangsdrüse nutzen. Näheres zu Schleidt ist leider nicht bekannt; Steinach bezeichnete ihn in seiner Autobiografie als seinen Schüler und dessen Experimente als Vorarbeiten zu eigenen Forschungen. Schleidt könnte somit auch Hilfsarbeiten für Steinach durchgeführt haben. Blau nutzte ebenfalls in der ersten Jahreshälfte 1914 einen subventionierten Arbeitsplatz. Zu seinen Arbeiten in Steinachs Laboratorium gibt es jedoch keine näheren Hinweise. 1917 erhielt der Psychoanalytiker Paul Federn einen subventionierten Arbeitsplatz in Steinachs Laboratorium. Federn zählte zu den ersten Schülern Freuds und interessierte sich für Steinachs Forschungen zu den physiologischen Grundlagen der Sexualität.

Danach habe Lichtenstern in zwei weiteren Fällen durch Implantation eines »an Pubertätsdrüsen reichen Hodens« eine »Remaskulierung« bewirkt. Jene Transplantate stammten von Männern, die an Leistenhoden (Kryptorchismus) litten und denen diese chirurgisch entfernt worden waren.

In einem nächsten Schritt arbeiteten die Wissenschaftler aufbauend auf Steinachs »Prinzip der antagonistischen Wirkung« (hierzu Näheres im Teil II dieses Bandes) an einer Therapie, mit der sich Homosexualität »heilen« lassen sollte.[173] 1918 veröffentlichten Steinach und Lichtenstern die erfolgreiche Therapie der Homosexualität durch Hodentransplantationen, was als wegweisender Beitrag für die Sexualwissenschaften gehandelt wurde. Zeitgleich mit den tierexperimentellen Ergebnissen zur »antagonistisch-geschlechtsspezifischen Wirkung der Sexualhormone« erschienen Beobachtungen zur *histologische(n) Beschaffenheit der Keimdrüse bei homosexuellen Männern*, in denen die Autoren die im biologischen Experiment erarbeiteten Ergebnisse auf den Menschen übertrugen und sie gleichzeitig einer Überprüfung unterzogen.[174]

Portheim und Przibram setzten sich am 27. Juni 1918 bei der Akademie für eine Erhöhung des Budgets der physiologischen Abteilung ein. Dabei hoben sie insbesondere die Bedeutung von Steinachs Laborexperimenten »über die Geschlechtscharaktere« und deren Übertragung in die klinische Praxis hervor, etwa die Heilung von Homosexualität »durch Einverleibung von Hodensubstanz«. Eine Erhöhung des Budgets liefere für Steinach die notwendige Voraussetzung, um ihm »eine intensive Auswertung für eine ganze Reihe von Fragen der Geschlechtsbestimmung, Geschlechtsreife, Geschlechtsstörungen, sonstigen Geschlechtsbeeinflussungen« zu ermöglichen.[175] Durch die Kriegsteuerung seien die Mittel der Biologischen Versuchsanstalt jedoch begrenzt und die jährliche Dotation an die physiologische Abteilung könne keinesfalls erhöht werden. Die Österreichische Akademie der Wissenschaften befürwortete den Antrag der Vivariumsleitung. Steinach sollte die nächsten drei Jahre fast das Zweieinhalbfache der vorigen jährlichen Subvention erhalten. Das Geld wurde jedoch nie ausgezahlt, da die physiologische Abteilung im Juli 1918 aufgrund schwerer Kriegsschäden geschlossen werden musste.[176] Der Waffenstillstand im November 1918, der Zusammenbruch der österreichisch-ungarischen Monarchie und die folgenden politischen und gesellschaftlichen Veränderungen stellten die Probleme wissenschaftlicher Forschung vorerst in den Hintergrund.

---

173 Steinach, Künstliche, 17. Vgl. Mildenberger, Homosexualität, 2002, 100 f.

174 Steinach, Lichtenstern, Umstimmung, 1918; Steinach, Lichtenstern, Histologische Beschaffenheit, 1919.

175 AÖAW-BV, 3/2, BV-Leitung an AW, Wien 27.6.1918.

176 Vgl. AÖAW-BV, 3/2, BV-Leitung an AW, Wien 27.6.1918; 3/2, Wettstein an AW, Wien 8.7.1918; Comité Treitl an Steinach, Wien 13.7.1918; AUW, Antrag an NV, Wien 21.7.1919.

Selbst in Kriegszeiten boten somit der Regierungssitz Wien als auch das Vivarium wichtige Voraussetzungen für Steinachs Sexual- und Geschlechterforschung. Die Erforschung des Geschlechtswesens wurde offenbar auch von staatlicher Seite als etwas Sinnvolles oder gar Notwendiges angesehen, denn die Regierung förderte die physiologische Abteilung, und deren Forschungsschwerpunkt diente sogar als Argument, den Mitarbeiter Rudolf Krenn vom Kriegsdienst zu befreien. Schließlich erhöhte das Ministerium gegen Ende des Krieges, als diesem kaum noch finanzielle Mittel zur Verfügung standen, die Zuschüsse für die laufenden Kosten der Abteilung – offenbar, weil Steinachs Forschung versprach, Kastrationsfolgen und Homosexualität zu heilen.

Teil II: Endokrinologie

Kapitel 3

Liebesleben, Körper und Gesellschaft

Experimente und Gedankenkonstruktionen zu Geschlechtsdrüsen und ihren Ausscheidungen sowie zu deren Zusammenhang mit Geschlechtsmerkmalen und dem Geschlechtstrieb zählten in den 1910er Jahren zu den brisantesten und intensivst verfolgten Forschungssträngen innerhalb der Medizin. In mehreren Metropolen Europas, vor allem in Deutschland, Österreich, Frankreich und Großbritannien, beschäftigten sich Physiologen und Anatomen mit der Ätiologie von Sexualität und Geschlecht in Zusammenhang mit den wahrgenommenen physischen und psychischen Geschlechterdifferenzen. Es ist das Ziel dieses Teils der vorliegenden Studie, einen Überblick über die Vielzahl der Forschungsfragen zu geben und dabei zugleich den größeren Kontext der gesellschaftlichen Themen und Diskurse zu reflektieren, in die die Sexual- und Sexualhormonforschung zwischen 1910 und 1920 eingebettet war. Gleichzeitig wird in Steinachs experimenteller Entwicklung die Übersetzung zwischen Theorie und Praxis explizit als Handlungsspielraum beschrieben. In diesem Sinne fokussiert das nun folgende dritte Kapitel auf die medizinisch-biologischen Forschungsaspekte. Von hier aus richtet sich der Blick auf die kulturellen und gesellschaftspolitischen Aspekte der Sexualhormonforschung. Kapitel 4 betrachtet, wie sich diese verschiedenen Fragestellungen in der Forschung um die Sexualhormontherapie verdichteten. Zum Abschluss dieses Gesamtteils werden die Forschungsobjekte wie auch die Denkstrukturen herausgearbeitet, die die Voraussetzungen der beschriebenen wissenschaftlichen Konzepte bildeten – und die zugleich den Ausgangspunkt für die Entwicklung einer endokrin fundierten Rassenkunde darstellten.[177]

DIE INNEREN SEKRETE DER OVARIEN

Ursprünglich sollen es sogenannte Organpräparate gewesen sein, die das medizinische Interesse in Richtung einer inneren Sekretion der Eierstöcke lenkten. Der französische Physiologe Charles-Edouard Brown-Séquard (1817–1894) hatte bereits 1889 auf einen möglichen Nutzen der Therapie mit Ovarienextrakten hingewiesen. Noch im

177 Besonders für diesen Teil der Untersuchung sei einschränkend betont, dass die großen Themen nur angeschnitten werden können. Für eine vertiefende Auseinandersetzung mit den einzelnen Schwerpunkten wird auch hier jeweils auf weiterführende Literatur verwiesen.

selben Jahr erschien sein erster Bericht über die Behandlung von zwei Patientinnen mit Auszügen aus Meerschweinovarien; im Jahr darauf berichtete er von derartigen Versuchen an »debilen« Frauen. 1893 schlug Brown-Séquard vor, Ovarienextrakte bei Patientinnen einzusetzen, deren Eierstöcke entfernt oder inaktiv geworden waren.[178]

Bis in die 1880er Jahre war das leitende Prinzip der Krankenhausmedizin das Herausschneiden der Krankheiten, also die chirurgische Entfernung kranker Organe oder beschädigter Gewebe. Theodor Billroth (1829–1894), einer der bekanntesten Wiener Chirurgen jener Zeit,[179] war der typische Vertreter dieser resezierenden Chirurgie. Er galt nicht nur als ein Pionier der Kropfoperation und der Magenresektion, sondern auf dem europäischen Kontinent auch als einer der Ersten, die sich für die Anwendung von Ovarienresektionen einsetzten.[180] Frauen wurden in der klinischen Medizin zur Heilung verschiedener Krankheiten die Ovarien entfernt. Zu den Indikationen zählten – neben Tumorerkrankungen des Ovars – Menstruationsbeschwerden, unspezifische Schmerzen, Geistes- und Nervenkrankheiten, Brustkrebs, Dauerblutungen des Uterus oder Knochenerweichung.[181] Mit der Perfektionierung der chirurgischen Organentfernung gerieten zwangsläufig die Folgen der Organabwesenheit in den Fokus. Das Fehlen der Ovarienfunktion wurde nun mit einem spezifischen Krankheitsbild in Verbindung gebracht.

Um 1890 wurden deshalb die zuvor entfernten Ovarien gezielt durch Ovarialgewebe ersetzt, um auf diese Weise die zerstörten Körperstrukturen und -funktionen gewissermaßen zu reparieren.[182] Davor hatten Mediziner nur wenig über die Drüsenfunktion der Ovarien und deren Physiologie gewusst, doch war man sich weitgehend einig, dass sie an der Monatsblutung und den weiblichen Sexualfunktionen beteiligt waren. Vor allem die These des Physiologen Eduard Pflüger (1829–1910) dominierte die Überlegungen der Zeit. Er führte die monatlichen Veränderungen im weiblichen Körper auf eine Regulation des Nervensystems zurück:[183] Die monatliche Blutung sei das Resultat eines Nervenreflexes, der von den Ovarien ausgehe. Die neuronale Theorie schien damit das Ovarium als ein Organ, mittels dessen Lebensprozesse oder Krankheiten kontrolliert werden konnten, geradezu auszublenden. Als solches rückte es erst in den Blick mit der Vorstellung einer inneren Sekretion der Eierstöcke, die seit den 1890er Jahren an Boden gewann.

---

178 Vgl. Schlich, Erfindung, 1998, 133 f.; Borell, Brown-Séquard, 1976; Borell, Organotherapy, 1976.

179 In der vorliegenden Studie begegnete er bereits als Lehrer von Eugen Steinachs Vater Simon Steinach; vgl. Kapitel 1.

180 Vgl. Schlich, Erfindung, 1998, 227.

181 Vgl. Schlich, Erfindung, 1998, 132; Simmer, Organotherapie, 1982, 232 f.

182 Vgl. Schlich, Erfindung, 1998, 228 f.

183 Vgl. Schlich, Erfindung, 1998, 132 f.; Simmer, Oophorektomie, 1983, 55 f.

Der Ordinarius für Gynäkologie an der Universität Wien Rudolf Chrobak (1843–1910) berichtete 1895 in einem Artikel über Beschwerden von Patientinnen nach der operativen Entfernung ihrer Ovarien. Ein großer Teil der Frauen fühlte sich nach dem Eingriff schlechter als vor der Operation. Sie klagten über Schweißausbrüche, Hitzewallungen, Schwindel und Kopfschmerzen. Zusätzlich beobachtete er bei einigen Patientinnen die Verkleinerung ihres Uterus. Diese postoperativ eintretenden Symptome erinnerten Chrobak an Wechselbeschwerden und er führte sie auf den Verlust der Ovarien zurück.[184] Er versuchte die Symptome zu beheben, indem er Patientinnen Organpräparate verabreichte. Die Therapie bestand in der Einnahme von rohem Ovariengewebe, ein paar Jahre später empfahl Chrobak ersatzweise Ovarientabletten.[185] Dabei orientierte er sich an den therapeutischen Erfolgen mit Schilddrüsenpräparaten, über die etwa zur selben Zeit medizinische Fachzeitschriften berichteten. Weder die Beobachtung des physiologisch-endokrinologischen Zusammenhangs zwischen der Schilddrüse und den Ovarien noch die therapeutische Maßnahme waren radikale Innovationen, vielmehr referierten Ärzte in einer Vielzahl medizinischer Artikel zum Konnex der Wirkungen von Schilddrüsen- und Ovarienpräparaten, wobei letzteren vermutlich die Rolle eines Stimulans beikam. Die Gabe von Organpräparaten erfreute sich bereits seit den 1850er Jahren großer Popularität, zum einen bei Indikationen, die Ärzte direkt mit dem jeweiligen Organ in Verbindung brachten.[186] Zum anderen wurden Organotherapeutika auch bei schwer therapierbaren Krankheiten zur Kräftigung der Patienten und Patientinnen eingesetzt – darunter Anämie, Skorbut, Neurasthenie, Schwindsucht bzw. Tuberkulose, Syphilis, Diabetes, Angina pectoris und Arthritis.[187] Da die spezifischen Drüsenfunktionen noch im Dunkeln lagen, basierten medizinische Berichte vielfach auf empirischen Beobachtungen, die auch kulturelle Vorstellungen widerspiegelten. Welche körperlichen Erscheinungen Mediziner schließlich als eine »allgemeine Stärkung« nach der Gabe von Drüsenpräparaten bewerteten, war nicht nur abhängig von ihrer Gewichtung einzelner Symptome, sondern auch eng verbunden mit den therapeutischen Erwartungen und Hoffnungen, die die noch unerforschten Drüsensekrete weckten.[188]

Trotz der Erfolge mit Ovarienpräparaten erschien es Chrobak für die langfristige Behandlung der Symptome dennoch »rationeller«, bei den kastrierten Patientinnen »frisches Ovarialgewebe auf chirurgischem Wege, durch Einheilung, dem Organis-

184 Vgl. Sengoopta, Quintessence, 2006, 40; Schlich, Erfindung, 1998, 135.
185 Vgl. Knauer, Ovarientransplantation, 1899, 1219.
186 Vgl. Sengoopta, Quintessence, 2006, 40; Schlich, Erfindung, 1998, 134.
187 Vgl. Rahn, Organotherapie, 1920, 637.
188 Vgl. hierzu ausführlich Kapitel 4.

mus einzuverleiben«.[189] Die Transplantation stellte aus jener Perspektive eine dauerhafte Verabreichung von Organpräparaten dar und wurde somit als eine effektivere Form des Ersetzens des entfernten Organs verstanden. Chrobak beauftragte seinen Assistenten Emil Knauer (1867–1935) mit Experimenten an Kaninchen, um die chirurgische Durchführbarkeit und therapeutische Nützlichkeit einer Ovarientransplantation zu testen. Knauer koppelte die Versuche an eine systematische Tierversuchsreihe zur Funktion der Ovarien und griff dabei auf die Methoden der physiologischen Laborforschung zurück. Der Drüsenersatz war die Methode der Wahl der Experimentalphysiologie, für die eine Körperfunktion dann erklärt war, wenn ein Mechanismus verändert und anschließend reproduziert werden konnte. Knauer untersuchte das Phänomen der fehlenden Geschlechtsdifferenzierung bei Jungtieren nach der Entfernung der Eierstöcke, indem er ihnen die zuvor herausgeschnittenen Ovarien an einer anderen Stelle des Körpers wieder einnähte. Den funktionellen Erfolg der Transplantation maß Knauer anschließend an der Ausprägung der Geschlechtsmerkmale der Tiere. Diese Versuche können als praktische Vorläufer jener Experimente gelten, die Steinach und andere um die Jahrhundertwende durchzuführen begannen, doch folgten sie nicht deren epistemischen Annahmen, denn weder Knauer noch Chrobak fassten diese Versuche als Studien zur neuronalen oder endokrinen Funktion der Ovarien auf – zumindest erwähnten sie dieses Thema in keinem ihrer Artikel. Erst 1900 sah Knauer in seinen Transplantationsversuchen Belege für eine innere Sekretion der Ovarien, nachdem andere Wiener Forscher für das endokrine Konzept der Ovarienfunktion eingetreten waren.[190]

Im Unterschied zu Knauers Experimenten waren die 1897 durchgeführten Transplantationsversuche seines Kollegen Josef Halban (1870–1937) nicht klinisch motiviert. Seine Ergebnisse formulierte er denn auch in Form von Theorien über den Zusammenhang zwischen Körperfunktionen und Geschlechtlichkeit. Der junge Privatdozent für Geburtshilfe und Gynäkologie an der Universität Wien untersuchte den spezifischen Einfluss der Ovarien auf die Entwicklung der Geschlechtsmerkmale. Dabei experimentierte er zunächst mit Meerschweinchen, danach mit Pavianen. Halban vermutete, dass das Nervensystem keinen besonderen Einfluss auf dieses Phänomen habe. So sei bei kastrierten Jungtieren durch die nachträgliche Transplantation von Ovarien die Ausbildung der Geschlechtsmerkmale bewirkt worden, was Halban als Beweis für die Drüsenfunktion der Ovarien verstand, deren innere Sekrete auf die Geschlechtsentwicklung einwirkten. Weiterhin berichtete der Gynäkologe von erfolgreichen Versuchen, bei kastrierten Pavianweibchen die Menstruation

189 Knauer, Ovarientransplantation, 1899, 1220.
190 Vgl. Knauer, Ovarientransplantation, 1900.

durch ein Ovarientransplantat in der Bauchdecke aufrechtzuerhalten. Diese Studie entsprach in deutlicher Analogie den Schlüsselexperimenten zum Nachweis der Existenz und Wirkung von inneren Sekreten, beispielsweise der Schilddrüse oder des Pankreas.[191] Wenn auch mit unterschiedlichen Zielsetzungen unternommen und verschieden interpretiert, bildeten sowohl Knauers als auch Halbans Versuchsergebnisse gewichtige Argumente für das Konzept einer inneren Sekretion des Ovars.

Das Erklärungsmodell der inneren Sekretion wandelte sich nach der Jahrhundertwende in ein Konzept hormoneller Stoffe – aus Sekreten wurden Hormone. Nach den Berichten französischer und österreichischer Physiologen und Gynäkologen begannen nun auch die bisher in dieser Hinsicht eher zurückhaltenden britischen Physiologen, sich experimentell mit der Drüsenfunktion des Ovars zu beschäftigen. Der Physiologe Edward Schäfer (1850–1935), der noch 1895 bezeugt hatte, dass die Ovarien ihren Einfluss auf den Körper über das Nervensystem ausüben würden, gab nun ebenfalls die neuronale Theorie der Ovarienfunktion auf.[192] 1905 fand der Begriff »Hormon« (altgriechisch: horman – »antreiben«, »erregen«) in der Veröffentlichung seines Schülers Ernest Starling (1866–1927) erstmals Erwähnung und zwei Jahre später war es für Schäfer »highly probable [...] that it is to internal secretions containing special hormones that the essential organs of reproduction – the testicles and the ovaries – owe the influence that they exert on the development of the secondary sexual characters«.[193] Die Hormontheorie schuf einen neuen Ansatzpunkt, den Einfluss der Ovarien auf die Entwicklung der weiblichen Geschlechtsmerkmale und den zyklischen Ablauf der Menstruation nicht länger neuronal, sondern physiologisch zu erklären. Die wissenschaftliche Betrachtung der weiblichen Geschlechtsorgane wurde danach – ebenso wie die Physiologie der weiblichen Sexualität – zunehmend zu einem Forschungsgebiet der Experimentalwissenschaften, in denen Gynäkologen und Physiologen gleichermaßen Tierversuche durchführten.

Die inneren Sekrete der Hoden

Die Hodenfunktion wurde seit Mitte des 19. Jahrhunderts von experimentellen Medizinern erforscht. Die vorwiegend auf Kastrations- und Transplantationsexperimenten basierenden Versuchsanordnungen lieferten zwar nachvollziehbare funktionelle

---

191 Vgl. Schlich, Erfindung, 1998, 137 f.

192 Vgl. Schäfer, Address, 1895, 321. Zu Edward Schäfer siehe: Sengoopta, Modern, 2000, 425 ff.; Borell, Setting, 1978.

193 Vgl. Schäfer, Hormones, 1907, 670; zit. nach Sengoopta, Modern, 2000, 425. Siehe auch: Borell, Organotherapy, 1976, 235–268; Starling, Lecture, 1905.

Konzepte und damit schlagkräftige Argumente für eine endokrine Tätigkeit der Testikel. Um die zugrunde liegende Zellphysiologie entfachte jedoch bald eine heftige Kontroverse um den Ursprung der vermeintlichen Geschlechtssekrete.

1850 identifizierte Franz Leydig (1821–1908) im Hodengewebe von Säugetieren zwei unterschiedliche Zellgruppen: die Keimzellen, welche die Spermien bilden, und die Zwischenzellen, welchen man in der Folge nach ihrem »Entdecker« den Namen Leydigzellen gab. Bis zum Ende des 19. Jahrhunderts gingen Mediziner davon aus, dass die Leydigzellen die Keimzellen mit Nährstoffen für die Produktion der Spermien versorgen.[194] Anfang des 20. Jahrhunderts diskutierten Mediziner im Zusammenhang mit dem Konzept der inneren Sekretion die Rollen der verschiedenen Zelltypen in den Hoden erneut. Nachdem bei den Ovarien innere Sekrete angenommen worden waren, richtete sich nun auch bei den Hoden die Aufmerksamkeit nicht mehr allein auf das bekannte äußere Sekret, das Sperma, sondern man schloss auch hier auf die Produktion von inneren Sekreten. Die französischen Anatomen Pol Bouin (1870–1962) und Paul Ancel (1873–1961) – beide an der Universität in Nancy und später in Straßburg tätig – versuchten daraufhin 1903 experimentell zu beweisen, dass die Ausbildung der männlichen sekundären Geschlechtsmerkmale unabhängig von der Spermaproduktion sei. Nach einer Reihe von Experimenten an Kaninchen und Schweinen stellten sie fest, dass es nach einseitiger Kastration und Durchtrennung des Samenleiters zu zellulären Veränderungen im Hodengewebe komme: Während die Leydig-Zwischenzellen vermehrt auftraten, Bouin und Ancel bezeichneten sie als »Zwischenzellendrüse«, nahm die Menge anderer Zelltypen ab, welche sie die »seminale Drüse« oder »Sertolizellen« nannten. Die Kastration führte zu einem Schwund der Keimzellen, die interstitiellen Zellen hingegen blieben erhalten und die Versuchstiere zeigten keine Veränderungen ihrer Geschlechtsmerkmale.[195] Der anerkannte Prager Professor für experimentelle Pathologie Arthur Biedl (1869–1933) interpretierte die Ergebnisse von Pol und Ancel dahingehend, dass die Wirkung der Hoden auf die Geschlechtsmerkmale nicht von spermienbildenden Zellen, sondern von sekretproduzierenden Teilen der Drüse ausgehe. Ob es sich dabei konkret um die Zwischenzellen handelte, konnte experimentell jedoch nicht belegt werden.

Weitere überzeugende Indizien für eine sekretorische Funktion der Zwischenzellen lieferten 1908 die Wiener Anatomen Julius Tandler und Siegfried Grosz. Sie kastrier-

194 Vgl. Sengoopta, Quintessence, 2006, 56.

195 Vgl. Sengoopta, Quintessence, 2006, 56. Die meisten Drüsen- und Sexualforscher bezogen sich mit der Bezeichnung »Sekret« auf vom Körper ausgeschiedene Flüssigkeiten, während »innere Sekrete« innerhalb des Körpers verblieben. Für eine Zusammenfassung der Arbeiten von Pol Bouin und Paul Ancel zu der interstitiellen Drüse siehe: Christensen, History, 1996.

ten Rehböcke durch Röntgenbestrahlung ihrer Hoden. Die Tiere wiesen danach jedoch nicht die typischen Veränderungen auf, die mit einer chirurgischen Kastration einhergingen, beispielsweise ein vermindertes Wachstum des Geweihs. Tandler und Grosz vermuteten, dass die innere Sekretion der bestrahlten Hoden ungestört geblieben war. Die histologische Untersuchung des Hodengewebes zeigte eine massive Zerstörung der Keimzellen bzw. des generativen Gewebes, die Zwischenzellen waren aber so gut wie unversehrt.[196] Dieses Experiment lieferte ein gewichtiges Argument gegen die verbreitete Lehrmeinung, dass die inzwischen für die Ausbildung der Geschlechtsmerkmale als entscheidend angesehene inkretorische Funktion bei den Keimzellen läge.

1910 griff Steinach in seinem Artikel *Geschlechtstrieb und echt sekundäre Geschlechtsmerkmale als Folge der innersekretorischen Funktion der Keimdrüsen* die Ergebnisse von Bouin, Ancel und Tandler auf und fokussierte vor diesem Hintergrund auf die Frage der materiellen Ursache des Geschlechtstriebs und der Pubertät. In seinen Überlegungen stellte er explizit die beiden bisher diskutierten Konzepte nebeneinander, indem er – seinerseits anknüpfend an seine Forschungsergebnisse zur neuronalen Reizweiterleitung beim Sexualakt von Fröschen – fragte, ob »diese Vorgänge auch auf rein innersekretorische Einflüsse, beziehungsweise chemische Wirkungen auf gewisse Zentren zurückzuführen« oder »hier im Bereiche des Zentralnervensystems nervöse Impulse seitens der Keimdrüsen maßgebend oder wenigstens mitbestimmend« seien. Damit konkretisierte er auch die Beschaffenheit der »Impulse«, die er 1894 noch nicht genauer beschrieben hatte, als Nervenimpulse. Diese standen 1910 nun chemischen Stoffen gegenüber, die ebenfalls Reaktionen im Gehirn auslösen könnten.

Steinachs Überlegungen zur Beschaffenheit der auslösenden Agenzien hatten sich zwar geändert, der experimentelle Zugang zu dieser Fragestellung war jedoch fast gleich geblieben. Insbesondere blieb er dabei, nur mit männlichen Tieren zu experimentieren. Er untersuchte erneut den Umklammerungsreflex bei männlichen Fröschen und das Paarungsverhalten von männlichen Ratten. Die Erweiterung bestand in einer Übertragung der Versuchsergebnisse von männlichen Versuchstieren auf weibliche. Dieses Vorgehen begründete er mit einem ähnlichen physiologischen Mechanismus in weiblichen Keimdrüsen wie in den männlichen. Seine Wahl sei deswegen auf »männliche Individuen« gefallen, weil diese einen »schärfer ausgesprochenen und der experimentellen Prüfung leichter zugänglichen Geschlechtstrieb« aufwie-

196 Vgl. Tandler, Grosz, Untersuchungen, 1908; Sengoopta, Quintessence, 2006, 56; Logan, Overheated, 2007, 690.

sen.[197] Die normative Beurteilung des Geschlechtstriebs männlicher Tiere wie auch der Übertragbarkeit ihrer physiologischen Funktionen auf weibliche Tiere ging explizit der Experimentalpraxis des Physiologen voraus.[198]

Im Zuge der Experimente mit brünstigen Fröschen untersuchte Steinach einerseits die Konsequenzen einer chirurgischen Entfernung der männlichen Geschlechtsorgane, andererseits die Folgen von deren Ersatz durch Organpräparate. Um den endokrinen Einfluss der Hoden auf das Paarungsverhalten zu analysieren, injizierte der Physiologe in einer Versuchsreihe »Hodensubstanz« in zuvor kastrierte Frösche. Die Experimentalreihe dauerte über zwei Jahre, während der er Versuche an fünfundneunzig männlichen Fröschen durchführte. Als Indikator zog Steinach wiederum den Umklammerungsreflex heran. Klammerten sich die Männchen nach der Injektion an ein Weibchen, galt dies als ein positives Ergebnis. Fehlten Steinach weibliche Frösche für die Untersuchung des Umklammerungsreflexes, ließ er die männlichen Frösche an seinem Finger festhalten. Nach mehreren Injektionsreihen mit Hodenextrakten konnte er bei »88 % der Fälle positiven Erfolg« feststellen. Steinach schloss daraus, dass die inneren Sekrete der Hoden den Geschlechtstrieb auslösten.[199]

Um ausschließen zu können, dass es sich bei jenem Umklammerungsverhalten um unspezifische Reaktionen handelte, die nicht ausschließlich durch Hodensekrete bedingt waren, führte Steinach Kontrollversuche mit anderen Organpräparaten durch. Er injizierte Hirn-, Rückenmarks- und Leberextrakte sowie frischen Magen- oder Muskelsaft »durchwegs mit negativem Erfolg«. Allerdings lieferten Ovarienextrakte positive Resultate, doch erstens war »die Auslösbarkeit des Reflexes eine geringere und zweitens bei weitem nicht so regelmäßige wie bei Hodensaftinjektionen«. Steinach folgerte daraus, dass »in der weiblichen Keimdrüse ein verwandter, der Brunst dienlicher Stoff produziert« würde. Nach diesen Versuchen war für den Physiologen eindeutig: »Bei der Entwicklung des mächtigen Umklammerungstriebes bei Fröschen spielen nervöse Impulse seitens der Geschlechtsdrüse keine Rolle; maßgebend ist die chemische Wirkung eines spezifischen, vor der Brunst im Hoden produzierten Sekretes auf das Zentralorgan.«[200] Damit revidierte er seine 1894 postulierte These, dass Nervenreize den Geschlechtstrieb bzw. Umklammerungsreflex in Amphibien auslösten.

Bis 1912 ging Steinach der Frage weiter nach, ob eine »Isolierung und Darstellung der männlichen Pubertätsdrüse durch Hodentransplantation bei unreifen Säugetie-

---

197 Steinach, Geschlechtstrieb, 1910, 553.

198 Zum Einfluss von Geschlechterbildern auf die physiologische Experimentalforschung siehe: Sengoopta, Quintessence, 2006, 65 ff.; Satzinger, Differenz, 2009.

199 Steinach, Geschlechtstrieb, 1910, 556. Anm.: Bei der Erfolgsquote von 88 % waren das 83,6 Froschmännchen, welche Steinachs Finger zur Paarung umklammerten.

200 Steinach, Geschlechtstrieb, 1910, 556–560.

ren« möglich sei. Mit Bezug auf die Experimente von Bouin und Ancel sowie Tandler und Grosz, also die Zerstörung des generativen Gewebes durch Unterbindung des Samenleiters oder durch eine Röntgenbestrahlung der Hoden, habe sich Steinach zufolge gezeigt, dass beide »Methoden zur Trennung der innersekretorischen und generativen Anteile des Hodens nicht zuverlässig« seien.[201] Seine Theorie gründete jedoch weniger auf epistemologischen Argumenten als auf empirischen Beobachtungen: So habe die histologische Untersuchung der Gonaden nach den Eingriffen gezeigt, dass nie alle spermienbildenden Zellen zerstört würden oder sie sich wieder regenerierten. Allein Steinachs spezifische Transplantationsexperimente hätten eindeutig bewiesen, dass »volle Männlichkeit in somatischer und physiologischer Beziehung entsteht und fortbesteht, auch wenn sich im Hoden des heranreifenden Tieres keine einzige Samenzelle« entwickle. Die Methode der Autotransplantation, bei der die Hoden eines Versuchstieres entfernt und an einer anderen Stelle des eigenen Körpers wieder angenäht wurden, habe in der folgenden Untersuchung der Transplantate unter dem Mikroskop gezeigt, dass nach dem operativen Hodenersatz kein spermatogenes Gewebe erhalten geblieben war. Steinach schloss daraus, dass nur die Zwischenzellen einen Einfluss auf die Entwicklung der geschlechtsspezifischen Körper- und Verhaltensmerkmale – sowohl in männlichen als auch in weiblichen Körpern – ausübten. Diese These unterstützte er jedoch wiederum nicht mit histologischen Belegen, sondern mit Beschreibungen der Geschlechtsmerkmale und des Paarungsverhaltens der Versuchstiere. Die sekretproduzierenden Zellen der männlichen – und wiederum auch der weiblichen – Geschlechtsdrüse empfahl Steinach »nach ihrer Wirkungssphäre ›Pubertätsdrüse‹ zu benennen«.[202] Steinachs Beitrag zu den schon zitierten Forschungsmeinungen über die Verortung der Funktion der Geschlechtsmerkmalsausbildung bei den sekretproduzierenden Teilen innerhalb der Hoden bestand somit darin, die Leydig-Zwischenzellen mit dem Terminus »Pubertätsdrüse« zu versehen und deren Funktion als sekretorische Gewebebestandteile der Hoden als auch der Ovarien gezielt in Experimenten zu verfolgen.[203]

DIE TRENNUNG VON SEXUALITÄT UND FORTPFLANZUNG

Nachdem Steinach beobachtet hatte, dass männliche Versuchstiere auch dann noch einen Geschlechtstrieb äußerten, nachdem er ihre Hoden entfernt oder den Samen-

201 Steinach, Willkürliche, 1912, 73.

202 Steinach, Willkürliche, 1912, 73–75.

203 Vgl. Logan, Overheated, 2007, 690; Sengoopta, Quintessence, 2006, 56.

leiter durchtrennt hatte, postulierte Steinach die biologische Trennung der Sexualität von der Fortpflanzung. Zusätzlich entfernte er nach einem längeren Zeitraum die Hodentransplantate und die Hoden der sterilisierten Tiere und untersuchte die Zellstruktur in histologischen Präparaten. Steinach beschrieb eine Abnahme des spermatogenen Gewebes bei gleichzeitiger Zunahme des Zwischengewebes, woraus er auch eine vermehrte Ausschüttung an inneren Sekreten schloss. Diese Thesen übertrug er entsprechend auf das Ovarium.

In den Eierstöcken seien, so Steinach, die zwei Zelltypen – Pubertätsdrüse und die »echte Keimdrüse«, wie er die Keimzellen benannte – ebenfalls zu finden und würden auch schwinden oder wuchern. Doch er ging noch einen Schritt weiter, indem er sogar einen Antagonismus zwischen der Funktion der sekretorischen Zellen und jener der Keimzellen annahm: Durch die Zunahme an Zwischenzellen komme es einerseits zu einer Hemmung des Fortpflanzungsmechanismus und andererseits zu einer (Über-)Steigerung der physischen und psychischen Geschlechtsmerkmale. Letzteres beschrieb Steinach als »Hypermaskulinierung« oder »Hyperfeminierung«. Den tierischen Geschlechtstrieb, den Steinach in der Wirkung der inneren Sekrete auf das Gehirn interpretierte, bezeichnete er beim Menschen als »Erotisierung des Zentralnervensystems«.[204]

Aus der Wahrnehmung der funktionellen Trennung der Keim- und Zwischenzellen folgerte Steinach mithin auch eine Trennung der Sexualität von der Fortpflanzung. Innerhalb der Geschlechts- und Reproduktionsmedizin wurde diese Trennung häufig abgelehnt. Der deutsche Anatom Hermann Stieve (1886–1952) war einer der heftigsten und einflussreichsten Kritiker von Steinachs Pubertätsdrüsentheorie. Noch 1921, als die Pubertätsdrüsen- bzw. Zwischenzellentheorie sich als wissenschaftliches Faktum durchzusetzen begann, schrieb er die Produktion der inneren Sekrete den Keimzellen zu und sah in den Zwischenzellen ein Bindegewebe, welches die Geschlechtsdrüsen von Giftstoffen befreien sollte.[205] Die Theorie eines sekretorischen Zwischenzellgewebes assoziierte Stieve primär mit der Wiener Schule. Die experimentellen Studien ihrer Vertreter zur Bestätigung der Zwischenzellentheorie seien jedoch voreingenommen und ignorierten den anatomischen Ursprung der Zellen. Stieve, ein Experte für die weibliche Unfruchtbarkeit, lehnte jegliche Vorstellung einer Sexualität ab, welche nicht direkt mit der Produktion von Eizellen und Spermien in Verbindung gebracht wurde. Im Speziellen wehrte er auch die von Tandler und Steinach vertretene These ab, dass das Geschlecht durch den Einfluss

204 Steinach, Geschlechtstrieb, 1910, 566. Vgl. Logan, Overheated, 2007, 690; Sengoopta, Quintessence, 2006, 56.

205 Vgl. Stoff, Jugend, 2004, 159 ff.

von inneren Sekreten geändert werden könne. Männer waren von ihrer Zeugung an Männer, Frauen waren Frauen. Sie blieben diese auch strikt während ihrer körperlichen Entwicklung im Verlauf ihres Lebens.[206]

GESCHLECHTERDISKURS UND SEXUALITÄT

Die Debatten zur physiologischen Funktion der Zwischenzellen können auch als Teil des gesellschaftlichen Diskurses zur Sexualität verstanden werden. Mediziner, welche das Geschlecht nicht primär mit Fortpflanzung assoziierten, konnten sich für die vorgeschlagene physiologische Trennung von Sekretions- und Fortpflanzungsgewebe begeistern. Umgekehrt kritisierten jene Mediziner, welche die Sexualität primär mit Reproduktion assoziierten, die Zwischenzellentheorie. 1960 beschrieb der estische Physiologe Alexander Lipschütz (1883–1980) in einem Brief an den amerikanischen Endokrinologen George Corner (1889–1981) die gesellschaftlichen Hintergründe für diese wissenschaftlichen Auseinandersetzungen ähnlich:

> »People, including scientists [...], became frankly alarmed when the Bouin-Group and especially Steinach began talking about the interstitial gland, i.e. about there being a special gland producing sex hormones, a special part of the sex gland not coincident with that responsible of [sic] reproduction.«[207]

Lipschütz bekräftigte Steinachs Theorie 1924 in seiner Monografie *The internal secretions of the sex glands* und erklärte, dass mit Sicherheit in männlichen und wahrscheinlich auch in weiblichen Geschlechtsdrüsen die Zwischenzellen die inneren

206 Stieve, Entwicklung, 1921. Mitte der 1920er Jahre reagierten viele Autoren auf Stieves Kritik. Der Kopenhagener Mediziner Knud Sand (1887–1968), der in den 1910er Jahren – unabhängig von Steinach – zur Geschlechtsumwandlung geforscht hatte und in den 1920er Jahren zu einem begeisterten Anhänger von Steinachs Verjüngungsforschung wurde, verband seine Auseinandersetzung mit Stieves Ansicht mit einer generellen Kritik am deutschen Wissenschaftssystem und erklärte, dass deutsche Wissenschaftler offenbar selbst bei ihrer Interpretation der Zwischenzellenfunktion voreingenommen seien. Weiterhin zeigte sich Sand überrascht, dass die Attacken zu dieser Frage sich auf Steinach konzentrierten, obwohl das Thema ebenso umfangreich in Frankreich beforscht wurde. Einige Wiener Vertreter der Pubertätsdrüsenlehre erklärten, dass Stieve ihre Betrachtungen verdreht oder missverstanden habe. Die meisten der Fragen, die Stieve aufwerfe, seien alt, die Antworten bereits seit Jahren bekannt, doch seien deutsche Mediziner anscheinend unwillig, die große Anzahl an Fragen anzusprechen, welche neueste Forschungen in der Endokrinologie der Säugetiere aufgeworfen hätten. Die Zwischenzellenfrage wurde so auf nationale Konflikte in der Forschungslandschaft ausgedehnt. Vgl. Kitahara, Entstehung, 1923; Sand, Experiments, 1923; Lipschütz, Data, 1923.

207 Brief Lipschütz an Corner, 22.11.1963, zit. nach Logan, Overheated, 2007, 705.

Sekrete produzierten, die für die Geschlechtsentwicklung verantwortlich seien. Weiterhin täten sie dies unabhängig von der Fortpflanzungsfunktion der Geschlechtsdrüse.[208] Lipschütz stellte auch fest, dass die meisten Mediziner, welche sich diesem Thema experimentell annäherten, Steinach zustimmten, wohingegen jene Mediziner, die den Zugang der pathologischen Observation gewählt hatten, überwiegend das Reproduktionsgewebe – das Spermien- und Follikelbildende Gewebe – als den Ursprung der inneren Geschlechtssekrete ansahen.[209]

In den 1930er Jahren änderten Harry Benjamin zufolge »several Germans« ihre Meinung und stimmten schließlich der Theorie einer sekretorischen Funktion der Zwischenzellen zu; Stieve war nicht unter ihnen.[210] Gerade weil der Diskurs zur physiologischen Funktion der Zwischenzellen mit moralischen und kulturellen Inhalten um die menschliche Sexualität aufgeladen wurde, war die Wahrscheinlichkeit einer einseitigen Befangenheit bei dem Thema des zellulären Ursprungs der inneren Geschlechtsdrüsensekrete tatsächlich hoch. Gleichzeitig ging es in diesen wissenschaftlichen Disputen – explizit oder implizit – auch um viele primär experimentalwissenschaftliche Probleme. Zum Beispiel wiesen verschiedene Versuchstiere wesentliche Unterschiede in der Existenz und Zahl der Zwischenzellen auf. Stieve untersuchte hauptsächlich Amphibien und bei einigen von ihnen konnten keine interstitiellen Zellen gefunden werden, während Steinach auf Säugetiere fokussierte, von denen die meisten Zwischenzellen hatten.

Was bedeutete es nun aber, wenn von der Beeinflussung der Geschlechtsmerkmale die Rede war? In einem Vortrag vor der k. k. Gesellschaft der Ärzte in Wien am 18. März 1910 zum *Einfluß der innersekretorischen Teile der Geschlechtsdrüsen auf die äußere Erscheinung des Menschen* ging Julius Tandler davon aus, dass die inneren Sekrete auf den »Habitus« und den »Geschlechtscharakter« von Tieren und Menschen wirkten. Unerforscht sei jedoch die Frage, *wie* die Körperstrukturen und Geschlechtscharaktere von den Sexualdrüsen beeinflusst würden.[211] Eben dieser Fragestellung widmete sich Steinachs oben beschriebene erste Arbeit zur inneren Sekretion der Geschlechtsdrüsen, wohingegen er zwei Jahre später die Geschlechtscharaktere selbst in den Fokus seines Interesses rückte.

Die ursprüngliche Ausbildung des Konzepts der Geschlechtscharaktere kann als eine Reaktion auf tiefgreifende Veränderungen im sozialen bürgerlichen Leben und Orientierungsfeld verstanden werden. Die Kategorie selbst kam im letzten Drittel

208 Vgl. Lipschütz, Secretions, 1924.
209 Zu den Differenzen zwischen physiologischer und pathologischer Forschung siehe: Schlich, Erfindung, 1998.
210 Logan, Overheated, 2007, 704. Vgl. Christensen, History, 1996. 19.
211 Tandler, Einfluß, 1910, 460–464.

des 18. Jahrhunderts auf und basierte auf einem bipolaren Verständnis von Männern und Frauen. Vermeintlich männliche und weibliche physische und psychische Eigenschaften wurden geordnet, typisiert und geschlechtsspezifisch zugeordnet. Die Männern oder Frauen zugeschriebenen körperlichen und psychischen Eigenschaften wurden dabei grundsätzlich – sowohl auf gesellschaftlicher als auch auf biologischer Ebene – unterschiedlich bewertet.[212] Zunächst war die gesellschaftliche Stellung der Frauen war durchgehend durch patriarchale Herrschaftsverhältnisse definiert gewesen. Seit etwa Mitte des 19. Jahrhunderts drohte durch verstärkte emanzipatorische Bestrebungen zur Gleichstellung von Frau und Mann diese Ordnung jedoch erschüttert zu werden: Um 1850 dominierte im Diskurs die Rolle von Frauen innerhalb der Familie, bis zur Jahrhundertwende ging es vorwiegend um die Frauenarbeit und Frauenbildung. Als schließlich um 1890 die Diskussion um die politischen Rechte der Frauen begann, wurde in der öffentlichen Debatte die Thematik der »wahren Natur« der Geschlechter aufgegriffen, welche sich in der Spätzeit der österreichisch-ungarischen Monarchie zu einer der am heftigsten diskutierten gesellschaftlichen Fragen entwickelte. Ein Indiz dafür, dass die vermeintlich fest gefügte Ordnung und die sozialen Rollen der Geschlechter ins Wanken geraten waren.

Die Mediziner näherten sich den mit großer Vehemenz geführten Debatten mit den Argumenten der modernen Naturwissenschaften. Wurden in der zweiten Hälfte des 19. Jahrhunderts noch die biologischen Besonderheiten männlicher und weiblicher Körper hervorgehoben, beispielsweise die Rolle der Frau bei der Reproduktion, rückten um die Jahrhundertwende verstärkt die vermeintlich unterschiedlichen geistigen Fähigkeiten der beiden Geschlechter ins Zentrum des medizinischen Forschungsinteresses. Frauen wurde die biologische Uneignung zu geistigen Leistungen diagnostiziert, auf empirisch beobachtbare intellektuelle Begabungen reagierte man mit »krude[n] biologistische[n] Entartungstheorien, wobei intellektuelle Frauen als ›Ausnahme‹, als ›zufällige Monströsität‹ erschienen, als ›spektakuläre Posse der Natur‹« dargestellt wurden.[213] In den meisten Konzepten erschien die essenziell verstandene Eigenheit des Weiblichen als eine Abweichung vom Männlichen. So beschrieben Mediziner weibliche Körper ausschließlich als Abweichung von der männlichen Norm, die selbst nicht expliziert wurde: »Das Gehirn der Frau ist ›weniger groß‹, die Vorderlappen ›weniger entwickelt‹, die Nerven hingegen ›größer und weicher‹, der Blutkreislauf ›weniger aktiv‹, das Blut ›weniger reich‹, die Knochen ›weniger stark‹ etc.« Durch die Konstruktion einer biologischen Sonderidentität wurden Frauen

212 Hausen, Geschlechtscharaktere, 2001; Hausen, Öffentlichkeit, 1992. Zum Anteil der Medizin an der Ausbildung polarer Geschlechterdifferenzen siehe: Schmersahl, Medizin und Geschlecht, 1998.

213 Heindl, Geschlechterbilder, 2010, 702, 733.

dem Mann also auch in naturwissenschaftlichen Diskursen als tendenziell unterlegen definiert und die grundsätzliche Differenz der Geschlechter in Gestalt biologischer und kultureller Geschlechtsidentitäten als selbstverständlich angenommen.[214]

Diese Debatte über die Natur der Geschlechterdifferenz wurde in die breite Öffentlichkeit getragen und instrumentalisiert. Vor allem Politiker der konservativen Richtungen betonten die wissenschaftliche Fundierung ihres Beitrags zum laufenden Ehediskurs. Moralisten glaubten einen Verfall der Ehemoral, eine Zunahme von Scheidungen und außerehelichen Affären beobachtet zu haben und erwarteten von den Naturwissenschaften die Lösung der Streitfrage, wessen Schuld bei Eheverfehlungen »von Natur aus« größer sei. Tatsächlich baute auch die juristische Diskussion auf den Erkenntnissen der modernen Naturwissenschaften auf, da die Verantwortung der Geschlechter von ihrer biologischen Natur abgeleitet wurde. So unterschiedlich die Antworten aus den biologischen und medizinischen Wissenschaften auch waren – die sinnlich-sexuelle Natur des Mannes galt als unumstößliches naturgegebenes Faktum. Der Mann erschien zumeist als polygam und spontan veranlagt, während die Frau als ein Konglomerat von biologischen Determiniertheiten und Emotionen beschrieben wurde, das kaum den Anforderungen des Lebens gerecht wurde.[215]

Diese Geschlechterdiskurse wurden nicht allein in der Habsburgermonarchie geführt. Bis zum Ausbruch des Ersten Weltkriegs verfolgte ganz Europa die Themen Hetero-, Homo- und Bisexualität. Ein typisches Dokument des Einflusses des Geschlechterdiskurses auf wissenschaftliche Forschung in Wien ist die Dissertation des Philosophen Otto Weininger (1880–1903), die dieser 1904 unter dem Titel *Geschlecht und Charakter* publizierte. Das misogyne und antisemitische Hauptwerk Weiningers wurde bis 1925 in sechsundzwanzig Auflagen veröffentlicht. Die große Popularität dieses Dokuments des Geschlechterverständnisses zur Zeit der Wiener Moderne lässt sich auch auf die Koppelung von Antisemitismus mit Antifeminismus zurückführen, was in der österreichischen Historiografie als ein traditionelles Thema der antisemitischen Literatur zu Beginn des 20. Jahrhunderts gelesen wird.[216]

Zwischen 1898 und 1902 hatte Weininger am Institut für Philosophie der Universität Wien an seiner Dissertation *Eros und Psyche* gearbeitet, welche später die Grundlage für sein populäres Buch *Geschlecht und Charakter* bildete. Weininger entschied sich für einen interdisziplinären Zugang, eine Kombination aus einer philosophisch ausgerichteten Psychologie sowie theoretischen Elementen aus der in

---

214 Sarasin, Reizbare, 2001, 192 f., 196.

215 Vgl. Heindl, Geschlechterbilder, 2010, 736–738.

216 Vgl. Palmier, Weininger, 1984, 91–92; Rider, Weininger, 1984.

Wien dominierenden biologischen und physiologischen laborexperimentellen Geschlechter- und Sexualforschung. Doch während er in seiner Konzeption der idealtypischen Männlichkeit überwiegend auf psychologische und philosophische Argumente zurückgriff, konstruierte er die typische Frau vorwiegend biomedizinisch. Männer und Frauen hätten zwar dieselben psychischen Anlagen, doch nur Männer seien in der Lage, Gedanken und Ansichten von Gefühlen zu unterscheiden. Während Frauen die Natur verkörperten, äußere sich wahre Männlichkeit vor allem im Geist. Gleichzeitig entwarf Weininger ein Konzept des ideoplasmatischen Geschlechts, das Individuen prinzipiell bisexuell veranlagte. Jede Zelle, jeder Zellkomplex, jedes Organ habe eine spezifische Anzahl an weiblichen und männlichen Anteilen, was auch die unterschiedliche Ausformung von männlichen und weiblichen Körpern erkläre. Die inneren Sekrete als primäre Determinanten des Geschlechts, wie sie die zeitgenössische Forschung zunehmend annahm, lehnte Weininger grundsätzlich ab. Der Charakter hingegen sei eindeutig männlich oder weiblich, wobei die Frau aufgrund fehlender geistiger oder intellektueller Fähigkeiten dem Mann unterlegen sei, was auch ihre niedere gesellschaftliche Stellung im Vergleich zum Mann begründe.[217] Die Sexualität stellte wiederum für Weininger eine weibliche Eigenschaft dar, da sie dem »Natürlichen« zuzuordnen sei.

Im Unterschied dazu sah Steinach das physische und psychische Geschlecht nicht zellulär fixiert, sondern ging von einer grundsätzlichen Beeinflussung des Geschlechts, wozu er auch die Sexualität zählte, durch innere Sekrete aus. Sowohl der Charakter als auch der Körper wären zwar von Geburt an männlich oder weiblich veranlagt, doch würde das endgültige Geschlecht sich erst mit der Pubertät unter dem Einfluss der Pubertätsdrüsen ausbilden. Diese markante These dokumentierte er durch neuartige Experimente, die ihn bald darauf zum Pionier der Geschlechtsumwandlung machen sollten und bei vielen sozial- und geschlechterpolitischen Themen aufgegriffen wurden.[218]

Steinach veröffentlichte die Versuche 1912 in »Pflüger's Archiv für Physiologie« unter dem Titel *Willkürliche Umwandlung von Säugetier-Männchen in Tiere mit ausgeprägt weiblichen Geschlechtscharakteren und weiblicher Psyche*. Im Artikel verwies er auf mehrere Diskurse, etwa den biologischen Ursprung von Sexualität und Geschlechtscharakter, wiederum die innersekretorische Funktion der Zwischenzellen – hier der Pubertätsdrüse – sowie Möglichkeiten und Techniken der Hodentransplantation. Die Studie war, ähnlich wie jene von 1910 *Geschlechtstrieb und echt sekundäre Geschlechtsmerkmale als Folge der innersekretorischen Funktion der Keimdrüsen*, nicht

217 Vgl. Stoff, Jugend, 2004, 434 ff.
218 Ausführlicher hierzu vgl. Kapitel 4.

primär den Sekreten, sondern dem sekretorischen Gewebe gewidmet. Sie sollte sich als eine der wichtigsten sexualwissenschaftlichen Beiträge des Physiologen erweisen. Die vorgestellten Experimente waren systematisch aufgebaut, umfangreich gestaltet und ausführlich dokumentiert. Neben der akribischen sprachlichen Beschreibung des Experimentverlaufs und der Befunde illustrierte Steinach seine Ergebnisse auch durch visuelle Darstellungen wie Zeichnungen, Fotografien und Röntgenbilder der Versuchstiere. Zusätzlich veröffentlichte er die statistische Auswertung von Befunden in Tabellen, in denen er die untersuchten Parameter von behandelten Versuchstieren mit denen von unbehandelten Kontrolltieren verglich. Methodisch ging Steinach an seine Fragestellungen zur Existenz von männlichen und weiblichen Geschlechtsdrüsen auch hier wieder mit der Kastration der Tiere und der anschließenden Transplantation verschiedener Gewebe heran.[219]

Grundsätzlich war, wie beschrieben, die vorherrschende Lehrmeinung, dass die Sexualität von männlichen Säugetieren in ihrer Hodenfunktion verankert sei. Entsprechend sahen die Mediziner einen Vollzug des Geschlechtsakts nach der Entfernung der Hoden als physiologisch nicht mehr möglich an. Julius Tandler und Siegfried Grosz widmeten dem überraschenden Umstand, dass menschliche »Eunuchen« und »Kastraten« nach wie vor Geschlechtsverkehr hatten, einen eigenen Abschnitt in ihren *Untersuchungen an Skopzen* (1908) und 1910 einen Artikel.[220] Tandler und Grosz hatten eine von der Akademie der Wissenschaften finanzierte Forschungsreise nach Rumänien unternommen, um »die Einwirkung der Geschlechtsdrüsen auf den Organismus« an »menschlichen Kastraten in vivo« zu untersuchen. Die um Bukarest angesiedelten Vertreter der religiösen Gruppe der Skopzen bot sich auch aufgrund des Kontakts mit dem Rumänen Waldemar Goldschmidt an, der unter Tandler und Zuckerkandl an der Universität Wien Medizin studiert hatte und für sie dolmetschte. Die untersuchten Männer waren im Alter zwischen 5 und 20 Jahren kastriert worden. Ihren Ausführungen zufolge hätten manche täglichen Geschlechtsverkehr, es bliebe die »Libido aber auch bei jenen, welchen Testikel und Penis fehlen«, unbeeinflusst und richte sich auf Frauen. »Von der Erigierbarkeit des Penis« konnten sich Tandler und Grosz im »Falle V überzeugen, bei diesem stellte sich während der Untersuchung eine kurzdauernde Erektion ein.«[221] Insgesamt wiesen die Ergebnisse darauf hin, dass die Sexualität beim Mann nicht an die Hodenfunktion gebunden ist. Da die Autoren nicht auf diese Thematik eingingen, griff Steinach sie auf und deutete sie dahingehend, dass – je nach Zeitpunkt der Kastration oder Sterilisierung – eine

219 Vgl. Sengoopta, Weininger, 51 ff. Ausführlicher hierzu vgl. unten.
220 Vgl. Tandler, Grosz, Eunuchoide, 1910. Ebenso: Lipschütz, Internal, 1924.
221 Tandler, Grosz, Untersuchungen, 1908, 279.

Geschlechtsreifung stattfinden könne, die sich in der Ausübung von Sexualakten äußere. Eine geschlechtliche Entwicklung korrespondierte damit mit der sexuellen Entwicklung. Die physiologischen Grundlagen dieser Entwicklungen untersuchte Steinach in Experimenten zum Geschlechtsakt.

Die Untersuchungsmethode war zunächst ähnlich derjenigen der vorigen Experimente mit Fröschen: Steinach verfütterte Hodensubstanz an zuvor kastrierte junge Ratten, Meerschweinchen und Kaninchen, um die sekretorische Wirkung der Hoden nachzuweisen. Ähnlich wie die Hodenextraktinjektionen bei Fröschen sollten die den Nagetieren verfütterten Drüsenpräparate die fehlenden inneren Sekrete ersetzen. Die Tiere zeigten jedoch keinerlei Entwicklung der Geschlechtsmerkmale, was Steinach jedoch nicht als Widerspruch zu seiner Theorie deutete, sondern die orale Verabreichung der Präparate als unwirksam bewertete.[222] Dieses Problem löste der Physiologe, indem er die Form des Organersatzes änderte: Er ging zur Transplantation über.[223] Er unterstrich sein Bemühen, mögliche Probleme der Transplantation zu vermeiden, indem er von anderen Autoren lernte: Ohne genauere Angaben verwies er auf Fachliteratur, die sich mit dem Scheitern der Hodentransplantation beschäftige und darauf hinweise, dass die »von ihren Verbindungen losgelösten und überpflanzten Drüsen auf der neuen Unterlage zugrunde« gingen. »Unter dem Eindruck dieser von den Autoren gemeldeten Mißerfolge« transplantierte der Physiologe kastrierten Ratten die Hoden anderer Versuchsratten und verfütterte nach dem operativen Eingriff zusätzlich Hodensubstanz.

Nach ein paar Wochen konnte er die Ausbildung der sekundären Geschlechtsmerkmale – wie das Wachstum der Genitalien und die mit Männlichkeit assoziierte Paarungsbereitschaft – beobachten. Die Transplantate entfernte Steinach danach wieder, um sie histologisch unter dem Mikroskop zu untersuchen. Begeistert beschrieb er morphologische Veränderungen in ihrer Zellstruktur. Während das spermatogene Gewebe und die Samenkanäle nicht mehr sichtbar seien, habe die »Zwischensubstanz mit den sogenannten Leydigschen Zellen« eine »erheblich mächtigere Ausbildung« erfahren »als unter gewöhnlichen Verhältnissen«.[224] Von sehr ähnlichen Beobachtungen hatten Tandler und Grosz nach Röntgenbestrahlungsexperimenten mit Hengsten berichtet.[225] Steinach wies darauf hin, dass seine Versuche einerseits

222 Vgl. Steinach, Geschlechtstrieb, 1910, 560.

223 Anm.: Es sind keine Injektionsversuche an Ratten dokumentiert. Es lassen sich auch keine Hinweise finden, weswegen Steinach nicht auf flüssige Präparate bzw. eine subkutane Verabreichungsform zurückgriff.

224 Steinach, Geschlechtstrieb, 1910, 560–563.

225 Nach jenen Versuchen hatten Tandler und Grosz die These gegründet, dass die Zwischensubstanz der Ort der innersekretorischen Funktion der Hoden sei. Interessanterweise brachten die Autoren diese

die Ergebnisse von Tandler und Grosz bestätigten, andererseits diese auch erweiterten. Nicht »bloß das Fortbestehen, sondern die ganze Entwicklung der Männlichkeit und das Wachstum der sekundären Charaktere [werde] von der Tätigkeit des innersekretorischen Gewebes« beherrscht. Bei mehreren Tieren, denen er jeweils zwei Hoden transplantiert hatte, könne er einen »übernormale[n] Begattungstrieb« beobachten, der sich darin äußere, »daß der Koitus sogar bei nichtbrünstigen, sich gewaltig wehrenden Weibchen erzwungen« würde, »was seitens normaler Männchen nicht der Fall« sei. Dieses Phänomen führte der Physiologe – unter »der Voraussetzung, daß bei vermehrtem Wachstum der inneren Drüse auch mehr wirksames Sekret produziert« werde – auf den Überschuss an Geschlechtssekreten zurück. Daraus folgerte er, dass die »individuellen Unterschiede der sexuellen Veranlagung« bei »höheren Lebewesen« vom »Wachstum und von der Tätigkeit der innersekretorischen Anteile des Hodens bestimmt« würden. Damit lieferte er dem Berliner Sexualwissenschaftler Magnus Hirschfeld wichtige experimentelle Daten für dessen Zwischenstufentheorie und unterstützte indirekt auch dessen sexualreformerischen Aktivitäten.[226] Umfassende histologische Untersuchungen zu diesem Thema, konzedierte er, fehlten jedoch noch. Für die bis dahin erhaltenen mikroskopischen Ergebnisse bedankte sich Steinach bei »Kollege Tandler«, der »so freundlich [war], der Obduktion einiger Transplantationstiere beizuwohnen und selbst einige mikroskopische Präparate anzufertigen, wofür ich ihm herzlich verbunden bin.«[227]

Mit Steinachs Experimenten von 1894 und 1910 war die Sexualität ein wichtiger Faktor in seinen physiologischen Konzepten geworden. Dabei spielte die Beobachtung von angeborener und künstlich erzeugter Homosexualität eine besondere Rolle: 1894 beschrieb er das gegenseitige Bespringen unter männlichen Ratten, welches er als homosexuelles Verhalten deutete. 1910 ging Steinach davon aus, dass sowohl das männliche als auch das weibliche Paarungsverhalten auf der Wirkung von inneren Sekreten basierte. Bei einigen Experimenten konnte er beobachten, dass männliche Frösche nach der Injektion sowohl von Ovariengewebe als auch von Hodengewebe männliches Paarungsverhalten zeigten, ohne dies weiter zu bewerten. 1912 berich-

---

Funktion später jedoch wieder mit der Fortpflanzungsfunktion in Verbindung: Ein Jahr später beschrieben sie nach der histologischen Untersuchung der Hoden von frei lebenden Maulwürfen, dass die Zahl der samenbildenden und interstitiellen Zellen natürlichen Schwankungen unterläge. Nach der Fortpflanzung atrophiere das spermatogene Gewebe, während die interstitiellen Zellen proliferierten. Monate später entwickelten sich die samenbildenden Zellen wieder zurück und die Zwischenzellen nähmen quantitativ stark ab. Tandler und Grosz formulierten daraufhin die These, dass die inneren Sekrete der Zwischenzellen die Bildung der Spermien determinierten. Vgl. Tandler, Grosz, Saisondimorphismus, 1911; Tandler, Grosz, Grundlagen, 1913.

226 Hierzu ausführlich Kapitel 4.

227 Steinach, Geschlechtstrieb, 1910, 564 f.

tete er schließlich, dass nach der Ovarientransplantation manche der Versuchstiere von unbehandelten Rattenmännchen beschnuppert und besprungen wurden, was Steinach darauf zurückführte, dass die aufgrund der zugeführten Ovariensekrete »feminierten« Männchen auch weibliche sexuelle Reize aussendeten. Diese Beobachtung sollte als Hinweis auf die endokrin beeinflusste Ausbildung einer Präferenz für das jeweils andere Geschlecht und damit als Beweis für eine erfolgte Geschlechtsumwandlung dienen.

An dieser Stelle spielten vor allem kulturell geprägte Vorannahmen zu Geschlechterrollen in der Sexualität in der Interpretation der experimentellen Befunde eine Rolle: Steinachs frühere Beobachtungen hatten mehrfach darauf hingewiesen, dass Ratten ihren Kopulationspartner nicht immer beim anderen Geschlecht suchten. Somit bot das Verhaltensmerkmal Sexualität keinen eindeutigen experimentellen Beweis für eine erfolgreich durchgeführte Geschlechtsumwandlung. Zusätzlich klammerte die rein physiologische Determinierung des Geschlechtstriebs sowohl psychische als auch soziale Begleitumstände für den Vollzug eines Geschlechtsakts aus.

Ebenso ging Steinach in seinen Tierexperimenten meist davon aus, dass Sexualität auf der Wirkung innerer Sekrete basiere und die »natürliche« Paarung der Fortpflanzung diene, selbst wenn diese aufgrund erfolgter Kastrationen nicht mehr möglich sei. Daraus zog er den Schluss, dass die Wahl eines andersgeschlechtlichen Sexualpartners zur Biologie des Geschlechts gezählt werden könne. Eine jeweils männliche oder weibliche »Erotisierung des Zentralnervensystems« löse den »Geschlechtstrieb und die ihm dienenden Äusserungen und Reflexfunktionen« aus. Die sekretorischen Zellen fungierten als materielle Basis für »Reflexe« wie Sexualität oder geschlechtertypisches Verhalten. Das Individuum konnte somit den reflexartigen »natürlichen« Trieb nicht beeinflussen und handelte instinktiv männlich bzw. weiblich. Eigenes »Interesse«, »Erregung« oder »Neugierde« dem gegengeschlechtlichen Individuum gegenüber bei Ausbildung einer entsprechenden hetero-»sexuellen Disposition« und dem Vorhandensein eines heterosexuellen Zielobjekts wurde Steinach zufolge bei Männern durch den »weibliche[n] Reiz« ausgelöst.[228] Damit schloss er sich einerseits den gegebenen gesellschaftlichen (und letztlich bürgerlichen) Geschlechterbildern an, andererseits widersprach er den aufkommenden psychoanalytischen Theorien, die Triebe als eine psychische Größe bewerteten. Steinachs inkretorisches Modell versuchte im Unterschied dazu, Reflexe und Triebe biologisch zu determinieren und dabei eine Brücke zwischen neuronalen und endokrinen Körpermodellen zu schlagen.

228 Steinach, Willkürliche, 1912, 75, 103.

Kapitel 4

Der Einsatz von Sexualhormonen zur Verbesserung des Menschen

William M. Johnston, Carl E. Schorske und Jacques Le Rider beschrieben das Verhältnis von kultureller Innovation und politischem Verfall in der späten Habsburgermonarchie als reziprok. Der um 1900 einsetzende sozioökonomische Wandel, die multiethnischen Herausforderungen innerhalb des mehrere Länder umfassenden Kaiserreichs und die fest in der staatlichen Struktur verankerten Erfahrungshorizonte kultureller Eliten sind nur einige der Beispiele, die als Gründe dafür angeführt wurden, dass im Wien der späten Habsburgermonarchie zahlreiche, teilweise umwälzende wissenschaftliche und kulturelle Innovationen entstehen konnten.[229] Dieses Kapitel beschreibt Steinachs Sexualhormonforschung im Kontext einer kollektiv wahrgenommenen Kulturkrise nach dem Zerfall des österreichischen Vielvölkerstaates, innerhalb derer seine wissenschaftlichen wie auch seine allmählich einsetzenden therapeutischen Arbeiten von vielen Seiten als willkommene Antworten aufgenommen – und mit öffentlichen, privaten und industriellen Forschungsmitteln unterstützt wurden. Aus seiner Sexualhormontheorie leitete Steinach aus heutiger Sicht verstörend radikale humanmedizinische Therapien ab, die er mit einem starken pragmatischen Instinkt, der auch in seinem bisher herausdestillierten Forschernaturell deutlich wird, ständig an die Bedürfnisse seiner Patientinnen und Patienten anpasste. Auf einer diskursiven Ebene stand der individuelle, physisch und psychisch geschwächte Körper aber auch dem »Volkskörper« gegenüber, der durch medizinische Eingriffe gestärkt werden sollte. Im Bereich der Sexual(-hormon-)forschung drückt sich dieser Dualismus historisch vor allem in der aufkommenden Sexualreformbewegung einerseits und der Gründung eugenisch motivierter Zentren andererseits aus. Das vorliegende Kapitel stellt nacheinander jeweils die gesellschaftlichen Diskurse und Steinachs wissenschaftliche und therapeutische Aktivitäten zu den Bereichen Sexualreform und Volkskörper, Geschlechtsumwandlung, Homosexualität und ihre Therapie sowie Verjüngung vor.

229 Vgl. Schorske, Vienna, 1974; Rider, Illusion, 1990. Einen Überblick liefert Brix, Role, 2001, 9–20.

SEXUALREFORM UND VOLKSKÖRPER

Das gleichzeitige Interesse verschiedenster medizinischer und merkantil orientierter Gruppen an der Erforschung und Herstellung von Sexualhormonen stand in engem Bezug mit der Sexualreformbewegung, welche zu Beginn des 20. Jahrhunderts unter anderem nach der Verbesserung des »Volkskörpers« strebte.[230] Bei dem Konzept des Volkskörpers handelt es sich um ein Konstrukt, dem die ökonomische, politische und wissenschaftliche Bewertung der »Bevölkerung« im quantitativen und qualitativen Sinne zugrunde liegt. Der individuelle Körper wurde konzeptuell innerhalb des Gefüges der Gesamtbevölkerung verortet in der Annahme, dass durch gezielte Beeinflussung einzelner Individuen die Entwicklung der gesamten Bevölkerung und damit des Staates gesteuert werden könne.[231] Jener Wunsch nach einer Optimierung des Volkskörpers ging mit der öffentlichen und wissenschaftlichen Wahrnehmung einer »Krise« einher, die gleichermaßen als soziale, kulturelle und biologische Niedergangsgeschichte verstanden wurde und aus der die nun aufkommenden medizinischen Ansätze einen biopolitischen Ausweg zu bieten schienen. Während eine »natürliche« Stärkung des Körpers vornehmlich durch naturheilkundliche, sportliche und körperkulturelle sowie hygienische Praktiken ermöglicht werden sollte, versprach der Einsatz diverser chirurgischer und hormontherapeutischer Eingriffe eine »künstliche« Stärkung.

Hier spielte die Behandlungen mit Sexualhormonen eine besondere Rolle. Sie sah nicht nur einen Ersatz der Funktion der Geschlechtsdrüsen vor. Die mühsame Arbeit im Labor und die wissenschaftlichen Diskurse, die in den vorigen Kapiteln dieses Bandes rekonstruiert wurden, lassen sich als Arbeit an einer Vision beschreiben, nach der der geschwächte nervöse Körper des späten 19. Jahrhunderts durch den gestärkten endokrinen Körper des 20. Jahrhunderts ersetzt werden sollte. Der therapeutische Einsatz von Sexualhormonen fungierte dabei als Antwort auf einen epistemologischen und ontologischen Spannungszustand, der durch die massiven sozioökonomischen Wandlungen nicht erschöpfend erklärt werden kann. Vielmehr bestand ein weiterer wichtiger Faktor in der Verknüpfung des wissenschaftlichen Objekts Sexualhormon mit den öffentlichen Diskursen über Produktivismus und Konsumismus, welche auch die therapeutischen Ansätze der Mediziner entscheidend prägten.[232]

---

230 Zur Verknüpfung von Sexualreform und Volkskörper vgl. im Folgenden: Stoff, Hormonkörper, 2003.

231 Zu den Konzepten »Volkskörper« und »Bevölkerung« sowie zu deren wirtschaftlichem und wissenschaftlichem Einsatz siehe den Beitrag von Halling, Schäfer, Vögele, Volk, 2005.

232 Vgl. Stoff, Jugend, 2004, 13–22.

Die sozialpolitisch engagierten Mediziner Julius Tandler, Paul Kammerer, Iwan Bloch und Magnus Hirschfeld zählten zu Steinachs engem Kreis wissenschaftlicher Gesprächs- und Kooperationspartner. Obwohl er selbst kein reformorientierter Sexualwissenschaftler war – zumindest sind keine Artikel oder Briefe erhalten, die eine soziopolitische Tätigkeit belegen –, stand Steinach mit einigen überzeugten Sozialdemokraten und Vertretern der deutschen Sexualreformbewegung in engem Dialog, möglicherweise erneut Ausdruck seiner Fähigkeit, dort Kontakte zu knüpfen, wo sich besondere Möglichkeiten für seine wissenschaftlichen Aktivitäten anzubieten schienen. Der Chronistin Bertha Zuckerkandl (1864–1945) zufolge soll der Physiologe im Verlauf mehrerer Jahre in dem von ihrem Ehemann Emil Zuckerkandl (1849–1910) geleiteten Anatomischen Institut Untersuchungen zur Drüsenfunktion durchgeführt haben, und zwar vor allem in Transplantationsexperimenten an Tieren.[233] Zuckerkandls Assistent Tandler wurde in diesen Jahren zu einem engen Vertrauten Steinachs. 1910 erhielt Tandler eine eigene Professur für das Fach Anatomie an der Universität Wien. Die Freundschaft und der wissenschaftliche Austausch mit Tandler inspirierten Steinachs erste Arbeiten zur Physiologie der Zwischenzellen. Steinach übernahm in den folgenden Jahren einige von Tandlers Experimentalmethoden, beispielsweise die schon erwähnte und weiter unten näher beschriebene Röntgenbestrahlung von Hoden als Alternative zur chirurgischen Kastration von Versuchstieren. Auch Tandlers Forschungen wurden durch Steinach nachhaltig beeinflusst. Die in den 1910er Jahren durchgeführte Forschungsreise Tandlers nach Bosnien zur Erforschung eines »Geschlecht[s] von Edelhirschen, deren seltsamste Eigenschaft unerschöpfliche Langlebigkeit und Jugendlichkeit war«, soll Bertha Zuckerkandl zufolge in Zusammenhang mit Steinachs Verjüngungsforschung gestanden haben.[234]

Sicherlich bildeten auch die politischen Funktionen, die Tandler zunächst in der Stadt Wien, später in der österreichischen Regierung übernahm und in denen er sich an der praktischen Umsetzung der neuen biopolitischen Visionen beteiligte, einen bedeutsamen Kontext für Steinachs Arbeit: In der Ersten Republik Österreichs wirkte Tandler aufgrund seines praktischen Wissens über das Medizinsystem Wiens

233 Angesichts Steinachs sexualreformerisch aktiven Kontakten und gleichzeitiger konservativer Geschlechter-auffassung wäre es interessant, mehr zu seiner Beziehung mit der profilierten Salondame Bertha Zuckerkandl oder anderen Frauen zu erfahren, was leider aufgrund der Quellenlage nicht möglich ist. Einzig Steinachs späte Heirat mit Antonie Thumim, die sich in der Frauenbewegung engagierte, könnte als eine gewisse Offenheit für feministische Aktivitäten gedeutet werden – oder als eine weitere gelungene Vernetzung (dazu ausführlicher unten).

234 Zuckerkandl, Österreich intim, 1970, 54 f. Vgl. Reiter, Zerstört, 1999, 605; Rentetzi, Trafficking, 2008, 194.

als Leiter einiger sozialdemokratischer Reformen des Gesundheitswesens. Zwischen 1920 und 1934 hatte er das Amt des Wiener Stadtrats für das Wohlfahrts- und Gesundheitswesen inne, reorganisierte in dieser Zeit die Wiener Spitäler und schuf eine Vielzahl von neuen sozialen und medizinischen Einrichtungen, die auch einen regulierenden und kontrollierenden Charakter hatten.[235] So gründete Tandler eine eugenisch motivierte Eheberatungsstelle der Stadt Wien; die erste ihrer Art in Europa.[236] In seiner Funktion als Unterstaatssekretär und Leiter des Volksgesundheitsamts, der obersten Gesundheitsbehörde in Österreich, bewilligte Tandler in den wirtschaftlich prekären Zwischenkriegsjahren der Biologischen Versuchsanstalt – und damit Steinachs Laboratorium – mehrmals staatliche Förderungen und Zuschüsse und bewahrte die Anstalt dadurch vor einer sicheren Schließung.[237] Damit unterstützte er Steinach im Laufe seiner Karriere nicht nur bei Experimenten, sondern auch in finanzieller Hinsicht.

Durch die Vernetzung mit den einflussreichen und bekannten Berliner Sexualwissenschaftlern Magnus Hirschfeld (1868–1935) und Iwan Bloch (1872–1922) gelang es Steinach schließlich, seine eigenen Arbeiten einem größeren wissenschaftlichen Kreis bekannt zu machen. In Deutschland zählten Hirschfeld und Bloch zu den prominenten Vertretern einer sexualreformerisch orientierten Sexualwissenschaft. Während Hirschfeld versuchte, die Diskussionen rund um die Fragen zur Sittlichkeit und zum Sexualleben von Homosexuellen auf eine rationale und wissenschaftliche Ebene zu heben, setzte sich Bloch in seiner Sexualforschung sowohl mit medizinischen Fragen zur Diagnose und Therapie von Geschlechtskrankheiten als auch mit sitten- und kulturgeschichtlichen Themen, wie beispielsweise der Prostitution, auseinander. Zusammen mit Hirschfeld und weiteren Ärzten in Berlin trat Bloch für eine Reform des Strafrechts und die Aufhebung der gesetzlichen Reglementierung der Prostitution ein.[238]

Hirschfeld und Bloch zählten auch zu den Mitbegründern der Sexualwissenschaft als eigener akademischer Disziplin. Auf Initiative Blochs wurde 1913 die wissenschaftliche Vereinigung Ärztliche Gesellschaft für Sexualwissenschaft (AeGeSe) gegründet – mit dem renommierten Neurologen, Physiologen und Sexualwissenschaftler Albert Eulenburg (1840–1917) als Vorsitzendem –, deren Vorstand auch Bloch und Hirschfeld angehörten. Ein Jahr später wurde das offizielle Sprachrohr der Ge-

235 Vgl. Sablik, Tandler, 1983. Für diesen Hinweis danke ich Thomas Mayer.

236 Zur eugenischen Bewegung in Österreich siehe: Baader, Hofer, Mayer (eds.), Eugenik, 2007.

237 Siehe beispielsweise: AÖAW–Vivarium, 1/2, Protokoll 1919/20, 1919; 1/2, Vorbereitung für die Kuratoriumssitzung Juni 1919.

238 Vgl. Eder, Kultur, 2002, 193; Grau, Iwan Bloch, 2007, 25–35, 53 f. Zur Sexualwissenschaft und -reformbewegung siehe etwa: Eder, Hall, Hekma, Sexual, 1999; Grossmann, Reforming, 1995.

sellschaft, die »Zeitschrift für Sexualwissenschaft«, gegründet, bei der Bloch auch als Herausgeber fungierte. Auf den Tagungen der Gesellschaft wurden nicht nur wissenschaftlich relevante Themen vorgestellt, sondern auch Forderungen der Sexualreformbewegung diskutiert und in die Öffentlichkeit befördert. Die vor allem von Bloch, Hirschfeld und Eulenburg vertretene Auffassung, dass die Sexualwissenschaft auf der Biologie aufbauen sollte, führte bereits ein halbes Jahr nach der Konstituierung der Gesellschaft zur Abspaltung von Fachvertretern, hauptsächlich aus der Psychiatrie, die eine eigene Vereinigung von Sexualforschern gründeten. Die Tagungen und die Zeitschrift der AeGeSe stellten somit die Plattform für das von Bloch, Hirschfeld und Eulenburg vertretene Konzept der biologisch fundierten Sexualwissenschaft dar.[239]

In einem ausführlichen Brief bedankte sich Steinach 1915 dafür, dass Bloch seine »neuen Fortschritte in der experimentellen Sexualforschung so warm« begrüße. Steinach schätze Bloch »als hervorragenden Sexualforscher«, den er ebenso wie Magnus Hirschfeld in seinem nächsten Artikel zur Wirkung von Sexualhormonen zitieren wolle, um seine »wissenschaftl. Wertschätzung Ihrer geehrten Persönlichkeit zum Ausdruck bringen zu können«.[240] Bei dem erwähnten Artikel handelte es sich, wie weiter unten noch ausführlich beschrieben wird, um einen 1916 publizierten Aufsatz zur biologischen Determiniertheit von Geschlecht und Sexualität, der eine wichtige Ergänzung zu den wissenschaftlichen Forschungen der Berliner Ärzte Bloch und Hirschfeld darstellte. Am 30. November 1916 stellte Hirschfeld schließlich seinen sexualwissenschaftlichen Kollegen die »Untersuchungen und Forschungen« Steinachs im Rahmen eines Vortrags vor.[241]

Steinach wandte sich an Bloch nicht nur in dessen Funktion als Sexualwissenschaftler, sondern auch als praktischer Arzt und Sexualreformer. So versicherte er Bloch, dass dieser »unter den Klinikern derjenige« gewesen sei, »welcher schon lange an die Möglichkeit einer chem.[ischen] Wirkung beim Entstehen der Homosexualität gedacht« habe. Mit Hirschfeld habe Steinach vorwiegend über die Formen der Homosexualität und den Einfluss der Sexualität auf die Psyche diskutiert, doch nun habe der Physiologe den experimentellen »Beweis erbracht, dass es sich nicht um ›Störungen‹, sondern eher um Bereicherungen« handle, weswegen die Homosexualität »zwar immer als ungewöhnlicher Zustand, aber eigentlich nicht als krankhafter Zustand bezeichnet werden« solle. Steinach hoffe, dass seine Arbeiten zur hormonel-

239 Vgl. Grau, Bloch, 2007, 36–42.

240 Brief Steinach an Bloch, Wien 29.11.1915 (in Privatbesitz von Rudolf W. Soukup, dem ich für die Zurverfügungstellung danke).

241 Hirschfeld, Untersuchungen, 1916. Vgl. Hofer, Goldscheid, 2002, 168; Stoff, Jugend, 2004, 460.

len Ursache von (Homo-)Sexualität Bloch »ein zwingendes Material« liefern würden, um »den bewussten Paragraphen niederzukämpfen«.[242]

1919 gründete Hirschfeld in Berlin ein Institut für Sexualwissenschaft, welches sich in den folgenden Jahren zu der bekanntesten sexualreformerischen Institution der Zwischenkriegszeit entwickelte. Zu ihren wichtigsten Zielsetzungen zählte die Abschaffung des Paragrafen 175 des deutschen Strafgesetzbuches, der eine strafrechtliche Verfolgung von Homosexualität vorsah. Steinachs Experimente stellten bald nach ihrer Veröffentlichung vor allem für die deutschsprachige Sexualwissenschaft und -reformbewegung die Hauptreferenz dar.[243] Vor allem die Tatsache, dass Steinach Geschlechterdifferenz und Sexualität auf die Einflüsse von Sekreten und Hormonen zurückführte, lieferte wichtige argumentative Grundlagen bei der Diskussion zur Schuldfrage bei homosexuellen Beziehungen oder zu geschlechterdifferenzierenden soziopolitischen Themen. Steinach erklärte 1912, wie bereits erwähnt, den »typische[n] Unterschied zwischen beiden Geschlechtern« biologisch, indem er die biologischen, psychologischen, kulturellen und sozialen Geschlechteridentitäten von Männern und Frauen auf die Funktion ihrer jeweiligen Geschlechtsdrüsen – Hoden bzw. Eierstöcke – zurückführte. Damit schloss er sich auch der Lehrmeinung der Berliner Sexualwissenschaftler um Hirschfeld an.[244]

Jenseits seiner in diesem Kapitel vorgestellten experimentellen Studien und deren Interpretation ist nur wenig von Steinachs Überlegungen zum Verhältnis von Sexualhormonen und sozialem Geschlecht bekannt. Anhand einer systematischen Untersuchung der Arbeitsorganisation in den wissenschaftlichen Laboren jener Zeit nach männlichen und weiblichen Zuständigkeiten – sowohl im Labor als auch im privaten Wohnraum der wissenschaftlich tätigen Person – kann ein zusätzlicher Einblick in die damals dominanten Vorstellungen der – sämtlich männlichen – Wissenschaftler über Geschlechterdifferenz gewonnen werden.[245] Die wenigen Quellen, die zu Steinachs Arbeitspraxis und seiner Beziehung zu Frauen erhalten sind, entsprechen dem von zeitgenössischen Geschlechterbild und bestätigen damit auch die in Steinachs wissenschaftlichen Artikeln propagierte natürliche Vormachtstellung des männlichen Geschlechts (dazu ausführlicher weiter unten). Mit Bezug auf die private Arbeitsorganisation kann auf Belege aus seinen späteren Lebensjahren zurückgegriffen

---

242 Steinach an Bloch, Wien 29.11.1915.

243 Stoff, Jugend, 2004, 79; Eder, Kultur, 2002, 194. Zur Allianz von Steinach und Hirschfeld in der Sexualreformbewegung siehe: Stoff, Jugend, 84 ff. Einen biografischen Überblick liefert: Herzer, Hirschfeld, 1992.

244 Steinach, Willkürliche, 1912, 107. Zur Festlegung von kulturell und sozial geprägten weiblichen Körpernormen siehe: Sarasin, Reizbare, 2001, 196 ff.

245 Vgl. hierzu Satzinger, Differenz, 2009, 19.

werden. Der Physiologe heiratete 1921, in seinem sechzigsten Lebensjahr, vermutlich aus finanziellen und pflegerischen Gründen die um sechs Jahre jüngere Antonie Thumim (1867–1939). Sie stammte aus Breslau und ebenso wie Steinach aus einer jüdischen Familie, war in erster Ehe mit einem bekannten Rechtsanwalt verheiratet gewesen und galt nach dessen Tod als »kultivierte Witwe«.[246] Die Beziehung zwischen Eugen und Antonie Steinach wurde sehr prägnant von Harry Benjamin beschrieben:

> »With her command of English and French she was an invaluable assistant. Who does not remember her as the gentle soft-spoken ›secretary‹ anxious to please everybody, not the least (and not the easiest) the *Herr Professor* Steinach was sometimes ›difficult‹ indeed. He was a man who made enemies easier than friends. He was touchy, quick-tempered, and – having been ›burned‹ too often – forever suspicious. The *Frau Professor* frequently had a hard time trying to smooth ruffled feelings.«[247]

Historische Studien, welche die Stellung von Frauen im Wissenschaftsbetrieb im ersten Drittel des 20. Jahrhunderts untersuchen, weisen häufig auf Ehefrauen von Wissenschaftlern hin, die ihren Ehemännern auf verschiedenen Ebenen zuarbeiteten.[248] Befreundete Kollegen beschrieben Antonie Steinach nicht als Partnerin, sondern als Sekretärin Steinachs, die vermutlich als Sprechstundenhilfe in seiner Arztpraxis aushalf. Wie sie selbst diese Situation einschätzte, kann anhand der vorliegenden Quellen jedoch nicht beantwortet werden.[249]

Antonie Steinach war jedoch nicht nur die Hilfskraft ihres Ehemannes, sondern auch Schriftführerin und Vorstandsmitglied des Bundes Österreichischer Frauenvereine (BÖFV). Die Frauenbewegung stellte einen wichtigen Teil der intellektuellen und kulturellen Kartografie Wiens um 1900 dar. Fast zeitgleich mit der Etablierung der Massenparteien in den 1880er Jahren hatten sich die österreichischen Frauenvereine in einer Dachorganisation, dem Bund Österreichischer Frauenvereine organisiert. Sie traten mit Forderungen nach sozialer, beruflicher und rechtlicher Gleich-

246 Soukup, Steinach, 2004, 144, FN 101.

247 Benjamin, Steinach, 1945, 438. (Hervorhebungen i. O.)

248 Zum Beispiel: Scheich, Geschlecht, 1995; Harding, Feministische, 1990; Hausen, Nowotny, Männlich, 1986. In der Sexualhormonforschung ist das prominenteste Beispiel Adolf Butenandt, dessen wissenschaftliche Karriere ohne der Unterstützung und Arbeit seiner späteren Ehefrau, der technischen Assistentin Erika von Ziegener, wahrscheinlich nicht möglich gewesen wäre. Vgl. Satzinger, Differenz, 2009; Satzinger, Butenandt, 2004.

249 Eine nähere Untersuchung der Beziehung des Ehepaars Steinach könnte anhand der im NYAM archivierten Korrespondenzen Antonies mit Harry Benjamin durchgeführt werden.

stellung an die Öffentlichkeit. Progressive Wiener Frauen beschränkten ihre Interessen nicht auf praktische Ziele, sondern strebten eine neue gesellschaftliche Geschlechterordnung sowie nachhaltige Sexualreformen an. Sie traten für mehr berufliche Möglichkeiten, das Recht, zu wählen, sowie für eine staatlich geförderte Mittelschul- und höhere Bildung ein.[250] Der BÖFV war dem Internationalen Frauenbund angeschlossen und verfolgte wie dieser den Leitspruch: »Tue anderen, wie du willst, dass dir geschehe«. Als engagierte Feministin berichtete Antonie Steinach im offiziellen Organ des BÖFV, der von Marianne Hainisch gegründeten Zeitschrift »Die Österreicherin«, regelmäßig über Vereinstätigkeiten sowie über Erfolge und Ziele der Frauenbewegung.[251]

Die Verbindung zwischen Eugen Steinach und Antonie Thumim kann umso mehr überraschen, als die von Steinach propagierten Theorien, die die Unterlegenheit der Frau biologisch begründen sollten, als ein bedeutendes Argument innerhalb der konservativen Reaktion auf die Irritationen durch die Frauenbewegung genutzt wurden. Sexualhormone waren in diesem Zusammenhang nützliche Agenzien, die im Spannungsfeld unterschiedlicher Körpervorstellungen, Geschlechterbilder, soziokultureller und politischer Vorstellungen operieren konnten und, symbolisch aufgeladen und strukturiert wie sie waren, diese Aspekte in die wissenschaftliche, experimentelle Forschung einbrachten.[252] Steinach profitierte von dieser Spannung ebenso wie seine europäischen Kollegen. Wie das Ehepaar Steinach in seinem Alltag mit diesen Spannungen umging, dazu gibt es keine Belege.

GESCHLECHTSUMWANDLUNG

Zum Jahresbeginn 1913 hielt Steinach vor der 85. »Versammlung deutscher Naturforscher und Ärzte in Wien« einen Vortrag zum Thema »Feminierung von Männchen und Maskulierung von Weibchen«. Dabei stellte er seine 1912 publizierten Geschlechtsumwandlungsexperimente vor. Es sei ihm in jenen Experimenten geglückt, »auf dem Wege der Transplantation [...] die innersekretorische Geschlechtsdrüse beim heranwachsenden Säugetiermännchen vollständig« zu isolieren und durch die Vermehrung der Zwischenzellen im Transplantat »ein kompaktes Organ aus innersekretorischen Elementen reinster Kultur« herzustellen. Die Wirkungen

250 Vgl. Severit, Wien, 1998, 11 ff.; Rentetzi, Trafficking, 2008, 66 f.

251 Steinach, Frauenvereine, 1928, 10. Mit der Angliederung Österreichs an das Deutsche Reich wurde der Bund Österreichischer Frauenvereine aufgelöst. 1947 wurde er wieder ins Leben gerufen.

252 Vgl. Severit, Wien, 1998, 18 f.

jenes rein sekretorischen Transplantats beschrieb der Physiologe anhand der entwickelten Geschlechtsmerkmale der männlichen Versuchstiere:

> »Die ausgewachsenen Transplantationstiere bieten das Bild voll ausgeprägter Männlichkeit. Alle typischen sekundären Geschlechtscharaktere sind zur Entfaltung gekommen – die männlich robuste Statur, das kräftige Skelett, der grobe rauhe männliche Haarwuchs, die akzessorischen Geschlechtsdrüsen Prostata und Samenblasen und das normal gestaltete männliche Glied [...], männlicher Mut und Temperament, der Trieb zum Weibchen, die Erektions- und Begattungsfähigkeit. Die zirkulierenden Hormone haben das zentrale Nervensystem in normaler Weise erotisiert.«[253]

Der hier wiedergegebene Auszug aus dem im Zentralblatt für Physiologie veröffentlichten Vortrag konkretisiert Steinachs Assoziation von Männlichkeit mit Robustheit, Kraft, Rauheit, Mut und Temperament. Darüber hinaus wird deutlich, dass er die 1912 noch der Pubertätsdrüse und ihrer Sekrete zugeschriebenen Wirkungen nun als Effekte von Sexualhormonen erklärte. Diese wirken in Steinachs Beschreibung als Agenzien direkt auf das Zentralnervensystem ein, um dort die Ausbildung der als männlich oder weiblich klassifizierten Geschlechtsmerkmale auszulösen und »diese Mechanismen in Gang« zu halten. »Die Abhängigkeit von dieser Substanz« bei der Ausbildung der Geschlechtsmerkmale gehe sogar so weit, »daß der Grad der Pubertät« mit der »Menge dieser Substanz« schwanke – eine Proportion, die er zuvor auf die Pubertätsdrüse bezogen hatte. »Ist wenig vorhanden, so entwickelt sich nur eine unvollkommene Männlichkeit, ist abnorm viel vorhanden, so entsteht gewissermaßen eine übertriebene Pubertät, die sich durch besondere Wildheit und durch einen rasenden Geschlechtstrieb« äußere.[254]

Interessant an der oben zitierten Beschreibung des Wirkmechanismus von Sexualhormonen ist die Festlegung des Zentralnervensystems als Wirkstätte der Hormone. Das aus Nervengewebe bestehende zentrale Nervensystem hatte Steinach bis dahin als Wirkort nervöser Reize angesprochen. 1913 verschob sich sein Fokus zunehmend in Richtung einer Hormontheorie, das damit verbundene Wirkkonzept war jedoch nach wie vor von Denkansätzen der Neurophysiologie geprägt. Steinach behielt diese Vermengung endokriner und neuraler Epistemologien bis an sein Lebensende bei, wie die folgend zitierte Passage aus seiner Autobiografie zeigt:

---

253 Steinach, Feminierung, 1913, 718.
254 Steinach, Feminierung, 1913, 718.

»The body offers only these two possibilities for the conveyance of a message from one point to the other. Either by a telegram along the nerves, or by a special messenger, who, as science usually chooses Latin or Greek terms for this nomenclature, goes by the name of hormone. Such a hormone must be manufactured in the sex glands and, contained in the blood stream, reach the far distant brain, where it delivers the message – the impulse to erotization as well as to the influencing of the whole character and behaviour.«[255]

Diese Beschreibung Steinachs von Sexualhormonen war offenbar von der Fernschreibetechnik inspiriert. Informationen werden in das Telegramm Hormon eingeschrieben und über das Transportmedium Blut an den Empfänger Gehirn zugestellt. Diese Assoziation erinnert an Francis Galtons Vergleich von Eizellen mit Postsäcken. Der Vetter von Charles Darwin versuchte mit dem Bild von versendeten Postmitteilungen ein konkretes Modell der Vererbung zu entwerfen.[256]

Wie Galton die Eizelle, so stellte Steinach die Sexualhormone in einen übergeordneten Kommunikationszusammenhang. 1894 beschrieb Steinach das Medium für Informationen den Geschlechtstrieb betreffend als Reiz, die Übertragung geschah über Nervenbahnen und der Empfänger war das Zentralnervensystem. Jene Reize von 1894 lösten ebenso wie die Hormone von 1913 die entsprechenden Aktionen durch Impulse aus. Die Agenzien im Sinne von Botenstoffen, das Transportmedium und der Zielort hatten sich verändert, anstelle von neurophysiologischen wurden nun endokrinologische epistemische Konzepte und Objekte vorgestellt. Dennoch, der physiologische Stimulus war nach wie vor ein »Impuls« und die physiologischen Abläufe beider Konzepte ähnelten einander. Dies kann als eine neurophysiologisch geprägte Vorstellung von endokriner Wirkung gelesen werden.

Demnach hatten Steinachs lange Jahre der intensiven Beschäftigung mit der elektrophysiologischen Reizweiterleitung einen starken Einfluss auf seine spätere Sexual- und Drüsenforschung. Die zunehmende Wahrnehmung von Sexualhormonen in der Forschungspraxis des Physiologen war damit zwar einerseits von unterschiedlichen erkenntnistheoretischen Ansätzen wie auch von unterschiedlichen Körper- und Geschlechterkonzepten geprägt, doch konnten sich diese Vorstellungen in dem neuen Konzept miteinander verbinden.

Die vermeintliche Verankerung der Geschlechtsmerkmale in unterscheidbaren Körperregionen setzte den Forscher (nach seiner Wahrnehmung) auch hier in den Stand, durch Transplantationen die Geschlechtlichkeit der Tiere zu verändern. Die operative Beeinflussung der Geschlechtsmerkmale bezeichnete Steinach in seinem

255 Steinach, Sex, 1940, 33.
256 Vgl. Rheinberger, Müller-Wille, Vererbung, 2009, 19–24.

Vortrag als »Feminierung« und als »Maskulierung«, wobei er die makroskopischen, mikroskopischen und psychischen Befunde einer erfolgreichen Feminierung als Negativa zu denen der Maskulierung beschrieb.[257] Die feminierten Männchen hatten:

> »keinen männlichen Trieb, keinen männlichen Mut oder Rauflust, sie sind eher feige und furchtsam, zeigen die ganz typischen weiblichen Reaktionen und Bewegungen und werden – was das beweisendste ist – von normalen Männchen sofort als Tiere mit weiblichem Reiz agnosziert, leidenschaftlich verfolgt, besprungen, kurz als Weibchen behandelt«.[258]

Bei manchen Versuchstieren habe Steinach sogar den »höchste[n] Grad weiblicher Eigenart, das Säugen und die mütterliche Sorge um die Jungen« beobachten können. Die »umstimmende Kraft der weiblichen Pubertätsdrüsen« habe aus den Männchen »im Wesen ein Weibchen, eine säugende, liebreich sorgende Mutter gemacht«. Steinach schloss von Körper- und Wesensmerkmalen der Versuchstiere, die er geschlechtsspezifisch kategorisierte, auf die Wirkung der vermeintlich beteiligten Sexualhormone, projizierte somit sein kulturell geprägtes Geschlechterbild auf das epistemische Ding Sexualhormon. Abschließend kündigte er weitere Versuchsreihen und -serien zur geschlechtlichen Determinierung von Körpern und sozialen Verhaltensweisen durch endokrine Stoffe an.[259]

Im Jänner 1916 stellte Steinach im »Archiv für Entwicklungsmechanik« Experimente zum »Antagonismus der Sexualhormone« vor, den er durch »[z]witterbildende Transplantation« an männlichen Meerschweinchen untersuchte. Ziel dieser Experimentalreihe war es, weibliche und männliche Pubertätsdrüsen auf zellulärer Ebene expliziter als zuvor zu differenzieren und die Geschlechtsmerkmale männlichen oder weiblichen Zellen zuzuordnen. Dafür implantierte er in den Bauchraum eines zuvor von Hormonen »neutralisierten Organismus« – eines kastrierten Versuchstieres – sowohl ein Ovarium als auch einen Hoden, damit beide Gonaden »unter gleichen und zwar gleich ungünstigen Bedingungen um ihre Existenz und Wirkung zu kämpfen gezwungen« seien. Während des Experimentalverlaufs beobachtete Steinach, dass beide Gonaden, wenn sie dicht nebeneinander angenäht waren, sich zu einer »zwittrigen Pubertätsdrüse (Ovo-testis intestinalis)« oder »Zwitterpubertätsdrüse« vereinten, jedoch keine Einheit an sich bildeten. In den histologischen Schnitten identifizierte Steinach »in unmittelbarer Nachbarschaft Inseln mit den spezifischen

257 Die Beschreibung von weiblichen physiologischen Geschlechtsmerkmalen als Abweichung von einer männlichen Norm war in medizinischen Aufsätzen des 19. und Anfang des 20. Jahrhunderts weit verbreitet. Siehe dazu: Sarasin, Reizbare, 2001, 192–197.

258 Steinach, Feminierung, 1913, 720.

259 Steinach, Feminierung, 1913, 720 f.

männlichen und weiblichen Pubertätsdrüsenzellen«. Jene Entwicklung beschrieb Steinach mit Kriegsmetaphern: »Die Gewebe wachsen wild durcheinander [...]. Der Eindruck, daß hier ein Kampf zwischen den Geweben tobt, ist geradezu packend.«[260] Er schloss daraus, dass männliche und weibliche Zellen zueinander nicht kompatibel seien.

Bereits 1912 hatte der Physiologe Untersuchungen zu sogenannten ovariellen Zwischenzellen angestellt, die ebenfalls vornehmlich auf analytischen Ableitungen von Geschlechtsumwandlungsexperimenten aufbauten. Steinach kastrierte männliche Ratten, noch bevor eine Geschlechtsentwicklung stattgefunden hatte, und implantierte ihnen anschließend Ovarien. Die folgende Ausbildung von physischen und psychischen Geschlechtsmerkmalen beschrieb er detailliert in mehreren Veröffentlichungen und erklärte die Wahl für jenes experimentelle Vorgehen retrospektiv wie folgt:

> »It would not appear to be very difficult to determine which part of the animal body harbours the source for the development of sex characteristics. For here also the method of exclusion, the operative removal of the organs held to be responsible, should bring clarification of the question. The fountainhead of a stream is recognized the moment it is blocked.«[261]

Die Entfernung der Geschlechtsdrüsen wurde in der zitierten Passage mit der Metapher der blockierten Quelle eines Stromes beschrieben, womit Steinach auch seine Vorstellung der Beschaffenheit der inneren Sekrete verdeutlichte – für ihn handelte es sich um Flüssigkeiten. Die Hauptwirkung jener Sekrete der Geschlechtsdrüsen sah der Physiologe in der Ausprägung der weiblichen oder männlichen Geschlechtsmerkmale, die geschlechtsspezifische Zuordnung dieser Körperflüssigkeiten vollzog er entlang der zeitgenössischen Geschlechterkonstruktion – Sekrete der Hoden waren männlich, Sekrete der Ovarien weiblich.

Die Experimente führte Steinach wiederum nur an männlichen Versuchstieren durch, doch da er auch mit Ovariengewebe arbeitete, verstand er diese Studie auch als eine zur Physiologie weiblicher Körper. Die Erforschung der weiblichen Gonaden an männlichen Versuchstieren sei Steinach zufolge deswegen möglich, weil die Männchen nach ihrer Kastration im Jungalter asexuellen Wesen gleichkämen, die durch die Transplantation von Eierstöcken in Weibchen verwandelt würden:

260 Steinach, Pubertätsdrüsen, 1916, 309 ff.
261 Steinach, Sex, 1940, 24.

»There is no fundamental difference in biological results between such an operation as carried out on a male and a corresponding one performed on a female. In the two cases the effects are almost identical because the removal of the ovaries completely unsexes the female just as testicular removal does the male.«[262]

Beide Geschlechter gingen somit nach der Kastration im Jugendalter in den gleichen asexuellen Zustand über, doch trotz dieser chirurgisch hergestellten Ungeschlechtlichkeit sei das Geschlecht bereits »im Embryonalstadium« innerhalb »des Keimstockes« eindeutig festgelegt. Mit dem Begriff Keimstock bezog sich der Physiologe auf die befruchtete Eizelle und schloss sich damit der Theorie des Gynäkologen Josef Halban an, der den Zeitpunkt der Geschlechtsdifferenzierung als den der Befruchtung festlegte.[263] Steinachs Erweiterung dieser These bestand darin, den Zeitpunkt der tatsächlichen Ausbildung der Geschlechtsmerkmale in der Pubertät anzusetzen und durch die Wirkung von inneren Sekreten zu erklären. Die experimentelle Geschlechtsumwandlung von Ratten und Meerschweinchen sollte den Einfluss der Drüsenstoffe auf die Geschlechtsdifferenzierung nun bestätigen.

Die Möglichkeit einer langfristig erfolgreichen Hoden- oder Ovarientransplantation war unter Medizinern umstritten, einzelne Erfolge wurden oftmals auf die jeweilige Transplantationsmethode zurückgeführt. Zusätzlich hatten Transplantationen von Ovarien in männliche Körper noch keine experimentellen Erfolge gezeigt.[264] Steinach war somit in diesen Versuchsreihen nicht nur mit einer komplexen Fragestellung konfrontiert, sondern auch mit einer umstrittenen chirurgischen Technik. Um einer Kritik an der Durchführbarkeit der Transplantation vorauszugreifen, versuchte Steinach, die »technische Voraussetzung für die experimentelle Behandlung all dieser Fragen« durch einen empirischen Vergleich der zwei gängigsten Transplantationsmethoden zu schaffen. Im Zuge dessen ermittelte er auch die am besten geeignete Operationsmethode für das Experiment und lieferte eine epistemologische Basis gegen operationstechnische Kritik. Beide Transplantationsmethoden erwiesen sich in jeweils 45 Prozent der Fälle erfolgreich. Steinach entschied sich schließlich für die einfacher durchführbare.[265]

262 Steinach, Sex, 1940, 29.

263 Steinach, Willkürliche, 1912, 86. Vgl. Sengoopta, Quintessence, 2006, 42 f.

264 Vgl. Higuchi, Transplantation, 1910; Schultz, Transplantation, 1910. Zum medizinischen Streit über die Effektivität einer Organtransplantation siehe: Schlich, Erfindung, 1998, 285–304.

265 Steinach, Willkürliche, 1912, 76. Einen ähnlichen Zugang wählte Steinach für seine Untersuchung am Auge von 1888, für die er im Vorfeld verschiedene Reagenzien auf ihre Eignung hin geprüft und dokumentiert hatte. Zum Konstrukt objektiver wissenschaftlicher Arbeitsweisen siehe: Daston, Galison, Objektivität, 2007.

Nach der Auslotung der technischen Bedingungen stellte Steinach in seinem Beitrag die untersuchten Geschlechtsmerkmale vor. Zu den physischen Geschlechtsmerkmalen bei männlichen Versuchstieren zählte er Penis, Prostata und Samenblase, zu denen der weiblichen Ovarien, Uterus und Brust. Zusätzlich berücksichtigte der Physiologe bei beiden Geschlechtern die Körperdimensionen, den Skelettbau, Haarwuchs und Fettansatz. Der Physiologe studierte ebenso den Sexualtrieb, das Ansprechen auf und das Aussenden von sexuellen Reizen, was er als »Erotisierung« bezeichnete – was er konkret an der Reaktion von Männchen auf die vermeintlich von Weibchen ausgesandten Reize festmachte –, und das soziale Verhalten der Versuchstiere. Die Fähigkeit, das sexuelle und soziale Verhalten von Versuchstieren geschlechtsspezifisch einzuordnen, führte Steinach später auf seine lange und intensive Beschäftigung mit Ratten zurück: »For many years – for decades even – I have kept the breeding of these rats under my own personal control, and experience has taught me what conclusions to draw from their behaviour.«[266]

Veränderten sich die untersuchten Geschlechtsmerkmale bei männlichen Versuchstieren nach der Transplantation von Ovarien im Vergleich zu unbehandelten Kontrolltieren oder erkannte Steinach an ihnen Geschlechtsmerkmale weiblicher Tiere, interpretierte er dies als eine Umwandlung der männlichen Geschlechtsmerkmale in weibliche. Dabei habe sich der Penis »als besonders empfindliches Reagens für wirksame innere Sekretion« erwiesen. Bei ausgewachsenen Rattenmännchen sei dieser »lang, dick, blutgefüllt, leicht vorstülpbar, der Penisknorpel vollkommen verdeckt vom kräftigen Schwellkörper«. Der Penis der ovarimplantierten Ratten sei im Gegensatz dazu »so kurz, dass er sich aus der Vorhaut nicht vorstülpen« ließ. Steinach bewertete diese Veränderung als ein Zeichen für die Umwandlung eines männlichen Geschlechtsmerkmals in ein weibliches, doch beschrieb er diese weniger als eine Transformation denn als eine Reduktion: »Der Penis verdient hier nicht mehr seinen Namen und erscheint zu einer Clitoris reduziert.«[267]

Demzufolge hatte der Verlust des Penis die Ratte in ihrer Männlichkeit gemindert und darüber hinaus zeigten die Experimente, so Steinach, dass die Ovarien die männliche Geschlechtsentwicklung hemmten. Beide Geschlechter hatten demnach sekretorisches Gewebe oder Pubertätsdrüsen in ihren Geschlechtsorganen, die Wirkungen ihrer Sekrete unterschieden sich aber bei männlichen und weiblichen Individuen: »Die Einwirkungen der männlichen und weiblichen Pubertätsdrüse auf die sekundären Geschlechtscharaktere sind nicht identisch, sondern [geschlechts-]

266 Steinach, Sex, 1940, 17.

267 Steinach, Umwandlung, 1912, 87. Zur medizinischen Beschreibung weiblicher Körper in Bezug auf eine männliche Norm siehe: Sarasin, Reizbare, 2001, 192–196.

spezifisch«.[268] Steinach verortete zudem den physiologischen Ursprung geschlechtsspezifischer Wirkungen erneut in der Pubertätsdrüse, obwohl er in der Vergangenheit die Wirkung der Drüse bereits auf die Existenz flüssiger Sekrete und chemischer Stoffe zurückgeführt hatte. Dies kann auch als Ausdruck seines nachrangigen Interesses für diese Stoffe gedeutet werden: So beschäftigten sich seine ausführlich beschriebenen Experimentalreihen vorrangig mit physiologischen Mechanismen, welche zelluläre Bestandteile in den Hoden und Ovarien auslösten, nicht jedoch mit stofflichen Auslösern dieser Prozesse. Es scheint, als konnte sich Steinach den endokrinen Körper zunächst nur auf einer zellulären Ebene vorstellen. Die konkreten epistemischen Dinge, die Steinach im Kontext seiner Geschlechter- und später Sexual(hormon)forschung untersuchte, blieben zeitlebens undefiniert, weswegen er diese Agenzien abwechselnd als Pubertätsdrüse, Zwischenzellen, Sekrete oder Hormone bezeichnete; Steinach sollte während seiner gesamten Karriere diese Begriffe stellvertretend füreinander verwenden, wobei der Stoff Sexualhormon zunehmend in den Vordergrund rückte, was teilweise als ein Resultat seiner Zusammenarbeit mit der Pharmafirma Schering bei der Entwicklung eines Sexualhormonpräparats wie auch als Anpassung an den wissenschaftlichen Konsens bewertet werden kann.[269]

Im Rahmen dieser Experimentalreihe untersuchte Steinach nicht nur männliche und weibliche Pubertätsdrüsenzellen, sondern auch deren Verhältnis zueinander. Viele der Transplantationen verliefen nicht erfolgreich, denn entweder waren »die Einpflanzungen schon innerhalb der ersten drei Wochen durch Vereiterung oder Zerfall zugrunde gegangen«, was ausnahmslos bei jenen Operationen eintrat, »bei welchen versuchsweise ältere, z. B. drei- bis fünfmonatliche Ovarien zur Implantation verwendet wurden«. Oder Steinach konnte trotz Anheilens der Transplantate in männlichen Versuchstieren keine Wirkung auf die »Wachstumsverhältnisse und Entfaltungszeit der sekundären Geschlechtscharaktere« beobachten, was er wiederum nicht als eine Infragestellung seiner Theorie, sondern als Indikator für eine misslungene Transplantation bewertete. Nachdem die »Verpflanzung der Eierstöcke auf nicht kastrierte Männchen« nie geglückt war, vermutete Steinach »eine gesetzmässige biologische Gegenwirkung« zwischen männlichen und weiblichen Pubertätsdrüsen. Den experimentellen Gegenvergleich zur Untersuchung der Anheilungschancen von Hodentransplantaten bei weiblichen Versuchstieren unternahm er nicht, doch kündigte er weitere Experimente zu diesem Thema an.[270]

268 Steinach, Umwandlung, 1912, 83.

269 Vgl. Teil III dieses Bandes.

270 Steinach, Willkürliche, 1912, 83–87.

Bis 1916 verfolgte Steinach die Idee weiter, dass Transplantate aufgrund einer biologischen Gegenwirkung der männlichen und weiblichen Pubertätsdrüse abgestoßen würden, obwohl sich inzwischen Berichte zu einer alternativen These gemehrt hatten. Die Suche nach der Ursache für die Abstoßung von Transplantaten stellte einen großen Forschungsbereich in der Serologie und frühen Immunologie dar und die Artikel aus jenen Bereichen beschrieben die Transplantatabstoßung als eine immunologische Reaktion, die auf die unterschiedliche Blutbeschaffenheit des Donors zu dem des Transplantatempfängers zurückgeführt wurde.[271] Steinach war zwar mit dieser Theorie grundsätzlich einverstanden, hielt aber daran fest, dass die Abstoßung jener Pubertätsdrüsentransplantate »nicht oder bestimmt nicht allein in der biochemischen Differenz des Blutes« begründet sein könnte. Die Geschlechtsumwandlungsexperimente der letzten Jahre hätten bewiesen, dass eine dauerhafte Transplantation technisch wie auch physiologisch möglich sei. Natürlich stelle die »Blutsverwandtschaft« der Versuchs- und Spendertiere »ein für den Operationserfolg günstiges Moment« dar. »Die Schwierigkeit, mit der die Transplantation einer heterologen [Anm.: andersgeschlechtlichen] Gonade zu kämpfen hat«, müsse aber »auf einen Antagonismus zwischen den männlichen und weiblichen Sexualhormonen zurückgeführt werden«.[272]

DIE HEILUNG VON HOMOSEXUALITÄT

In der Humanmedizin wurde und wird in der Folge der Experimentalisierung der Biologie und Medizin auf vielfältige Weise Wissen nutzbar gemacht, das im Tierexperiment gewonnen wurde. Seit der Mitte des 19. Jahrhunderts ist der Tierversuch ein zentraler und systematisierter Bestandteil der Erforschung von Körpern, Krankheiten und Heilmethoden. Sämtliche Experimentalmediziner mussten sich früher oder später die fundamentale Frage stellen, ob und wie das im Tierexperiment gewonnene Wissen auf den Menschen übertragen werden kann und wann genau im Forschungsprozess der Punkt erreicht ist, an dem dieser Schritt vom Tier zum

271 1901 veröffentlichte der Wiener Pathologe Karl Landsteiner einen Artikel zu »antifermentativen, lytischen und agglutinierenden Wirkungen des Blutserums und der Lymphe«, die später als Blutgruppenlehre bekannt wurde. Vgl. Landsteiner, Kenntnis, 1900. Landsteiners Forschungen entsprachen dem aufkommenden Trend in der bakteriologischen und pathologischen Forschung, Körperflüssigkeiten und -gewebe zu spezifizieren und zu differenzieren. Bis zum Zeitpunkt des Erscheinens von Steinachs Artikel hatte sich ein eigenständiges Forschungsfeld rund um Antigene, Antikörper, Antitoxine und Antisera gebildet, was auf ein großes wissenschaftliches Interesse für dieses neue Forschungsgebiet hinweist. Einen zeitgenössischen Überblick liefert: Browning, Biochemistry, 1915.

272 Steinach, Pubertätsdrüsen, 1916, 308–312. Zur Geschlechterordnung in der Genetik und der Hormonforschung siehe: Satzinger, Differenz, 2009.

Mensch stattfinden kann.[273] Ein Feld, auf dem sich diese Übertragung besonders anzubieten schien, war die Homosexualität. Wie sehr staatliche Institutionen bereit waren, selbst – oder vielleicht auch gerade – vor dem Hintergrund des Ersten Weltkrieges entsprechende Forschungen in der Biologischen Versuchsanstalt finanziell zu fördern, war schon am Ende von Kapitel 2 dargestellt worden. Im vorliegenden Kapitel geht es darum, Steinachs Untersuchungen in den Kontext der damit verbundenen wissenschaftlichen Diskurse einzuordnen. Dabei spielen insbesondere die Überlegungen des Berliner Sexualwissenschaftlers Magnus Hirschfeld, aber auch allgemeine evolutionsbiologische Fragen eine Rolle. Schließlich wird auch ein Blick auf die Psychoanalyse geworfen.

Steinachs Schritt in diese Forschungsrichtung ist mit seinen 1915 gemeinsam mit dem Chirurgen Robert Lichtenstern durchgeführten Hodentransplantationen an Kriegsverletzten dokumentiert, die auf experimentellen Ergebnissen an Tieren aufbauten. Spätestens 1918 wollten beide die Theorie des hormonellen Antagonismus »im Gesamtumfang zur Anwendung« bringen, »und zwar zur operativen Behandlung von Homosexualität« bei Menschen.[274] In der Annahme, dass das sekretorische Hodengewebe homosexueller Männer nicht nur männliche, sondern auch weibliche Sexualhormone produziere und darauf ihr sexuelles Verlangen nach Männern basiere, empfahl Steinach die Entfernung der vermeintlich zweigeschlechtlichen Hoden und deren Ersatz durch »normale« eingeschlechtliche Hoden. 1917 berichtete Steinach im 17. Band des »Jahrbuchs für sexuelle Zwischenstufen« über die *[o]perative Behandlung der Homosexualität.* Ihm sei es gelungen, einen »passiven Homosexuellen mit ausgesprochen weiblichen Geschlechtscharakteren« durch die Transplantation des Hodens eines heterosexuellen Patienten »zu heilen«. Hirschfeld ermutigte im Anschluss seine Leser, sich für weitere Umwandlungsexperimente zur Verfügung zu stellen:

> »Da Prof. Steinach gegenwärtig Einpflanzungsmaterial von einem Manne hat, der wegen dauernd übernormalen virilen Triebs kastriert werden soll, so bittet er um Mitteilung, ob Homosexuelle (womöglich mit somatisch weiblichen Geschlechtscharakteren) umgestimmt werden und sich zu diesem Zwecke der betr. Operation unterziehen wollen.«[275]

Die Experimente mit Männern zur Therapie von Kastrationsfolgen und Homosexualität können als Bruch in Steinachs wissenschaftlicher Praxis gelesen werden. Hatte bis zum Beginn des Ersten Weltkriegs sein Hauptaugenmerk auf funktionellen Fra-

273 Vgl. Roelcke, Tiermodell, 2009, 16 f.

274 Steinach, Künstliche, 1920, 17. Siehe auch: Steinach, Lichtenstern, Umstimmung, 1918.

275 Steinach, Operative Behandlung, 1917, 189 ff.; zit. nach Herzer, Hirschfeld, 1992, 78.

gestellungen zur Physiologie des Hoden- und Ovariengewebes gelegen, wobei sich seine Experimente vorwiegend auf männliche Versuchstiere bezogen, fokussierten seine Versuche danach vermehrt auf die ›praktischen‹ Aspekte der medizinischen Forschung wie etwa therapeutische Einsatzmöglichkeiten. Spätestens ab 1914 beschäftigte er sich mit der Ätiologie von Sexualität, Geschlecht und Fortpflanzung zumeist im Zusammenhang mit Therapiemethoden, die auf seinen experimentellen Arbeiten aufbauten.

Der Schritt vom Tier zum Menschen in Steinachs Experimenten kann einerseits als typischer modus operandi der zeitgenössischen Medizin interpretiert werden, worauf weiter unten noch ausführlicher eingegangen wird. Zur Untersuchung der Möglichkeit einer »Anwendung von experimentellen Methoden und Ergebnissen beim Menschen« ließ Steinach in manchen Fällen die Eingriffe sogar ohne Wissen des Patienten durchführen, um in der Untersuchung »suggestive Beeinflussung« zu vermeiden und »objektive« Befunderhebung zu ermöglichen[276] (zur ethischen Problematik dieser Menschenversuche siehe Kapitel 8). Andererseits handelte es sich – neben dem Experiment zur Durchführbarkeit einer chirurgischen endokrinen Therapie am Menschen – um ein biologisches Experiment und, in Analogie zu phylogenetischen Studien, um eine immanent anwendungsorientierte Konsequenz aus dem Konzept eines entwicklungsbiologisch determinierten Systems der Arten, die eine Übertragung von einer Spezies (Ratte) auf die andere (Mensch) innerhalb derselben Kategorie (Säugetiere) ermöglichte. Steinach selbst thematisierte nicht explizit, wie er sich den Übergang von der Kategorie Tier auf die Kategorie Mensch eigentlich vorstellte, aber er bezog sich auf die Arbeiten von Kollegen, die auf Basis seiner Forschung (und in seinem Laboratorium) – darunter Alexander Lipschütz oder Paul Kammerer – Steinachs Zugang weiter ausführten.

Die epistemologische Basis für die Übertragung experimenteller Befunde von Tieren auf Menschen lag im beschriebenen Fall in der Vorstellung einer stammesgeschichtlichen Entwicklung aller Lebewesen. Vor allem in den ersten zwei Jahrzehnten des 20. Jahrhunderts führten Hans Przibram, Paul Kammerer oder Paul Weiss wegweisende entwicklungsbiologische Studien in den Laboratorien der Biologischen Versuchsanstalt durch, wobei sie häufig auf die Evolution einzelner Merkmale im Verlauf der Entwicklungsgeschichte fokussierten.[277]

Auch Steinach beschäftigte sich um 1910, kurz vor seinem Wechsel in die Sexual(-hormon-)forschung im Rahmen seines Prager Forschungsschwerpunkts der

276 Steinach, Verjüngung, 1920, 53 f.

277 Zur entwicklungsbiologischen Forschung im Vivarium siehe: Coen, Living precisely, 2006. Zu Kammerer siehe: Koestler, Krötenküsser, 2010.

vergleichenden Physiologie, mit der Evolution von physiologischen Mechanismen innerhalb einzelner taxonomischer Gruppen oder Arten. Den entwicklungsbiologischen Hintergrund von Steinachs Forschung machte jedoch erst 1918 Alexander Lipschütz explizit deutlich, als er nach einem Forschungsaufenthalt in Steinachs Abteilung den Artikel *Die Gestaltung der Geschlechtsmerkmale durch die Pubertätsdrüse* veröffentlichte. Er präsentierte darin in Bezug auf Steinachs bisherige Forschungsergebnisse ein »genetische[s] System der Geschlechtsmerkmale«. Dieses basierte auf einer entwicklungsgeschichtlich ausgerichteten Zusammenstellung sämtlicher »Ergebnisse von Kastrationsversuchen und vor allem der Feminierungs- und Maskulierungsversuche« an Versuchstieren aus unterschiedlichen taxonomischen Gruppen. In der Einleitung wies er auch auf Steinachs und Lichtensterns therapeutische Versuche an Männern hin. Die Experimente zur Beeinflussung der primären und sekundären Geschlechtsmerkmale zeigten, pointierte Lipschütz, dass nur jene Körpermerkmale, welche durch die hemmende oder fördernde Wirkung der Pubertätsdrüsen beeinflusst werden könnten, effektiv Geschlechtsmerkmale darstellten. Alle anderen als Geschlechtsmerkmale verstandenen Körperstrukturen seien »zur Entwicklung gelangte Merkmale der asexuellen Embryonalform«. Weiterhin wies er auf die Bedeutung hin, welche »diesen genetischen Gesichtspunkten für die Vererbungslehre« zukomme, ohne aber näher darauf einzugehen.[278]

In welchem Umfang Lipschütz' Studie von Steinach beeinflusst war, lässt sich anhand der vorhandenen Quellen nicht mehr rekonstruieren. Es könnte sich allerdings um eine inhaltliche Zusammenarbeit gehandelt haben, zumal Steinach selbst jene Versuchsreihe als ontologische Grundlage zur Übertragung von tierexperimentell gewonnenem Wissen auf den Menschen heranzog. 1920 formulierte er erstmals selbst das Postulat, dass aufgrund jenes genetischen Systems der Geschlechtsmerkmale sämtliche Experimentalergebnisse zu »sexualbiologischen Grundfrage[n]« mit Tieren, die anhand jener systematischen Ordnung dem Menschen »genetisch gleichwertig« wären, ohne Weiteres auf den Menschen übertragen werden könnten.[279] Mit diesem konkreten Bezug auf den Menschen versuchte Steinach vermutlich, seine neuen Humantherapien zu legitimieren – es handelte sich um Verjüngungs- und Stärkungskuren –, die er als wissenschaftlich erforscht und experimentell erprobt propagierte.

Allerdings kam Steinach nicht umhin, auf ein häufiges Problem von Experimenten mit lebenden Organismen und Tieren zu verweisen: Die Ergebnisse waren nicht immer reproduzierbar und erfüllten damit eine der zentralen Bedingungen experi-

278 Lipschütz, Gestaltung, 1918, 405–10.
279 Hierauf wird in Kapitel 7 näher eingegangen.

menteller Aussagenbildung nicht. So könne »von vornherein trotz Gleichheit des Tiermaterials und trotz aller Gleichmäßigkeit der operativen Bedingungen nie ein ganz kongruentes Resultat« erzielt werden. Ebenso spielte die Wahl des Versuchstiers eine große Rolle, welche Ergebnisse erzielt würden; nicht jede Tierart eignete sich für die gleiche Fragestellung. Bei Ziegen würden »normale Männchen, wenn sie einmal in stürmische Erregung versetzt und wenn mehrere Objekte in ihrem Abteil versammelt sind, bei der Befriedigung ihrer Geschlechtswut ziemlich unterschiedslos vorgehen«. Damit eigneten sie sich nicht für physiologische Experimente zur Homosexualität, die Steinach in einer zweigeschlechtlichen Pubertätsdrüse vermutete. Er löste dieses Problem bei Versuchen mit Ziegen durch einen positivistischen Zugang und bewertete die Beobachtungen entlang seiner Argumentation: So habe er »diesem Resultat gegenüber den an verschiedenen Tagen einzeln mit einem brünstigen Weibchen oder Kastraten oder normalen Männchen vorgenommenen Prüfungen nicht die genügende Beweiskraft beigemessen«.[280] Die Ergebnisse mussten somit tendenziell ausgewählt werden, um die Neigung und Häufung von Ergebnissen in eine gewünschte Richtung suggerieren zu können. Fand dies jedoch im Zusammenhang einer Therapie statt, erhöhte sich das Risiko für den Menschen erheblich. Maß Steinach negativen Befunden von Tieren, die dem Menschen genetisch gleichwertig wären, nicht genügend Beweiskraft zu und wählte ausschließlich positive experimentelle Ergebnissen aus, um sie anschließend auf den Menschen zu übertragen, eröffnete er damit einen vielversprechenden Ausblick in den therapeutischen Erfolg.

Jenseits der kulturellen und politischen Bedeutung dieser und ähnlicher Studien für die medizinische und öffentliche Wahrnehmung von Homo- und Intersexualität[281] verdeutlichte dieser Artikel zunächst, wie Steinach die Anwendung von Tiermodellen für humanmedizinische Fragestellungen zu legitimieren versuchte. Demnach näherte sich Steinach über Tierexperimente der Physiologie von Geschlechtlichkeit und Sexualität an und und nahm dabei auch zur Kenntnis, dass es verschiedene Varianten von dem gab, was er als männlich und weiblich definierte. Demgegenüber hatte der Berliner Sexualwissenschaftler Magnus Hirschfeld allein auf Basis von Beobachtungen an Menschen eine Theorie entwickelt, mit der er Homosexualität einzuordnen und zu verstehen versuchte – und die den Schlüssen, die Steinach aus seinen Experimenten zog, stark ähnelte. Mit seiner sogenannten Zwischenstufentheorie unternahm es Hirschfeld bis 1923 in wissenschaftlichen Beiträgen, den sexuellen »Indivi-

280 Steinach, Künstliche, 1920, 19–24.

281 Zur politischen Dimension von Steinachs Arbeiten zu Homosexualität siehe: Sengoopta, Glandular politics, 1998, und Sengoopta, Modern, 2000; zur experimentellen Klassifikation von Homosexualität siehe: Oudshoorn, Labortests, 1993.

dualtypus« eines jeden Menschen zwischen den beiden Polen »Vollmann« und »Vollweib« zu bestimmen. Davon ausgehend, dass sich alle menschlichen Eigenschaften mit der Dichotomie männlich – weiblich fassen ließen, ordnete Hirschfeld diese in vier Gruppen ein: die Geschlechtsorgane, die übrigen körperlichen Eigenschaften, den Geschlechtstrieb und die übrigen seelischen Eigenschaften. Er nahm an, dass jedes Merkmal dieser Qualitäten eine männliche oder eine weibliche Ausprägung aufweise. Ein Individuum mit ausschließlich männlichen Merkmalen bezeichnete er als »Vollmann« und einen Menschen mit ausschließlich weiblichen Merkmalen als »Vollweib«. Diese stellten nach Hirschfeld lediglich Idealtypen dar, da fast alle Menschen in unterschiedlichem Maße sowohl männliche als auch weibliche Eigenschaften hätten.[282] Beispielsweise waren homosexuelle Männer und Frauen physisch zwar männlich oder weiblich, jedoch in sexueller und psychischer Hinsicht mit einer Reihe von Eigenschaften des anderen Geschlechts ausgestattet. Die Sexualität und das Geschlecht waren somit Teile eines einzigen Klassifikationssystems, das mit Bezug auf geschlechtsspezifische Merkmale strukturiert war.

Unter Sexualwissenschaftlern stieß die Zwischenstufentheorie zunächst auf keine breite Zustimmung, viele reagierten desinteressiert oder ablehnend. Für Experimentalwissenschaftler jedoch, die auf dem Gebiet der Geschlechter- und Sexualforschung tätig waren, stellte Hirschfelds Theorie häufig eine wichtige Orientierungshilfe dar. Bereits 1910 hatte Steinach darauf hingewiesen, dass durch Hodentransplantationen »Zwischenstufen in der Entwicklung der Männlichkeit« experimentell erzeugt werden könnten. 1912 untersuchte er die von Hirschfeld postulierten spezifischen Merkmale und Eigenschaften des Geschlechts in seinen Experimenten und zog sie als Kriterien heran, um Aussagen über die männliche oder weibliche Wirkung von Pubertätsdrüsen machen zu können. Während bislang die Beziehung zwischen Steinach und Hirschfeld als eine Vernetzung in den Sexualwissenschaften und der Sexualreformbewegung dargestellt wurde, spielte Hirschfelds Lehre von den sexuellen Zwischenstufen für Steinach de facto eine Rolle bei seiner Bewertung des Erfolgs von Geschlechtsumwandlungsexperimenten oder Hodentransplantationen. Sie führte Steinach an die Frage zur Physiologie des sogenannten Hermaphroditismus und der Homosexualität heran, welche er zunehmend hinsichtlich einer individualisierten »Mischung« männlicher und weiblicher Eigenschaften untersuchte, bis er schließlich Homo- und Intersexualität organisch auf eine zweigeschlechtliche Hormondrüse oder »Zwitterpubertätsdrüse« zurückführte. In den folgenden Jahren wurde er zu einem wichtigen Verbündeten für Hirschfeld und dessen Konstruktion der Klassifi-

282 Siehe dazu die Onlineausstellung der Magnus-Hirschfeld-Gesellschaft Berlin, www.hirschfeld.in-berlin.de, letzter Zugriff: 24.03.2016.

kationssysteme von sexuell und geschlechtlich determinierten Körpern.[283] So knüpfte Steinach nun direkt an dessen Stufentheorie an, denn seine »experimentell erzeugten Zwischenstufen von Männlichkeit« sollten zeigen, dass »der Grad der Ausbildung der sekundären Geschlechtscharaktere und der individuellen Unterschiede der sexuellen Veranlagung von der Menge der jeweilig vorhandenen innersekretorischen Elemente« in den Geschlechtsdrüsen bestimmt werde.[284] Männlichkeit und Weiblichkeit waren somit keine statischen Zustände, sondern dynamisch und endokrin beeinflussbar. Gerade diese Beeinflussbarkeit war jedoch etwas, was allein im Experiment beobachtet werden konnte, was Steinach und seinen Kollegen ein vielversprechendes Forschungsfeld eröffnete.

Dementsprechend untersuchte Steinach bis 1930 die innersekretorische Funktion der Zwischenzellen auch hinsichtlich ihres Einflusses auf die Geschlechtsentwicklung bei Männern und Frauen. In seinen Studien ging er davon aus, dass sie den Beginn der Pubertät, die Entwicklung von weiblichen und männlichen Geschlechtsmerkmalen sowie die Intensität des Geschlechtstriebs regulierten. Zunächst könne die Aktivität der Pubertätsdrüse die Geschlechtsmerkmale und -entwicklung entsprechend verändern, denn »weder die sekundären somatischen noch die sekundären psychischen Geschlechtsmerkmale sind unwandelbar ab ovo vorausbestimmt. Sie können transformiert bzw. umgestimmt werden«.[285] In Experimenten hätte sich gezeigt, dass nach der Implantation von nur wenig »Pubertätsdrüsensubstanz« oder nach unvollständigem Anheilen von Transplantaten die Geschlechtsmerkmale nicht vollständig ausgebildet wurden:

> »Man kann auf diese Weise experimentell eine ganze Stufenleiter der somatischen und funktionellen Geschlechtscharaktere herausarbeiten […]. Und umgekehrt kann man die ausgereiften Sexuszeichen zur Rückbildung zwingen, wenn man die angewachsenen Pubertätsdrüsen operativ verkleinert oder wieder abträgt.«[286]

Wie sehr sich Hirschfeld für Steinachs Therapie begeisterte, lässt sich daran ablesen, dass er mehreren Männern, die eine Bestrafung nach dem Paragrafen 175 befürchteten, eine operative Behandlung ihrer Homosexualität nach dessen Methode empfahl. Hirschfeld verknüpfte in den folgenden Jahren seine Zwischenstufentheorie so eng mit Steinachs wissenschaftlichen Ergebnissen zur biologischen Grundlage des Ge-

283 Steinach, Geschlechtstrieb, 1910; Oudshoorn, Labortests, 1993, 151 f.
284 Steinach, Willkürliche, 1912, 75.
285 Steinach, Willkürliche, 1912, 104.
286 Steinach, Verjüngung, 1920, 12.

schlechts, dass die Fachwelt begann, eine »Steinach-Hirschfeldsche Lehre« zu rezipieren.[287] Der Züricher Chirurg Benno Slotopolsky, ein vehementer Gegner der Pubertätsdrüsenlehre, kritisierte die Tatsache, dass Hirschfeld seine »Sexualpathologie« ganz auf Steinachs Arbeiten zur inneren Sekretion der Geschlechtsdrüsen aufbaue, weil Hirschfeld dadurch »direkt von der Tendenz geleitet« sei, »der ›Klinik der Sexualstörungen‹ eine ›pathologische Anatomie der Keimdrüsen‹ zugrunde zu legen«. Diese »Denkweise« hielt Slotopolsky, vor dem Hintergrund von Steinachs endokriner Verjüngungstherapie, für »höchst problematisch, wenn aber übereilt praktische Konsequenzen aus ihr gezogen werden, sogar für eine Gefahr.« Slotopolsky betonte weiterhin, dass jene Mediziner, welche das menschliche Sexualverhalten mit der inneren Sekretion der Geschlechtsdrüsen erklärten, sich ausschließlich »auf die diesbezüglichen Befunde der Steinachschule« stützten.[288]

Langfristig führten die chirurgischen Eingriffe bei homosexuellen Männern nicht zu den gewünschten Erfolgen, weswegen sich Hirschfeld schließlich Mitte der 1920er Jahre von jener Praxis distanzierte.[289] Die zunehmende Kritik an der Hodentransplantation fiel letztlich auch auf die zugrundeliegende Theorie bisexuell veranlagter Pubertätsdrüsen sowie zur antagonistisch-geschlechtsspezifischen Wirkung der Sexualhormone zurück. 1920 versuchte Steinach, diese mit erweiternden Experimenten zu untermauern, die die »Beweiskette« hinsichtlich seines Konzepts schließen sollten, dass die Ursache für homosexuelles Verhalten in der Ausschüttung männlicher Hormone bei Frauen und weiblicher Hormone bei Männern läge. Die Experimente sollten zeigen, dass die Entwicklung der Geschlechtsmerkmale beeinflussbar und intersexuelle Geschlechtsmerkmale und Verhaltensweisen auf pathologische Veränderungen in den Geschlechtsdrüsen zurückzuführen seien. Die endgültige Bestätigung der Theorie, dass »Hermaphroditismus« und Homosexualität organisch auf einer Zwitterdrüse beruhten, würde der Vergleich von »künstlichen« experimentellen Beobachtungen mit den »natürlich« gegebenen Bedingungen im sogenannten Naturexperiment liefern. Dieses zeichnete sich dadurch aus, dass es nicht im Labor, sondern innerhalb des üblichen Umfelds der Tiere stattfand.

287 Vgl. Stoff, Jugend, 2004, 80, 453–455. Über die persönlichen Dimensionen dieser Beziehung ist wenig bekannt. Die Bedeutung von Hirschfelds Ansätzen für Steinachs Forschung blieb auf wenige Jahre beschränkt: In Steinach, Künstliche, 1920, 23, ist der letzte Bezug Steinachs auf Hirschfeld zu finden. Danach erwähnt Steinach seinen Kollegen Hirschfeld in Briefen nur mehr beiläufig und mied Begegnungen auf Kongressen, wahrscheinlich aufgrund wissenschaftlicher oder persönlicher Differenzen. Über den gemeinsamen befreundeten Kollegen Harry Benjamin als auch im Rahmen von regelmäßigen Besuchen Hirschfelds in Wien und Steinachs in Berlin fand zwischen den beiden Sexualwissenschaftlern wohl weiterhin ein Austausch statt.

288 Slotopolsky, Sexualchirurgie, 1925, 108.

289 Vgl. Stoff, Jugend, 2004, 459–462; Sengoopta, Quintessence, 2006, 78–82.

Im »Naturexperiment« untersuchte Steinach Ziegen. Dem Physiologen zufolge sei Zweigeschlechtlichkeit bei Ziegen keine Seltenheit, weswegen diese sich hervorragend als Versuchstiere eignen würden. Innerhalb eines Jahres studierte er zwei Ziegenweibchen. Erstere sei bereits äußerlich ein erkennbarer »Zwitter«, denn sie habe eine auffallend vergrößerte Klitoris und ein größeres Skelett als andere weibliche Ziegen. Überdies fehle der weibliche Geschlechtstrieb, während sie »in Bocksprüngen« einen männlichen Zug äußere. Die zweite Ziege repräsentierte für Steinach »einen Fall reiner, konstanter Homosexualität«. Sie zeige zwar keine Auffälligkeiten in der körperlichen Entwicklung, verhalte sich jedoch Ziegenböcken gegenüber nicht weiblich. Als ein solcher brünstig wurde, ließ jene Ziege ihn nicht aufspringen, wehrte den Bock heftig ab und:

> »ging gegen den Bock los. Hingegen war ein ausgesprochen männlicher Geschlechtstrieb entwickelt. Sie machte richtige Bocksprünge, beschnüffelte die anderen Ziegen des Stalles, besprang eine nach der anderen und machte dabei koitusartige Bewegungen. [...] Vom Plärren nach dem Bock war nie etwas zu hören [...]. Es handelte sich, klinisch ausgedrückt, um einen Fall schwerer Homosexualität des weiblichen Individuums. Im Alter von 10 Monaten wurde sie getötet«.[290]

Nach der Tötung folgte die histologische Untersuchung der Ovarien, des Uterus und der Eileiter, wobei Steinach die »zwittrige Beschaffenheit beider Ovarien« »aufgedeckt« habe. Er fand Zellen sowohl männlicher als auch weiblicher Geschlechtsdrüsen, etwa »im ovariellen Stroma ein Stück Hodensubstanz«. Was Steinach jedoch »eigenartig« fand, war, dass bei »allen [histologischen] Bildern dieser Zwitterdrüse« die »sowohl quantitative wie qualitative Überlegenheit der männlichen über die weiblichen Pubertätsdrüsenzellen« festgestellt werden konnte. Dies sei Steinach zufolge ein Beleg für die Überlegenheit des männlichen sekretorischen Gewebes über das weibliche und er schlussfolgerte daraus, dass das männliche Gewebe das weibliche verdränge, weswegen die Ziege endokrin betrachtet männlich sei und kein Zwitter. Jener dadurch bewiesenen »Geschlechtsspezifität« der Sexualhormone sei »nichts weniger als die sog. Trennung der Geschlechter« zu verdanken.[291] Der Forscher sah durch seine Beobachtungen am »Naturexperiment« also seine bisheriges Konzept bestätigt, demzufolge das Geschlecht endokrin bedingt und infolge Homosexualität entsprechend therapierbar war.

290 Steinach, Künstliche, 1920, 26.
291 Steinach, Künstliche, 1920, 13, 26 f.

Sigmund Freud kritisierte 1920 diesen Ansatz zur »Heilung von Homosexualität«, insbesonders bei deren Anwendung bei »weiblicher Homosexualität«. Prinzipiell stimmte Freud Steinachs Epistemologie zu, allein die Umsetzung in die Praxis bewertete er als undurchführbar, da hierfür vermutlich eine Sterilisierung notwendig sei und keine Frau auf ihre Reproduktionsfähigkeit verzichten wolle:

> »Sollte sie in der Entfernung der wahrscheinlich hermaphroditischen Ovarien und Einpflanzung anderer, hoffentlich eingeschlechtiger, bestehen, so würde sie praktisch wenig Aussicht auf Anwendung haben. Ein weibliches Individuum, das sich männlich gefühlt und auf männliche Weise geliebt hat, wird sich kaum in die weibliche Rolle drängen lassen, wenn es diese nicht durchaus vorteilhafte Umwandlung mit dem Verzicht auf die Mutterschaft bezahlen muß.«[292]

Respektvoll relativierte er seine Kritik durch einen Verweis auf seine ausschließlich psychoanalytische Perspektive, die »nicht dazu berufen [sei], das Problem der Homosexualität zu lösen. Sie [Anm.: die Psychoanalyse] muß sich damit begnügen, die psychischen Mechanismen zu enthüllen, die zur Entscheidung in der Objektwahl geführt haben, und die Wege von ihnen zu den Triebanlagen zu verfolgen.« Alles andere überlasse sie der biologischen Forschung, »die gerade jetzt in den Versuchen von Steinach so bedeutungsvolle Aufschlüsse« zutage fördere. Ebenso wie die Biologie gehe die Psychoanalyse von einer »ursprüngliche[n] Bisexualität des menschlichen (wie des tierischen) Individuums« aus. »Aber das Wesen dessen, was man im konventionellen oder im biologischen Sinne ›männlich‹ und ›weiblich‹ nennt, kann die Psychoanalyse nicht aufklären, sie übernimmt die beiden Begriffe und legt sie ihren Arbeiten zugrunde.«[293]

Dem befreundeten Mediziner Harry Benjamin (1885–1986) zufolge war Steinach seinerseits der neuen »psychoanalytischen Ära« gegenüber kritisch eingestellt. Der Berliner Benjamin war bereits während seiner Studienzeit mit Hirschfeld eng befreundet und emigrierte 1913 in die USA. 1921 kam er erstmals für einen Forschungsaufenthalt an Hirschfelds Institut und besuchte im Anschluss Steinachs Laboratorium in Wien. Bis in die späten 1930er Jahre unternahm Benjamin fast jeden Sommer Studienreisen nach Berlin und Wien. Bei einer dieser Gelegenheiten besuchte Benjamin Freud in seiner Praxis. Jenen Besuch habe Steinach ermöglicht, der Benjamin zufolge »on good enough terms« war, »to make an appointment«. Freud

292 Freud, Psychogenese, 1920, 301 f. Vgl. Soukup, Steinach, 2008, 9; Appignanesi, Forrester, Freud's Women, 2000, 256.

293 Freud, Psychogenese, 1920, 301.

und Benjamin »soon discussed body-mind relationship. Freud rarely smiled, but did give a somewhat abbreviated laugh, when the wisecrack occurred to me that the disharmony of the emotions may well be caused by a dishormony of the endocrines. He agreed.«[294] Über eine direkte Auseinandersetzung zwischen Freud und Steinach zu Fragen von Geschlechtlichkeit und Hormontherapie ist nichts bekannt. Etwaige Verbindungen zwischen den zwei Wiener Medizinern sind einzig im Austausch über Kollegen – Paul Federn oder Harry Benjamin – dokumentiert oder in Freuds Anwendung von Steinachs Reaktivierungstherapie. Die Forschung zur endokrinen Aktivierung und Verjüngung löste zunehmend Steinachs Arbeiten zu Homosexualität ab, zumal die Therapie derselben langfristig keine Erfolge verbuchte. Der therapeutische Einsatz der Pubertätsdrüse und ihrer Sexualhormone zur (Re-)Aktivierung des Menschen schien jedoch ein äußerst aussichtsreiches Unternehmen.

SEXUALHORMONE UND VERJÜNGUNGSTHERAPIE

Ein weiteres Feld der praktischen Anwendbarkeit seiner Forschungsergebnisse formulierte Steinach in einem Vortrag, den er am 5. Dezember 1912 an der Akademie der Wissenschaften in Wien hielt und dem er einen verheißungsvollen Titel gegeben hatte: *Untersuchungen über die Jugend und über das Alter*. Darin stellte er, aufbauend auf den letzten experimentellen Ergebnissen, eine gewagte These und ein innovatives Forschungsvorhaben vor:

> »Der fundamentale Einfluß der Pubertätsdrüsen auf die individuelle Entwicklung, die Abhängigkeit vom physiologischen Zustande und von der Menge der Pubertätsdrüsensubstanz, all diese Tatsachen, wie sie meine letzten Arbeiten experimentell dargestellt haben, legten mir den Gedanken nahe, ob es nicht möglich wäre, noch einmal im individuellen Leben die Wirkungen der Pubertätsdrüse auszulösen und wenigstens bis zu einer gewissen Grenze die Attribute und Äußerungen der Jugend wieder hervorzurufen, und die des Alters hinauszuschieben.«[295]

Bei ersten Versuchen zeigten alte Ratten, denen er beide Samenleiter durchtrennt hatte, nach der Rekonvaleszens ein jugendliches Verhalten. Die histologische Untersuchung der Hoden hätte ergeben, »dass schon nach mehreren Wochen eine bedeutende Vermehrung oder Wucherung der Pubertätsdrüsenzellen« einträte, die sperma-

---

294 Benjamin, Reminiscenses, 1969.
295 Steinach, Verjüngung, 1920, 68.

togenen Gewebebestandteile hingegen abnähmen. An weiblichen Tieren habe er »noch nicht so viel experimentiert wie an männlichen«, doch habe er versucht, »neue wirksame Pubertätsdrüsensubstanz durch homoplastische Ovarienimplantation« zuzuführen. Steinach kündigte an, die Versuche fortzusetzen, um »weitere Erfahrungen zu sammeln« und um die »Versuche bald auf alternde und senile Menschen ausdehnen zu können (Ligatur des einen oder beider Vasa deferentia; Röntgenbestrahlungen der Hoden).«[296]

Die über zwei Jahre vorgenommenen Experimente zur Beschaffenheit und Wirkung der Pubertätsdrüse bestärkten Steinach darin, dass seine Erkenntnisse von Tierexperimenten auf Menschen übertragen werden und in absehbarer Zeit Verjüngungsbehandlungen durchgeführt werden könnten. Aus dem reichen Arsenal seiner inzwischen erprobten Methoden empfahl er neben der Samenleiterunterbindung den Einsatz der Röntgenbestrahlung als Sterilisierungstechnik, wahrscheinlich in Anlehnung an Julius Tandlers Röntgenkastration von Hirschen. Steinach stellte seinen Zuhörern 1912 also die Umkehrung von Alterungsprozessen und die Heilung geistiger Verfallserscheinungen bei Menschen in Aussicht. Er plante hierfür verschiedene Experimente mit unterschiedlichen Behandlungstechniken, wobei er konzedierte, dass diese teilweise noch nicht genügend erprobt seien.

Mehr noch als beim Thema Homosexualität sprach Steinach mit der Vorstellung einer Verjüngungskur einen weitverbreiteten, tiefen Wunsch der Menschen an.[297] So ist es kein Wunder, dass es in diesem Zusammenhang zu besonders großen Schlagzeilen wie auch zu einem Renommee Steinachs bei einer ganz neuen Klientel kam. Am 25. Juli 1920 verkündete das Titelblatt der »Berliner Illustrirten Zeitung« schließlich die Sensation: »Prof. Steinach – Wien, dessen Verjüngungsexperimente an Menschen und Tieren Aufsehen erregt haben.«[298] Die Überschrift bezog sich auf sechsundzwanzig »Steinach-Operationen« – die ein- oder doppelseitige Unterbindung der Samenstränge –, die Lichtenstern in Steinachs Auftrag zwischen 1918 und 1920 an Männern durchgeführt hatte.[299] Lichtenstern war zu diesem Zeitpunkt Assistent bei Otto Zuckerkandl,[300] dem Leiter der chirurgisch-urologischen Abteilung

296 Vgl. Steinach, Verjüngung, 1920, 68.

297 Vgl. hierzu und Steinachs Verjüngungsforschung im Folgenden: Stoff, Jugend, 2004, Kapitel 1 und 4.

298 Berliner Illustrirte Zeitung 29 (25.7.1920), zit. nach Stoff, Jugend, 2004, 30. Anm.: In den 1920er Jahren führte auch der Chirurg Erwin Horner Operationen für Steinach durch. Zur Zusammenarbeit Horners mit Steinach siehe: Sengoopta, Quintessence, 2006, 86–88.

299 Lichtenstern, Erfolg, 1916; Steinach, Lichtenstern, Umstimmung, 1918. Zur Zusammenarbeit von Steinach und Lichtenstern siehe: Sengoopta, Quintessence, 2006, 79–80, 84; Stoff, Jugend, 2004, 43; Schlich, Erfindung, 1998, 156–161.

300 Vgl. Schnitzler, Tagebuch 1917–1919, 1981, 278.

des Rothschildspitals, Bruder des bereits erwähnten Anatomen Emil Zuckerkandl und wissenschaftlichen Kollegen von Julius Tandler.

Die Erstkonsultation der Patienten – die Behandlung befand sich zu diesem Zeitpunkt noch im experimentellen Stadium – erfolgte jeweils in Steinachs Arztpraxis, die er in seiner Wiener Stadtvilla eingerichtet hatte. Nach einem Anamnesegespräch schätzte er das geeignete Verfahren für die individuelle Verjüngungsbehandlung ab. Danach verwies er den Patienten an Lichtenstern, der den operativen Eingriff in einem Wiener Krankenhaus durchführte. Schon bald stellte Steinachs Abteilung das unbestrittene Zentrum der Verjüngungsforschung in Europa dar. Die Propagierung von Verjüngungsoperationen, der Therapie von Homosexualität und von Hodentransplantationen als Therapie von (im Zuge eines Unfalls oder einer medizinischen Behandlung erfolgter) Kastration geschah jedoch zu einem Zeitpunkt, als Steinach selbst seine diesbezüglichen Studien noch nicht für abgeschlossen hielt. In einem Interview mit der Wiener Tageszeitung »Acht-Uhr-Blatt« erklärte Steinach, dass seine Arbeiten viel zu früh der Öffentlichkeit bekanntgegeben worden seien und die Berichte über seine Therapieansätze deswegen mit der größten Vorsicht aufgenommen werden müssten, da sie sonst großen Schaden herbeiführen könnten. Ein Mitarbeiter Steinachs, der anonym bleiben wollte, begründete vor einem Journalisten die frühe Bekanntgabe durch die schlechte finanzielle Situation Steinachs und stellte damit einen engen Zusammenhang zwischen Forschungsfinanzierung und humanmedizinischen Therapien her.[301]

Tatsächlich hatte sich die finanzielle Situation der Biologischen Versuchsanstalt, trotz der weiteren staatlichen Förderungen, mit dem Ausbruch des Ersten Weltkriegs erheblich verändert: »Government subsidies had practically ceased for all research work, and Steinach had to keep the laboratory with several assistants going the best he could out of his own pocket.« Die eigenständige Erhaltung der Privatlaboratorien der Biologischen Versuchsanstalt durch die Abteilungsleiter mit zusätzlicher staatlicher Unterstützung war seit seiner Gründung ein grundlegendes Merkmal des Instituts gewesen. Die Eingliederung in die Akademie der Wissenschaften sollte die Leiter von dieser finanziellen Verpflichtung größtenteils befreien, doch konnte diese Übereinkunft während der Kriegsjahre immer weniger eingehalten werden. Die Kombination wissenschaftlicher Forschung mit therapeutischer Praxis stellte sich in diesen prekären Jahren schließlich als eine langfristige Lösung für finanzielle Engpässe her-

---

301 Vgl. Ekhardt, Verjüngungsverfahren, 1920, 75; Stoff, Jugend, 2004, 58. Anm.: Bei der Beschlagnahmung von Steinachs Arztpraxis durch die SS 1938 waren dort keine medizinischen Geräte vorhanden. Steinachs Anwalt begründete diese Tatsache vor der Vermögensverzeichnisstelle damit, dass es sich nicht um eine ständige Arztpraxis gehandelt habe. AT-OeStA/AdR DG-VA 8311,72, Bochner an Vermögensverzeichnisstelle, Wien 23.12.1938.

aus – die Nachkriegsjahre entwickelten sich zur geschäftigsten Forschungsperiode in Steinachs Karriere.

> »(P)atients came to him from all over the world for consultation and operation. Though he did not operate himself (except on animals), he was nevertheless present during all operations, which were performed by such competent surgeons as Robert Lichtenstern and Erwin Horner. In Steinach's waiting room, laboratory, or hospital the rich and the famous from abroad met with the poor and the famous from home.«[302]

Auch Sigmund Freud zählte zu Steinachs prominenten Patienten, der eine »Steinach-Operation« an sich durchführen ließ in der Hoffnung, dadurch sein Krebsleiden zu lindern oder zu heilen. Der Eingriff fand am 17. November 1923 durch den Urologen Viktor Blum statt. Nur wenige Jahre später musste Freud aber enttäuscht feststellen, dass die Operation seine Erwartungen nicht erfüllt hatte.[303]

Auch Frauen unterzogen sich Verjüngungsbehandlungen bei Steinach, wobei es sich um Röntgen- oder Wärmebestrahlungen handelte, welche er gemeinsam mit dem Röntgenologen Guido Holzknecht und dem Gynäkologen Erwin Last durchführte (siehe Kapitel 8). In einem längeren Beitrag in der »Neuen Freien Presse Wien« berichtete Holzknecht, dass vor allem bei Frauen, »an welchen in den letzten zehn Jahren wegen Myomen und klimakterischen Blutungen Röntgenbestrahlungen vorgenommen worden waren«, eine rege Nachfrage nach Steinachs Verjüngungsbehandlungen bestünde. Die Bestrahlung habe nicht nur »ein sehr auffallendes Aufblühen« bei den Frauen bewirkt, sondern auch die Wiedererlangung ihrer »Arbeitskraft und Lebensfreude«, welche daraufhin »trotz der großen Anforderungen der Kriegsjahre keine Abnahme erkennen« ließen.[304] Der Beitrag thematisierte jedoch nicht die Effekte der vorangegangenen Röntgenbestrahlungen bei Tumoren oder Wechselbeschwerden ein, wahrscheinlich um die Röntgentechnik zur Behandlung von pathologischen Erkrankungen von der eigens entwickelten Methode zur Stimulierung von Verjüngungseffekten abzugrenzen. Das Heilversprechen war damit eng an Steinachs und Holzknechts Röntgenmethode gebunden.

Die medizinische Behandlung von Alterserscheinungen wurde in den 1920er Jahren schließlich mit dem Verb »Steinachen« belegt. Die UfA produzierte eigens einen »Steinach-Film«, in dem der Experimentator sein Laboratorium und seine Forschun-

---

302 Benjamin, Steinach, 1945, 438.

303 Vgl. Stoff, Jugend, 2004, 32; Molnar, Freud, 1996, 311; Jones, Freud, 1984, 123. Freuds archivierte Bibliothek enthält eine Ausgabe von »Theorie und Praxis der Steinachschen Operation«, vgl. Soukup, Steinach, 2008, 10.

304 Holzknecht, Neue Freie Presse, zit. nach Ekhardt, Verjüngungsverfahren, 1920, 72 f.

gen vorstellte.[305] In jeder größeren europäischen und amerikanischen Stadt versprachen Spezialisten, mittels einer Samenleiterunterbindung oder mit Röntgen- oder Wärmebestrahlungen die Umkehrung von Alterungsprozessen und dadurch eine allgemeine Steigerung der Konzentrations- und Leistungsfähigkeit sowie der Gesundheit herbeizuführen. Ganze Bücher, die zum Teil auch ins Englische übersetzt und in den USA verlegt wurden, widmeten sich Steinach und seinen Theorien.[306] In Wien und den USA agierte Paul Kammerer als begeisterter Vermittler für Steinachs Verjüngungsforschungen und -behandlungen.[307] Steinach stand jedoch – zumindest offiziell – Kammerers populistischen Aktivitäten eher ablehnend gegenüber, weil sie nicht seinen Vorstellungen von wissenschaftlicher Distinguiertheit entsprachen.[308] Wahrscheinlich war er aber nicht ganz unbeteiligt an dieser öffentlichen Präsentation seiner Arbeit, gab sich jedoch vor Kollegen und in Interviews als Experimentator, der die Grundsätze wissenschaftlicher Objektivität nie aus den Augen verlor.

Steinachs Distanzierung von populärwissenschaftlichen Ambitionen war vermutlich auch mit dem Umstand verknüpft, dass die Verjüngungsbehandlungen, die in zentraleuropäischen und nordamerikanischen Arztpraxen an Männern und Frauen durchgeführt wurden, Gegenstand von Karikaturen, Witzen und Gesangsdarbietungen in Zeitungen, auf Operettenbühnen und in den Variétés der Großstädte wurden. So hatte ein Züricher Arzt einen »Steinach-Rummel-Foxtrott« für »großes Orchester« und »Wiener Quartett« komponiert. Darin wurden die sexuellen Ausschweifungen verjüngter Männer ebenso besungen wie die Notwendigkeit der Behandlung gealterter Frauen zur Wiedererlangung ihrer Schönheit.[309] Die Öffentlichkeit und die Wissenschaft nahmen die therapeutische Erfüllung des Wunsches nach sogenannter Reaktivierung sehr unterschiedlich auf. Therapeuten wie Steinach erlangten einerseits eine große Popularität, die sich auch in ökonomischer Hinsicht als vorteilhaft erwies. Andererseits wurden sie unfreiwillig auch in (gesundheits-)politisch und moralisch motivierte Debatten miteinbezogen.[310]

Zum Ende des 19. und Anfang des 20. Jahrhunderts wurden Sexualhormone nicht mehr nur mit Geschlecht und Fortpflanzung assoziiert, sondern vermehrt mit körperlicher Leistungsfähigkeit, Sexualität und Lustfähigkeit. Die Thematik Sexualität

305 Vgl. Stoff, Jugend, 2004, 77 ff.
306 Vgl. Stoff, Jugend, 2004, 75.
307 Beispielsweise Kammerer, Vererbung, 1925/26.
308 Vgl. Stoff, Jugend, 2004, 58. Zu Steinach und Kammerer siehe auch: Sengoopta, Quintessence, 2006, 106–110; Hofer, Goldscheid, 2002, 166–168. Zur Biografie Paul Kammerers siehe: Koestler, Krötenküsser, 2010.
309 Vgl. Kaufman, Foxtrott, 1920.
310 Vgl. Stoff, Jugend, 2004.

und Lustfähigkeit sortierte sich in Steinachs Experimente zur (»Heilung« von) Homosexualität ein. Steinachs chirurgische, röntgenologische und thermische Verjüngungsbehandlungen, welche er später schlicht als »Reaktivierung« bezeichnete, wurden vor allem von dem Gedanken der Leistungsfähigkeit geleitet. So behandelte Steinach seinen ersten Verjüngungspatienten, weil dieser seit Wochen »rapid exhaustion after work and greatly lessened working capacity« beobachtet hatte.[311] Vermutlich konzentrierte er sich letztlich auch auf das Thema Verjüngung im Sinne von Leistungsfähigkeit, weil dieses ein breiteres Publikum ansprach.

Die Verjüngungsbehandlungen Steinachs bestanden in der Zerstörung des Spermien- oder Follikelproduzierenden Gewebes in den Geschlechtsdrüsen, somit einer Sterilisation der Patienten und Patientinnen. Steinach hatte – wie schon bei den Experimenten mit Tieren – beobachtet, dass mit der Abnahme des Fortpflanzungsgewebes eine Vermehrung des hormonproduzierenden Gewebes eintrete. Aus dem »Mehr« an Gewebe folgerte er eine vermehrte Ausschüttung an Sexualhormonen als physiologische Reaktion auf die Sterilisierung, woraus jene erwünschte körperliche und geistige (Re-)Aktivierung des gesamten menschlichen Organismus folge. Ab den späten 1920er Jahren ersetzte Steinach die Ovarientransplantation an männlichen und weiblichen Versuchstieren zum Teil durch die Verabreichung des Sexualhormonpräparates *Progynon* der Berliner Pharmafirma Schering, das auch als Verjüngungsmittel lanciert wurde (siehe hierzu Teil III dieses Bandes). *Progynon* versprach eine in dieser Art historisch neue medikamentöse Konsumierbarkeit von Jugend, Schönheit sowie körperlicher und sexueller Leistungsstärke.[312]

311 Steinach, Sex, 1940, 168.

312 Vgl. Stoff, Jugend, 2004, 16.

Kapitel 5

Experimentalkultur

»Wäre ein Forschungsexperiment klar, so wäre es überhaupt unnötig«. (Ludwik Fleck)

Diese Feststellung des Mikrobiologen und Wissenschaftstheoretikers Ludwik Fleck bezog sich auf seine Analyse von August Paul von Wassermanns Arbeiten an einem serologischen Test für den Nachweis einer Luesinfektion, die zur Entwicklung der »Wassermann-Reaktion« als immunologischem Standardtest führten. Bei genauerer Untersuchung von Wassermanns Publikationen musste Fleck feststellen, dass dessen Ergebnisse nicht reproduzierbar waren. Den Grund dafür sah er darin, dass Wassermann seine Experimente mit dem erwarteten Ergebnis abgestimmt hatte. Er hatte diese nicht manipuliert, sondern versucht, die noch unfertige Experimentalmethode durch die Veränderung einzelner Parameter zu optimieren, wobei er aktiv in eine gewählte Richtung hin korrigierte, was zu einem entsprechenden Ergebnis führte.[313] Die vorliegende Darstellung machte bisher deutlich, dass eine solche Entwicklung auch Steinachs Experimente prägte. Seine Konzepte oder Metaphern, die er in frühen Publikationen einsetzte – Trieb, Impuls, Instinkt, Reflex, Zentrum –, weisen auf einen entwicklungsbiologisch oder -mechanisch geprägten Denkstil hin. Jene physiologischen Begriffe und Denkmodelle ergaben sich großteils aus dem zeitgenössischen diskursiven Umfeld und der Beschreibungsweise der etablierten Wissenschaften des ausgehenden 19. Jahrhunderts. Die Betrachtung des menschlichen Körpers als einer mechanischen oder thermodynamischen, trieborganisierten Maschine und des Gehirns als eines informationsverarbeitenden Steuerzentrums hatte sich jedoch als attraktives physiologisches Erklärungsmodell der menschlichen Sexualität bereits erschöpft und wurde nach und nach durch ein sekretorisches, endokrinologisches Modell ersetzt. Die Wissensobjekte beider Modelle nahmen im Laufe von Steinachs Forschungsprozess immer klarer Gestalt an. Zu diesem Prozess gehörten auch die Optimierung der Versuchsparameter, die inhaltliche Vernetzung mit Forschungsgemeinschaften sowie das Aufgreifen von kulturell, gesellschaftlich, politisch und ökonomisch geprägten Bewertungen und Entscheidungen.

Tatsächlich zeigt die Geschichte der Lebenswissenschaften, dass die Herausbildung von Experimentalkulturen sich als ein vielgestaltiger Prozess vollzogen hat, bei dem wissenschaftliche Forschungsarbeit, technische Errungenschaften und unter-

313 Fleck, Entstehung, 1980 (orig. 1935), 112 f., Zitat 114.

schiedliche Bereiche moderner Gesellschaften ineinander griffen. Darüber hinaus überschritten neuartige Disziplinen wie die Sexualwissenschaft oder die physiologische Endokrinologie die traditionelle Grenzziehung zwischen »reiner« und »angewandter« Forschung. Wie mussten Objekte und Verfahren beschaffen sein, um Teil dieser experimentellen Kultur werden zu können? Wie wurde die Entscheidung für diese getroffen und wie wurde sie argumentiert? Das folgende Kapitel untersucht diese Fragen über eine nähere Betrachtung der epistemischen Dinge, um die sich Steinachs Experimente kristallisierten – Pubertätsdrüse, inneres Sekret, Hormon –, und über ein histotechnisches Verfahren, das sich als produktiv für die Einordnung von Wissensinhalten der einzelnen Objekte in seine allgemeine Theorienbildung erwies. Schließlich wird die Art und Weise wie die physiologische Endokrinologie auch andere Disziplinen und gesellschaftliche Bereiche durchdrang am Beispiel der Zusammenarbeit von Steinach mit Kammerer näher untersucht.

EPISTEMISCHE DINGE: PUBERTÄTSDRÜSE, INNERES SEKRET, HORMON

Mit der Betrachtung von Sexualhormonen als epistemische Dinge, als Forschungsgegenstände fokussiert dieser Abschnitt darauf, wie dieselben im Laufe des Forschungsprozesses überhaupt erst Teil der wissenschaftlich untersuchten Wirklichkeit wurden und an Gestalt gewannen. Zugleich soll verdeutlicht werden, dass sie in den Jahrzehnten der Sexualhormonforschung des beginnenden 20. Jahrhunderts sehr unterschiedliche Wissensobjekte darstellten. Dementsprechend basierten Steinachs physiologische Forschung und seine Erkenntnisse zu Sexualhormonen auf Experimenten zu drei unterschiedlichen Untersuchungsobjekten. Das Erste war die sogenannte Pubertätsdrüse. Laut Steinach setzte sie sich aus den Zellen in den Geschlechtsdrüsen zusammen, welche die inneren Sekrete ausschütteten. Die Pubertätsdrüse war für Steinach unter dem Mikroskop gut sichtbar und deswegen ein geeignetes Forschungsobjekt. Nach mehreren Veröffentlichungen konnte die Existenz einer Pubertätsdrüse so weit als eine wissenschaftliche Tatsache etabliert werden, dass sie in weiterer Folge als indirekter Beweis für ein anderes, nicht sichtbares epistemisches Ding dienen konnte: Steinach schloss von den Drüsenzellen der Pubertätsdrüse und deren Beschaffenheit indirekt auf die Existenz und die Wirkung innerer Sekrete. Diese Sekrete waren für ihn Flüssigkeiten, welche die Pubertätsdrüse produzierte und ausschüttete. Im weiteren Forschungsprozess interpretierte er diese Flüssigkeiten schließlich als Botenstoffe oder Hormone, womit sie zu seinem dritten Untersuchungsobjekt wurden.

Steinach beschrieb die Sexualhormone als Transportmedien, die Informationen von den Geschlechtsdrüsen über den Blutstrom an das Gehirn übermittelten. Sie stellten somit ein Kommunikationsmedium zwischen Körper und Gehirn dar. Die Nachrichten, die sie nach Steinachs Vorstellung vermittelten, lösten, so seine Vorstellung weiter, geschlechtsspezifische physiologische und psychische Reaktionen aus, was die entsprechende Ausformung und Gestaltung der Geschlechtsmerkmale des Individuums zur Folge hätte. Diese Wirkung der Sexualhormone war streng bipolar geschlechtsspezifisch männlich oder weiblich – ein weibliches Hormon konnte demnach keine an männlichen Hormonen festgemachten Wirkungen auslösen und umgekehrt.

Nicht nur die Wirkungen waren geschlechtsspezifisch, auch die Sexualhormone selbst wurden als männliche oder weibliche Objekte oder Dinge verstanden. Darüber hinaus verhielten sich männliche und weibliche Sexualhormone antagonistisch und waren somit miteinander inkompatibel. Prallten diese beiden Objekte doch einmal in Körpern aufeinander, beherrschte das männliche Hormon die Physiologie, denn es war Steinach zufolge dem weiblichen Hormon überlegen. Insgesamt schrieb er beiden Sexualhormonen aktivierende und verjüngende Eigenschaften zu, wobei wiederum diese Wirkungen geschlechtsspezifisch konnotiert waren: Während weibliche Sexualhormone das Klimakterium der Frauen verzögerten, sie schöner und empfindsamer machten, erweckten die männlichen Hormone in Männern den Tatendrang, machten sie lebhaft, leidenschaftlich und kreativ. Diese Zuschreibungen leitete Steinach einerseits aus experimentellen Beobachtungen ab, andererseits basierten sie auf der – von dem Forscher nicht reflektierten – Übertragung von kulturell bedingten dichotomen Geschlechterbildern.

Aus den voran beschriebenen Experimenten Steinachs ging hervor, dass seine Fragestellungen und Versuchsanordnungen nicht konkret auf ein epistemisches Ding ausgerichtet waren. Der Physiologe setzte Ergebnisse aus Experimenten zur Pubertätsdrüse für die Erforschung von Sekreten ein, übertrug Erkenntnisse zu inneren Sekreten auf Sexualhormone, sodass angenommen werden kann, dass es sich für Steinach bei Pubertätsdrüse, Sekret und Sexualhormon um das gleiche Wissensobjekt handelte. Seine Erkenntnisse zu Sexualhormonen basierten somit auf der Verknüpfung von drei verschiedenen Wissensobjekten. Etwa bezogen sich die von Steinach 1916 beschriebenen Hormonwirkungen auf die physiologischen Mechanismen einer »hormonspendenden Pubertätsdrüse«,[314] welche er in den referierten Texten jedoch nicht konkret als Hormondrüse, sondern als zelluläre und sekretorische Einheit beschrieben hatte.

Im Verlauf seiner Studien zog er weiterhin die Geschlechtsmerkmale als experimentelle Indikatoren für die Untersuchung seiner Forschungsobjekte heran. Bildete

314 Steinach, Pubertätsdrüsen, 1916, 308.

und transformierte zunächst die Pubertätsdrüse dieselben aus, waren später Sexualhormone die entsprechenden Agenzien. Im Kontext dieser Untersuchungen vereinten Sexualhormone die zuvor an Pubertätsdrüsen festgestellten geschlechtsspezifischen und antagonistischen Eigenschaften. Ebenso wie Steinach 1912 der weiblichen Pubertätsdrüse eine hemmende Wirkung auf die Ausbildung der männlichen Geschlechtsmerkmale zuschrieb, erwiesen sich nun männliche und weibliche Sexualhormone als inkompatibel und lieferten die gleichen experimentellen Befunde. Dieses Phänomen bezeichnete Steinach konsequenterweise als »Antagonismus der Sexualhormone«.[315]

Auffällig ist nun, dass die Grundstrukturen seiner Argumentation auch dort wirksam wurden, wo sie Steinachs tatsächlichen histologischen Befunden ganz offensichtlich widersprachen. Ein Beispiel hierfür ist seine Wahrnehmung der weiblichen Pubertätsdrüse: Ohne auf die 1912 postulierte Existenz von Zwischenzellen in den Ovarien einzugehen, definierte er 1916 die weibliche Pubertätsdrüse neu. Die zuvor als Zwischenzellen definierten »weibliche[n] Pubertätsdrüsenzellen« ersetzte er durch den in der Gynäkologie allgemein gebräuchlichen Begriff »Luteinzellen«.[316] Trotz dieser anatomischen und physiologischen Unterschiede zur männlichen Pubertätsdrüse hielt Steinach an seiner Klassifikation der weiblichen Pubertätsdrüse fest. Dies hatte vermutlich mit der Funktion dieser Pubertätsdrüsen innerhalb seiner Gesamtargumentation über die physiologischen Vorgänge und die Ausbildung der Geschlechtsmerkmale zu tun, bei der er grundsätzlich von einer Analogie zwischen dem männlichen und dem weiblichen Organismus ausging. Das von ihm geschaffene Objekt »Pubertätsdrüse« ermöglichte dem Physiologen, sie als flexible Einheit je nach Bedarf zu modifizieren, an Experimente und Ableitungen anzupassen und sie argumentativ auch im Bereich der Sexualhormonforschung einzusetzen. Es ist anzunehmen, dass Steinach die Flexibilität seines Objekts bis zu einem gewissen Grad bewusst war; die Quellen weisen darauf hin, dass er die unterschiedliche Bezugnahme auf dessen epistemische Inhalte als Anpassung an den aktuellen Forschungsstand verstanden haben könnte.

Welchen Einfluss hatte die einheitliche Bezeichnung »Pubertätsdrüse«, die von einer geschlechtsspezifischen Wahrnehmung »männlicher« und »weiblicher« sekretorischer Gewebe ablenkte, nun aber auf das Experiment? Zunächst bedeutete die Beschreibung der sekretbildenden Ovarienzellen als Zwischenzellen eine Übertra-

315 Vgl. Steinach, Willkürliche, 1912, 86 f.; Steinach, Pubertätsdrüsen, 1916, 309; Steinach, Kun, Antagonistische, 1926, 815–34. Anm.: Bei Luteinzellen handelte es sich keineswegs um ein Gewebe, wie etwa bei den Leydigzellen in den Hoden, sondern um die äußere, gelbgefärbte Zellschicht des reifen Follikels, auch Gelbkörper genannt.

316 Steinach, Pubertätsdrüsen, 1916, 316.

gung von Wissen, das in Bezug auf männliche Körper geschaffen wurde, auf weibliche Körper. Bereits 1912 führte die einheitliche anatomische und physiologische Klassifikation des sekretorischen Drüsengewebes in Ovarien und Hoden bei Steinach zur Vermengung von Erkenntnisinhalten. So wiesen die histologischen Schnitte angenähter und für die Untersuchung wieder entfernter Ovarientransplantate, ebenso wie die Hodentransplantate 1910, eine Vermehrung und Vergrößerung der Zwischenzellen auf, was Steinach zufolge »auf ihren sekretorischen Charakter« deutete.[317] Weiterhin erkannte er in einem der Hodentransplantate unter dem Mikroskop »ovarielle Reste«. Sowohl die männliche als auch die weibliche Pubertätsdrüse bestanden vermeintlich aus dem gleichen Zelltyp – den Zwischenzellen. Wie konnte Steinach demnach »ovarielle Reste« ausnehmen?

Steinach hatte sich bereits auf die als weibliche Zwischenzellen determinierten Zellen als »Luteinzellen« bezogen, doch war er nicht explizit auf die anatomischen Unterschiede zwischen männlichen und weiblichen Zwischenzellen eingegangen. Stattdessen benannte er ein paar der gemeinsamen anatomischen Merkmale wie »Durchmesser, [...] Grösse und Färbbarkeit des Kernes«, welche eine »gewisse Ähnlichkeit« der weiblichen Pubertätsdrüsenzellen zu »den männlichen Pubertätszellen« verrieten.[318] Die geschlechtsspezifische Anatomie der männlichen und weiblichen Zwischenzellen zeichnete sich somit durch Ähnlichkeiten aus. Steinach versuchte, gleichzeitig am Prinzip der (geschlechtlichen) Differenz und der (anatomischen und physiologischen) Ähnlichkeit festzuhalten, sein Konzept männlicher und weiblicher Zwischenzellen histologisch – und damit anatomisch – zu fundieren und zu identifizieren. Dafür benötigte er jedoch eine entsprechende Experimentaltechnik für die geschlechtsspezifische Identifizierung von Zwischenzellen: »Wenn es gelänge, männliche und weibliche (interstitielle) Pubertätsdrüsenzellen histologisch, färbetechnisch zu unterscheiden, so könnte man an Stelle obiger Hypothese den Nachweis setzen«, dass sowohl männliche als auch weibliche Zwischenzellen in einer Geschlechtsdrüse vorkommen könnten. Bis zur Entwicklung dieser Methode schlug Steinach aber vor, bezüglich der Geschlechtsspezifität von Zwischenzellen »von einem asexuellen Zustand zu sprechen«.[319]

Steinachs Verweis von 1912 auf fehlende experimentelle Belege zur Fundierung seines Konzepts verstand der Experimentator nicht als Ausgangspunkt, eine mögliche Widerlegung seiner Theorie zu diskutieren, sondern als eine Anregung für weitere Untersuchungen sowie als Motivation dafür, nach besseren technischen Bedin-

317 Steinach, Willkürliche, 1912, 82.

318 Steinach, Willkürliche, 1912, 88.

319 Steinach, Willkürliche, 1912, 82–88, 106.

gungen zu streben. Die epistemologischen Grenzen des Experiments, die etwa auf methodologischer oder technologischer Ebene deutlich wurden, konnten Steinach zufolge ausgehebelt werden, indem einzelne Parameter variiert und optimiert wurden. Dies führte letztlich zum gewünschten experimentellen Ziel – eine Erfahrung, die Steinach im Verlauf seiner neurophysiologischen Forschung mehrmals gemacht hatte.

HISTOTECHNIK UND TECHNISCHE DINGE

Die Entwicklung histologischer Färbetechniken lässt sich auf den Zeitraum von Mitte des 19. Jahrhunderts bis ins erste Drittel des 20. Jahrhunderts datieren.[320] Im Sinne eines Experimentalsystems waren diese Histotechniken sogenannte technische Dinge, die in jenem Zeitraum durch die vorhandenen Farbstoffe determiniert waren, indem sie ausschließlich eine Erstellung von Gewebebefunden aufgrund ihrer Morphologie zuließen. Solange sich diese technischen Dinge noch in ihrer Entwicklung befanden, konnten sie durch den Experimentator geformt werden. Schließlich führten die Arbeiten an technischen Dingen zu deren Stabilisierung und aus Dingen werden konkrete, spezifische Werkzeuge, deren Handhabung einer entsprechenden Expertise bedurfte. Wissensobjekte und die technischen Bedingungen ihrer Hervorbringung sind damit unauflösbar miteinander verknüpft.[321] Im Folgenden soll gezeigt werden, wie das technische System der Zellfärbung Steinachs Versuche zum hormonellen Antagonismus und zur Zwitterpubertätsdrüse begrenzte sowie deren Ergebnisse prägte.

Einige frühe Arbeiten Steinachs beschäftigten sich, wie bereits in Kapitel 1 entfaltet, mit der Entwicklung solcher technischer Dinge. Zwischen 1887 und 1899 veröffentlichte er drei Aufsätze, in denen er eigens entwickelte technische Laborbehelfe für das Mikroskopieren und die Fixierung von Versuchstieren sowie einen speziellen Schalter für Messgeräte vorstellte. Im Jänner 1916 konnte Steinach bereits auf eine neue histologische Färbetechnik, die eine Differenzierung von männlichen und weiblichen Zwischenzellen ermöglichen sollte, zurückgreifen. In dem Artikel *Pubertätsdrüsen und Zwitterbildung* führte er die mikroskopische Analyse von zweigeschlechtlich angelegten »Zwitterpubertätsdrüsen« näher aus, präsentierte jedoch die

320 Vgl. Lang, Histotechnik, 2006, 406.

321 Vgl. hierzu: Rheinberger, Experimentalsysteme, 2001, 9 und 25. Zu den durch Laborinstrumente determinierten Möglichkeiten und Grenzen innerhalb von Experimentalreihen: Schmidgen, Telegraphie, 2004, 270–306.

neue Präparationstechnik nicht gesondert.[322] Dennoch, durch die visuelle geschlechtliche Differenzierung von Zellen war es offenbar möglich, mit der neuen Färbetechnik weibliche von männlichen Zellen zu unterscheiden. Dies ermöglichte eine Differenzierung von Steinachs Theorie, dass die als männlich und weiblich definierten Pubertätsdrüsen nur physiologisch-funktionell ähnlich waren, sich aber in ihren endokrinen Produkten und anatomischen Strukturen unterschieden. Das Prinzip der Differenz und Ähnlichkeit schien gelöst.

Bei dem folgenden Textausschnitt handelt es sich um die Beschreibung eines histologischen Schnittpräparats eines Ovarientransplantats. Unter dem Mikroskop konnte der Physiologe unterschiedliche rosa und blau gefärbte große und kleine Punkte, Flecken und Striche ausmachen. Je nach Größe und Farbe waren die einzelnen Elemente als verschiedene anatomische Zelltypen und Strukturen kategorisiert, auf die Steinach auch näher einging. Zum Verständnis eine kurze Erklärung folgender Begriffe: eosinophil (mit dem Farbstoff Eosin rot eingefärbte Zellen), Corpus luteum (Gelbkörper im Ovarium), Granulosazellen (Zellen im Inneren des Follikels), Luteinzellen (gelbgefärbte Zellen, aus denen sich das Corpus luteum bildet), Theka (Hülle, Hülse), Obliteration (Verödung):

> »Die Elemente der obliterierten Follikel sind untermischt mit zahlreichen eosinophilen Zellen. Der Querschnitt des normalen Corpus luteum erscheint daher heller, reiner und gleichmäßiger; ansonsten fällt es aber schwer, wesentliche Unterschiede herauszufinden. Im Beginn der Obliteration […] sieht man oft inmitten der Follikel alle möglichen Zwischenstufen von Granulosazellen und großen, stellenweise fettkörnchenreichen Elementen vom Luteinzellentypus, während von der Theka her massige Zapfen nach dem Innern wachsen, die zusammengesetzt sind aus bald säulenförmigen, bald schollenförmigen, bald mehr polygonalen oder ganz runden Zellen, zum Teil fettkörnchenhältig und gleichfalls dem Luteinzellentypus entsprechend. Wo das Follikelinnere bereits dicht angefüllt ist, begegnet man allen denkbaren Übergängen von Theka- und Luteinzellen […]. Schmilzt die Hülle des Follikels ein, so ergießen sich diese Zellen ins Stroma.«[323]

Die zitierte Beschreibung eines histologischen Schnittes endet mit einer Verlaufsbeschreibung, dem physiologischen Prozess, den Steinach aus einer Reihe von eigens angefertigten histologischen Präparaten rekonstruiert hatte. Die übliche Praxis war, einzelne histologische Bilder auf einen Standard zu beziehen, der zumeist in der

322 Vgl. Steinach, Siebdosen, 1887; Steinach, Kopfhalter, 1893; Steinach, Quecksilberschlüssel, 1899; Steinach, Pubertätsdrüsen, 1916, 307–332.

323 Steinach, Pubertätsdrüsen, 1916, 316.

Anatomie etabliert worden war. Wollte sich der Mediziner nicht auf anatomische Standards beziehen, mussten eigene Vergleichspräparate angefertigt werden. Steinach hatte in seiner Abteilung für experimentelle Physiologie eine eigene wissenschaftliche Assistentin für die zeitaufwändigen und mühsamen Präparationsarbeiten angestellt, Edith Roth. Sie fertigte aus entnommenen Organen histologisch-anatomische Schnitte an und ermöglichte Steinach damit, Histotechniken breit einzusetzen.[324]

Nach einer ersten Untersuchung anhand eigens angefertigter Verlaufs- und Vergleichspräparate bezog Steinach das beschriebene Schnittpräparat auch auf »normale« anatomische Präparate, wahrscheinlich zur Festigung seiner These.[325] Die Änderungen zellulärer Strukturen, die Steinach in seinem Artikel vorstellte, bewerteten nun allerdings in der sich anschließenden Diskussion Anatomen und Physiologen – jenseits der Feststellung, dass eine Transformation stattfand – unterschiedlich. Für Steinach belegten sie, dass nach Ovarientransplantationen die weibliche Pubertätsdrüse stark wucherte, wohingegen die generativen Bestandteile des Ovariums abgebaut würden – dass also das hormonproduzierende Gewebe zu- und das Fortpflanzungsgewebe abnehme. Der Physiologe schloss daraus, dass Eierstocktransplantate größere Mengen an Sexualhormonen ausschütteten als körpereigene Ovarien.

Vor allem Physiologen nahmen diese Bewertung der Abläufe in Transplantaten mit großem Interesse auf. Auf heftigen Widerstand stieß Steinachs Interpretation jedoch bei renommierten deutschsprachigen Anatomen wie Hermann Stieve, Benno Romeis, Hans R. Schinz und Benno Slotopolsky. Die histologischen Befunde bewerteten sie zwar als überraschend und wichtig, doch ihrer Meinung nach würde sich das sekretorische Gewebe nicht absolut vermehren, sondern dessen Zellen nur an Größe zunehmen, und zwar nur in Relation zum zurückgehenden reproduktiven Gewebe.[326] So wurde in der Debatte wieder deutlich: Histologische Präparate wurden in verschiedenen medizinischen Disziplinen in der Forschung eingesetzt, doch erst die Interpretation des Schnittbilds nach den jeweiligen, fachspezifischen Maßstäben von Wissenschaftlichkeit machte aus einem Gewebeschnitt einen entsprechenden wissenschaftlichen Befund – und diese Interpretation konnte sehr unterschiedlich sein.[327]

Darüber hinaus konnten in Steinachs Belegen zur Zwitterbildung nur Hinweise auf die Anwendung von Eosin-Hämatoxylin-Färbemethoden gefunden werden, wel-

---

324 Vgl. Steinach, Kammerer, Klima, 1920, 405. Zur Bedeutung histologischer Verfahren in der Universitätsmedizin siehe: Schlich, Erfindung, 1998, 226, 231–234.

325 Vgl. Steinach, Pubertätsdrüsen, 1916, 315.

326 Vgl. Stoff, Jugend, 2004, FN 86.

327 Zu den unterschiedlichen Zugängen in der anatomischen und physiologischen Universitätsmedizin siehe: Schlich, Erfindung, 1998, 219–246.

Abb. 2: »Histologisches Laboratorium« der Biologischen Versuchsanstalt 1931. Am Mikroskop sitzt vermutlich Edith Roth.

che auf der Reaktionsfähigkeit verschiedener Gewebestrukturen mit entsprechenden Farbstoffen durch Ionenbindung basieren. Etwa können durch saure Farbstoffe basische Gewebebestandteile eingefärbt werden, was eine morphologische Differenzierung unterschiedlicher Zellbestandteile, beispielsweise von Zellkernen und Zellplasma, ermöglicht. Diese Zellteile sind jedoch mit Eosin und Hämatoxylin nicht geschlechtlich differenzierbar, da sowohl bei männlichen als auch bei weiblichen Zellen die Zellkerne eine blaue und das Plasma eine rosa Färbung aufweisen. Steinach selbst ging nicht konkret auf die neue Färbetechnik ein, welche die geschlechtsspezifische Identifikation männlicher und weiblicher Zwischenzellen ermöglichen sollte, und es ist deshalb anzunehmen, dass sie auf den zeitgenössischen Färbemitteln und Histotechniken basierte. Tatsächlich könnte es sich bei diesem technischen Ding um ein Konstrukt gehandelt haben, das Steinach scheinbar als materielle Grundlage für seine langjährige Expertise präsentiert hatte.

Dabei diente diese histologische Färbemethode auch als eine Korrektur des Experiments in eine gewählte Richtung im Sinne Ludwik Flecks. Da Steinach die Auswertungsmethode auf das erwartete Ergebnis abstimmte, führte die Befunderhebung letztlich zu einem entsprechenden Ergebnis. Zudem ließ ihn seine Vorannahme von »weiblichen« und »männlichen« Zellen innerhalb einer Pubertätsdrüse nicht nur in das Experimentalsystem eingreifen, sondern auch im Experiment beobachtete Unterschiede gemäß der Vorannahme interpretieren: Indem er die Farbigkeit einzelner Zellen und ihrer Zellinhalte in histologischen Schnittpräparaten als Beleg für deren physiologische Funktion verstand, war für Steinach nicht nur eine optische Verortung und Beschreibung des Schnittpräparats von analytischer Relevanz. Erst die Übersetzung des Gesehenen in physiologische Funktionen machte ein histologisches Präparat zu einem Befund und lieferte durch dessen Auslegung entlang epistemischer Implikationen den experimentellen Beweis für eine These, ermöglichte die Übersetzung anatomischer Strukturen in physiologische Prozesse.

Zusammenfassend waren Steinachs mikroskopische und makroskopische tierexperimentelle Beweise für einen hormonellen Antagonismus sowie die Existenz einer Zwitterdrüse somit von physiologischen Forschungsstilen, neurophysiologischen Denkansätzen sowie kulturell bedingten Geschlechter- und Körperbildern geprägt. Dieser Komplex an Einflüssen führte zur Gestaltung von Experimenten, die zwischen Forschungsobjekten oszillierten sowie gesellschaftlich genormte Geschlechterdifferenzen als analytischen Parameter einsetzten – ebenso wie das Kriterium *Rasse*.

DIE KOMBINATION VON GESCHLECHTER- UND RASSENKUNDE

1920 veröffentlichten Eugen Steinach und der Experimentalbiologe Paul Kammerer eine Studie, in der sie physiologische und anthropologische Befunde verflochten. *Klima und Mannbarkeit* war zunächst auf die Frage des Einflusses hoher Temperaturen auf die Gewebestruktur der Geschlechtsdrüsen ausgelegt. Danach versuchte die Studie, vermeintliche Rassenunterschiede in den Geschlechterdifferenzen und der Sexualität endokrinologisch zu erklären.

Die zwei Laborwissenschaftler hatten sich vermutlich in den Laboratorien der Biologischen Versuchsanstalt kennengelernt, wo Kammerer bereits 1902 als Przibrams Assistent bei der Planung der Aquarien und Terrarien für Versuchstiere involviert gewesen war. Der Schwerpunkt von Kammerers Forschungen lag auf der Frage der Funktion und Adaption ganzer Organismen, speziell zur Vererbung erworbener Eigenschaften. In diesem Sinne beschäftigte er sich mit dem Einfluss von äußeren (Umwelt-)Bedingungen auf die Entwicklung einzelner taxonomischer Gruppen und Arten und ihrer Nachkommen. Während sich Kammerer hauptsächlich auf die experimentelle Beweisführung für sein entwicklungsbiologisches Konzept konzentrierte, waren die biologischen Mechanismen zu jener Adaption von Geschlecht und Sexualität noch ungeklärt. Hier versprach Steinachs Konzept eine innovative Lösung.

Kammerer vermutete im Laufe der Jahre zunehmend einen physiologisch-endokrinologischen Mechanismus bei der Vererbung erworbener Eigenschaften. Steinachs Forschung fungierte gewissermaßen als Brücke zu den Fragen, die ihn selbst beschäftigten, weswegen Kammerer im Rahmen von Vorträgen und Publikationen wesentlich zu deren Verbreitung beitrug. So stellte er im Wintersemester 1917/1918 Steinachs Ergebnisse zur »Geschlechtsverwandlung und Zwitterbildung« in einer Lehrveranstaltung an der Volkshochschule im Wiener Bezirk Ottakring vor. 1919 veröffentlichte Kammerer eine wissenschaftliche Abhandlung über Steinachs *Forschungen über Entwicklung, Beherrschung und Wandlung der Pubertät*, deren Hauptziel es war, die Bedeutung von Steinach und dessen Schule hervorzuheben. Kurz nach der Veröffentlichung lobte Steinach in einem Brief an den Kollegen den Aufsatz, bedankte sich mehrmals und erklärte, Kammerer habe ihm Seele und Herz bereichert.[328] Kurz darauf involvierte Steinach den Biologen in seine Forschungen und veröffentlichten 1920 beide gemeinsam den Artikel *Klima und Mannbarkeit*.[329]

Während ein »Physiologischer Teil« der Studie die »Experimente im künstlichen Klima« an Ratten vorstellte, bezog sich ein »Anthropologischer Teil« auf Beobachtungen am Menschen. Beide Autoren brachten ihre spezifische Epistemologie ein: Steinach argumentierte über endokrinologische Erklärungsansätzen, Kammerer über genetische Determinismen. Die Studie stellt einen Versuch dar, den Menschen systembiologisch zu erfassen und damit auch die Bedingungen dafür zu formulieren, »ein biologisches Ergebnis auf die Menschenkunde theoretisch anzuwenden«.[330] Diese Übertragbarkeit erprobten die Autoren, indem sie ihre Experimentalergebnisse an Ratten nutzten, um »Rassenunterschiede« im Sexualleben und äußeren Erscheinungsbild der Geschlechtsmerkmale zwischen Bevölkerungsgruppen in »tropischen« Gebieten und Europäern zu erklären.

Von der Verbindung ihrer Forschungsansätze – der Kombination von endokrinologischen und genetischen Ansätzen zur Geschlechtsdifferenzierung und -vererbung – erhofften sich Steinach und Kammerer, vermeintlich biologisch determinierte Geschlechter- und Wesensunterschiede zwischen Männern und Frauen länder- und kulturübergreifend erklären zu können. Dabei entschieden sie sich für eine entwicklungsgeschichtliche und rassenkundliche Betrachtung des Menschen. So wählten sie

328 Brief Steinach an Kammerer, 17.10.1919, vgl. Logan, *Overheated rats*, 2007, 700.

329 Zur Zusammenarbeit von Steinach und Kammerer siehe etwa: Rentetzi, Trafficking, 2008, 108; Hofer, Goldscheid, 2002, 166; Logan, Overheated, 2007, 699 f. Einen Überblick zu Steinachs, Kammerers und Tandlers Zusammenarbeit nach 1918 liefert Logan, Hormones, 2013.

330 Steinach, Kammerer, Klima, 1920, 424.

als analytische Kategorien die – analog zum Geschlecht auch hier wieder bipolar verorteten – Körper »nordische[r] Völker« und »südliche[r] Völker«. Danach stellten sie das mitteleuropäische dem tropischen »Klimen- und Rassengebiet« gegenüber und verglichen den Sexualtrieb und die Fruchtbarkeit von Europäern, die in den Pazifikraum und nach Südamerika emigriert waren, mit denen von lokalen »Tropenvölkern«, »Eingeborenen« oder »wilden Völkern«.[331]

Mit Bezugnahme auf anthropologische Literatur gingen Kammerer und Steinach davon aus, dass bei »Naturvölkern [...] die Unterschiede zwischen Mann und Weib vielfach minder ausgeprägt [seien] als bei Kulturvölkern«. Die »Konvergenz oder die noch unvollkommene Differenzierung der Geschlechter« könne »durch Weibähnlichkeit des Mannes, Mannähnlichkeit des Weibes, endlich durch Fehlen ausgesprochener Sexuszeichen bei Mann und Weib bedingt sein«. Im Gegensatz dazu sei »der Sexualtrieb wärmerer Klimate stürmischer als derjenige gemäßigter und kalter Klimate«, die Fruchtbarkeit sei dort erhöht. Diese Phänomene auf die Außentemperaturen zurückzuführen, rechtfertigten die Autoren damit, dass Menschen aus kalten Klimazonen, die in heiße Gebiete auswanderten, von »Änderungen in deren sexuellen Bedürfnissen« berichtet hätten. Die klimatischen Einflüsse auf Männer und Frauen seien aber unterschiedlich: Während »die geschlechtlichen Anforderungen des männlichen Europäers in den Tropen« zunehme, gehe »die Widerstandsfähigkeit des Weibes« zurück, was zu Frauenkrankheiten bis hin zur Abnahme der Fruchtbarkeit führe.[332] Letztere könne auch vererbt werden, denn die hitzebedingten anatomischen Veränderungen in den Geschlechtsdrüsen könnten auch bei den Nachkommen beobachtet werden.

Eine ähnliche Auffassung von Geschlechterunterschieden vertrat zu etwa derselben Zeit der aufstrebende Rassenhygieniker Fritz Lenz, der Anfang der 1920er Jahre diese Themen in den Kontext von Rassenunterschieden stellte. Im Gegensatz zu Steinach und Kammerer wählte er jedoch einen ausschließlich genetischen Zugang zu Geschlechter- und Rassendifferenzen. Über die Übertragbarkeit von an Tieren gewonnenen Ergebnissen auf den Menschen machte sich Lenz dabei wenig Gedanken. 1922 übertrug er die Ergebnisse von Experimenten an Schmetterlingen auf Menschen und kam zu dem Schluss, dass die Unterschiede zwischen verschiedenen Schmetterlingsspezies mit denjenigen menschlicher Rassen gleichzusetzen seien, obwohl sich äußerlich »Neger, Mongolen und Europäer nordischer Rasse sogar viel stärker als die Schmetterlingsrassen« unterschieden. Die Differenz zwischen Männern und Frauen beschrieb Lenz aber als wesentlich größer als die zwischen Rassen.

331 Steinach, Kammerer, Klima, 1920, 417, 420–430.

332 Steinach, Kammerer, Klima, 1920, 412, 435–436.

Er ging sogar so weit, die Individuen verschiedenen Geschlechts als »verschiedene Organisationsformen, die lediglich in einer gewissen Symbiose leben«, zu charakterisieren.[333] Die Determination von Geschlecht machte Lenz – im Unterschied zu Steinach, Kammerer oder Lipschütz – ausschließlich am Gen fest. Lenz' genetische Geschlechtertheorie floss schließlich in seine Rassentheorie ein. Die für ihn evolutiv höchstentwickelte »nordische Rasse« charakterisierte er als diejenige, welche die höchstmögliche Geschlechterdifferenz und die höchste Geburtenrate aufweise.[334]

Steinach bezog sich in keiner seiner Publikationen auf Arbeiten zur genetischen Determination von Geschlecht, obwohl er mit den genetischen Theorien der Geschlechtsbestimmung vertraut war und diese zum Teil auch befürwortete.[335] Die Abgrenzung von diesen Ansätzen markiert umso deutlicher sein eigenes Forschungsinteresse, das letztlich weniger auf das Verstehen des Gegebenen als auf dessen Veränderbarkeit abzielte. So seien seine Geschlechtsumwandlungs- und Zwitterexperimente »keine Geschlechts<u>bestimmungen</u>, sondern nur Geschlechtsbeeinflussungen im Sinne der zünftigen Biologen. (weil das Geschlecht durch die Chromosomen vorausbestimmt sei: in praxi nutzt diese ›Bestimmung‹ aber nichts, da wir das Geschlecht oder wenigstens die Geschlechtsmerkmale <u>umstimmen</u> können.«[336]

Paul Kammerer war, ebenso wie Hans Przibram, ein engagierter Sozialdemokrat. Seine Verknüpfung von Genetik und Endokrinologie soll auch ein Versuch gewesen sein, vermeintlich biologisch fixierte Hierarchien aufzulösen und durch eine biologische Ethik zu ersetzen, welche die Vision der Flexibilität einer Gesellschaft im österreichischen Sozialismus in die experimentelle Biologie positionierte. Möglicherweise erschien ihm Steinach mit seinem Engagement für das Veränderbare als idealer Partner in diesem Projekt. Für Steinach war die gesellschaftspolitische Dimension jener Forschungen jedoch nicht nachvollziehbar. So äußerte sich Kammerer in einem Brief an Harry Benjamin im März 1922 besorgt darüber, dass Steinach anscheinend die entsprechenden Implikationen und Konsequenzen ihrer Arbeit nicht verstehe.[337] Doch wenn Steinach auch seine experimentellen Arbeiten zu Klima und Mannbarkeit und speziell zum Einfluss von hohen Temperaturen auf die Gewebestruktur der Geschlechtsdrüsen nicht konkret in einem soziopolitischen Kontext weiterverfolgte, können seine Studien dennoch als Ko-Produktion von Endokrinologie und Biopolitik verstanden werden. Immerhin verfolgte er die therapeutische Umsetzung seiner

---

333 Lenz, Erfahrungen, 1922, 291–299, zit. nach Satzinger, Rasse, 2004, 23.

334 Satzinger, Rasse, 2004, 21–23.

335 Chandak Sengoopta bewertete dies als ein Desinteresse des Forschers an dieser Fragestellung. Vgl. Quintessence, 2006, 65.

336 NYAM, Steinach an Benjamin, 28.2.1923. (Hervorhebungen i. O.)

337 Vgl. Logan, Overheated, 2007, 719 FN 83.

Laborexperimente ebenso konsequent weiter, wie er nach entsprechend anwendbaren Fragestellungen suchte und sein wissenschaftliches Netzwerk dementsprechend ausrichtete. Wohin diese Überlegungen führten, dem widmen sich die folgenden Kapitel.

Teil III: Pharmakologie

Kapitel 6

Progynon: »Weibliches Cyklushormon« und Pharmapräparat[338]

Von den vorherigen Darstellungen zum gesellschaftlichen und wissenschaftlichen Kontext der Sexual- und Hormonforschung, zur endokrinen Verbesserung des Menschen und zur Experimentalkultur um Drüsen, Sekrete und Hormone wird in diesem Abschnitt zunächst die pharmazeutische Forschung und die industrielle Fertigung von Sexualhormonpräparaten verfolgt, ehe einzelne Bereiche wieder aufgegriffen werden. Überdies wendet sich dieser Teil insbesondere den Forschungen zu weiblichen Hormonen zu, weil sich im Zusammenhang mit Steinachs Karriere die interessante Situation ergibt, dass er, wie oben ausführlich dargestellt wurde, hauptsächlich Phänomene an männlichen Tieren untersuchte und die Ergebnisse danach auf weibliche übertrug. In der wissenschaftlichen Wahrnehmung des Körpers existieren Sexualhormone seit etwa hundert Jahren. In ihrer chemischen Form wurden diese Hormone erstmalig zwischen 1929 und 1939 konstituiert: 1929 Östron, 1931 Östradiol, 1934 Progesteron, 1938 Ethinylöstradiol und 1939 Testosteron. Sämtliche Hervorbringungen von Sexualhormonen geschahen in Kooperation von Hochschulen und Pharmaindustrie.

Ab dem Winter 1923 arbeitete der in Wien tätige Steinach gemeinsam mit dem Berliner Pharmabetrieb Schering an einem weiblichen Sexualhormonpräparat, welches 1928 unter dem Namen Progynon für die Behandlung von Wechselbeschwerden lanciert wurde. Was nun auf den Markt kam, war jedoch keineswegs ein Östrogenpräparat. Progynon war ein Extrakt aus tierischen Ovarien und Plazenten, welches für spezifische Wirkungen einheitlich dosiert und im Tier- und Menschenversuch erprobt worden war. Erst nach der Markteinführung wandelte Schering Progynon in ein chemisches Wirkstoffpräparat um. An der Bezeichnung des Arzneimittels änderte sich dennoch nichts, vielleicht auch deswegen, weil der bearbeitende Biochemiker Adolf Butenandt (1903–1945) dem chemisch isolierten Wirkstoff den Namen des ersten Scheringpräparats gegeben hatte: Progynon.[339] Dieses Kapitel beschäftigt sich mit der menschlich und wissenschaftlich so spannungsreichen wie konstruktiven Kooperation zwischen Steinach, seinen Mitarbeitern und Schering sowie mit den

338 SchA, Reklame zur Markteinführung von Progynon, 1928.

339 Butenandt, Progynon, 1929; Wlasich, Schering, 1991, 23.

wissenschaftlichen sowie wirtschaftlichen Grundlagen, auf denen die Entwicklung von Progynon aufbaute. Ein besonderes Augenmerk liegt dabei auf den unterschiedliche Epistemologien der Kooperationspartner, die die Arbeit der verschiedenen Beteiligten auch innerhalb scheinbar rein pragmatischen Auseinandersetzungen prägten.

Ehe auf die konkrete Zusammenarbeit zwischen Steinach und Schering an (vor allem) weiblichen Sexualhormonen eingegangen wird, soll der folgende Abschnitt zunächst einen Überblick über die wissenschaftlichen und kulturellen Diskurse geben, die mit der medizinischen Geschlechter- und Sexualforschung und der pharmazeutischen Entwicklung einschlägiger Präparate einhergingen. Hierbei wird deutlich, dass für die immer aufwändiger werdenden Experimente Mediziner und Biologen dringend auf die Kooperation mit Pharmafirmen angewiesen waren, die ihrerseits von deren Kenntnissen profitierten.

OVARIENPRÄPARATE 1910–1930

Um 1900 hatte, nicht zuletzt durch Eugen Steinachs im vorangehenden Teil dieser Studie vorgestellte Untersuchungen, die chirurgische Entfernung von Ovarien und der um die Jahrhundertwende folgende Ersatz der Ovarien durch Organpräparate oder Transplantate etappenweise die Perspektive einer endokrinen Betrachtung der Ovarfunktion eröffnet, die in den 1920er Jahren in der Etablierung einer laborwissenschaftlich orientierten Endokrinologie resultierte. Die pharmazeutische Industrie reagierte schnell und brachte schon zu Beginn des 20. Jahrhunderts verschiedene, leicht anzuwendende Einnahmeformen von aus tierischen Substanzen erzeugten Ovarienpräparaten auf den Markt.[340] Mit der zunehmenden Verbreitung von wirksamen Organ- und Hormonpräparaten nahm das Interesse der Ärzte an den chirurgischen Therapiemethoden fortlaufend ab. Ab den 1910er Jahren wurden die industriell hergestellten Mittel nur mehr selten als Organpräparate bezeichnet, denn es war inzwischen häufig über deren Unwirksamkeit berichtet worden.[341] Stattdessen bezeichnete die Pharmaindustrie dieselben Mittel zunehmend als Sexualhormonpräparate und vollzog damit den epistemologischen Wandel in der physiologischen Forschung quasi nach.

Die Krankheiten, die mit weiblichen Sexualhormonen behandelt werden sollten, waren eng mit gesellschaftlichen Vorstellungen vom weiblichen Wesen, der weibli-

340 Vgl. Schlich, Erfindung, 1998, 134–149. Siehe auch: Simmer, Organotherapie, 1982, 230–243.
341 Vgl. Rahn, Organotherapie, 1920, 639. Nikolai Krementsov beschrieb diese Entwicklung für das marxistische Russland in: Krementsov, Hormones, 2008.

chen Sexualität und der Fortpflanzung verbunden. Dabei trugen die medizinischen Berichte über die erforschten Zusammenhänge zwischen den Eierstöcken und ihren Sekreten sowie primären und sekundären Geschlechtsmerkmalen zu einer diskursiven Naturalisierung des Geschlechts bei.[342] Das kulturelle und gesellschaftliche Verständnis von Weiblichkeit wurde nun in die medizinische Behandlung eingebracht, indem Patientinnen durch die Einnahme von weiblichen Geschlechtshormonpräparaten eine Steigerung ihrer weiblichen Attribute oder Charaktereigenschaften in Aussicht gestellt wurde.[343] Etwa empfahl Ernst Laqueur, Pharmakologe und Vorstandsmitglied der niederländischen Pharmafirma Organon, das erste Ovarienpräparat der Firma zur Stimulation der »Weiblichkeit« zu lancieren.[344]

Die nunmehr naturwissenschaftlich begründete Ordnung von körperlichen Erscheinungen und psychischen Verhaltensweisen nach männlichen und weiblichen Geschlechtscharakteren bezog sich dennoch nicht mehr allein auf die gesellschaftlich, politisch und kulturell geprägte Wahrnehmung von Geschlechterdifferenzen zwischen Männern und Frauen. Die Medizin erhob den Anspruch, über die Natur der Geschlechterdifferenz Auskunft geben zu können, die unter anderem durch die Wirkung geschlechtsspezifischer Hormone erklärt wurde. Dabei flossen die jeweiligen Vorstellungen über Geschlechterdifferenzen nicht zuletzt über medizinische und biologische Experimente in die als wissenschaftliche Tatsachen verstandenen Wirkkonzepte von männlichen und weiblichen Sexualhormonen ein. Überdies drängten die konkreten Herausforderungen bei der komplizierten Präparatentwicklung – beispielsweise mussten enorme Mengen an teuren Rohstoffen beschafft werden, mit den bekannten Verfahren war keine einheitliche Dosierung möglich und auch die Haltbarkeit war angesichts der wenig geeigneten Konservierungsmittel äußerst begrenzt – die physiologischen Arbeiten zu Funktionen und Wirkweisen immer mehr in den Hintergrund, während der chemische Blick auf den molekularen Aufbau in den Vordergrund rückte. Die pharmazeutische Herstellung von Ovarien- und Hodenpräparaten stellte somit einen Zwischenschritt dar, der letztlich zu einer biochemischen Definition (und pharmazeutischen Produktion) von Wirkstoffen – das vermeintlich weibliche Östrogen und das vermeintlich männliche Testosteron – führte.[345]

Typisch für die meisten neueren Medikamente ist, dass sie in Kooperationen von Pharmaindustrie, Laborwissenschaftlern und Klinikern und mit wissenschaftlichem Anspruch entstanden. Die Betrachtung der Geschichte der Ovarienpräparate der

342 Vgl. Laqueur, Leib, 1992, 221–235.

343 Vgl. Ratmoko, Chemie, 2010, 6; Schlich, Erfindung, 1998, 150; Oudshoorn, Natural, 1994, 8.

344 Vgl. Oudshoorn, Natural, 1994, 88.

345 Vgl. Satzinger, Differenz, 2009, 9–39; Ebeling, Geschlechtshormone, 2006, 235–246.

ersten zwei Jahrzehnte des 20. Jahrhunderts verdeutlicht, dass viele in der Wissenschaftsgeschichte bekannte, renommierte Sexual(-hormon-)forscher an der industriellen Entwicklung von Organotherapeutika für Frauen beteiligt waren. So stellte der in Berlin tätige Iwan Bloch 1914 das gemeinsam mit dem Pharmabetrieb Dr. Georg Henning Berlin entwickelte Präparat Thelygan zur Therapie der »sexuellen Dysharmonie und Insuffizienz« der Frau vor.[346] Die österreichischen Gynäkologen Sigmund Fränkel und Edmund Herrmann arbeiteten ab 1916 mit der Schweizer Pharmafirma Ciba zusammen, um Präparate aus menschlichen Plazenten zur Behandlung eines »gestörten Zyklus« herzustellen. 1918 kamen die Spezialitäten Agomensin und Sistomensin zur Behandlung von unregelmäßigen Menstruationsblutungen auf den Markt, in der Schweiz in Form von Dragees, in Deutschland zusätzlich in Form von Injektionsampullen.[347] Der schlesische Pharmakologe Ernst Laqueur war Mitglied des Vorstands der Pharmafirma Organon, welche 1923 in Amsterdam als *Manufacturer of Organ Preparations on a Scientific Basis* gegründet wurde. Gemeinsam mit dem aus Posen stammenden Gynäkologen Bernhard Zondek entwickelte er ein Ovarienpräparat zur Behandlung von Menstruationsbeschwerden, das im Jänner 1925 als Menformon auf den niederländischen Markt gebracht werden konnte.[348] Die Berliner Pharmafirma Schering entwickelte zusammen mit Steinach ein Ovarien- und Plazentapräparat, das unter dem Namen Progynon 1928 zur Behandlung von Wechselbeschwerden und ausbleibendem Zyklus lanciert wurde und dem sich die folgenden Kapitel widmen werden.

Im Zuge der Zusammenarbeit von Medizinern und Vertretern der Pharmaindustrie wurde auch augenscheinlich, dass beide Interessengruppen unterschiedliche Vorstellungen von der Beschaffenheit und Wirksamkeit der Organpräparate hatten. Während Mediziner in ihnen eine Möglichkeit sahen, durch die enthaltenen Zellen oder Sekrete die Ovarien zu ersetzen, stellten dieselben Präparate für Pharmazeuten und Chemiker das Vehikel für die Isolierung eines chemischen Wirkstoffs der Ovarienfunktion dar. Mediziner schrieben Ovarienpräparaten die gleichen Eigenschaften wie den intakten Organen zu, im Unterschied dazu behandelten chemisch arbeitende Pharmazeuten die Eigenschaften und Charakteristika dieser Präparate elementarer: »Sie sind in Alkalien löslich, enthalten sehr viel Phosphor und einen hohen Prozentsatz Eisen.«[349] In den 1920er und 1930er Jahren isolierten schließlich Biochemiker, die mit der Pharmaindustrie kooperierten, das Wirkprinzip der Ovarien

346 Vgl. Grau, Bloch, 2007, 21–23.

347 Vgl. Ratmoko, Chemie, 2010, 68–89.

348 Vgl. Oudshoorn, Labortests, 1993, 8–12.

349 Rahn, Organotherapie, 1920, 637.

in Form der weiblichen Sexualhormone oder Östrogene und ordneten diese der chemischen Klasse der Steroide zu.[350]

Zwischen 1928 und 1935 konkurrierten die international führenden biochemischen Laboratorien um die Isolierung, Konstitutionsaufklärung und (Teil-)Synthetisierung der Sexualhormone.[351] Alle drei führenden Forschungsgruppen, die als Erstes ein weibliches Sexualhormon – das »Östron«, eine auf das altgriechische Wort für Stechfliege, Stachel, Leidenschaft zurückgehende Wortfindung – chemisch isolierten, arbeiteten eng mit der pharmazeutischen Industrie zusammen. 1929 isolierten Adolf Butenandt und Edward A. Doisy unabhängig voneinander das Östron in kristalliner Form und bestimmten dessen chemische Formel, ein in der Chemie als Reinstoffisolierung und Konstitutionsaufklärung bezeichneter Arbeitsprozess. Doisy, der die Isolation des kristallinen weiblichen Sexualhormons am internationalen Physiologenkongress in Boston 1929 bekannt gab, kooperierte mit dem amerikanischen Pharmakonzern Parke, Davis, and Company. Der Butenandt, der die Isolation und Konstitutionsaufklärung desselben Hormons zwei Monate später bekannt gab, wurde in seiner biochemischen Forschung von der deutschen Firma Schering unterstützt. Zu Beginn des folgenden Jahres isolierte Ernst Laqueur, Vorstandsmitglied der niederländischen Pharmafirma Organon, dasselbe Hormon erneut und wiederum unabhängig von den vorgenannten Wissenschaftlern.[352]

Die Koalitionen und Kooperationen der Wissenschaftler mit der Pharmaindustrie waren aufgrund der teuren und schwer zu beschaffenden Forschungsmaterialen unbedingt notwendig. Der Zugang zu den Rohstoffen wie Kuhovarien, Stierhoden oder Urin war nicht nur schwierig, es wurden zudem große Mengen davon benötigt, um nur geringe Mengen an wirksamen Substanzen zu gewinnen. Bevor die Gynäkologen Selmar Aschheim und Bernhard Zondek 1926 bekannt gaben, dass sie im Urin schwangerer Frauen große Mengen an weiblichem Sexualhormon entdeckt hatten, waren die Ausgangsmaterialien für die chemische Isolierung tierische Ovarien gewesen.[353] Im Schering-Hauptlaboratorium konnten Chemiker aus den Eierstöcken von

350 Vgl. Oudshoorn, Natural, 1994, 65–81. Zur chemischen Isolierung von Östron durch den mit Schering kooperierenden Biochemiker Adolf Butenandt siehe: Satzinger, Differenz, 2009, 293–340.

351 Zur wirtschaftlichen und innovationsorientierten Organisation von Schering siehe: Kobrak, National, 2002; Wimmer, Neues, 1994; von Ciba siehe: Bürgi, Pharmaforschung, 2011. Zur Verflechtung von Physiologie und Industrie siehe: Sarasin, Tanner, Aufstieg, 1998; Lenoir, Politik, 1992; mit Fokus auf die Pharmaindustrie: Gaudillière, Professional, 2008. Zur Kooperation Scherings mit Biochemikern siehe: Gaudillière, Prepared, 2005; Gaudillière, Biochemie, 2004.

352 Vgl. Oudshoorn, Natural, 1994, 74 ff. Zu Butenandt und Schering siehe: Satzinger, Differenz, 2009, 299–338; Satzinger, Butenandt, 2004, 78–132; Gaudillière, Prepared, 2005, 612–644; Stoff, Jugend, 2004, 493 ff.

353 Vgl. Oudshoorn, Natural, 1994, 65–81.

50.000 Säuen nur 12,5 g Sexualhormonextrakt herstellen. Nach dem Wechsel von tierischen Organen zum Urin schwangerer Frauen aus Berliner Kliniken benötigte die Firma zwar nach wie vor große Mengen des Ausgangsmaterials, nun also mehrere tausend Liter Urin, dennoch konnte Schering die Kosten für die Gewinnung von Sexualhormonen in den späten 1920er Jahren erheblich senken.[354] In den 1930ern isolierte Butenandt nach Östron weitere Sexualhormone chemisch. 1931 stellte er in einem wissenschaftlichen Artikel die Konstitution des männlichen Sexualhormons und 1934 die des Schwangerschaftshormons vor. Das Unternehmen Schering setzte jene Substanzen wiederum als Wirkstoffe für neue Arzneimittel ein und lancierte 1933 sein erstes Progesteronpräparat unter dem Namen Proluton sowie 1934 das Androgenpräparat Proviron.[355]

Die Biologische Versuchsanstalt nach 1918

Der deutsche Filmproduzenten Oskar Kalbus beschrieb 1924 die prekäre Lage der biologischen Forschungseinrichtungen in Österreich sehr plastisch als eine Situation, in der »Staat und Privatkapital keinen Heller mehr für Laboratorien, Meerschweinchen und tägliches Brot« zur Verfügung stellten. Danach verwies Kalbus auf den Umstand, dass eine Katze oder ein Hund »in Wien in der Zeit der Hungersnot die Hälfte eines Professorenhonorars« kosteten.[356] Die hohen Kosten für die Haltung von Versuchstieren trugen dazu bei, dass die biologische und die physiologische Abteilung der Biologischen Versuchsanstalt den Großteil ihrer wertvollen Tierzucht veräußern mussten. Die neu eingesetzte Kommission der Akademie der Wissenschaften schätzte die wirtschaftlichen Entwicklungen als derart aussichtslos ein, dass sie zur Jahresmitte 1919 überlegte, die Biologische Versuchsanstalt zu schließen und das Gebäude samt Einrichtungen zu verkaufen.[357] Mit dem seitens der Anstaltsleiter und Abteilungsvorstände eingebrachten Vorschlag eines eingeschränkten Betriebs für den Winter 1919/1920 konnte die Akademie jedoch von einer vorläufigen Weiterführung der Versuchsanstalt überzeugt werden. Um Heizkosten zu sparen, wurden sämtliche Abteilungen in den Räumen der physiologischen Abteilung und dem angrenzenden beheizbaren Glashaus untergebracht. Portheim und Steinach arbeiteten in den zwei Räumen des physiologischen Labors, wäh-

354 Vgl. Bartmann, Tradition, 2003, 377; Wlasich, Schering, 1991, 26. Aufgrund der niedrigeren Produktionskosten wurden auch die Verkaufspreise des Präparats gesenkt: Progynon wurde in den 1930ern für 15,50 RM statt für 35 RM zum Verkauf angeboten.

355 Vgl. Bartmann, Tradition, 2003, 388 f.

356 Kalbus, Steinachfilm, 1924, S. 223 f.

357 Vgl. Reiter, Zerstört, 1999, 607.

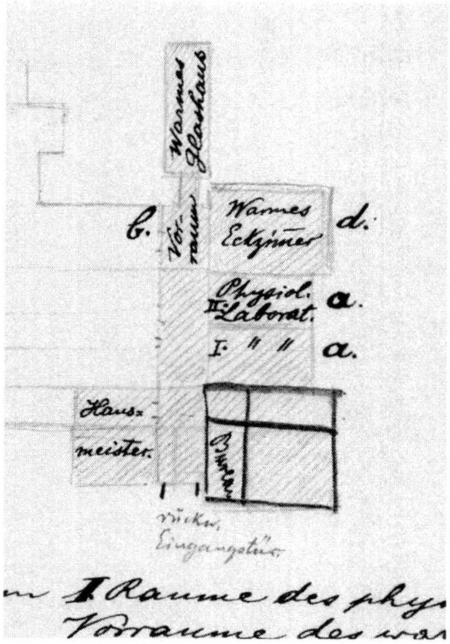

Abb. 3: 1919 legte Przibram dem Kuratorium der AW diese Skizze von Steinachs Laborräumen im ersten Stock der Biologischen Versuchsanstalt für die Planung des Notbetriebs vor.

rend Przibram im »warmen Eckzimmer untergebracht« wurde und Figdor im »Vorraume des warmen Eckzimmers«. Auch die Versuchstiere, soweit sie Wärme benötigten, wurden in den Abteilungsräumen einquartiert. Die Arbeitszeit wurde auf die »hellen Tagesstunden« begrenzt und musste, »falls nachmittags nicht genügend geheizt werden« konnte, »auf Vormittage beschränkt werden«.[358]

Der Zerfall des österreichischen Kaiserreichs hatte auch einschneidende strukturelle Veränderungen an den Universitäten der ehemaligen Kronländer zur Folge. So erfuhr die Trennung der Karl-Ferdinands-Universität in Prag – seit 1882 in eine deutschsprachige und eine tschechische Lehranstalt geteilt – durch die Gründung der Tschechoslowakei 1918 eine Verschärfung. Der tschechische Teil wurde in Karls-Universität umbenannt und zur Primär- und Hauptuniversität erklärt, während der deutsche Teil am Namen Karl-Ferdinands-Universität festhielt und daneben bis 1945 den Namen Deutsche Universität Prag führte. Mit der Umstrukturierung des Verwaltungsapparates und einer verstärkten Betonung der eigenen nationalen Kulturen ging auch eine Einschränkung anderer nationaler Gruppierungen in der ersten tschechoslowakischen Republik einher. So wurde deutschen Minderheiten der Betrieb eigener höherer Bildungseinrichtungen untersagt, wovon auch Steinachs Laboratorium betroffen war. 1919 forderte ihn die Prager Universität auf, »das Treuegelöbnis für den tschecho-slowakischen Staat abzulegen und seine Tätigkeit in Prag

358 AÖAW-BV, 1/2, Vorschlag für Betrieb, 1919.

wieder aufzunehmen«.[359] Steinach wandte sich umgehend an die Akademie der Wissenschaften und berichtete von der »Gewissensqual eines tschechischen Treueides« sowie dem »persönlichen Unglück«, das ihn durch Auflassen seiner momentanen Arbeitsstätte treffe.[360] Przibram und Portheim zufolge wollte Steinach seine Lehrtätigkeit an der Prager Universität nicht mehr aufnehmen, um sich ganz seinen Forschungen widmen zu können. In der Biologischen Versuchsanstalt habe er letztendlich »die günstigen Bedingungen für das Gelingen seiner Versuche gefunden«.[361]

In einem Schreiben an das österreichische Staatsamt für Unterricht argumentierte Steinach hingegen nicht mit seiner persönlichen Existenz, sondern mit der des Laboratoriums. Der Physiologe stellte seine Laboratoriumsgründung in Wien als die Erfüllung einer Pflicht dar, der er 1912, als er »seitens des Kuratoriums der ›Biologischen Versuchsanstalt der Akademie der Wissenschaften‹ die Aufforderung erhalten« habe, »die Leitung der neuerrichteten physiologischen Abteilung zu übernehmen«, nachgekommen sei.[362] Nun drohe der Existenz dieses »Laboratoriums ernste Gefahr«.[363] Als Honorierung seines persönlichen Einsatzes für die physiologische Forschung erbat Steinach die »Uebernahme in den deutschösterr. Staatsdienst« durch die »Ernennung an die medizinische Fakultät der Wiener Universität extra statum«.[364] Über den Antrag des Wissenschaftlers wurde in der Nationalversammlung im Juli 1919 abgestimmt. Im September 1919 sprach die niederösterreichische Landesregierung Steinach eine Professur in Wien inklusive des entsprechenden Jahresgehalts und einer Laborsubvention zu; von Lehrtätigkeiten wurde er ständig beurlaubt.[365] Zusätzlich bewilligte die Akademie der Wissenschaften dem Physiologen »eine größere Subvention zur Fortführung seiner Arbeiten« für die folgenden Jahre.[366]

Die großzügige finanzielle Unterstützung der Akademie der Wissenschaften reichte aus, um die zerstörten Fenster, Fußböden, Gasleitungen und Stallungen der physiologischen Abteilung zu reparieren, die anderen Abteilungen für den Winter 1919 unterzubringen und den Laborbetrieb bis Dezember 1920 weiterzuführen. Die Labormitarbeiter und die Gasrechnung konnten jedoch nicht mehr bezahlt und auch keine neuen Versuchstiere gekauft werden.[367] Steinach musste »auf neue Operatio-

---

359 AUW, Antrag an NV, Wien 21.7.1919.
360 AÖAW-BV, 3/2, Steinach an SfU, Wien 11.5.1919.
361 AÖAW-BV, 3/2, Przibram und Portheim an AW, Wien 27.6.1918.
362 AÖAW-BV, 3/2, Steinach an SfU, Wien 11.5.1919.
363 AÖAW-BV, 3/2, AW-Präsidium an SfU, Wien 20.5.1919.
364 AUW, Antrag an NV, Wien 21.7.1919.
365 Vgl. AUW, Seitz, Wien 15.9.1919; AUW, Dekret, Wien 4.10.1919.
366 AUW, Antrag an NV, Wien 21.7.1919.
367 Vgl. AÖAW-BV, 3/2, SfU an AW, Wien 19.10.1920; Steinach an AW, Wien 14.12.1920; BM an AW, Wien 16.6.1921; BM an AW, Wien 31.10.1921.

nen« verzichten.[368] War mit den genannten Maßnahmen zunächst ein gewisser Aufwind in der Biologischen Versuchsanstalt spürbar gewesen, verschlechterten sich die Verhältnisse doch zusehends durch die nach dem Krieg einsetzende starke Inflation der österreichischen Währung.

Fast monatlich verdoppelten sich die Verbraucherpreise, was nicht mit einer entsprechenden Erhöhung der Gehälter ausgeglichen wurde. Dies führte dazu, dass Beamte, Angestellte und andere Bezieher fixer Einkommen – darunter auch die Wissenschaftler – immer mehr verarmten.[369] Mit dem jährlichen Professorengehalt von 8.010 Kronen lag Steinachs Einkommen bald weit unter dem Existenzminimum; ein Arbeiter verdiente diesen Betrag in zweieinhalb Monaten.[370]

1919 fand in der Akademie eine Sondersitzung des Kuratoriums mit den Leitern der Biologischen Versuchsanstalt statt, in der die »ungünstige Lage der Anstalt« diskutiert wurde. Hans Przibram wies während der Besprechung darauf hin, dass die »Abteilung Steinach« finanziell »besonders hart betroffen« sei. Er versuche nun, die Abteilung zu unterstützen, indem er »Schritte unternommen habe, um Steinach den Nobelpreis zu verschaffen«. Przibram richtete »an die Mitglieder des Kuratoriums die Einladung, ihre persönlichen Beziehungen zur Unterstützung der Aktion geltend zu machen«. Ein Kuratoriumsmitglied brachte den Einwand, dass der Nobelpreis an die Forscherpersönlichkeit Steinach vergeben würde und dieser nicht verpflichtet werden könne, das Preisgeld »zu Gunsten der Anstalt herzugeben«. Przibram zeigte sich jedoch zuversichtlich, dass »Steinach die Anstalt fördern würde als Arbeitsstätte für seine eigenen Forschungen«.[371]

1921 wurde Steinach erstmals für den Nobelpreis nominiert, in jenem Jahr wurde jedoch kein Nobelpreis für Medizin verliehen.[372] Im November 1921 besprachen Przibram und Leopold von Portheim mit dem Kuratorium der Akademie der Wissenschaften erneut die finanzielle Lage der Biologischen Versuchsanstalt. Dabei verlasen sie ein im Sommer 1921 verfasstes »Promemoria« der Vivariumsmitarbeiter, das sich mit »Vorschläge[n] zur Erschließung vermehrter Einnahmen« befasste. Der erste Punkt behandelte die Erlaubnis für eine »Vermietung von Arbeitsplätzen unter Vornahme entsprechender Adaptierung behufs Vornahme von Untersuchungen und

368 AÖAW-BV, 1/3, Tätigkeitsbericht 1919 und 1920, s. d.

369 Aulinger, Gulden, 2000.

370 Vgl. AÖAW-BV, 3/2, Steinach an AW, Wien 14.12.1920. Anm.: Das Mindestgehalt für Arbeiter wurde 1921 auf 3.200 Kronen pro Monat festgelegt. Vgl. Eybl, Geldgeschichte, 2005.

371 AÖAW-BV, 2/4, Protokoll Kuratoriumssitzung der BV, 21.6.1919.

372 Das Preisgeld floss 1921 in einen Fond der Preissektion »Medizin und Physiologie«. Steinach wurde erneut in den Jahren 1922, 1927, 1930, 1934 und 1938 nominiert. Siehe dazu: Sengoopta, Modern ovary, 2000, 456; Stoff, Jugend, 2004, 49 f.

Versuchen für Zwecke des Handels und der Industrie«. Sämtliche »Adaptierungskosten« sollten von den jeweiligen »Interessenten« übernommen werden.[373] Das Kuratorium genehmigte einstimmig die Vermietung von Laborplätzen an die Industrie.[374]

Steinachs private finanzielle Situation schien jedoch vorerst nicht gravierend gewesen zu sein – oder er war sich seiner prekären Lage nicht bewusst –, denn er verbrachte den Sommer 1920, wie jedes Jahr, im österreichischen Luxuskurort Bad Ischl. Dem befreundeten Mediziner und Dramatiker Arthur Schnitzler berichtete Steinach dort von der »Unmöglichkeit, seine Arbeiten fortzuführen«, und von »Berufungen von auswärts«.[375]

Steinach zog schließlich in Betracht, seinen Forschungsstandort zu wechseln und jener Berufung zu folgen. Als die finanziellen Mittel der Biologischen Versuchsanstalt und der Akademie der Wissenschaften endgültig erschöpft waren, teilte er dem Präsidium im Dezember 1920 seine Pläne zur Auflösung seines Laboratoriums mit:

> »Um diesen bedrückenden Zustand der Inaktivität m. Abteilung nicht länger bestehen zu lassen, und um die Schwierigkeiten, mit denen die Biolog. Versuchsanstalt zu kämpfen hat, nicht noch zu vermehren, sehe ich mich veranlasst, mein Laboratorium aufzulösen und die Räume dem Kuratorium zur Verfügung zu stellen.«[376]

Der Physiologie befand sich 1920 durch die Ausstrahlung des *Steinach-Films*, in dem er sich als experimentierender Sexual- und Hormonforscher und Arzt präsentierte, am Zenith seiner Popularität auch in der nichtwissenschaftlichen Öffentlichkeit. So verwundert auch die Einsatzbereitschaft des Akademiepräsidiums nicht, das sich um die Weiterführung der physiologischen Abteilung bemühte. Die Mitglieder ermutigten den erfolgreichen Experimentator und inzwischen auch Therapeuten, »einen Weg zu suchen, der Ihnen die Fortsetzung Ihrer allgemein anerkannten Tätigkeit auf Ihrem Forschungsgebiete ermöglichen würde im Verbande der Biolog. Versuchsanstalt der Akademie der Wissenschaften ermöglichen würde.«[377] Die Akademie setzte sich für zusätzliche Laborsubventionen durch das österreichische Bundesministerium ein, womit die erheblichen budgetären Engpässe der Abteilung ausgeglichen werden konnten. Im folgenden Jahr reagierte das Ministerium auf die steigende In-

373 AÖAW-BV, 2/4, Protokoll Kuratoriumssitzung, 7.11.1921; Promemoria, Kuratoriumssitzung am 16.6.1921.

374 Vgl. AÖAW-BV, 2/4, Protokoll Kuratoriumssitzung, 7.11.1921.

375 Schnitzler, Tagebuch 1920–1922, 1985, 79.

376 AÖAW-BV, 3/2, Steinach an AW, Wien 14.12.1920.

377 AÖAW-BV, 3/2, AW an Steinach, Wien 17.1.1920 (Korrekturen i. O.). Zum Steinach-Film siehe: Stoff, Jugend, 2004; Herrn, Brinckmann, Steinach-Film, 2005.

flation mit einer Erhöhung der Laborsubventionen auf das Dreizehnfache.[378] Dennoch musste die Gemeinde Wien die Zahlung von Steinachs Energie- und Betriebskosten übernehmen, da dafür die Gelder bei Weitem nicht ausreichten.[379] Schließlich stand die gesamte Forschungseinrichtung kurz vor der Schließung.

VERHANDLUNGEN MIT CIBA UND SCHERING

Die Entscheidung Steinachs, mit der Industrie zusammenzuarbeiten, war vor allem von finanziellen Aspekten motiviert, es drückte sich darin aber auch eine Frustration über die in seinen Augen ungenügende Anerkennung seiner wissenschaftlichen Leistungen aus. Die pharmazeutische Industrie ihrerseits sei, so Steinachs Darstellung gegenüber seinem Arztkollegen Harry Benjamin, auf seine Forschungen und das wirtschaftliche Potenzial der Sexualhormone vor allem durch den »Verjüngungsrummel« aufmerksam geworden.[380] Man kann davon ausgehen, dass es für ein Pharmaunternehmen jener Zeit neben dem wissenschaftlichen Wert durchaus auch auf der Ebene dessen, was wir heute Marketing nennen, erstrebenswert war, mit einem etablierten und gleichzeitig populären Forscher zusammenzuarbeiten.

Der einundsechzigjährige Steinach bewertete zu jenem Zeitpunkt seine Forschungen über »die hormonale Rolle der Keimdrüsen« als abgeschlossen und sprach im Oktober 1922 Benjamin gegenüber erstmals die Pläne zur kommerziellen Nutzung seiner bisherigen Forschungen aus. War bereits öfter aufgefallen, wie geschickt Steinach war, um neue Kontexte und Kooperationen für seine Forschungsprojekte zu erschließen, hatte er hier nun keineswegs allein die finanzielle Situation seiner Abteilung an der Biologischen Versuchsanstalt im Blick:

> »Ich sage es gerade heraus: Nach jahrzehntelangem Schaffen, Mühen und Entbehren, nach dem unverdienten Ausbleiben der Ehren und Förderungen will ich mit eigener Hand und Kopf verdienen, was mir das Leben noch lebenswert macht, so viel verdienen, dass ich nicht bloss sorglos meine paar Jahre verbringen kann, sondern mich von der Praxis (also vom Verdienen) zurückziehen […] kann.«[381]

---

378 Vgl. AÖAW-BV, 3/2, BM an AW, Wien 16.6.1921; BM an AW, Wien 31.10.1921; BM an AW, Wien 31.5.1922. Anm.: Die Subvention für Personal und Laborbetrieb der physiologischen Abteilung wurde von 50.000 auf 650.000 Kronen erhöht.

379 Vgl. Reiter, Zerstört, 1999, 608.

380 NYAM, Steinach an Benjamin, 15.11.1939.

381 NYAM, Steinach an Benjamin, Semmering 7.1.1922; Steinach an Benjamin, 4.–8.10.1922.

Im Herbst 1922 führte Steinach erste Verhandlungen mit der Baseler Pharmafirma Ciba. Ciba suchte nach Kooperationspartnern für die Entwicklung von Sexualhormonpräparaten, und Steinach bot eine Erfindung für ein Hodenpräparat zum Verkauf an. Das von dem Physiologen formulierte Interesse, mit einer Pharmafirma zusammenzuarbeiten, war jedoch nicht auf einen Konzern limitiert. Dessen war sich auch das pharmazeutische Ciba-Komitee während ihren Überlegungen zu einer möglichen Kooperation mit Steinach bewußt und thematisierten, dass Steinach »an mehreren Orten« gleichzeitig verhandle. Zusätzlich waren den Mitgliedern des pharmazeutischen Komitees die finanziellen Forderungen des Physiologen »viel zu hoch«.[382] Wovon Steinachs eigene Absage motiviert war, ist nicht belegt, sie erreichte das Unternehmen im Jänner 1923.[383] Im selben Jahr wurde Steinach auswärtiger Mitarbeiter der deutschen Konkurrentin Schering.[384]

Schering konnte zu jenem Zeitpunkt auf eine sehr wechselhafte Geschichte von zweiundsiebzig Jahren zurückblicken. 1851 hatte Ernst Schering (1824–1889) eine Apotheke im Norden Berlins gekauft, wo er von Anfang an neben Arzneimitteln auch chemische Produkte für die Parfümerie-, Textil-, Leder-, Seifen- und Feuerwerksindustrie herstellte. Diese erlangten 1855 bei der Pariser Weltausstellung öffentliche Anerkennung, woraufhin Schering beschloss, sein Apothekenlaboratorium zu einer chemisch-pharmazeutischen Fabrik auszubauen. Zwei Jahre später konnte er ein Grundstück im heutigen Berlin-Wedding erwerben, doch erst 1864 erhielt Schering die Konzession zur Herstellung von Chemikalien, welche knapp zehn Jahre später nochmals verlängert und erweitert wurde. Die ersten Betriebe Scherings trugen jedoch die Bezeichnung Laboratorien, da sie der Größe und Einrichtung nach mehr einem Apothekenlaboratorium als einem Industriebetrieb glichen.

1871 wandelte Schering die Betriebe in die »Chemische Fabrik auf Actien (vorm. E. Schering)« um, wobei er die Apotheke als Privatbesitz ausgliederte – der Grundstein für die Entwicklung des Unternehmens in eine Fabrik.[385] In den 1870er Jahren zählten zu Scherings wichtigsten pharmazeutischen Produkten das Narkosemittel Chloroform und die als Schmerzmittel und Entzündungshemmer angewandte Salizylsäure. An Chemieprodukten produzierte Schering hauptsächlich empfindliche Fotochemikalien, deren aufwändiger Herstellungsprozess dem der Synthese von che-

382 Sitzungsbericht Pharmazeutisches Komitee, Ciba Basel, 24.10.1924, zit. nach: Ratmoko, Geschlecht, 2007, 145.

383 Vgl. Ratmoko, Geschlecht, 2007, 146.

384 Anm.: Gemäß der Selbstbezeichnung wird im Folgenden von der Chemiefabrik und Aktiengesellschaft Schering mit dem Femininartikel die Rede sein.

385 Der bis 2006 als Schering A. G. firmierende Konzern bezeichnete deshalb 1871 als sein Gründungsjahr. Heute ist Schering ein Teil der Pharmafirma Bayer.

mischen Arzneistoffen ähnelte. Bis 1879 erwarb Schering in Charlottenburg ein weiteres Fabrikgelände und errichtete dort 1880 ein Zweigwerk, wo er die Produktion von Pharmapräparaten im industriellen Maßstab aufnahm. 1882 fasste er die Produktionsbetriebe unter der Leitung eines Chemikers in eine pharmazeutische Abteilung zusammen, wobei die Organisation der einzelnen Betriebe Pharmazeuten unterstand.

Bis zur Einstellung des Chemikers Albrecht Schmidt 1888 gab es keine eigene pharmazeutische Forschung bei Schering, denn wie bei den meisten ihrer Konkurrenten griff die Pharmafirma auf die Hochschulforschung als Quelle für neue Präparate zurück. Schmidt war für die Ausarbeitung technischer Verfahren für neue Produkte, für Patentangelegenheiten, die Durchführung von Tierversuchen wie auch für die Koordination von klinischen Versuchen verantwortlich. Unter Schmidts Leitung entwickelte Schering ihre erste pharmazeutische Spezialität Piperazin. Erfolglos als Verjüngungsmittel angeboten, verkaufte Schering das Präparat ab 1891 für die Indikation Gicht und Rheuma. Bis 1892 entwickelte Schmidt den Wirkstoff Urotropin zur Behandlung von Harnwegsinfekten. Als einer seiner langfristig wichtigsten Beiträge zum Erfolg des Unternehmens sollte sich die Organisation einer wissenschaftlichen Kooperation erweisen. Durch Schmidts Vermittlung richtete Schering 1893 eine bakteriologische Abteilung in Charlottenburg ein, die in Zusammenarbeit mit der Landwirtschaftlichen Hochschule Berlin bis 1894 ein Diphtherieserum entwickelte.

Schmidt war erfolgreich als Forscher und Leiter, dennoch war er mit seiner Position bei Schering nicht zufrieden. 1898 kündigte er und wechselte zu den Hoechster Farbwerken. Durch Schmidts Ausscheiden entstand ein Bruch in der Forschung und Entwicklung pharmazeutischer Präparate von mindestens vier Jahren. Der Chemiker Max Dohrn sollte schließlich 1902 die betriebsinterne pharmazeutische Forschung neu ankurbeln. Durch Dohrns Interessen bestimmt, baute Schering im Hauptwerk ein Labor für physiologische und pharmakologische Tierexperimente auf, das Anfang der 1920er Jahre in das Hauptlaboratorium für pharmazeutische Forschung umgewidmet wurde. Dort testete Dohrn einzelne Wirkstoffe und Präparate an Tieren, um im Anschluss die pharmakologische Testung im Selbstversuch abzuschließen – ein in der frühen Pharmaforschung nicht unüblicher Prozess, um eine toxikologisch gefährliche Anwendung ausschließen zu können. Zumeist gingen die Wissenschaftler bei diesen Selbstversuchen davon aus, deren Gefährlichkeit abschätzen zu können – in Dohrns Fall wie schon bei Steinachs Selbstexperimenten eine zutreffende Annahme. 1905 resultierten diese Tests in der Markteinführung des Gicht- und Rheumamittels Atophan. In den folgenden Jahren wurden Dohrns Experimente in eine Forschungsstrategie ausgearbeitet, die nach dem Ersten Weltkrieg unter dem Chemiker Walter Schoeller zunehmend zur Basis der geschäftlichen Entwicklung des Unternehmens wurde.[386]

Die erste Kontaktaufnahme Steinachs mit Max Dohrn fand wahrscheinlich parallel zu den Verhandlungen mit Ciba statt. Es folgten Vorverhandlungen, beginnend im Frühjahr 1923 und endend mit der Unterzeichnung eines Vertragsentwurfs im August 1923. Der Entwurfstext wurde am 7. und 8. August in Wien ausgehandelt und von Steinach sowie einem vertretungsberechtigten Vorstandsmitglied der Schering, dem Juristen Julius Weltzien, unterzeichnet. Bis zum Jahresende konnten die Kooperationsbedingungen konkretisiert und notariell beglaubigt werden;[387] am 22. Dezember 1923 signierten Steinach und die Vorstandsmitglieder Walter Zeiss und Julius Weltzien in den Geschäftsräumen der Schering in Berlin Charlottenburg den rechtskräftigen Vertrag zur »Herstellung und kommerzielle[n] Verwertung von Organpräparaten, und zwar [...] Hoden- und Eierstockpräparate«.[388]

Walter Schoeller, ab 1923 Vorstandsmitglied und Leiter des Hauptlaboratoriums, führte die von Dohrn initiierte Zusammenarbeit mit Steinach fort. Die Projektarbeiten sollten in drei Jahren abgeschlossen sein. Schering verpflichtete sich, in diesem Zeitraum die laufenden Laborkosten sowie das Personal der Biologischen Versuchsanstalt zu finanzieren und außerdem Steinach ein großzügiges Gehalt für seine Mitarbeit zu bezahlen. Direkt mit dem Vertragsabschluss erhielt er als »Gegenleistung für die Tätigkeit und die Verpflichtungen« 15.000 US-Dollar (USD).[389] Den gleichen Betrag sollte er nach der Markteinführung des ersten Präparats erhalten. Schering dürfte mit einer baldigen Markteinführung gerechnet haben, denn bis zur Auszahlung des zweiten Teilbetrags verpflichtete sich die Firma, Steinach jährlich 1.500 USD zu zahlen. Eine »Anrechnung dieser Entschädigungszahlungen auf die zweite Summe von Dollar 15.000.--« solle dabei nicht stattfinden. Zusätzlich sollte Steinach am Umsatz sämtlicher Organpräparate, welche auf seinen Forschungsergebnissen aufbauen würden, »für die ersten 10 Jahre des Vertriebes« beteiligt werden.[390] Die hohe Investition Scherings

386 Vgl. Bartmann, Tradition, 2003, 377–382; Kobrak, National, 2002; Wimmer, Neues, 1994.

387 SchA-B5/73, Gutachten, 11.6.1926; B5/299, Hirsch an Schering, Wien 14.2.1924. Anm.: Wolfgang Wimmer zufolge hatten sich die Schering-Vorstände zu einem Ausbau der eigenen pharmazeutischen Forschung entschlossen, um nach der Gründung einer Handelsgesellschaft mit den Oberschlesischen Kokswerken 1922 einen gewissen Grad an Unabhängigkeit zu behalten.

388 SchA-B5/299, Vertrag Steinach–Schering, 24.9.1923. Anm.: Der Chemiker Walter Zeiss wurde 1920 Vorstandsmitglied, der Jurist Julius Weltzien 1922.

389 Mit der Währungsreform vom 15. November 1923 wurde 1 Dollar auf 4,2 Billionen Papiermark oder 4,20 Rentenmark festgesetzt. Nominell entspricht 1 Euro etwa 30 Rentenmark (ab 1924 durch die Reichsmark ergänzt). Steinach erhielt somit umgerechnet 63.000 RM (aktuell 2.100 €). Diese Wechselkurse beziehen sich auf die Angaben des Deutschen Historischen Museums (www.dhm.de).

390 SchA-B5/299, Vertrag Steinach–Schering, Charlottenburg 22.12.1923.

in die Zusammenarbeit mit dem Wissenschaftler war riskant, langfristig betrachtet stellte sie sich aber als äußerst profitabel für das Unternehmen heraus.

PHARMAFORSCHUNG IM »STEINACHINSTITUT«[391]

Die Hoden- und Eierstockpräparate sollten in Berlin hergestellt und in Wien im Tierversuch getestet werden. Während Steinach die wissenschaftliche Leitung des Projekts übernahm, wurden die technischen und pekuniären Projektfunktionen einzelnen Mitgliedern des Schering-Vorstands überantwortet. Steinach sollte den inhaltlichen, Schering den finanziellen Beitrag leisten. Der wissenschaftliche Anteil an der Kooperation umfasste zum einen die Bereitstellung von Wissen. Der Physiologe räumte Schering für die Dauer der Kooperation das Recht auf die Verwertung sämtlicher bisheriger und zukünftiger Erkenntnisse ein, »soweit diese zur Herstellung von kommerziell verwertbaren Präparaten« geeignet wären. Zusätzlich verpflichtete sich Steinach, »für die Dauer dieses Vertrages alle seine Forschungsergebnisse, die die Herstellung von Organpräparaten betreffen, Schering ohne Entgelt zur Verfügung zu stellen«. Zum anderen wollte der Physiologe auch seine praktischen Erfahrungen einbringen, was bedeutete, die »auf Grund seiner Forschungsergebnisse von Schering hergestellten Extrakte oder Präparate an einem hierzu besonders vorbereiteten Tiermaterial experimentell zu prüfen«.

Die Auswahl der Prüfmethoden, mit denen die Wirksamkeit der Präparate getestet werden sollten, sowie die zu testenden biologischen Wirkungen überließen die Schering-Vorstände den Erfahrungen des Physiologen. Gerade der zuletzt genannte Aspekt ist interessant, denn er lässt deutlich werden, dass für das Unternehmen noch keineswegs klar war, welche Wirkung das Präparat, auf dessen Entwicklung es sich gerade so engagiert einließ, einmal haben sollte. Für die Durchführung der arbeitsintensiven experimentellen Laborarbeiten einigten sich die Vertragsparteien auf die Anstellung von zwei Assistenten mit entsprechenden Qualifikationen. Diese sollten in Steinachs Methoden von diesem selbst unterwiesen werden und die Prüfungen »unter seiner Oberleitung« durchführen. Ein Assistent würde ein Schering-Mitarbeiter sein, »eine medizinisch biologisch vorgebildete und graduierte Persönlichkeit«. Den zweiten Assistenten wollte Steinach ausfindig machen.[392]

Im Jänner 1924 überwies Schering das erste Assistentengehalt für den Vormonat in der Höhe von 5 Mio. Kronen [70 USD].[393] Die Vorstände baten Steinach um

391 Peczenik, Steinach, 1945, 29–32.

392 SchA-B5/299, Vertrag Steinach–Schering, Charlottenburg 22.12.1923.

393 Am 18.5.1923 wurde der Dollarkurs mit 71.060 Kronen fixiert, ab 6.8.1925 wurde der Wechselkurs

seine »freundliche Rückäusserung«, ob und zu welchen Bedingungen er einen Assistenten eingestellt habe und wann dieser seine Tätigkeit beginne. In Berlin sei man noch bemüht, einen Assistenten zu gewinnen.[394] Steinach verwies verärgert auf den Umstand, dass er bereits im September 1923 einen Assistenten angestellt habe, »zur Zeit, wo ich bereits den Vertragsabschluss erwarten durfte, der sich dann bis 22.XII. hinauszog«. Steinach drohte, die Kooperation zu beenden, sollte Schering die entsprechenden Beträge nicht anweisen. Er stelle ohnehin die Bezüge seines Assistenten »erst pro Dezember« in Rechnung, jedoch habe er schon »in einem früheren Brief« gemeldet, »dass das monatliche Assistentengehalt jetzt inclusive des hier nötigen Wohnungsbeitrags K 3.500.000 (ca. 190 Goldmark)« [49 USD] betrage, weswegen er höflich ersuche, »dies zur Kenntnis zu nehmen und gelegentlich die fehlenden 2.000.000 K pro Febr/März nachzutragen bezw. zu überweisen«.[395] Schering überwies vier Tage später den fehlenden Betrag und zahlte ab Februar das Assistentengehalt inklusive des Wohnungsbeitrags.[396]

Tatsächlich arbeitete der Biologe Berthold Paul Wiesner bereits seit 1921 in der physiologischen Abteilung, wo ihm ein staatlich geförderter Laborplatz zur Verfügung stand. 1923 schloss Wiesner in Przibrams zoologischer Abteilung seine Dissertation zu Transplantationstechniken für Ovarien ab und untersuchte auf »Anregung Professors Steinach (sic)« die »Probleme der Geschlechtsdetermination« im Experiment.[397] Die Personalakten der Akademie führten Wiesner 1922 als Steinachs »Privatassistent« – eine wissenschaftliche Hilfskraft, die unentgeltlich für einen Abteilungsvorstand arbeitete und im Gegenzug einen sogenannten Freiplatz für eigene Forschungen zur Verfügung gestellt bekam.[398] Wiesner arbeitete somit mindestens seit 1922 an einem vom Ministerium subventionierten Laborplatz. Sein offizieller Status als wissenschaftlicher Assistent Steinachs veränderte sich durch die Bezahlung seiner Arbeit durch die Pharmaindustrie nicht, ebenso wenig der von Steinach. Beide galten als Wissenschaftler der Biologischen Versuchsanstalt, die ihr Gehalt über die Pharmaindustrie bezogen und deren Experimente neben staatlichen auch über industrielle Mittel finanziert wurden. Bezeichnend für diese frühe Kooperation zwi-

freigegeben. Ab dem 1.3.1925 wurde die Krone durch den Schilling ersetzt, wobei 10.000 österreichische Kronen in einen Schilling umgetauscht werden konnten. Vgl. März, Bankpolitik, 1981, 524. Anm.: Im folgenden Abschnitt wurden die dokumentierten Beträge in Krone und Schilling mit dem historischen Dollarkurs in eckigen Klammern ergänzt.

394 SchA-B5/299, Schering an Steinach, 11.1.1924.

395 SchA-B5/299, Steinach an Zeiss, 18.1.1924.

396 Vgl. SchA-B5/299, Schering an Steinach, 22.1.1924.

397 AÖAW-BV, 2/1, Jahresbericht BV 1921, Programm 1922, s. d. Siehe: Wiesner, Ovartransplantation, 1923.

398 AÖAW-BV, 1/3, Verzeichnis der Arbeitenden, 1922; 2/4, Protokoll Kuratoriumssitzung, 10.3.1922.

schen einer wissenschaftlichen Einrichtung und einem Wirtschaftsunternehmen ist sicherlich, dass sie von den Beteiligten so wenig als problematisch angesehen wurde, dass in den regelmäßig stattfindenden Kuratoriumssitzungen der Biologischen Versuchsanstalt auch keine Auseinandersetzung zum Einfluss der Zusammenarbeit von Steinach mit der Industrie auf die Forschungsschwerpunkte der physiologischen Abteilung stattfand und auch nicht der Akademie der Wissenschaften gegenüber thematisiert wurde.

Zum Jahresbeginn 1924 konnte Schoeller den Mediziner und Chemiker Heinrich Heinlein für eine Assistenztätigkeit bei Steinach gewinnen. Dieser hatte kurz zuvor am Physiologisch-Chemischen Institut der Universität Würzburg promoviert. Heinlein begann in Wien im Februar 1924 und übernahm die folgenden Jahre sowohl chemische als auch tierexperimentelle Arbeiten. Sein Gehalt erhielt Heinlein direkt aus Berlin.[399] Die Zusammenarbeit mit dem empfindlichen und reizbaren Steinach war für beide Assistenten nicht einfach. Der Physiologe selbst beschwerte sich kurz nach Projektbeginn bei den Schering-Vorständen, dass er bei »der heutigen Auffassung des ›Personals‹ von Arbeitsleistung und Pflichterfüllung« genötigt sei, sein »ganzes Leben« und seinen »ganzen Tag in den Dienst unserer Sache zu stellen«.[400]

Etwa zeitgleich kam es zwischen Benjamin und Steinach ebenfalls zu einer Auseinandersetzung. Jenseits ihrer beider persönlichen Beziehung gab Benjamin zu bedenken, dass es möglicherweise nicht »wirklich ein Zufall« sei, dass Steinach mit jedem seiner »Mitarbeiter und ‚Schüler‹ (wenn Sie wollen) in ernste Differenzen geraten« war, und stellte Steinach die rhetorische Frage: »Hat Ihnen wirklich ein Jeder Unrecht zugefügt?«[401] Der Physiologe war jedoch überzeugt, dass er nur mit »2 oder 3« Schülern ernstliche Differenzen gehabt habe, nämlich mit denjenigen, »die auf Abwege geraten« seien. »Die Differenzen sind stets im aufrichtigen Kampf der Ansichten entstanden. Ich leugne also das Factum nicht blos (sic) nicht, sondern unterstreiche es.«[402] Die stattfindenden Auseinandersetzungen trugen zu einem denkbar ungünstigen Start in das anspruchsvolle Kooperationsprojekt bei, was letztlich auch für kleinere Verzögerungen im Projektablauf verantwortlich gemacht werden kann.

Neben den personellen wurden auch die materiellen Ressourcen der physiologischen Abteilung aufgestockt. Im Jänner 1924 überwies Schering den ersten monatlichen Laborzuschuss von 15 Mio. Kronen [211 USD], der auch die von Steinach an die Akademie zu entrichtende Labormiete von 3 Mio. Kronen [42 USD] beinhaltete.

399 Vgl. SchA-B5/299, Steinach an Schoeller, 14.11.1926; B5/72, Personalabteilung, 27.6.1932; Forsbach, Medizinische, 2006, 96.

400 SchA-B5/299, Steinach an Schering, März 1924.

401 NYAM, Benjamin an Steinach, New York 3.6.1924.

402 NYAM, Steinach an Benjamin, 26.6.1924.

Zusätzlich zahlte Schering einen Heizkostenzuschuss von 4 Mio. Kronen [56 USD] für das kommende halbe Jahr.[403] Insgesamt standen Steinach für sein Laboratorium monatlich rund 20 Mio. Kronen [281 USD] zur Verfügung, womit er die Labormitarbeiter, Erhaltungskosten, Rohstoffe sowie die Raummiete, später auch Geräte und Versuchstiere bezahlte.[404] Zum Vergleich: Während der Abteilung Steinachs im Jahr 1924 24.000 Schillinge [3.377 USD] zuflossen, beliefen sich die Einnahmen der übrigen Abteilungen der Biologischen Versuchsanstalt im selben Jahr auf insgesamt 700 Schillinge [99 USD].[405] Es handelte sich demnach um hohe Ausgaben von Seiten Scherings, die firmenintern damit gerechtfertigt wurden, dass es sich »um einen Vertragsabschluss von ziemlicher Bedeutung« handle und die »von Herrn Prof. Steinach herzustellenden Präparate« unschätzbar seien.[406] Gleichzeitig befürchteten die Schering-Vorstände, dass Steinach die Präparatentwicklung aufgrund finanzieller Streitigkeiten verzögern könnte, weswegen diese »[i]n der Korrespondenz an Herrn Professor Steinach [...] die denkbar grösste Rücksichtnahme« wünschten, »da Steinach ein empfindlicher Mann« sei. Schering habe »in der Steinach-Angelegenheit hohe Beträge investiert, deren Fruktifizierung wir nicht durch irgendwelche Querulierungen verzögern wollen«.[407]

Im März 1924 baute Steinach sein experimentalphysiologisches Labor neu auf und dabei gleichzeitig für pharmakologische Studien um. Er ließ einen »heizbare[n] Arbeits- und Tierraum« installieren und kaufte zusätzliche Einrichtungs- und Laboratoriumsgegenstände sowie Versuchstiere, die in neuen Käfigen und Stellagen untergebracht wurden.[408] Teile von Steinachs physiologischen Laboratorien wurden somit durch die Anbindung an die Pharmaindustrie schrittweise verändert und in pharmazeutische Arbeitsbereiche umgewandelt. Sämtliche materiellen, personellen und technischen Veränderungen, die zu Kooperationsbeginn in Steinachs Labor stattfanden, nahmen im weiteren Verlauf Einfluss auf die Forschungsabläufe und experimentellen Arbeiten. Wie später noch gezeigt wird, fanden nach 1923 in jenem Labor Experimente zu Sexualhormonen statt, die anders beschaffen waren als die Stoffe, die Steinach davor in Tierversuchen untersucht hatte. Die Anpassung des Laboratoriums schuf neue äußere Bedingungen für die Erforschung des epistemischen Dings Sexualhormon, was dazu beitrug, dass das, was von dem Physiologen zuvor als Zellen

403 Vgl. SchA-B5/299, Schering an Steinach, 11.1.1924 und 22.1.1924.

404 SchA-B5/299, Vertrag, Charlottenburg 22.12.1923. Anm.: Die folgenden Wechselkurse stammen aus einer Mitteilung Ackermanns an Abteilung I, SchA-B5/299, 8.2.1924.

405 AÖAW-BV, 1/3, Rechnungsabschluss für 1924, gez. Marie Cabalek, eingelangt 1925.

406 SchA-B5/299, Schering-Vorstand, 10.3.1924 und 27.2.1924.

407 SchA-B5/299, Schering-Vorstand, 28.1.1924.

408 SchA-B5/299, Steinach an Schering, Wien 24.3.1924.

oder Sekrete verstanden wurde, allmählich ein pharmazeutischer Wirkstoff werden konnte.[409] Dessen Materialisierung als chemische Substanz wiederum sollte anderen vorbehalten bleiben. Doch dazu später.

TIERISCHE ROHSTOFFE: PRESSSAFT UND EXTRAKT AUS HODEN, OVARIEN, PLAZENTEN

Steinach und die Schering-Vorstände hatten sich im Dezember 1923 darauf geeinigt, dass der Physiologe zum einen »die Ergebnisse seiner Forschungen zur Verfügung« stellen und zudem ein Teil der zu entwickelnden Organpräparate »auf Grundlage der artificiell erzeugten Zwischenzellwucherungen [...] gewonnen oder verbessert« werden sollte.[410] Gerade die zweite Klausel ist kennzeichnend für die Vorstellungen, die die Vertragspartner zu diesem Zeitpunkt davon hatten, wie die angestrebten Präparate entwickelt werden sollten. Die Klausel bezog sich auf den Umstand, dass die üblicherweise von Pharmafirmen herangezogenen Rohstoffe für Sexualhormonpräparate – tierische Eierstöcke oder Hoden aus Schlachthöfen – nur geringe Mengen an Hormonen enthielten. Das machte Sexualhormone zu raren und teuren Stoffen, was sich auf die Herstellungskosten und Präparatpreise niederschlug. Steinach bot deswegen der Pharmafirma bei Vertragsabschluss eine Methode an, mit deren Hilfe die Hormonkonzentration in den biologischen Ausgangsmaterialien gesteigert werden könne. Schering reichte jenes »Verfahren zur Gewinnung von therapeutisch wirksamen Extrakten aus Hoden« im April 1924 beim deutschen Reichspatentamt ein. Da von Anfang an Einigkeit darüber bestand, dass an Hormonen für beide Geschlechter gearbeitet würde, konnte Steinach mit diesem Verfahren Schering bereits zu Arbeitsbeginn eine Erfindung aus seiner bisher an männlichen Körpern durchgeführten Forschung liefern, die der Firma sicherlich eine baldige Fruktifizierung ihrer enormen Investition in diese Kooperation versprach. Die Methode stammte aus Steinachs tierexperimentellen Forschungen zur sekretorischen Funktion der Pubertätsdrüse sowie der Hypermaskulierung beziehungsweise -feminierung von Versuchstieren durch Proliferation des Drüsengewebes.

Die Patentschrift argumentierte, »dass man zu besonders wirksamen Extrakten gelangen« könne, wenn »an Hoden geeigneter Tiere eine Albugineatomie aus[ge]führt« würde. Bei diesem operativen Eingriff sollte durch Einschneiden des Hoden-

409 Zur Wechselwirkung von wissenschaftlichen Laboratorien und experimentellen Traditionen siehe: Klein, Laboratory, 2008, 769–782.

410 SchA-B5/299, Vertrag Steinach–Schering, Charlottenburg 22.12.1923.

bindegewebes »an einer oder mehreren Stellen, je nach Grösse des Organs«, eine Zellwucherung erreicht werden. Der Operateur trug den »nun hervortretende[n] Teil des Hodenparenchyms« mit einem Skalpell »scharf« ab und verschloss »die entstandenen Wunden« mit einer Naht. »Einige Wochen nach dieser Operation« fand Steinach »nicht nur im weiten Umfange um die Schnittstellen herum, sondern fast in dem gesamten Hodenparenchym massive Wucherungen der interstitiellen Drüse«. Pharmazeuten könnten »so vorbereitete Hoden« entnehmen, zerkleinern »und einem der bekannten Organextraktionsverfahren« unterwerfen, »z. B. durch Auspressen oder durch Behandlung mit schwachen Alkalien oder sehr verdünnten Säuren oder mit Harnstofflösung« extrahieren. »Der gewonnene Extrakt, den man zweckmässig von Eiweiss befreit, wird am vorteilhaftesten intramuskulär injiziert. Er zeichnet sich durch besondere Wirksamkeit aus.«[411] Ob das Extrakt bei Männern erprobt wurde, geht aus den vorhandenen Quellen nicht hervor. Dieses Verfahren belegt auch, dass Steinach noch 1926 auf Zwischenzellen fokussierte, wenn er zu Sekreten oder Hormonen forschte.[412]

Schering verfolgte dieses aufwändige Verfahren nach der Patentierung nicht weiter, da die Firma bereits im Frühjahr 1924 den Schwerpunkt der Entwicklungsarbeiten auf die Herstellung von weiblichen Sexualhormonpräparaten verlagerte. Vermutlich spielte für diese Ausrichtung der Entwicklungsarbeiten die gut institutionalisierte Spezialdisziplin für Frauenkrankheiten eine wichtige Rolle, da diese für die Pharmafirma einen sicheren ersten Absatzmarkt darstellte. Eine zur Gynäkologie gleichwertige Fachrichtung gab es zu Beginn der 1920er Jahre für Männer noch nicht.[413]

Dem Projekt waren von Anfang an kaum finanzielle und materielle Limits gesetzt, was zum Teil auch auf Steinachs Verhandlungsgeschick zurückgeführt werden kann. In den ersten zwei Projektjahren standen vor allem chemisch-pharmazeutische Arbeiten im Mittelpunkt. Aus einzelnen Korrespondenzen zwischen Vertretern des Vorstandskomitees und Steinach geht hervor, dass im Hauptlaboratorium in der ersten Jahreshälfte 1924 hauptsächlich zu chemischen Aufarbeitungsmöglichkeiten der Rohstoffe experimentiert wurde. Die ersten Ovarienextrakte stellten Chemiker im chemischen Laboratorium des Schering-Hauptwerks in Berlin Charlottenburg her. Die tierischen Ovarien wurden zerkleinert und die Einzelstoffe mit Lösungsmitteln extrahiert. Danach bearbeiteten Chemiker die biologischen Ausgangsmaterialien mit den breit eingesetzten Methoden der organischen Flüssigchemie, um die weiblichen Sexualhormone zu isolieren, wobei ein Teil der eingesetzten Chemikalien anschlie-

411 Steinach, Verfahren, 1924.
412 Vgl. NYAM, Steinach an Benjamin, 27.9.1926.
413 Vgl. Schlich, Erfindung, 1998, 141–157.

ßend in den Endprodukten verblieb. Nach heutigem pharmazeutisch-chemischen Wissensstand waren die frühen Präparate nur wenig bis nicht wirksam, da durch die eingesetzten aggressiven Lösungsmittel ein Teil der organischen Bestandteile zerstört und dadurch nur geringe Hormonkonzentrationen im Extrakt verblieben.

Schering versandte die in Berlin hergestellten Extrakte anschließend per Post nach Wien, wo Steinach im Tierversuch ihre Wirksamkeit und damit die Effizienz der jeweiligen Herstellungsmethode testete.[414] Mit dem beschriebenen Extraktionsverfahren konnten nur geringe Mengen an wirksamen Substanzen gewonnen werden. Darüber hinaus kam es zu Verzögerungen auf den Postwegen, während derer sich die Hormonlösungen auch zersetzten. Die Scheringchemiker konzentrierten sich schon bald auf die Entwicklung neuer Herstellungsverfahren und Steinach beschloss, Heinlein zusätzlich im Wiener Labor einfache Extrakte herstellen zu lassen. Ab März 1924 zerkleinerte Heinlein die tierischen Rohstoffe, trennte Gewebebestandteile ab, stellte aus der zurückbleibenden Flüssigkeit Auszüge mit verdünnten Säuren oder Laugen her, trennte die enthaltenen Proteine ab und filtrierte abschließend die erhaltene Lösung.[415] Steinach, Heinlein und Wiesner veröffentlichten 1925 erste experimentelle Ergebnisse zur Wirkung der in Berlin und Wien hergestellten Präparate und bezeichneten diese als »Ovarien- und Plazentaextrakte«.[416]

Währenddessen entwickelte Max Dohrn in den Berliner Laboratorien einen neuen Aufarbeitungsprozess, der spezifisch auf die Gewinnung von Hormonlösungen aus Ovarien, Plazenten und Hoden ausgelegt war. Die Ergebnisse dieser Arbeiten reichte Schering im November 1925 und Jänner 1926 als Patent ein. Bis dahin waren – wie auch bei dem geschilderten Verfahren, das Heinlein in Wien praktizierte – die zerkleinerten und getrockneten Rohstoffe mit einem bekannten, aber auch unspezifischen Verfahren für die Aufarbeitung organischer Rohstoffe extrahiert, destilliert und filtriert worden, wodurch nur geringe Extraktmengen gewonnen werden konnten. Mit dem neuen Aufarbeitungsprozess erzielte Dohrn höhere Ausbeuten, indem er die Lösungsmittel für die Bearbeitung der empfindlichen Rohstoffe verdünnte und die chemisch-pharmazeutischen Arbeiten umfangreicher, aber auch effektiver gestaltete. Laut Patentschrift enthielt das so hergestellte Präparat fast ausschließlich Hormon, worauf auch die Ergebnisse der Tierversuche hinwiesen.[417] Die Endprodukte dieser chemischen Aufarbeitung waren ölige Flüssigkeiten, die wiederum in Ampullen abgefüllt und an Steinach gesandt wurden. Der Physiologe war begeistert

414 Vgl. SchA-B5/299, Steinach an Schering, 18.1.1924 und 28.6.1926.
415 Vgl. SchA-B5/299, Steinach an Schering, Wien 24.3.1924.
416 Vgl. Steinach u. a., Sexualzyklus, 1925.
417 Vgl. Schering, Improvements, 1926; Schering, Process, 1927.

von der Qualität und der Wirksamkeit der neuen Injektionslösungen. So berichtete er seinem Kollegen Harry Benjamin, dass die »Arbeiten über das Hormon« vorwärtsschritten, die Rohstoffe »weiter gereinigt« und die Extrakte »immer wirksamer« würden, denn ein »halbes Milligramm u. darunter« seien in Tierversuchen »noch wirksam!«[418]

GEDULD UND ZIELSTREBIGKEIT: AUSBAU EINER SPANNUNGSREICHEN KOOPERATION

Im Juli 1925 engagierte Steinach den Assistenten Walter Hohlweg, der kurz zuvor sein Chemiestudium an der Technischen Universität in Wien abgeschlossen hatte, um Extrakte aus »Organmaterial« aus Schlachthöfen herzustellen.[419] Warum Schering die Produktion auch in Wien weiterverfolgte, ist aus den vorhandenen Quellen nicht mehr rekonstruierbar, ebenso wenig eine eventuell vorhandene Motivation Steinachs, die physiologische Forschung in Richtung Erzeugung zu verlagern. Steinach klärte Hohlweg scheinbar zu Beginn nicht näher über die Kooperation der physiologischen Abteilung mit Schering auf, im Laufe der Zusammenarbeit gewann der Assistent jedoch rasch einen Überblick über die industriellen Hintergründe seiner Arbeiten.[420] Steinach ließ »bauliche Aenderungen und Adaptierungen eines Tiersaales und eines chemischen Arbeitszimmers für die Extraktherstellung (Beheizung, Beleuchtung, Wasserleitung, Glasdach, Ventilation, Anstrich usw.)« vornehmen, »12 neue Eisenkäfige für Ratten, Meerschweinchenstellage usw.« anbringen sowie zusätzliche »Auslagen für Extraktherstellung, Organmaterial, Alkohol, Aether, Schlachthauspersonal usw.« von Schering finanzieren. Zudem lieh er Apparaturen vom Berliner Hauptlabor aus.[421]

Mit der Anstellung des technischen Chemikers und dem neuen chemischen Laborbereich verfügte nun auch Steinach in seiner Abteilung in Wien über sämtliche materielle, technische und personelle Voraussetzungen für die Entwicklung von Sexualhormonpräparaten. Steinach konnte sich dadurch einen gewissen Grad an Unabhängigkeit schaffen, die die Schering-Vorstände deswegen unterstützten, weil sie eine Verlängerung des Vertrages »ins Auge gefasst« hatten. Für beide Kooperationspartner wurde offensichtlich, dass die ursprünglich geplanten Projektziele nicht

418 NYAM, Steinach an Benjamin, 17.1.1926.
419 SchA –B5/299, Schering an Steinach, 8.11.1924.
420 Vgl. SchA-B5/73, Lebenslauf Hohlweg, Wien 13.7.1927; B5/299, Schering an Steinach, 7.7.1925.
421 SchA-B5/299, Schering an Steinach, 8.11.1924 und 7.7.1925.

bis zum Jahresende 1926 erreicht werden konnten, weswegen die Schering-Vorstände im Juli 1925 Steinach versicherten, bei der nächsten Aufsichtsratssitzung eine Vertragsverlängerung zu besprechen.[422]

Während der Sitzung im März 1926 kristallisierte sich jedoch rasch die allgemeine Ablehnung des Vorstands für eine kostspielige Weiterführung der Kooperation heraus. Die Entwicklungsarbeiten zum weiblichen Sexualhormonpräparat waren weit fortgeschritten, die Extraktionsarbeiten sowie die Tierversuche nach Ansicht der beteiligten Forscher und auch der übrigen Verantwortlichen bei Schering fast abgeschlossen. Sowohl Wiesner als auch Heinlein hatten bereits ihre Kündigung eingereicht und akademische Forschungsstellen angenommen – Heinlein in Würzburg, Wiesner in Edinburgh. Die monatlichen Ausgaben für das Wiener Labor von mittlerweile 3.135 RM [750 USD][423] schienen nach dem Stand der Arbeiten nicht mehr rentabel zu sein. Doch auch hier wusste Steinach gut zu verhandeln: Als abschließenden Schritt vor der Markteinführung wollte Schering die Experimente zu dem nun von der Firma Progynon genannten Organpräparat um klinische Versuche an Frauen erweitern. Bereits mit der Benennung des Progynons vermittelte Schering den Einsatzbereich, für den Ärzte ihr Präparat empfehlen sollten: Pro-Frau (griech. gyné) für die Unterstützung des Frauseins. Eine Studie startete gerade in Würzburg, wofür der renommierte Leiter der Würzburger Universitäts-Frauenklinik, Carl Joseph Gauss, gewonnen werden konnte. Steinach wollte nun nicht nur sein wissenschaftliches Netzwerk zur Laborforschung, sondern auch jenes zur klinischen Forschung nutzen und ebenfalls Versuche an Frauen in Wien durchführen.

Insgesamt benötigte Schering Steinachs Expertise im fortgeschrittenen Stadium der Präparatentwicklung nicht mehr dringend. Nun kam jedoch ein anderer Faktor zum Tragen, der die Fortsetzung der Kooperation noch lange prägen sollte: Die Vorstände waren besorgt, dass Steinachs Assistenten Details der Entwicklungsarbeiten an konkurrierende Pharmafirmen weitergeben könnten, wobei vor allem Kenntnisse über chemische Arbeiten für Schering von zu schützendem Wert waren. Heinleins Vertrag enthielt eine spezielle Klausel, die ihn für mehrere Jahre daran hinderte, im Bereich der Entwicklung von Sexualhormonpräparaten tätig zu sein. Wiesner hingegen stand nicht in einem direkten Vertragsverhältnis mit Schering, die Weitergabe von medizinischem Wissen wurde jedoch von der Pharmafirma als wenig riskant eingestuft. Die »Assistentenfrage« wusste Steinach geschickt für seine eigenen Verhandlungen einzusetzen. So beabsichtige er nach der Kündigung Heinleins, »Hohlweg nunmehr stärker an sich zu fesseln und demselben ein höheres Einkommen zu ermöglichen«. Als

422 SchA-B5/299, Schering an Steinach, 7.7.1925.

423 Vgl. SchA-B5/299, Interna, 29.3.1926. AÖAW-BV, 2/4, Protokoll Kuratoriumssitzung, 12.2.1927.

nunmehr einziger Assistent sollte Hohlweg sowohl chemische als auch tierexperimentelle Arbeiten durchführen, wodurch er detaillierte Einblicke in alle Entwicklungsphasen des weiblichen Sexualhormonpräparats gewinnen würde.

Die Schering-Vorstände befürchteten, dass mit der Dauer von Hohlwegs Anstellung bei Steinach »und je intensiver er sich mit den vorliegenden Fragen« beschäftige, »er einen Ueberblick über dieses ganze Gebiet« gewinne sowie »die Fähigkeit, auch selbständig im Sinne der begonnenen Arbeit weiter zu forschen«. Darin liege »aber eine gewisse Gefahr«, solange Hohlweg über das »erworbene Wissen verfügen« könne. Deshalb schlugen die Vorstände im April 1926 vor, Hohlweg vertraglich an Schering zu binden und ihm so, ähnlich wie Heinlein, »die industrielle Auswertung der bei Ihnen erworbenen Kenntnisse und Erfahrungen für die nächsten Jahre unmöglich« zu machen. Durch einen »rein formalen« Arbeitsvertrag mit Schering würde Steinach weiterhin »das Kündigungsrecht sowie die völlige Beeinflussung der Arbeiten von Herrn Dr. Hohlweg« behalten.[424]

So drehten sich die Gespräche über die Verlängerung von Steinachs Vertrag schon bald um dessen Assistenten Hohlweg. Bei einer Besprechung mit der Direktion Scherings im Juni 1926, bei der auch der Hauptlaborleiter Walter Schoeller anwesend war, schlug Steinach eine Verlängerung seines Vertrages für weitere drei Jahre vor. Die Verhandlungsparteien konnten sich schließlich auf eine Zusammenarbeit für ein weiteres Jahr einigen.[425] Im Anschluss kam es jedoch zu unterschiedlichen Auslegungen dieser Vereinbarung. Während für die Direktion die einjährige Fortsetzung der Kooperation mit dem Verhandlungszeitpunkt beginnen sollte, bemühte sich Steinach um eine Verlängerung ab dem Auslaufen seines Vertrages im Dezember 1926.[426] In Folge verzögerte er den Vertragsabschluss mit Hohlweg und setzte dies als Druckmittel ein. So erwähnte der Physiologe in einem Brief an Schoeller, in dem er ihn bat, sich für ihn bei der Direktion einzusetzen, dass er Hohlweg »Gehaltsauszahlung bis Ende 1927 garantiert« habe. »Andernfalls wäre Hohlweg sofort ausgetreten. Sie können sich denken, dass die Konkurrenz nur darauf lauert, einen Mann mit diesen Erfahrungen von mir (von uns) wegzuschnappen.«[427]

Schoeller schaltete die Rechts- und Personalabteilung ein, die einen Sachverständigen mit der Bewertung der vorliegenden Situation wie auch die wirtschaftliche Einschätzung zur weiteren Zusammenarbeit mit Steinach betraute.[428] Am 11. Juni

424 SchA-B5/299, Schering an Steinach, 7.4.1926. Anm.: Walter Hohlweg war Diplomingenieur und promovierte 1936.

425 SchA-B5/299, Steinach an Schoeller, Wien 7.6.1926.

426 SchA-B5/299, Schering an Steinach, 3.6.1926.

427 SchA-B5/299, Steinach an Schoeller, Wien 7.6.1926.

428 SchA-B5/299, Schering an Steinach, 11.6.1926.

Abb. 4: Im Rahmen von Steinachs Kooperation mit Schering wurde die physiologische Abteilung um ein »Chemisches Laboratorium« erweitert.

1926 erreichte das Gutachten die Vorstände und eröffnete mit der eindeutigen Empfehlung, dass »auf die Zurverfügungstellung weiterer Forschungsergebnisse […] verzichtet werden« könne. Der Bericht wurde mit einem ebenso klaren Endergebnis abgeschlossen: »Eine Verlängerung des Vertrages über den Dezember 26 liegt lediglich im Interesse Steinachs.«[429] Trotz dieser Bewertung sicherte die Rechtsabteilung Steinach im Juni 1926 die Verlängerung seines Vertrages bis zum 31. Dezember 1927 mündlich zu – unter der Voraussetzung, dass Hohlweg baldmöglichst einen Vertrag mit Schering unterzeichne. Die zwei Mitglieder Steinach und Hohlweg des personell nun kleiner gewordenen Wiener Laboratoriums stimmten diesem Vorschlag ebenfalls mündlich zu. Die Pharmafirma genehmigte daraufhin die klinische Testung von Progynon in Wien und übersandte ab der Jahresmitte 1926 das Präparat in Ampullen- und Zäpfchenform an Steinachs Laboratorium.[430]

429 SchA-B5/299, Gutachten, 11.6.1926.

430 Vgl. SchA-B5/299, Zeiss an Steinach, 16.6.1926; NYAM, Steinach an Benjamin, 17.1.1926.

Da die Pharmafirma ihre Entwicklungsarbeiten zunehmend auf chemische und klinische Forschung verlagerte, wodurch Kooperationen mit Chemikern und Klinikern an Bedeutung gewannen und im Gegenzug jene mit Physiologen marginal wurden, kann diese Vertragsverlängerung einerseits als aus diplomatischen Gründen obligates Zugeständnis Steinach gegenüber verstanden werden, um die weiteren Arbeitsschritte nicht zu gefährden. Andererseits verweist sie auch auf die zunehmende Bedeutung, die der technische Chemiker Walter Hohlweg für die Firma gewann und die im Folgenden weiter ausgeführt wird.

»Technisch waschechte« weibliche Hormone

Im Juni 1926, zweieinhalb Jahre nach Kooperationsbeginn und sechs Monate vor Auslaufen des Vertrages, zeigte sich Steinach bezüglich der baldigen Markteinführung von Progynon pessimistisch: »Schering sind sehr flau; [...] Das weibl. Hormon noch immer / technisch / nicht waschecht. Bin überzeugt, dass andere zuvor kommen werden.«[431] Der Physiologe fühlte sich mit dem Fortdauern der Verhandlungen zunehmend hintergangen und warf Schoeller vor, dass er und die Firma bewusst das »Indenhandelbringen« von Progynon verzögern würden, um ihm den zweiten Bonus von 15.000 USD nicht zahlen zu müssen.[432] Diese Provokation löste unter den Vorstandsmitgliedern entsprechend heftige Diskussionen aus, wobei sich sowohl wissenschaftliche als auch juristische Mitglieder einig waren, dass der Zeitpunkt, zu dem sie »zur fabrikationsmässigen Herstellung« eines Steinachs »Anregungen entsprechenden Präparates überzugehen« hätten, »nicht ausschliesslich« nach dessen »subjektiven Ansichten bestimmt werden« könne. Ausschlaggebend hierfür sei »vielmehr die Auffassung der technischen Leiter unserer Firma, ob das Präparat bereits bis zu dem Grade vervollkommnet ist, den sie [die Vorstände; S. W.] dem Rufe ihrer Firma und dem Ansehen des Erfinders in gleicher Weise schuldig zu sein glauben«.[433] Aus strategischen Gründen wurde während einer Vorstandssitzung jedoch entschieden, nicht näher auf den Vorwurf einzugehen als: »Dass wir selbst ein eigenes Interesse daran haben, nach den erheblichen Kapitalaufwendungen sobald wie möglich ein Präparat in den Handel zu bringen, bedarf kaum besonderer Erwähnung.«[434]

431 NYAM, Steinach an Benjamin, Wien 6.6.1926.
432 SchA-B5/299, Interna, 28.7.1926.
433 SchA-B5/299, Interna, 28.7.1926.
434 SchA-B5/299, Schering an Steinach, 30.7.1926.

Inzwischen hatte jedoch die Arbeit an dem Präparat gerade im Wiener Labor entscheidende Fortschritte gebracht. Schon 1925 hatte Steinach seinen Assistenten Hohlweg mit der Herstellung einer wässrigen Verabreichungsform betraut. Nach eingehenden Versuchen war er entgegen seiner anfänglichen Begeisterung für die nach dem Schering-Verfahren hergestellten Lösungen mit deren Konsistenz nicht zufrieden gewesen – es handelte sich, bedingt durch die Lösungseigenschaften des Sexualhormons, um ölige Extrakte.[435] Die ölige Hormonlösung konnte nur ins Muskelgewebe injiziert werden, was für die Patientinnen schmerzhaft war. Zusätzlich verteilte sich das Hormonöl nur langsam im Körper. 1926 konnte nun Hohlweg die neue Herstellungsmethode von Progynon abschließen und informierte Schering, dass die Ergebnisse »auf einen besonderen Wunsch des Herrn Prof. Steinachs unter den Namen Hohlweg-Steinach« in Europa als Patent angemeldet würden.[436] Da sich Steinach im Kooperationsvertrag dazu verpflichtet hatte, der Firma sämtliche Erkenntnisse kostenlos zur Verfügung zu stellen, wollte Schering das eigenständige Patentieren von Herstellungsmethoden, die im Rahmen der Kooperation erarbeitet wurden, auf keinen Fall genehmigen.

Der Vertrag mit Hohlweg war hingegen noch nicht abgeschlossen. Somit stand es dem Chemiker frei, seine Erfindung zu patentieren oder auch anderen pharmazeutischen Betrieben anzubieten. Ab der Jahresmitte 1926 versuchten die Personal- und Rechtsabteilung von Schering eine Lösung zu finden, wie mit der Erfindung dieses externen Chemikers umgegangen werden sollte. Grundsätzlich betrachteten die Vorstände das in Steinachs Labor erarbeitete Wissen als ihr Eigentum. Firmeninternen Erfindern zahlte die Firma üblicherweise eine sogenannte »Erfinderentschädigung«, mit der die Patentrechte auf Schering übergingen. Da Hohlweg zum Zeitpunkt der patentierbaren Erfindung bei Steinach angestellt war und dieser sich vertraglich zur Übergabe sämtlicher aus der Kooperation resultierenden Erkenntnisse verpflichtet hatte, waren sich die Mitglieder der Patentabteilung uneinig, ob die Erfindung Hohlwegs in den Rahmen von Steinachs Verpflichtung fiel.[437] Am 5. September 1926 reichte Schering das »Verfahren zur Gewinnung der wirksamen Keimdrüsenstoffe in wasserlöslicher Form« zur Patentierung am deutschen Reichspatentamt ein und führte Hohlweg als Erfinder an. Damit hatten beide einen Anspruch auf das Patent – die Einreicher wie auch der Erfinder. Steinach wurde jedoch aufgrund der fehlenden namentlichen Erwähnung vom Nutzungsrecht ausgeschlossen.

435 Vgl. NYAM, Steinach an Benjamin, »Nachts« 27.9.1926.
436 SchA-B5/72, Hohlweg an Schering, Ottensheim 6.8.1927.
437 Vgl. SchA-B5/299, Interna, 28.7.1926.

Bei dem von Hohlweg ausgearbeiteten Prozess handelte es sich nicht um ein völlig neues Herstellungsverfahren, sondern um die sogenannte »Überführung« der von Schering hergestellten »Hormonöle« in eine »wasserlösliche Form« oder, wie Steinach es beschrieb: »Die Wasserlösung wird nun von uns aus der Öllösung gemacht.«[438] Hatte Dohrn in seinem Verfahren auf die chemischen Eigenschaften der Sexualhormone Rücksicht genommen, fokussierte Hohlweg auf die Eigenschaften der Injektionslösungen. Damit stand die Chemie der Sexualhormone sozusagen der Physiologie der Sexualhormone gegenüber – während der chemische Zugang sich an den Lösungseigenschaften des Hormons ausrichtete, orientierte sich der physiologische Zugang nicht an dem Hormon selbst, sondern an der Frage, wie es optimal in den Körper »eingeschleust« werden könnte. Durch den Einsatz von aggressiven Lösungsmitteln für die Umwandlung in eine wässrige Lösung verloren jedoch diese wiederum an Wirkung. Nachdem im Juni 1926 die klinischen Versuche in Wien begonnen hatten, ließ Steinach die Wirksamkeit und Verträglichkeit der wässrigen Präparate vor Ort an Frauen testen. Dennoch dürfte er diese Experimente nicht mehr als Teil der Entwicklungsarbeiten bewertet haben, denn er sah gespannt einer baldigen Lancierung des Präparats entgegen.[439]

Für die Scheringgruppe in Berlin waren die Arbeiten indes noch lange nicht abgeschlossen. Man konzentrierte sich weiterhin auf die Erhöhung der Ausbeute und der Wirksamkeit der Präparate. Die spezielle Aufgabe Dohrns bestand in der Herstellung von hochprozentigen Hormonlösungen durch die sogenannte Anreicherung. Neu war auch die Art der Messung der Menge an enthaltenem Hormon. Diese fand mittels biologischer Tests statt, in denen man die Hormonmenge entsprechend dem verwendeten Versuchstier in Mäuseeinheiten (ME) maß:[440] »Die Versuche unseres Herrn Dr. Dohrn sind inzwischen bis zu einer Anreicherung von 15–20.000 Zehngrammmäuse-Einheiten pro Cubiccentimeter vorgeschritten; Herr Dr. Dohrn hofft indessen, noch weiter gelangen zu können.«[441] In der Gynäkologie wichen die Empfehlungen für wirksame Einzeldosen weiblicher Sexualhormone stark voneinander ab – sie lagen zwischen 4 und 3.000 ME. Scherings klinische Prüfer setzten die ideale Dosierung je nach Anwendungsbereich bei 250 bis 500 ME an.[442] Nachdem ein Verfahren für die Anreicherung der Hormonlösungen entwickelt war, mussten

438 Hohlweg, Verfahren, 1926; NYAM, Steinach an Benjamin, 29.3.1927 (Hervorhebungen i. O.).

439 Vgl. NYAM, Steinach an Benjamin, 27.9.1926.

440 Ausführlicher zu Testmodell und Mäuseeinheiten vgl. unten den Abschnitt über Tier-Standards und Standard-Tiere.

441 SchA-B5/299, Schoeller an Steinach, 18.11.1926. Zu biologischen Tests siehe: Oudshoorn, Labortests, 1993, 150–162.

442 Vgl. Streck, Progynon, 1928, 1173 f.

die Arbeitsvorschriften für die Herstellung der Präparate vom chemischen Labor an die industrielle Produktion angepasst werden. Im November 1926 zeigte sich Dohrn nach ersten Vorversuchen optimistisch, was die »Darstellung in grösserem Masstabe« anging; sie würde »keine allzugrossen Schwierigkeiten mehr machen«.[443]

Mit der geplanten Patentierung von Hohlwegs chemischen Verfahren und den sich häufenden Auseinandersetzungen mit Steinach wurde ab Sommer 1926 für Schering der baldige Vertragsabschluss mit Hohlweg immer dringlicher. Der Konzern bot dem Chemiker im August 1926, zwei Monate nach der mündlich vereinbarten Verlängerung von Steinachs Vertrag, ein höheres Gehalt an, ohne Veränderung seiner bisherigen Arbeiten und seines Arbeitsortes in Wien. Im Gegenzug dürfe Hohlweg nach Auslaufen seines Vertrages mit Schering 1928 für fünf Jahre keine Arbeiten zu Hormonen in einer anderen Pharmafirma durchführen. Steinach reagierte wütend auf dieses Angebot an Hohlweg, denn aus seinem Blickwinkel sollte sein Assistent länger an dem Projekt beteiligt werden als er selbst. Er reiste im Sommer 1926 nach Berlin und verlangte im Anschluss, dass sämtliche Verhandlungen zu diesem Thema nicht mehr direkt mit seinem Assistenten, sondern nur mehr über ihn geführt werden und Hohlwegs Vertrag ebenfalls nur bis Ende 1927 laufen dürfe.[444]

Die Schering-Vorstände argumentierten wiederum, dass Hohlwegs Gehaltserhöhung nur durch die Absicht einer »Hebung seiner Arbeitsfreudigkeit« motiviert und bei der Festlegung der Vertragsdauer in der Personalabteilung ein Fehler unterlaufen sei. Sie schickten einen neuen Vertrag für Hohlweg an Steinach, der sich in seinem Sommerwohnsitz im Luftkurort Semmering befand.[445] Bis Steinach wieder nach Wien kam und den Vertrag an Hohlweg übergab, verging ein Monat.[446] Hohlweg wandte sich wiederum einen Monat später, am 27. November 1926, an Schering mit der Bitte, sich wegen »einige[r] Punkte des Vertrages«, die Schwierigkeiten bereiten würden und wegen derer er den Vertrag nicht unterzeichnen könne, direkt mit Steinach in Verbindung zu setzen. Den Hauptproblempunkt stelle eine Klausel dar, die Schering ermöglichen sollte, Hohlwegs Arbeitsort nach Berlin zu verlegen.[447] Steinach verstand dies als eine klare Provokation und wies jegliche Verhandlungen zurück. Seiner Beurteilung nach war diese Klausel das Resultat von Bestrebungen der Schering-Direktion, gegen seine »Initiative und ausgiebige Mitwirkung« zu agitieren und ihn zu sabotieren.[448] Im Dezember 1926 begannen die Schering-Vorstände, die

443 SchA-B5/299, Schoeller an Steinach, 18.11.1926.
444 Vgl. SchA-B5/73, Interna, 23.7.1926; B5/299, Steinach an Schering, Semmering 15.8.1926.
445 SchA-B5/299, Schering an Steinach, 21.8.1926.
446 Vgl. SchA-B5/73, Hohlweg an Schering, Wien 3.10.1926.
447 SchA-B5/73, Hohlweg an Schering, Wien 27.11.1926.
448 SchA-B5/299, Steinach an Schoeller, 12.12.1926.

»Abberufung« von Hohlweg konkret zu planen,[449] versicherten Steinach jedoch, seinen Assistenten nur dann nach Berlin zu beordern, wenn der Physiologe ausdrücklich sein Einverständnis gebe. Am 28. Dezember 1926 sollte der Vertrag zwischen Schering und Hohlweg unterzeichnet werden, doch zögerte Steinach erneut den Vertragsabschluss hinaus.[450]

Währenddessen stellte Hohlweg sämtliche wässrige Extrakte für die klinischen Versuche in Wien her, denn die Schering-Chemiker hatten die Umwandlung von öligen Extrakten in wässrige Lösungen noch nicht industriell umgesetzt.[451] Die Aufarbeitung der Präparate in dem kleinen Labor der physiologischen Abteilung war kostspielig, arbeits- und zeitaufwändig. An dreißig Injektionspräparaten soll Hohlweg über einen Monat gearbeitet haben; die Kosten dafür könne Steinach »gar nicht berechnen. Jedenfalls« sei es »lächerlich & unglaubbar viel«. Zusätzlich erschwerten technische Einschränkungen die Herstellung in größeren Mengen. Die Ovarienextrakte konnten in Wien nicht keimfrei gemacht werden: »weil wir nicht die Einrichtung haben das frische Hormon zu sterilisieren. Nach 14 Tagen schlägt sich der hochwirksame Stoff in veränderter Form und nicht mehr (gut) wirksam nieder«.[452]

Die Zersetzung der Präparate versuchte Hohlweg mit dem Zusatz von desinfizierendem, eiweißzersetzendem, aber auch intensiv riechendem Trikresol zu lösen, das die »klare wässerige Hormonlösung« unbegrenzt haltbar machen sollte.[453] Kresol wurde seit den 1910er Jahren zur Konservierung von Seren und anderen biologischen Arzneimitteln verwendet, jedoch mit Vorbehalt und in äußerst niedriger Dosierung aufgrund seiner krebsauslösenden Wirkung. Da die haltbaren wässrigen Hormonpräparate bei den klinischen Prüfungen auf gute Resonanz von Seiten der Ärzte stießen – aufgrund der wahrscheinlich niedrigen Dosis an enthaltenem Hormon ist anzunehmen, dass an dieser Stelle bereits die wissenschaftliche, laborexperimentelle Entwicklung des Präparats bei der Bewertung durch die Ärzte eine Rolle spielte –, entschloss sich die Scheringleitung, Hohlwegs und Steinachs Verfahren zu übernehmen. Die Kosten des aufwändigen Wiener Verfahrens sollten im Rahmen der industriellen Umsetzung gesenkt werden, die Arbeitsprozesse vereinfacht und Progynon als Dragee sowie in Form einer wässrigen Injektionslösung auf den Markt gebracht werden. Dies wird weiter unten ausführlicher dargestellt.

---

449 Vgl. SchA-B5/299, Notizen, 20.12.1926.

450 Vgl. SchA-B5/73, Hohlweg an Schering, Wien 28.12.1926; Steinach an Schering, 28.12.1926; Schering an Steinach, 23.12.1926, 8.1.1927, 10.2.1927.

451 Vgl. NYAM, Steinach an Benjamin, 29.3.1927.

452 NYAM, Steinach an Benjamin, Nizza 14.1.1927.

453 Novak, Last, Klinische, 1928, 1715.

DIE STEINACH-HOHLWEG-ROCHADE

Am 14. Februar 1927 verständigte Steinach die Scheringleitung, dass die »Angelegenheit ›Ingenieur Hohlweg‹ erledigt« sei, da dieser gekündigt habe und Ende März seine Assistentenstelle aufgebe.[454] Dohrn wurde daraufhin aktiv und warnte die Vorstände davor, »Hohlweg laufen zu lassen«, nahm die Verhandlungen mit dem Chemiker wieder auf und es kam schnell zu einer Einigung.[455] Im April 1927 übernahm Hohlweg einen Arbeitsplatz im Berliner Hauptlabor und nur wenige Monate später bot ihm Scherings Patentabteilung an, sein Verfahren für ihn in den USA und in Kanada anzumelden. Danach übertrug Schering jedoch die Erfinderrechte nicht wie vereinbart auf Hohlweg.[456] Sämtliche Schering-Chemiker waren verpflichtet, ihre Patente der Firma zu überlassen, doch als firmenexterner Chemiker zum Zeitpunkt der Erfindung war Hohlweg nicht an diese Regelung gebunden. Die Entscheidung der Schering-Patentabteilung, Hohlweg Erfinderrechte einzuräumen, hatte aufgrund der unklaren vertraglich-rechtlichen Situation stattgefunden. Mittlerweile war Hohlweg an Schering gebunden; zwar hatten sich die rechtliche Situation und sein Anspruch auf das Patent dadurch nicht verändert, dennoch waren sich die Schering-Juristen einig, dass das eine Patent auf seinen Namen, das Hohlweg zugesprochen worden war, genüge. Die Rechtsabteilung war inzwischen überzeugt, dass die in der Vergangenheit an Steinach gezahlten enormen Summen vor allem mit Ausblick auf patentierbares Wissen entrichtet worden waren und ebenso die Erfindungen der im Projekt beteiligten Assistenten abdeckten.

Die Anstrengungen Hohlwegs, von der Pharmafirma die Patentrechte zu erhalten, blieben in den folgenden Jahren ohne Erfolg. Nachdem er bis 1933 die »seit Jahren erbetene Beteiligung« von Schering nicht erhalten hatte, forderte Hohlweg von Steinach »1/4 der Steinach'schen Beteiligung« an Progynon ein, da ihm eine Beteiligung an dem Patent während seiner Assistenzzeit in Wien in Aussicht gestellt worden sei. Steinach wandte sich empört an Schering, woraufhin die Vorstände entschieden, Hohlweg eine Abgeltung von 10.000 RM für die »Erfindertätigkeit vor Eintritt in die Firma Schering« zu zahlen. In einem Vertrag mit Hohlweg hielten die Vorstände fest, dass die Firma Schering den Betrag, »falls sie das für zweckmässig hält, von Herrn Professor Steinach« zurückfordern könne. Hohlweg solle im Gegenzug »etwa-

454 SchA-B5/299, Steinach an Schering, Wien 14.2.1927.

455 SchA-B5/299, Interna, 14.3.1927.

456 Vgl. SchA-B5/72, Patentabteilung an Hohlweg, 8.8.1927; SchA-B5/73, Schering an Steinach, 21.8.1926; Interna, 14.3.1927; Interna, 1.2.1928; Rechnung Hohlweg, Wien 26.9.1928; Vereinbarung, 7.7.1933; Interna, 14.7.1933; Interna, 26.6.1934.

ige Forderungen, die er aus seiner Tätigkeit für Herrn Professor Steinach gegen diesen hat, an die Fabrik Schering« abtreten.[457]

Steinach fand indessen zwingende Argumente, die Schering erneut zu einer Kooperation motivierten. Im April 1927 äußerte der Physiologe bei einer Besprechung mit dem Schering-Komitee Pläne, nach Ablauf seines Vertrages »über neue Präparate, insbesondere das männliche Hormon« mit der Baseler Pharmafirma Hoffmann-La Roche verhandeln zu wollen. Er räume Schering allerdings die Möglichkeit ein, seinen Vertrag unter Verdoppelung der Laboratoriumszuschüsse zu verlängern:

> »Steinach deutete an, dass er eine feste Zusage erwarte, für 3 Jahre einen Laboratoriumszuschuss von jährlich M 24.000,– zu erhalten. Bei seinem Alter müsse er hinsichtlich seiner Zukunft gesichert sein; es sei ein unwürdiger Zustand, dass man ihm von Jahr zu Jahr einen ›Brocken hinwerfe‹.«

Der Leiter der Rechtsabteilung informierte im April 1927 die Vorstände darüber, dass »auf Grund des etwas kautschukartigen und juristisch nicht exakt gefassten« Hauptvertrages von 1923 die Gefahr bestünde, »dass Steinach nicht nur seine Erfindung anderweit veräussern, sondern auch uns die Verwertung seiner Erfindung verbieten könnte«. Jedenfalls könne »die Firma das Risiko eines Bruches« nicht auf sich nehmen. Bereits im Jänner desselben Jahres hatten firmeninterne Gutachter versucht, dem Anspruch Steinachs auf die Erfindung des weiblichen Sexualhormonpräparats juristisch beizukommen. Dabei wird deutlich, wie der Beitrag des Physiologen zu dem pharmazeutischen Produkt von verschiedenen Seiten eingeschätzt wurde: Für die Mitarbeiter der medizinisch-wissenschaftlichen Abteilung war offensichtlich, »dass das Präparat zwar in Fortsetzung der mit Steinach aufgenommenen Arbeiten, in Weiterem aber sowohl theoretisch wie technisch ohne ihn hergestellt worden« sei. Dagegen bewerteten Mitarbeiter der Rechtsabteilung Steinachs Arbeiten als wichtige Grundlage für die Entwicklung des weiblichen Sexualhormonpräparats:

> »Ist nicht genetisch – mag auch das Endpräparat, systematisch betrachtet, selbständig sein – die Verbindung des Präparates mit den Anregungen Steinach's eine so enge, und führt nicht die Basis unserer Arbeiten so sehr auf die Forschungen Steinach's und sein mit uns getroffenes Abkommen zurück, dass ein schliesslich herauskommendes Präparat – trotz der von Ihnen angedeuteten Unabhängigkeit von den ursprünglichen Steinach'schen Ideen – eben doch noch unter den Vertrag fällt?

457 SchA-B5/73, Interna, 16.6.1933, 29.6.1933, 3.7.1933.

> Ist nicht das Präparat durch Steinach's Anregungen adaequat verursacht, d.h. hat er nicht für das Zustandekommen des Präparates durch seine Forschungen und seinen Vertrag mit uns eine wesentliche Bedingung gesetzt, die nach dem normalen Lauf der Dinge von vornherein geeignet war, unter Zuhilfenahme der in der Firma tätigen und der von ihr weiter herangezogenen Gelehrten zu dem jetzigen Präparate zu führen?«

Die Juristen kamen zu dem Schluss, dass Schering, nachdem die Firma in den letzten Jahren »schlechthin das ganze Gebiet der Organpräparate als das Dominium Steinach's« behandelt habe, nunmehr »dem Träger des Namens tributpflichtig« sei.[458] Die Schering-Vorstände setzten sich im April 1927 mit Steinach in Verbindung, um über eine erneute Vertragsverlängerung zu verhandeln. Die finanziellen Ansprüche des Physiologen waren jedoch für Schering derart überhöht, dasss die Pharmafirma im Herbst 1927 sämtliche Verhandlungen auf Eis legte und die Kooperation zum Jahreswechsel 1928 endete.

Zuletzt konnten sich beide Parteien doch noch einigen. Der Vertrag solle bis Dezember 1930 laufen, die Forschungsbeihilfe erhöht und die Umsatzbeteiligung auf fünfzehn Jahre nach Beginn des Vertriebs ausgedehnt werden.[459] Dafür solle Schering »das alleinige und ausschliessliche Recht« eingeräumt werden, Steinachs Forschungsergebnisse »auf dem Gebiete des männlichen und weiblichen Hormons für alle Zeiten zu verwerten«. Seine »Forschungsergebnisse auf anderen Gebieten« dürfe er Schering, aber auch anderen Interessenten, »gegen eine Entschädigung« anbieten.[460] Kurz nach jener Einigung mit Steinach begann Schering mit der Markteinführung von Progynon; ein wässriges Ovarien- und Plazentaextrakt, das als weibliches Sexualhormonpräparat lanciert wurde. Im Februar 1928 erhielt der Physiologe die zweite Erfinderentschädigung von 15.000 USD an die schweizerische Kreditanstalt St. Gallen überwiesen, wo er »eine günstige und sichere Veranlagung zu Gebote« hatte.[461] Die Rate war noch nicht fällig gewesen, jedoch wollte Schering nach den langen Verhandlungen dem empfindlichen Wissenschaftler entgegenkommen.[462] Zudem standen die klinischen Versuche in Wien kurz vor dem Abschluss, was von Steinach nicht behindert werden sollte.

Kurz vor der Veröffentlichung der klinischen Versuche reiste Steinach im Mai 1928 nach Berlin. Er wollte in den Aufsichtsrat gewählt werden, wogegen von dessen Seiten jedoch Bedenken bestanden, »die wir nicht beseitigen können«. Stattdessen

458 SchA-B5/299, Interna, 9.4.1927, 11.4.1927, 25.1.1927, 26.1.1927 (Hervorhebung i. O.).
459 Vgl. SchA-B5/299, Schering an Steinach, 3.2.1928.
460 SchA-B5/299, Schering an Steinach, 13.1.1928.
461 SchA-B5/299, Steinach an Schering, 25.2.1928.
462 SchA-B5/299, Interna, 1.6.1928.

konnten sich beide Parteien auf die Beteiligung Steinachs an Arbeiten zu einem Präparat mit Hormonen des Hypophysenvorderlappens sowie »alle[n] anderen Präparate, welche direkt oder indirekt die männlichen oder weiblichen Sexualorgane und ihre Funktionen beeinflussen«, einigen.[463] Für Steinach war jedoch der wichtigste Punkt der Verhandlungen die Zusage Scherings, ihm beziehungsweise im Falle seines Ablebens seiner Frau eine Rente zu zahlen. Im Gegenzug sollte seine Umsatzbeteiligung von fünfzehn auf zwölf Jahre herabgesetzt werden. Letzten Endes konnten sich beide Parteien nicht über die Höhe dieser Rente einigen, weswegen die Vertragsverhandlungen eingestellt wurden.

> »Steinach erstrebt die Zusicherung eines grösseren Jahresfixums bis zu seinem Lebensende; er behauptet, dass er bisher für alle seine Arbeit und Leistungen nichts erhalten hätte und jetzt endlich beanspruche, sorgenlos leben zu können. Schliesslich hat er eingesehen, dass wir kein Wohltätigkeitsinstitut zur Honorierung von Gelehrten sind, sondern Erwerbsinstitut und dass er für ein Entgegenkommen unsererseits vertragliche Konzessionen machen muss.«[464]

Der Vorstandsvorsitzende Walter Zeiss teilte Steinach schließlich mit, dass Schering nicht mehr weiter mit ihm verhandeln wolle:

> »Wir haben aus dieser nach langwierigen Verhandlungen, in denen wir Ihnen schliesslich bis über die Grenze dessen hinaus, was Sie bei Beginn der Verhandlungen selbst verlangt haben, entgegengekommen sind, gewünschten Aenderung ersehen, dass es im Augenblick nicht möglich ist, zu einer Verständigung mit Ihnen zu gelangen, die Sie wirklich befriedigt; nur ein solches Ergebnis hätte aber die Opfer, die wir zu bringen bereit waren, gerechtfertigt. Wir müssen Sie daher bitten, unseren Entschluss, die Verhandlungen als gescheitert anzusehen, als endgültig zu betrachten.«[465]

SCHERINGS EINSTIEG IN DEN SEXUALHORMONMARKT

Mit Progynon lancierte Schering 1928 ihr erstes Sexualhormonpräparat als »weibliches Cyclushormon«. In den fünf Jahren der Verhandlungen und der Zusammenarbeit mit Steinach wurde das Laboratorium für experimentelle Physiologie an der

463 SchA-B5/299, Schering an Steinach, 25.5.1928.
464 SchA-B5/299, Interna, 21.5.1928, 22.5.1928.
465 SchA-B5/299, Schering an Steinach, 14.8.1928.

Biologischen Versuchsanstalt in ein externes Industrielabor umfunktioniert: Es wurde von Schering finanziert sowie materiell, technisch und personell neu aufgebaut und ausgestattet. Dies ermöglichte Steinach in den prekären Zwischenkriegsjahren, tierexperimentelle Forschung durch- und weiterzuführen sowie seinen Laborgehilfen und Assistenten wichtige Arbeitsmöglichkeiten zu verschaffen. Gleichzeitig soll angemerkt werden, dass Steinach die Zahlungen Scherings vorwiegend als Forschungsförderung interpretierte. Diese Vorstellung kontrastierte mit jener der Pharmafirma, was auch in unterschiedlichen Bezeichnungen für die monatlichen finanziellen Leistungen deutlich wird. Während Schering von Pauschalentschädigungen oder Forschungskosten sprach, bezeichnete der Physiologe sie als Laborsubventionen, -dotationen oder -beihilfen. Diese Wahrnehmung spiegelte sich auch in der Veranlagung der Forschungsgelder wider: Nach Steinachs Vertreibung 1938 legte der kommissarische Leiter Fritz Knoll das Konto der physiologischen Abteilung offen. Darin waren sowohl private Einlagen des Physiologen mit Teilen des Kapitals der Schering veranlagt. Steinach hatte offenbar mit den Schering-»Dotationen« nicht nur die entsprechende pharmazeutische Forschung finanziert, sondern auch einen Teil der übrigen physiologischen Studien, für die er weiterhin mit seinen privaten Forschungsmitteln und staatlichen Subventionen aufkam.[466] Steinach zeigte sich bei Nachfragen – möglicherweise auch aufgrund seiner emotionalen Situation nach dem Tod seiner Frau kurz nach deren Emigration – wenig gesprächig, äußerte jedoch, zumindest achtzig Prozent der Kontoeinlagen seien sein Privatvermögen und zwanzig Prozent Kapital der Schering – insgesamt zwischen »20 und 25.000 Schilling«. Das Geld habe Steinach auf dem Forschungskonto für den Fall hinterlegt, dass »Schering die Forschungsbeihilfe nicht mehr verlängern will, was leider manchmal zur Diskussion stand. Diese Notreserve hätte eben ausgereicht oder würde ausreichen, um wenigstens für ein weiteres Jahr den Laborbetrieb zu erhalten und Assistenten und Personal vor plötzlichem Stellungswechsel zu schützen (denn weder Assistent noch Diener sind pensionsberechtigt).«[467]

Schering beendete die Kooperation mit Steinach kurz nach der Veröffentlichung der klinischen Tests in Wien. Im Zuge der Entwicklungsarbeiten fokussierte das Hauptlabor zunehmend auf die Herstellung eines chemischen Produkts, das anstelle eines flüssigen Extrakts aus Organen als eine Lösung chemischer Stoffe – Wirkstoffe – verstanden wurde. Für die sogenannte Reinstoffisolierung des Wirkstoffs der Ovarien- und Plazentaextrakte, *das* weibliche Sexualhormon, arbeitete Schering ab 1927 mit dem Laboratorium der Universität Göttingen unter der Leitung des re-

466 Vgl. hierzu ausführlich Kapitel 10.

467 AÖAW-BV, 3/4, 408, Steinach an Schering, Zürich 7.10.1938.

nommierten Chemikers Adolf Windaus zusammen. Dessen Schüler Adolf Butenandt isolierte den Wirkstoff aus den von Schering hergestellten »Hormonölen« chemisch und identifizierte dessen molekulare Struktur. Nach einer sogenannten Konstitutionsaufklärung ordnete er das weibliche Sexualhormon der chemischen Gruppe der Steroide zu und nannte es Progynon, später Östron. Ähnliche Verläufe zeigten die Arbeiten mit Scheringextrakten bis 1931 zum männlichen Hormon Testosteron sowie 1934 zum Schwangerschaftshormon Progesteron.[468] Jene Entwicklungsarbeiten hatten nur mehr wenig mit dem Präparat zu tun, das Schering ursprünglich in Kooperation mit Steinach herstellen wollte: Aus dem Organ- war ein Wirkstoffpräparat geworden. Die Identifizierung der chemischen Zusammensetzung der Extrakte und die Definition der Struktur des Wirkstoffmoleküls ermöglichte Schering nun, ursprünglich rare Stoffe uneingeschränkt herzustellen. 1935 handelte es sich bei Scherings unter dem Namen Progynon vertriebener Produktpalette um semisynthetische Wirkstoffpräparate, nämlich Dragees und wässrige Injektionslösungen, in denen Östron im Zehntelmilligrammbereich enthalten war.[469] Die konkreten Anwendungsempfehlungen wurden Ärzten in wissenschaftlichen Publikationen und Werbeprospekten übermittelt, worauf weiter unten noch ausführlicher eingegangen wird.

Bis zum Anfang des Zweiten Weltkriegs baute das Hauptlabor seine Hormonforschung weiter aus, bis nach einer Neuorganisation des Mischkonzerns Schering-Kahlbaum A.G. 1937 der pharmazeutische Bereich auf einen kleinen Teil der Gesamtaktivitäten reduziert wurde. Nach 1945 stieg die Schering A.G. zu einem auf dem Sektor des Arzneimittelgeschäftes führenden deutschen Unternehmen auf. Die Firma etablierte sich bis in die 1970er Jahre als deutsche Marktführerin im Bereich der Sexualhormone und bot als erste Pharmafirma im deutschsprachigen Raum eine hormonelle Schwangerschaftsverhütung an. Schering konnte die Kooperation mit dem Physiologen Steinach somit zu einem erfolgreichen Langzeitprojekt ausbauen. Verlief dieses auch anders als ursprünglich geplant, ermöglichte eine flexible und risikobereite Projektplanung langfristige Ergebnisse.[470] Die Verlängerung der geplanten Entwicklungsdauer um zwei Jahre und die mühsamen und häufig schroffen Verhandlungen warfen Schatten auf die Kooperation, die der Einstieg in den lukrativen Sexualhormonmarkt mit Progynon, für das der prominente Name Steinach auch als Markenträger fungierte, wieder ausglich.

---

468 Vgl. Butenandt, Progynon, 1929. Siehe: Schieder, Trunk, Butenandt, 2004.

469 Vgl. SchA-B5/73, Interna, 17.7.1935.

470 Vgl. Bartmann, Tradition, 2003, 376–389.

Kapitel 7

Of mice and men I: Tierstandards und Standardtiere

Die Verarbeitung von Ovarien in den Wirkstoff Sexualhormon war mit komplexen Formen der Herstellung und Standardisierung verbunden. Seit der zweiten industriellen Revolution wurden standardisierte Prozeduren, Werkzeuge und Behelfe bevorzugt eingesetzt, um Variabilität reduzieren, Arbeitsprozesse überwachen und Produkte homogenisieren zu können. Die Standardisierung von Arzneimitteln hatte drei Ziele: Erstens sollten dadurch identische Produkte mit einheitlichen Wirkungen erzeugt werden. Diese Anforderung konnte nur durch die Einführung einer Qualitätskontrolle und das Einhalten strikter Herstellungsnormen erreicht werden. Zweitens wurde sie auch als eine Möglichkeit wahrgenommen, den therapeutischen Einsatz der Arzneimittel zu kontrollieren. Standardisierte, festgelegte Dosierungen, Administrationswege und Indikationen standen dabei im Zentrum der Empfehlungen der Pharmafirmen an die Anwender. Drittens wurden standardisierte biologische Tests als Hilfsmittel eingesetzt, um die pharmakologischen Wirkungen eines Arzneistoffes oder -mittels zu messen. Dieses Kapitel widmet sich standardisierten Tierversuchen, biologischen Testmodellen sowie den eingesetzten Versuchstieren.

Die Verwandtschaft des Oppossums zur Frau im biologischen Testmodell

Die Anfänge der Entwicklung von Testmodellen, in denen pharmazeutische Präparate an Tieren erprobt werden sollten, liegen in den chirurgischen Untersuchungen zur Wirksamkeit von Sexualhormonpräparaten um 1900. In dieser Periode hatten Wissenschaftler entschieden, dass die Kategorie weibliches oder männliches Sexualhormon jenen Substanzen zugeschrieben werden sollte, welche erstens aus Hoden und Ovarien isoliert werden konnten und zweitens nach erfolgter Kastration (gemäß der Wahrnehmung der Forscher) die Wiederherstellung des ursprünglichen Zustandes des männlichen oder weiblichen Organismus herbeiführten. Theoretisch war jedes Merkmal und jede Funktion des Körpers, welche sich nach der chirurgischen Entfernung der Ovarien oder der Hoden veränderte, als ein Modell für die Wirkung von Sexualhormonen geeignet.[471] Zwischen 1910 und 1930 bezeichneten Biologen und Chemiker sämtliche Tiermodelle, mit deren Hilfe pharmazeutische Substanzen getestet wurden, als biologische Tests oder »bioassays«. Die Prüfung von Sexualhormonpräparaten mittels biologischer Tests basierte auf den kausalen Ableitungen eines Vergleichs: Der Experimentator löste eine spezifische Präparatwirkung an einem Versuchstier, einem Gewebe oder einer Zelle aus und verglich die Reaktion mit einem festgelegten Standard oder Standardpräparat.[472]

In den 1920er Jahren erweiterten Wissenschaftler laufend das Spektrum an Testmethoden und Standards in der Hormonforschung. Der 1923 publizierte Test von Edgar Allen und Edward Doisy etablierte sich schließlich als gängige quantitative Methode für die Gehaltsbestimmung von Sexualhormonen in Pharmapräparaten, wobei die Messwerte in Anlehnung an die Versuchstiere als Mäuseeinheiten bezeichnet wurden. Die Laboranten entnahmen für diesen Text bei kastrierten Tieren regelmäßig Vaginalabstriche und verglichen die Anzahl spezifischer Zellen – kernhaltige oder verhornte Epithelzellen ohne Leukozyten – mit ihrem Standardpräparat. Den Wissenschaftlern der Scheringgruppe zufolge leitete der Allen-Doisy-Test als allgemeingültiger Standardtest eine neue Periode der Sexualhormonpräparatentwicklung ein. 1932 legte ein internationales Komitee die Methode nach Allen und Doisy als internationalen Standardtest für die Messung von Östrogenen fest, der nach wie vor in der Labormedizin angewandt wird.

Während Biologen und Physiologen den Allen-Doisy-Test vorzogen, bestimmten Gynäkologen vorwiegend die Veränderung der Uterusgröße nach der Injektion von Präparaten, ein qualitativer Test, der Aussagen über den Einfluss der Substanzen auf die Reproduktionsfähigkeit liefern sollte. Welche biologische Testmethode von Ärzten und Laborwissenschaftlern letztlich eingesetzt wurde, stand also häufig in Einklang mit den Interessen beziehungsweise Fragestellungen des jeweiligen medizinischen Faches. Aber nicht nur disziplinäre Perspektiven strukturierten die Aktivitäten in den Laboratorien, auch instrumentelle Überlegungen spielten eine wichtige Rolle bei der Auswahl der Testmethoden.[473] Ebenso wie die meisten anderen qualitativen Methoden bestand der Uterustest in einem chirurgischen Eingriff an gezüchteten Versuchstieren, zumeist Mäusen, Ratten oder Meerschweinchen. Da für jeden biologischen Test ein Versuchstier mit Extrakten behandelt und anschließend getötet werden musste, waren die Untersuchungen mühsam und kostenintensiv. Der Allen-

471 Vgl. Oudshoorn, Materials, 1990, 27; Wise, Precision, 1995; Gaudillière, Löwy, Industrialist, 1998. Gaudillière, Genesis, 2005; Gaudillière, Drug, 2005, 605–607.

472 Vgl. Zondek, Hormone, 1935, 10–16; Zondek, Aschheim, Untersuchungen, 1925.

473 Vgl. Steinach u. a., Wirkungen, 1928, 306; Allen, Doisy, Ovarian hormone, 1923; Oudshoorn, Natural, 1994, 43-56.

Doisy-Test wiederum ermöglichte den Experimentatoren die innovative Möglichkeit, ihre Extrakte an kastrierten Mäusen oder Ratten ohne operative Eingriffe zu testen.

1900 hatte der britische Biologe Walter Heape nach der Obduktion von Säugetieren, insbesondere von Affenweibchen, über eine Verbindung zwischen zyklisch auftretenden Veränderungen des sexuellen Verhaltens, der äußeren Geschlechtsmerkmale und der Entwicklungsstadien des Uterus berichtet.[474] In der Folge legte er vier Phasen im weiblichen Zyklus fest:

> »Anoestrous period or anoestrum, period of rest in the female; prooestrum, the first part of the sexual season; oestrus or oestrum, especial period of desire in the female; metoestrum, the short period when the activity of the generative system subsides and the normal condition is restored in case conception did not occur; dioestrus, the short period of rest which in some mammals lasts only a few days.«[475]

Im deutschsprachigen Raum bezogen sich Mediziner auf diese Perioden schon bald mit Begriffen wie Brunst-, Östrus- oder Sexualzyklus. 1917 berichteten Charles Stockard und George Papanicolaou, beide Biologen am Cornell Medical College in New York City, über charakteristische zytologische Veränderungen in den Vaginalabstrichen von Meerschweinchen, nachdem sie ihnen die Ovarien entfernt und später Ovarienextrakte injiziert hatten.[476] Sie verknüpften diese Zellveränderungen mit Heapes Phasenmodell und entwickelten ein histologisches Verfahren, das Rückschlüsse auf den Ovulationszyklus ermöglichen sollte. Dieser qualitative biologische Test lieferte für die Arbeitsgruppe um Steinach den Ausgangspunkt für die Entwicklung eines Spezialtests für die Prüfung von Schering-Präparaten. Im Unterschied zu dem im selben Jahr veröffentlichten quantitativen Allen-Doisy-Test, der ebenfalls auf der Forschung von Stockard und Papanicolaou sowie von Emil Knauer und Edmund Herrmann aufbaute, lenkten die Wissenschaftler in Wien ihr Augenmerk nicht auf die Bestimmung des Gehalts von Hormonen in Vaginalabstrichen, sondern auf die Aussagekraft des Tiermodells für die Anwendung des Extrakts am Menschen. Hierfür spielte die Bestimmung des Hormonzyklus und die Frage der Vergleichbarkeit der Zyklen der weiblichen Tiere verschiedener taxonomischer Gruppen und Arten mit demjenigen von Frauen die zentrale Rolle.

---

474 Vgl. Stockard, Papanicolaou, Cycle, 1917, 225; Stockard, Papanicalaou, Heat, 1917; Heape, Sexual, 1900.

475 Stockard, Papanicolaou, Cycle, 1917, 225.

476 Vgl. Oudshoorn, Natural, 1994, 50 f.

Da Wiesner beim Menschen nicht von einem vierphasigen, sondern einem einphasigen Zyklus ausging und die in Wien als Versuchstiere eingesetzten Ratten einen zweiphasigen Brunstzyklus aufwiesen, schlug er vor, das Verfahren von Stockard und Papanicolaou für den Einsatz in der Präparatetestung für die Humanmedizin zu adaptieren. Zunächst fasste er die ersten drei Modellphasen – Proöstrus, Östrus und Metöstrus – in eine »östrale Phase« zusammen, der Diöstrus verblieb als »menstruelle Phase«. Danach versah die Steinach-Gruppe, vermutlich in Abgrenzung von bestehenden Testmethoden und als Demonstration einer neuen wissenschaftlichen »Erfindung«, die einzelnen Teilzyklen der östralen Phase mit neuen Termini. Aus Proöstrus wurde die Proliferation oder Vorbereitungsphase, aus Östrus die Destruktion oder Abbauphase, aus Diöstrus der Ruhezustand oder die Recuperation. Während die Wiener Scheringforscher die Proliferation und die Destruktion als die Wirkungsphase des weiblichen Sexualhormons verstanden, interpretierten sie die Recuperation als eine Phase aussetzender hormoneller Einflüsse auf die weiblichen Geschlechtsorgane.[477] Die Einteilung der Phasen erfolgte somit anhand einer dichotomen, binären Perspektive des Hormonstatus: in die Präsenz und die Abwesenheit des weiblichen Sexualhormons.

Schließlich präsentierte Wiesner sein Modell vor der Biologischen Gesellschaft in Wien und erklärte, dass bei der Mehrzahl der periodisch brünstigen Säugetiere die erste Phase durch die physiologische »Koitusvorbereitung« und die »zweite, qualitativ verschiedene Veränderungsreihe« durch die Schwangerschaftsvorbereitung gekennzeichnet sei. Er betonte, dass »[d]iese gesamte Veränderungsfolge, die von einem Ruhezustand ausgeht und zu ihm zurückführt, [...] eben wegen dieser Rückkehr zu dem Ausgangspunkt als *Zyklus* zu bezeichnen« sei. Der Ruhezustand zwischen zwei Brunstzyklen, nach Stockard und Papanicolaou der Anöstrus, unterscheide sich jedoch vom Sexualzyklus, »wie sich Ruhe von Bewegung unterscheidet«: Zwar würde er den »sexuelle[n] Rhythmus« bestimmen, sei aber nicht mehr Teil des Zyklus selbst.[478] Die Steinach-Gruppe klassifizierte damit den Sexualzyklus nicht, wie Stockard und Papanicolaou, nach existierenden Merkmalen des Vaginalsekrets, sondern nach der Bedeutung dieser Merkmale für die Reproduktion. Die weibliche Fortpflanzung stand somit im Mittelpunkt ihres spezifischen Interesses bei der Entwicklung des neuen Tiermodells. Dieser Schwerpunkt schloss gleichzeitig eine der Hauptfunktionen ein, die weiblichen Sexualhormonen zugeschrieben wurde – ein Zeichen dafür, dass das biologische Modell wesentlich an gesellschaftliche Vorstellungen zur weiblichen Fortpflanzung und Sexualität sowie an biologische Hormonkonzepte geknüpft war.

---

477 Vgl. Wiesner, Sexualzyklus, 1926; Steinach u. a., Auslösung, 1925, 598–600; Wiesner, Verwendung, 1926, 1269.

478 Wiesner, Sexualzyklus, 1926, 1269 (Hervorhebungen i. O.).

Wiesner erklärte, dass die Umstrukturierung in ein Zweiphasenmodell den Prüfern den Vergleich der Versuchsergebnisse zwischen verschiedenen Versuchstieren ermöglichen sollte, im Mittelpunkt stand jedoch die Übertragung von Erkenntnissen aus Tiermodellen auf Frauen. In »welcher Weise der Sexualzyklus der Tiere mit dem des Menschen verglichen werden« könne, sei noch ungeklärt und es genüge »keineswegs, in einem als Vorstufe klinischer Erprobung ausgeführten Experiment den Brunstzyklus der Maus, der Ratte usw. als Test anzuwenden für die Fähigkeit des Extraktes, den Sexualzyklus überhaupt bei allen [Tier-]Arten hervorzurufen«. Zwar dürfe der Sexualzyklus von Mäusen prinzipiell mit dem der Menschen verglichen werden, doch solle dies anhand erforschter »Verhältnisse« geschehen, die Befunde müssten systematisch »transponiert« werden. Der Vergleich der Sexualzyklen verschiedener taxonomischer Gruppen von Tieren hätte ergeben, dass der von Beuteltieren dem der Primaten am nächsten käme. Daher sei ein Opossum als Versuchstier für die biologische Testung von Präparaten für Frauen geeignet, denn »wenn wir Versuche machen wollen, die für den Sexualzyklus des Menschen gelten sollen«, müssten Tiere gewählt werden, »die einen Einphasenzyklus aufweisen. Oder wir müssen, wenn wir an Tieren mit zweiphasigem Zyklus arbeiten, vor allem Wert auf die 2. Phase legen«.[479]

Die in Nordamerika heimischen Beutelratten standen der Wiener Arbeitsgruppe jedoch nicht zur Verfügung. Die biologische Prüfung der Schering-Extrakte führten Steinach, Wiesner und Heinlein daher weiterhin mit ihren Versuchstieren – weibliche Ratten und Meerschweinchen – durch, mit denen sie bereits einschlägige experimentelle Erfahrungen hatten. Zudem eigneten sie sich gut als Versuchstiere für Sexualhormone, da ihre Ovulationszyklen in kurzen Abständen auftraten. Damit waren es durchaus auch praxisorientierte Überlegungen, welche die Vorgehensweise der Forscher bestimmten. Die Arbeitsgruppe legte mit der Suche nach einem geeigneten Versuchstier nicht nur fest, wie Ergebnisse aus ihrem Tiermodell auf den Menschen übertragen werden könnten. Die Forscher schafften auch die Verknüpfung einer laborexperimentellen und einer klinischen Perspektive auf Sexualhormonpräparate, wobei sowohl Tiere als auch Menschen als Versuchsobjekte fungierten; so sollte die »klinische Überprüfung etwaige Anhaltspunkte für eine therapeutische Verwertbarkeit des Extraktes« liefern.[480]

Während der gesamten Progynon-Entwicklungsphase führte die Wiener Arbeitsgruppe um Steinach unterschiedliche biologische Prüfungen an den gelieferten Schering-Extrakten durch. Im Vorfeld kastrierten sie Ratten- oder Meerschweinchenweibchen kurz nach der Geburt oder im ausgewachsenen Alter, um so die Tiere

479 Wiesner, Sexualzyklus, 1926, 1269–1272.
480 Steinach u. a., Auslösung, 1925, 608.

in »biologisch einwandfreie Testobjekte« umzuformen. Danach entnahmen und mikroskopierten Wiesner und Heinlein mehrmals täglich histologische Abstriche der Vaginalschleimhaut, um sicherzugehen, dass die »Infantil- oder Spätkastraten« keinen Brunstzyklus mehr aufwiesen. Anschließend injizierten sie Ovarien- und Plazentaextrakte. Setzte danach der Zyklus wieder ein, interpretierten sie dies als ein positives Testergebnis. Ergänzend fertigte die Arbeitsgruppe qualitative Tests mittels Uterusquerschnitten der Versuchstiere an und stellte nach zweijähriger Beobachtung von »Brunstzyklus und Verhalten des Uterus nach Injektion« fest, dass das Scheringextrakt »bei kastrierten Weibchen den Normalzustand wieder herzustellen« vermöge »und einen Ersatz für die typische endokrine Funktion des Ovars« darstelle.[481] Ein zweiter qualitativer Test bezog sich auf die reaktivierende Wirkung des Extraktes bei »senilen Weibchen«. Jenes Tiermodell stand in direktem Bezug zu Steinachs Verjüngungsforschung und verfolgte neben dem Brunstzyklus die Extraktwirkungen auf Haarwuchs, Krankheitsverlauf, Sexualität, Beweglichkeit und das »Allgemeinbefinden«. Der dritte biologische Test, vermutlich ebenfalls von Steinach entwickelt, fokussierte auf die Größe und Farbe der Brustdrüsen und -warzen von Meerschweinchenweibchen, die sowohl qualitative als auch quantitative Aussagen über die Wirkstärke der Präparate ermöglichen sollten (siehe unten).[482]

Am 19. August 1925 präsentierten Steinach, Heinlein und Wiesner ihre vorläufigen Ergebnisse in der einflussreichen physiologischen Fachzeitschrift »Pflüger's Archiv«. Sie beschrieben ihre Arbeiten zum zweiphasigen Tiermodell und stellten sie als tierexperimentelle Nachweise für die reproduzierbare Wirkung des Scheringpräparats dar. Dessen Wirksamkeit erhoben sie damit zum wissenschaftlich bewiesenen Faktum. Die Versuche hätten gezeigt, dass Scherings Sexualhormonpräparat in der Entwicklungsphase bereits besser als mehrere im Handel befindliche Zubereitungen anderer Pharmafirmen wirke, was auf sein breiteres Wirkspektrum zurückzuführen sei. So könne das Extrakt die endokrine Funktion der Ovarien in jeder Hinsicht ersetzen, etwa nach Kastration oder nach der Menopause. Darüber hinaus wirke es als Stimulans für den weiblichen Gesamtorganismus, könne Krankheiten vorbeugen, Heilungsprozesse aktivieren und eine Steigerung der Sexualität und des Haarwuchses induzieren.[483] Die medizinische Fachwelt reagierte mit Vorbehalt auf das postulierte breite Wirkspektrum von Scherings Sexualhormonextrakt und Journalisten brachten zum vermeintlichen hormonellen Allheilmittel »die lächerlichsten ›Zeitungsblüten‹ zur Welt«.[484] Die bio-

481 Steinach u. a., Auslösung, 1925, 599–603.
482 Steinach u. a., Auslösung, 1925, 603–606.
483 Vgl. Steinach u. a., Auslösung, 1925.
484 NYAM, Benjamin an Steinach, 8.12.1925.

Abb. 5: In Entwicklung befindliche Sexualhormonpräparate wurden von Eugen Steinach, Heinrich Kun und Walter Hohlweg an Versuchstieren wie Ratten und Meerschweinchen getestet, die Mitarbeiter in einer eigenen »Tier Station« der physiologischen Abteilung züchteten.

logischen Tests reichten offenbar nicht aus, um Ärzteschaft und Öffentlichkeit von den Präparaten zu überzeugen. Dies war wahrscheinlich auch der Grund, weswegen das Scheringkommitee 1926 entschied, die tierexperimentellen Studien um klinische Versuche an Frauen zu erweitern.

1928 veröffentlichten Steinach, Dohrn, Schoeller, Hohlweg und der Schering-Chemiker Walter Faure parallel zur Markteinführung von Progynon einen Artikel in »Pflüger's Archiv« zu den physiologischen und chemischen Forschungsarbeiten, die im Rahmen der Produktentwicklung stattgefunden hatten. Es war durchaus üblich, die mit der Entwicklung industrieller Pharmapräparate einhergehenden Arbeiten in wissenschaftlichen Zeitschriften zu veröffentlichen und als Marketingstrategie einzusetzen, wie etwa Ernst Laqueurs Artikel *[ü]ber weibliches Sexualhormon, im bes. das Menformon* von 1927.[485] Die Schering-Autoren präsentierten eine neu beobachtete Wirkung der Ovarien- und Plazentaextrakte, nämlich eine verstärkte Durchblutung des Brustdrüsengewebes oder Hyperämie der weiblichen Brustwarzen, die Steinach in dem Jahrzehnt davor umfangreich an Versuchstieren und Frauen, die sich einer Diathermie- oder Röntgenbehandlung unterzogen, beobachtet hatte.

»Mit dem Wort ›Hyperämie‹ sind die vom hormonalen Einfluß beherrschten zirkulatorischen Erscheinungen weder genügend erfaßt noch erschöpfend charakterisiert. Es ist

485 Vgl. Lacueur, Menformon, 1927.

> vielmehr zu sagen: Die Sexualhormone schaffen eine verstärkte Durchblutung, einen besonderen Blutreichtum der Gewebe, nämlich in jener Zeitperiode, wo beim jungen Individuum die Geschlechtsmerkmale ihre morphologische und funktionelle Ausbildung erfahren und ihr rasches Wachstum die lebhafteste Versorgung mit Nährstoffen und den regsten Stoffwechsel erfordern. *Die verstärkte Durchblutung – am schärfsten ausgeprägt im Bereich der Geschlechtsmerkmale – ist hervorgerufen durch die Herabsetzung des Tonus im peripheren Gefäßgebiet, und in dieser Tonusherabsetzung müssen wir einen der wirksamsten physiologischen Mechanismen erkennen, dessen sich die Hormone bedienen, um Entwicklung und Wachstum der Geschlechtsmerkmale einzuleiten und zu vollenden.*«[486]

Folglich bilde, so Steinach, die durch das weibliche Sexualhormon ausgelöste Hyperämie die Basis für die Geschlechtsentwicklung und könne sowohl als qualitativer als auch als quantitativer biologischer Test eingesetzt werden. Zunächst ändere die Brustwarze von Albinomeerschweinchen mit der Konzentration an Sexualhormonen die Farbe und Größe. So sei die Brustwarzenentwicklung und Hyperämie von »normalen« im Vergleich zu mit Progynon behandelten Meerschweinchenweibchen »erstens rascher und zweitens intensiver als beim natürlichen Wachstum« verlaufen. Danach könne über die Größe und Durchblutung der Brustwarzen auf die Wirkstärke von Progynon geschlossen werden, da das »Auftreten der Hyperämie beim Albino und der Kontrast zum nicht gespritzten Kastraten [...] so auffallend« sei, »daß die Erscheinung sehr wohl als rasch einsetzender, leicht kenntlicher und verläßlicher *biologischer Test* für die *Wirksamkeit des Hormons* und auch für die *Wertbestimmung des Hormons* dienen könnte«.[487]

Dennoch testete Schering in den folgenden Jahren Progynon vorwiegend mit dem Prüfmodell von Allen und Doisy, richtete jedoch eine eigene Abteilung für die Entwicklung von biologischen Testmethoden ein, in der auch Hohlweg aktiv mitforschte. In den späten 1930ern griff er das Hyperämiemodell in der Testung von Progesteron an Pavianweibchen wieder auf: Ihre während der Brunst verstärkt durchbluteten Hinterteile sollten über die Schwellung und Rötung einen Hinweis auf die Wirkstärke des verabreichten Extrakts liefern. Einen tatsächlichen Einsatz dieses Modells in Scherings industrieller Praxis ist in den vorliegenden Quellen jedoch nicht dokumentiert. Allerdings lassen sich Ansätze der Hyperämietheorie in Steinachs therapeutischer Tätigkeiten verorten.

---

486 Steinach u. a., Wirkungen, 1928, 308 (Hervorhebungen i. O.).

487 Steinach u. a., Wirkungen, 1928, 308–311 (Hervorhebungen i. O.). Siehe auch: Dohrn, Allen-Doisy-Test, 1927.

Kapitel 8

Of mice and men II: Menschenexperiment und klinische Forschung

Dieses Kapitel stellt die Suche, Auswahl und Empfehlung von möglichen Anwendungsgebieten für Progynon vor. Es fokussiert auf Steinachs endokrinologische Verjüngungsbehandlungen vor dem Hintergrund seiner Kooperation mit Schering, diskutiert aber auch seinen wissenschaftlichen Beitrag in diesem Feld. Zuvor wird besonderes Augenmerk auf die experimentellen Arbeiten zur Wirkung von Sexualhormonen gelenkt, die Steinach mit Guido Holzknecht sowie mit Paul Kammerer durchführte und die später zur Formulierung seiner Hyperämietheorie führten. Dabei wird am Beispiel einzelner Studien gezeigt, wie Steinach seine Beobachtungen später in einen neuen Forschungskontext einbettete, entsprechend justierte und anpasste. Danach wird nachvollzogen, wie ein therapeutisches Konzept in die weitere wissenschaftliche Theorienbildung zur Hyperämie einfloss. Am Beispiel von Steinachs Verjüngungsbehandlungen wird aufgezeigt, wie der Erkenntnisprozess sozusagen invers zu der von den Wissenschaftlern präsentierten Chronologie verlief – vom therapeutischen Einsatz zur experimentellen Fundierung der Behandlungsmethode. Anschließend beschreibt das Kapitel, wie Scherings Ovarienextrakte im Rahmen von klinischen Tests erstmals zur Anwendung kamen. Steinachs Verjüngungsforschung an Frauen sowie die Arbeiten zur Hyperämie stehen nur bedingt in Zusammenhang mit der Progynon-Forschung, geben aber Einblick in seine Epistemologie wie auch in seine Netzwerke unter Medizinern und Laborwissenschaftlern. Einen eigenen Schwerpunkt des Kapitels bildet die Betrachtung des Übergangs vom Tierexperiment zu Experimenten an Menschen.

ENDOKRINE VERJÜNGUNG AN FRAUEN DURCH RÖNTGENBESTRAHLUNG

Die sich in den 1920er Jahren häufenden Berichte über Steinachs operative Verjüngung von Männern sorgten in den internationalen Medien für Furore. Dabei war es nicht nur die Vorstellung einer möglichen ewigen Jugend, die zu Schlagzeilen führte, auch die Anwendung von laborexperimentellen Erkenntnissen an Menschen war Auslöser für fachliche und ethische Diskurse über die Grenzziehung zwischen Tier und Mensch in der Humanmedizin.[488] Sowohl das medizinische und öffentliche Interesse an der Verjüngung konzentrierte sich zunächst hauptsächlich auf Männer, was teilweise auf eine eingeschränkte Einsatzmöglichkeit der bekannten operativen Verjüngungstechniken an Frauen zurückgeführt werden kann. Etwa handelte es sich bei der Verjüngungsoperation der Frau um eine Eierstocktransplantation, einem riskanten invasiven chirurgischen Eingriff. Demgegenüber stand die Hodentransplantation, die im Unterschied dazu bei im Rahmen eines kleineren Eingriffs am äußeren Hodensack durchgeführt werden konnte, oder auch Steinachs Vasoligatur. In den 1920er Jahren experimentierte Steinach schließlich auch mit Erfolg versprechenden Methoden zur Verjüngung der Frau, etwa der Röntgenbestrahlung, der elektrischen Wärmebehandlung durch eine Diathermie sowie dem Einsatz von weiblichen Sexualhormonpräparaten.[489]

Während Steinachs Verjüngungstechnik für Männer somit in einer Durchtrennung des Samenleiters bestand, wählte er für Frauen keinen chirurgischen Zugang, sondern wärme- und röntgentechnische sowie medikamentöse Eingriffe. Dies kann zumindest teilweise auf seine vergleichsweise geringere Erfahrung zur Physiologie weiblicher Körper zurückgeführt werden. Die Betrachtung von Steinachs Behandlungsmethoden an Frauen als Konsequenz seiner medizinischen Möglichkeiten ist jedoch nicht ausreichend, um seine unterschiedlichen Zugänge zu männlicher und weiblicher Verjüngung erklären zu können. Sicherlich bildeten die vorhandene chirurgische Expertise und medizintechnische Entwicklungen eine weitere Grundlage. Dennoch müssen, speziell weil diese Verjüngungsmethoden eng mit der endokrinologischen Forschung verflochten waren, soziale und kulturelle Ansprüche an Männer und Frauen sowie in weiterer Folge an männliche und weibliche Sexualhormone in die Betrachtung miteinbezogen werden.

Die medizinische Verjüngungsforschung und -therapie als Ausdruck einer allgemeinen Körperkultur in Europa und Nordamerika griff auf Verfahren der Strahlentherapie und der Diathermie zurück – sie galten als natürliche Verjüngungsformen, die dem Konzept der künstlichen Verjüngung durch chirurgische Eingriffe gegenüberstanden. Das Streben nach einer natürlichen Verjüngung, das mit der Körperkulturbewegung der 1920er Jahre einherging, setzte insbesonders auf eine entsprechende Lebensführung, um Jugend und Schönheit zu erzielen beziehungsweise zu erhalten. Vor allem durch eine als natürlich empfundene Lebensweise, verbunden mit körperlicher Hygiene, Gymnastik und sexueller Einschränkung, sollte dies erreicht wer-

488 Vgl. Roelcke, Tiermodell, 2009, 16–47.
489 Vgl. Sengoopta, Ovary, 2000, 459.

den.[490] Vertreter jener Projekte der Politik-, Volks- und Lebensreform, welche unter dem Begriff Naturismus zusammengefasst werden können, bezeichneten Steinachs Verjüngungsoperationen als eine »Pferdekur, bei welcher der Geschlechtstrieb aufgepeitscht werde, bis der ausgepowerte Körper schließlich zugrunde gehe«.[491]

Die Ärzte Arnold Lorand und August J. von Borosini hingegen, beide propagierten Lichtbestrahlung als natürliches Verjüngungsmittel, bezogen sich ausdrücklich auf Steinachs Konzept der endokrinen Verjüngung durch innere Sekrete der Geschlechtsdrüsen. Während der in Karlsbad tätige Lorand seine Patienten und Patientinnen mit ultraviolettem Licht bestrahlte, war Borosinis Methode der Wahl der Einsatz von Sonnenstrahlen. Nachdem Naturisten die Haut auch als eine Drüse verstanden, lieferten endokrinologische Erklärungsansätze den passenden wissenschaftlichen Hintergrund für die Beschreibung der Wirkung natürlicher Verjüngungsmethoden. Gleichwohl spielten die Sexualhormone für Vertreter der natürlichen Verjüngung eine eher untergeordnete Rolle.[492] Dagegen waren sie in Steinachs Beschreibung der Wirkung von Strahlen- und Wärmetherapien von tragender Bedeutung. Nicht nur hatte er in vorangegangenen Experimenten eine Stimulierung der Ausschüttung von Sexualhormonen durch Röntgenstrahlen beschrieben. Die Verflechtung endokrinologischer, hygienischer und regenerativer Ansätze bedeutete für Steinach auch die Eröffnung eines Erfolg versprechenden neuen Forschungs- und Betätigungsfeldes.

Die epistemische Grundlage findet sich in den Anfängen von Steinachs Sekretforschung, also seinen Experimenten und Veröffentlichungen zur Pubertätsdrüse und der Geschlechtsumwandlung. Nachdem er wie gezeigt lange nur mit männlichen Tieren gearbeitet hatte, präsentierte Steinach im Juni 1916 in einem Beitrag über *[e]rhöhte Wirkungen der inneren Sekretion bei Hypertrophie der Pubertätsdrüsen* im Archiv für Entwicklungsmechanik erstmals auch an weiblichen Versuchstieren durchgeführte Experimente. Gemeinsam mit Guido Holzknecht, Vorstand am Röntgeninstitut des Wiener Allgemeinen Krankenhauses, führte er zwischen 1912 und 1916 Röntgenbestrahlungen der Geschlechtsorgane durch, da er von einer Vermehrung des sekretorischen Gewebes durch »Reizung« ausging. Der Artikel beschäftigte sich ebenfalls mit dem Antagonismus zwischen weiblichen und männlichen Sexualhormonen, den Steinach nun über Transplantation und Röntgenbestrahlung erforschte. Während Steinach also die konzeptionellen Schwerpunkte übernahm, lies Holzknecht vor allem praktisches Wissen um Röntgenbestrahlung einfließen.

---

490 Vgl. Stoff, Jugend, 2004, 269–375. Vgl. Spitzer, Naturismus, 1983; Pfitzner, Naturismus, 1964; Georgieff, Nacktheit, 2005; Keller (ed.), Lobau, 1985.

491 Stoff, Jugend, 2004, 269.

492 Vgl. Ingold, Light showers, 2009; Stoff, Jugend, 2004, 271–276.

Holzknecht war als Röntgenexperimentator gut in die Wiener Sexualforschung integriert, so hatte er 1913 die Bestrahlung von Rehbockhoden für Tandlers und Grosz' Studie zur biologischen Manifestation der sekundären Geschlechtsmerkmale durchgeführt.[493] Steinachs Röntgenexperimente drehten sich jedoch nicht um das Thema der Festlegung, sondern der Veränderung der Geschlechtsmerkmale – eine bereits im zweiten Teil dieses Bandes entfaltete Forschungshaltung, die nicht nur auf die Beobachtung, sondern auch auf die Veränderung physiologischer Mechanismen abzielte. Er wollte beweisen, dass »Entwicklungsgrad und Ausprägung der somatischen wie psychischen Geschlechtscharaktere von der Ausbreitung der inneren Drüsen bzw. von der Menge der zufließenden Sexualhormone abhängen« und »diese Erscheinung nicht an die Transplantation gebunden« sei, »sondern bei jedweder Hypertrophie der Pubertätsdrüsen«, beispielsweise nach Röntgenbestrahlung, hervortrete. Im Rahmen einer sogenannten »Maskulierungs-Serie« nahm Steinach an »Individuen desselben Wurfes« Eingriffe vor, um diese These durch den anschließenden Vergleich der einzelnen Tiere zu überprüfen. Die Serie umfasste ein weibliches Meerschweinchen, welches noch im Jugendalter kastriert wurde (»kastrierte Schwester«), ein anderes, welches kastriert und dem anschließend Hoden implantiert wurden (»maskulierte Schwester«), sowie jeweils ein unbehandeltes »normales« Weibchen und Männchen. Der makroskopische Vergleich der Versuchstiere bestätigte für Steinach eindeutig das dualistische Wirkprinzip weiblicher und männlicher Sexualhormone sowie die Transformierbarkeit von Geschlechtsmerkmalen.[494]

Das weibliche Meerschweinchen mit dem Hodentransplantat beschrieb er als größer und robuster als das sterilisierte Weibchen, was er auf die »Ausschaltung« des hemmenden weiblichen Sexualhormons durch das männliche Hormon zurückführte. Das sterilisierte weibliche Tier sei wiederum etwas größer als das unbehandelte Weibchen. Denn im »Gegensatz zur wachstumsfördernden Wirkung der männlichen Pubertätsdrüse bei der Maskulierung« stehe »die wachstumshemmende der weiblichen Pubertätsdrüse bei der Feminierung«.[495] Die Bezugsobjekte zu jenen hemmenden und fördernden Wirkungen waren wiederum kastrierte – als asexuelle oder geschlechtlich neutralisierte beschriebene – Körper. Der Physiologe ging somit bei seiner Bewertung der »natürlichen« Wirkung der Hormone auf das Körperwachstum von einem experimentell hergestellten und konstruierten Körper(-bild) aus. Im Zuge der Präsentation der Röntgenversuche an weiblichen Meerschweinchen beschrieb Steinach ähnliche Phänomene wie nach Transplantationsexperimenten zur Feminierung. Seine folgenden Schlüsse über

493 Vgl. Sablik, Julius Tandler, 1983, 60.

494 Steinach, Holzknecht, Wirkungen, 1916, 490 f.

495 Steinach, Holzknecht, Wirkungen, 1916, 493.

die Vorgänge im Körper basierten hier bereits auf seinen inzwischen entwickelten Konzepten zur Funktion der Pubertätsdrüse, Sekrete und Hormone: Er beobachtete erstens eine Vermehrung und Vergrößerung der Zellen und schloss daraus, dass es auch zu einer vermehrten Wirkung auf den gesamten Organismus und die Geschlechtsmerkmale kommen müsse. Zweitens observierte er eine Wirkung, die die Methode der Röntgenbestrahlung induziere: eine stärkere Durchblutung. Daraus zog er den Schluss, dass dies ein indirektes Zeichen für eine vermehrte Produktion von Sexualhormonen sei.

Der Artikel dokumentierte mit Röntgenaufnahmen detailliert, was Steinach als Effekt der wachstumshemmenden und -fördernden Wirkung der Hormone verstand, etwa veränderte Knochenlängen und -formen. -Die Röntgenbilder ergänzten Steinach und Holzknecht durch zahlreiche Fotografien, Zeit-Heilungs-Kurven und Zeichnungen der histologischen Schnitte von Ovarien, Uteri und Brustdrüsen. Damit sämtliche Beispiele die Hypothese belegten, Ausnahmen keine zu finden waren, klammerten Steinach und Holzknecht die negativen Ergebnisse aus der Auswertung aus. Sie entschieden, diesen Teil der Studie nicht zu berücksichtigten, da sie sich »mehr auf die eingehende Verfolgung und Verwertung der positiven Versuchsergebnisse« konzentrieren wollten. Durch diesen positivistischen Zugang gelangten sie schließlich zu Befunden, die zwar nicht die gesamte Studie repräsentierten, wohl aber die gewünschten Effekte der Röntgenbestrahlung.

Die makroskopischen Veränderungen der Versuchstiere stellte Steinach in kausalen Bezug zur »mikroskopisch festgestellte[n] Ausbreitung« des sekretorischen Drüsengewebes. Mit der Vermehrung und Vergrößerung der Pubertätsdrüse nach starker Röntgenbestrahlung würde, so Steinach, der »Grad der Maskulierung in körperlicher wie psychischer Richtung« in direktem Verhältnis ebenfalls zunehmen.[496] Die Hypertrophie der Pubertätsdrüse setzte Steinach wiederum in direkte Beziehung mit der zunehmenden Quantität an produzierten Sexualhormonen. Der Physiologe formulierte sein Konzept, dass durch Röntgenbestrahlung eine verstärkte Ausschüttung von Sexualhormonen bewirkt werden könne, was zu einer ebenso gesteigerten und sogar übersteigerten Ausformung der Geschlechtsmerkmale führe:

> »Durch die hierdurch außerordentlich vermehrte Produktion von weiblichem Sexualhormon kommen die mächtigen, zum Teil übers Ziel schießenden Wirkungen auf die Geschlechtscharaktere zustande und mit jedem neuen, mikroskopisch leicht nachweisbaren Nachschub von frischer Follikelobliteration und Wucherung der Pubertätsdrüsenzellen entsteht eine neue Steigerung dieser Wirkungen.«[497]

496 Steinach, Holzknecht, Wirkungen, 1916, 493, 502.
497 Steinach, Holzknecht, Wirkungen, 1916, 498.

Bei männlichen Tieren bezeichnete er dieses Phänomen als »Hypermaskulierung«, bei weiblichen als »Hyperfeminierung«. Abschließend empfahl Steinach – und wohl auch Holzknecht – die therapeutische Anwendung von Röntgenbestrahlung bei gynäkologischen Erkrankungen. Als Grundlage hierfür galten ihm die makroskopisch festgestellte »Analogie der Erscheinungen bei der Transplantation der Ovarien und bei der Bestrahlung« sowie die anhand mikroskopischer Bilder erkannte bessere Wirkung der Röntgenstrahlen, welche »eine üppige, das transplantierte Ovarium an Reinheit noch übertreffende Kultur weiblicher Pubertätsdrüsenzellen« schaffe. Steinach und Holzknecht betonten aber auch, dass es nicht in ihrer Absicht liege »die Methoden der Ovarbestrahlung zu erschöpfen oder deren verschiedene Reaktionen bis in alle Phasen und Einzelheiten zu untersuchen«.[498]

Im April 1919 beschrieb Steinach in einem Artikel erstmals, er habe, nachdem das »biologische Prinzip« der Sexualhormone »auch für die menschliche Therapie ganz erhebliche Bedeutung gewonnen« habe, die »Ovareinpflanzung« und »Ovarbestrahlung« als Methoden zur Behandlung von weiblicher Homosexualität untersucht.[499] 1920 empfahl Steinach die Bestrahlungsmethode für die gynäkologische Praxis bei Erkrankungen, die mit der Abnahme der Ovarienfunktion in Verbindung gebracht wurden. Durch eine Röntgenbestrahlung von Frauen jeden Alters könne die endokrine Funktion der Ovarien über die physiologische Aktivität hinaus erhöht und die Frauen hyperfeminiert werden.[500] Auf die jeweiligen »Krankheiten«, welche durch solche Behandlungsmethoden geheilt werden sollten, ging Steinach nicht näher ein, einige Anmerkungen verweisen auf den Einsatz bei weiblicher Homosexualität. Hinweise zu weiteren »Krankheiten«, für deren Therapie die Röntgenbestrahlung geeignet sei, lassen sich in einem Artikel Guido Holzknechts in der »Neuen Freien Presse« finden. Demzufolge berichtete Steinach, »ohne spezielle diesbezügliche Versuche angestellt zu haben«, dass Frauen mit gutartigen Tumoren in der Gebärmutter oder mit Wechselbeschwerden für eine Behandlung infrage kämen.[501]

Steinachs Behandlung von Frauen mit Röntgenstrahlen ist ab 1922 belegbar. Gemeinsam mit Holzknecht bot er, aufbauend auf den durchgeführten biologischen Experimenten, mehrwöchige Röntgenbestrahlungen der Ovarien als Alternative zur Eierstocktransplantation bei Indikationen wie Infantilismus, weiblicher Homosexualität, Alterserscheinungen und körperlicher Schwäche an. Strahlenbehandlungen waren spätestens seit der Jahrhundertwende als therapeutisches Mittel bekannt und

498 Steinach, Holzknecht, Wirkungen, 1916, 498–503.
499 Steinach, Künstliche, 1920, 18.
500 Vgl. Steinach, Verjüngung, 1920, 9.
501 Holzknecht, Neue Freie Presse, s. d., zit. nach Ekhardt, Verjüngungsverfahren, 1920, 73.

wurden breit eingesetzt, in der Gynäkologie beispielsweise zur Behandlung von Unfruchtbarkeit, Menstruations- und Wechselbeschwerden sowie in der Krebstherapie.[502] Für die Hyperfeminierung war vor allem die richtige Strahlendosis für eine erfolgreiche Therapie ausschlaggebend, denn zu hohe Dosen führten bei Frauen zur Sterilisierung. Nur geringe Dosen »reizten« – im Steinach'schen Sinne – die Ovarien zu einer vermehrten Hormonausschüttung, weswegen er diese Methode als »Reizdosenbestrahlung« bezeichnete.

Im März 1922 ermahnte der Experimentator seinen Kollegen Harry Benjamin zur Vorsicht, da die »Technik dieser feinen Reizdosenbestrahlung« sehr schwierig sei und »nur 2–3 Leuten geläufig«. Er selbst kenne bisher »nur wenige schlagende Fälle«, bei denen so »fein« dosiert werden konnte, dass nach der Behandlung die Menstruation »nicht oder nur 1–2 mal ausgeblieben« sei. Als Benjamin zusammen mit einem Röntgenologen diese Form der Verjüngungsbehandlung in den USA durchführte, war Steinach von deren Scheitern überzeugt. Beide hätten »keine Wahl als zu grosse Dosen [...] oder unwirksame Dosen« zu verabfolgen.[503] Zusätzlich komme nur durch diese spezielle Bestrahlungstechnik die verjüngende Wirkung zustande, was auch ein Grund dafür sei, weshalb dieser Effekt bislang nicht bei gewöhnlichen Bestrahlungen beobachtet wurde.[504] Letztendlich könnten und dürften nur die Erfinder, Steinach und Holzknecht, die Reizdosenbestrahlung durchführen. Steinach mehrmalige Ermahnung, dass niedrige Strahlendosen einzusetzen seien, kann auch als Reaktion auf bereits bekannte Nebeneffekte von Röntgenstrahlung gelesen werden. Röntgenologen waren einer hohen Strahlendosis ausgesetzt und deswegen unter den Ersten, die an Strahlenschäden litten. Holzknecht musste sich 1910 einen Finger aufgrund von Strahlenschäden amputieren lassen. Bis zu seinem Tod 1931, verursacht durch »Röntgenkrebs«, wurden an Holzknecht 63 verstümmelnde Eingriffe durchgeführt.[505] Mit dem Wissen über die karzinogene Wirkung von Röntgenstrahlen wurde, vor allem in der Krebstherapie, die Strahlendosis fortlaufend gesenkt.

Hingegen erfuhren die Berichte über die »Erfolge und Technik« von Holzknechts und Steinachs Reizdosenbestrahlung eine breite internationale Rezeption. Ende Jänner 1922 erschienen in amerikanischen Tageszeitungen Mitteilungen, denen zufolge Holzknecht über fünfhundert Frauen behandelt haben soll, »die saemtlich gebessert worden seien durch ›seine‹ Methode, die nur in <u>einer</u> Behandlung bestuende.« Einem weiteren Bericht zufolge seien »30 von 100 Faellen ›verjüngt‹ worden«.[506] Anschei-

502 Vgl. Sengoopta, Ovary, 2000, 485.

503 NYAM, Steinach an Benjamin, 29.3.1922 und 17.5.1924.

504 NYAM, Benjamin an Steinach, 26.7.1922.

505 Holthusen, Holzknecht, 1931, 2326 f.

506 NYAM, Benjamin an Steinach, 27.2.1922 (Hervorhebungen i. O.).

nend wurde allein Holzknecht mit der Behandlung assoziiert, weil er über die technischen Mittel, also die Röntgenapparate, verfügte, woraufhin Steinach zunehmend auf dessen Kooperationsbereitschaft angewiesen war. Diese für Steinach wahrscheinlich unbefriedigende Konstellation regte ihn scheinbar dazu an, viel Zeit und Energie in eine andere Frauenbehandlungsmethode zu investieren. Dabei handelte es sich um die elektrische Wärmebehandlung oder Diathermie, die er auch mit Röntgenbestrahlung kombinierte. Diathermiegeräte waren im Vergleich zu Röntgenapparaten billiger und kleiner, wurden an das Stromnetz angeschlossen und konnten auch in kleineren Arztpraxen eingesetzt werden. Diese technische Neuverortung kann auch darauf zurückgeführt werden, dass spätestens ab 1924 Steinach nicht mehr mit Holzknecht zusammenarbeitete, nachdem dieser in einem Artikel die Existenz einer Reizwirkung durch Röntgenstrahlen infrage gestellt hatte. Holzknecht distanzierte sich vermutlich von der Reizdosen–bestrahlung, weil diese »fast überall zur Ablehnung derselben geführt« und sich »sämtliche angegebenen Beweise als irrtümlich herausgestellt« hatten. Holzknecht pflichtete seinen Fachkollegen bei, dass jegliche Strahlendosis zellschädigend sei, was aber auch »sekundäre Fördereffekte« produzieren könne. Nach seiner Neubeurteilung sei jedoch der »unmittelbare Röntgeneffekt« kein »›Förder‹-, kein ›Reiz‹-Effekt«,[507] eine Bewertung, die Steinach als »schlimmes Unrecht« empfand.[508]

ENDOKRINE VERJÜNGUNG DURCH HITZE

Die während der Behandlungen gesammelten Erfahrungen flossen kontinuierlich in Steinachs tierexperimentelle Forschung ein. So fand das Merkmal Hyperämie als weibliche Sexualhormonwirkung 1920 in einem anderen Untersuchungskontext erneute Erwähnung. In der schon am Ende von Teil II dieser Studie erwähnten, gemeinsam mit Paul Kammerer durchgeführten experimentellen und empirischen Studie zum Einfluss von Klima auf die Ausprägungen der Geschlechtsmerkmale erweiterten die Autoren Steinachs Untersuchungen zum Einfluss von externen Faktoren auf die Sexualhormonproduktion und stellten die Frage, ob die Steigerung der Außentemperatur auch die endokrine Funktion der inneren Drüsen potenziere.[509] Diese sei auch von therapeutischer Bedeutung, denn die »Transplantation und Rönt-

507 Holzknecht, Reizwirkung, 1925, 161 f. Vgl. Stoff, Jugend, 2004, 107; Sengoopta, Quintessence, 2006, 263.

508 NYAM, Steinach an Benjamin, 17.5.1924.

509 Vgl. Steinach, Kammerer, Klima, 1920, 401–404.

genisation« der Ovarien habe zwar die Schädigung des Gewebes für die Fortpflanzung zur Folge, doch sei das hormonproduzierende Gewebe widerstandsfähiger als das keimbildende und deswegen in der Lage, sich zu »behaupten, ja fortzupflanzen und den Raum zu erobern, den jenes bei seiner Reduktion« aufgegeben habe. Deswegen sei bei Frauen jede Therapieform, welche das Follikelepithel schädige, für die Behandlung eines diagnostizierten Sexualhormonmangels geeignet. Dazu zähle, neben der »Verpflanzung« oder »Bestrahlung« der Ovarien, eine »Intoxikation und Infektion jeder Art« wie auch die Verabreichung von »Keimdrüsensubstanz«.[510]

Steinach und Kammerer versuchten mit Hilfe eines sogenannten »analytischen Experimentes« exakte Ergebnisse aus ihren Versuchsreihen zu erhalten. Dabei ließen sie Wärme »isoliert und graduell dosiert« auf das »Tiermaterial« einwirken, nämlich auf speziell gezüchtete Ratten, welche sie auch als »Hitzeratten«, »Stammkultur« oder »Versuchskultur« bezeichneten.[511] Sie gingen davon aus, dass Hitze eine Hypertrophie der Pubertätsdrüse und somit ähnliche Wirkungen wie Transplantation oder Röntgenbestrahlung auslöse. Sowohl weibliche als auch männliche Ratten wurden mehrere Wochen in Wärmekammern in der physiologischen Abteilung untergebracht, die auf zwischen fünfundzwanzig und vierzig Grad Celsius temperiert waren. Daneben wuchsen »die ›normalen‹« Ratten im Labor mit »dem Klima von Wien entsprechenden Temperaturen« auf – die »Normal- und Kontrollkultur«.[512]

Steinach verglich im Anschluss das Aussehen des Fells, die Größe und das Gewicht der Tiere, ihrer Organe und des Skeletts, bei Weibchen den Umfang ihres Nachwuchses sowie den zellulären Aufbau der Pubertätsdrüsen. Sowohl bei weiblichen als auch bei männlichen Versuchstieren konnte er eine Vermehrung des sekretorischen Gewebes feststellen, was Steinach als einen Beleg für die gesteigerte Ausschüttung weiblicher Sexualhormone bei hohen Temperaturen bewertete, eine Interpretation, die zusätzlich durch die auffallend starke Durchblutung der Genitalien, Eileiter und Uteri bei Rattenweibchen unterstützt würde.[513] In den folgenden Ausführungen verknüpften Steinach und Kammerer die biologischen Befunde mit anthropologischen Studien und erklärten das beobachtete unterschiedliche Aussehen und Verhalten in verschiedenen Kulturkreisen endokrinologisch. Sie bezogen sich auf Steinachs Konzept der Pubertätsdrüsenzellen, sprachen aber von Sexualhormonen, die die Körpergröße, Behaarung, Sexualverhalten, Anzahl an Kindern sowie die Ausprägung von Weiblichkeit und Männlichkeit insgesamt determinieren sollten, wobei hier

510 Steinach, Kammerer, Klima, 1920, 393.

511 Steinach, Kammerer, Klima, 1920, 442.

512 Steinach, Kammerer, Klima, 1920, 396 und 397.

513 Vgl. Steinach, Kammerer, Klima, 1920, 396–404.

kulturspezifische Unterschiede vorlägen. Die Forscher verstanden damit die Pubertätsdrüsenzellen als ein experimentalbiologisches Werkzeug für die Beantwortung entwicklungsbiologischer und anthropologischer Fragestellungen.

Steinach und Kammerer gaben sich jedoch nicht mit qualitativen Befunden zufrieden, sondern werteten einzelne histologische Schnitte auch quantitativ aus. Sie zählten bei »Hitzehoden«-Präparaten die Leydig'schen Zwischenzellen und verglichen die Anzahl an sekretorischen Zellen mit Hodenpräparaten der Nachkommen mehrerer Generationen. Dabei bezogen sie sich einerseits auf die »Mendelsche Vererbungslehre« – hauptsächlich hinsichtlich der Vererbung einzelner Merkmale an Tochtergenerationen, andererseits auf Julius Tandlers und Siegfried Grosz' Theorie des »Saisondimorphismus«, welche sich auf beobachtete »individuelle Schwankungen im Aussehen und Triebleben der Geschlechtspersonen« bezog.[514] 1911 hatten Tandler und Grosz in einem Artikel die in Maulwurfhoden observierten natürlichen Schwankungen in der Anzahl sekretorischer und generativer Zellen beschrieben. Nach der Fortpflanzung nehme das spermienbildende Gewebe ab und im Verhältnis dazu die Zahl der interstitiellen Zellen zu. Monate später könne die exakt gegenteilige Entwicklung beobachtet werden. Tandler und Grosz formulierten daraufhin die These, dass die inneren Sekrete der Zwischenzellen die Bildung der Spermien determinieren.[515]

Vor allem Anatomen kritisierten die Theorie des Saisondimorphismus in den 1910er Jahren heftig. Einen eigenen Streitpunkt stellte die Festlegung der interstitiellen Zellen als sekretorisches Gewebe dar. Daneben stand die Interpretation der histologischen Präparate im Zentrum der Diskussion. Der Anatom Hermann Stieve bewertete die Darstellung von Tandler und Grosz 1919 als Fehlinterpretation, da bei näherer Betrachtung der histologischen Schnitte augenfällig werde, dass die Zellen nicht Veränderungen in ihrer Zahl, sondern in ihrer Größe erführen, was eine Vermehrung an Gewebe vortäusche. Folglich nähmen die Zwischenzellen nicht jahresperiodisch zu und ab. Das An- und Abschwellen der Hoden sei vielmehr auf eine Ausdehnung und Verkleinerung der Samenkanälchen zurückzuführen.[516] Steinach schaltete sich nun 1920 in den wissenschaftlichen Diskurs zwischen Stieve und Tandler mit der gemeinsam mit Kammerer verfolgten quantitativen Experimentalmethode ein, »um zu zeigen, dass er [der Methodenstreit zwischen Stieve und Tandler/Grosz; S. W.] auf unsere Experimente keine Anwendung findet«. In Hinblick auf Stieves Kritik betonten Steinach und Kammerer den Vorteil ihrer Methode, da die »rein qualitative Vergleichung histologischer Bilder« von Hoden nicht erkennen lasse,

514 Steinach, Kammerer, Klima, 1920, 404–409.

515 Tandler, Grosz, Saisondimorphismus, 1911.

516 Vgl. Stieve, Verhältnis, 1919.

»daß so große quantitative Verschiedenheiten zugegen seien«.[517] Tatsächlich nahmen Steinach und Kammerer zu diesem Zeitpunkt an Ovarienschnitten keine eigene quantitative Auswertung vor, sondern übertrugen die Ergebnisse zur männlichen Pubertätsdrüse auf die weibliche. Dies erschien ihnen gerechtfertigt, da ihre Studie »bereits ohne quantitative Untersuchungsmethode [Zellenzählungen; S. W.] bei nur qualitativem Vergleich mit dem Aussehen normaler Eierstöcke« zeige, »daß die weibliche Pubertätsdrüse analog der männlichen in der hohen Temperatur ganz außergewöhnlich überhandnimmt«.[518] Dies könne auch für die Herstellung von Organpräparaten genutzt werden. So sei »[e]rst eine solche gewucherte inkretorische Drüse [...] ausgiebig genug, um einen wirksamen männlichen Reizstoff gewinnen zu lassen. Durch derartige Injektionen« könne »das operative Verfahren sehr unterstützt, für kürzere Zeit sogar teilweise ersetzt werden«.[519]

Endokrine Verjüngung durch Arsen, Radium und Strom

Die physikalische Medizin, ein Spezialfach, in dem sich in Wien vor allem jüdische Ärzte etablierten, war 1908 durch die Arbeiten von Richard von Zeynek zur »Thermopenetration« maßgeblich erweitert worden.[520] Sie lieferten die theoretischen und technischen Grundlagen für den breiten therapeutischen Einsatz von Wärmebehandlungen, die ab den 1920er Jahren als Diathermie bezeichnet wurden und breiten Einsatz fanden. Zeyneks Mitarbeiter, ein Dr. von Bernd, soll den ersten Apparat entworfen haben, mit dessen Hilfe über elektrische Hochfrequenzströme eine Tiefendurchwärmung des Körpers erzielt werden konnte. Spätestens ab 1910 stellten sogenannte elektrotechnische Etablissements erste Diathermiegeräte serienmäßig her.[521] 1913 veröffentlichte Josef Kowarschik, Spezialist für Diathermie und Vorstand des Institutes für physikalische Therapie am Kaiser-Jubiläum Spital in Wien, ein Lehrbuch mit den gesammelten Behandlungsmethoden europäischer Ärzte, den jeweiligen Einsatzgebieten sowie verschiedenen Wirkkonzepten zur Diathermie. Lokal oder am ganzen Körper eingesetzt, sollte elektrische Wärme bei Erkrankungen der Gelenke, Muskeln, Nerven, Knochen, inneren Organe sowie auch der männlichen und weiblichen Geschlechtsorgane hilfreich sein.[522]

517 Steinach, Kammerer, Klima, 1920, 396, 406.
518 Steinach, Kammerer, Klima, 1920, 408 f.
519 Steinach, Neubelebung, 1920, 52.
520 Zur physikalischen Medizin in Wien siehe: Kraus, Physikalische, 1995.
521 Vgl. Kowarschik, Fünfzig Jahre, 1958, 97.
522 Vgl. Kowarschik, Diathermie, 1913, 102–114.

Vor der Erfindung der Diathermie waren viele der Indikationen häufig nur chirurgisch therapierbar gewesen. Bei Frauen handelte es sich dabei vor allem um Entzündungen und Infektionen des Uterus oder der weiblichen Geschlechtsorgane, die Methode fand aber auch Anwendung in der Geburtshilfe. Dafür brachte der physikalische Arzt entweder zwei Elektroden äußerlich auf Beckenhöhe an oder fixierte eine Elektrode auf der Bauchdecke, während er eine weitere in die Vagina oder in das Rektum einführte. Auch in Kombination mit Röntgenbehandlungen empfahl Kowarschik die Diathermie. Klinische Versuche an der II. Medizinischen Klinik der Charité in Berlin hatten ergeben, dass die Kombination von elektrischer Wärme und Röntgenstrahlung eine höhere Erfolgsquote in der Brustkrebsbehandlung verzeichnete. Die Kliniker vermuteten eine verbesserte Wirkung der Röntgenbestrahlung, da die Diathermie den Körper für die Behandlung »sensibilisiere«.[523]

Steinach arbeitete, gemeinsam mit dem Gynäkologen Erwin Last und mit Harry Benjamin, beide begeisterte Anhänger seiner Verjüngungslehre und -behandlung, bis 1923 mehrere Therapieschemata aus. Hunderte Frauen unterzogen sich in den folgenden Jahren der hyperfeminierenden Diathermiebehandlung. In Wien führte Last die Ganzkörpertherapien in Steinachs Privatpraxis im 2. Wiener Gemeindebezirk durch, wofür er die Elektroden meist am Rücken in der Höhe des Schambeins und des Beckens anlegte, sie bis zum Hals und danach über »Arme + Beine im Kreis« führte.[524] Benjamin kaufte im August 1923 einen Diathermieapparat für seine Privatpraxis in New York, er führte aber auch Behandlungen in Los Angeles durch. Benjamin behandelte seine Patientinnen entweder mit einer fünfzehn- bis fünfundzwanzigminütigen diathermischen Erwärmung beider Ovarien, wobei er die Stromstärke an die »Toleranz der Patientin« und die »Groesse der Electroden« anpasste, oder er führte »eine taegliche Diathermie-Behandlung einen Monat lang und einmal die Woche eine gleichzeitige Roentgen-Bestrahlung« durch. Diese kombinierte Diathermie- und Röntgenbestrahlung dauerte inklusive der Nachbehandlungen mehrere Monate und wurde von Benjamin bei physischen und psychischen »Frauenleiden« eingesetzt. Er selbst beobachte zwar bei seinen »Patientinnen bis jetzt noch wenig Objektives«, andererseits würden »die meisten Patientinnen« erklären, »dass es ihnen erheblich besser« gehe, »speziell was nervoese Erregbarkeit« betreffe. Diese »Besserungen« könne Benjamin jedoch »objektiv noch nicht bestaetigen«.[525]

Steinach empfahl Benjamin, ohne die »Therapie zu verraten: hie und da eine Frau vor und nach der 4–5 wöchentlichen Behandlung von einem Collegen begutachten«

523 Vgl. Kowarschik, Diathermie, 1913, 114–116.
524 NYAM, Steinach an Benjamin, Wien 23.10.1923.
525 NYAM, Benjamin an Steinach, 17.8.1923; 26.11.1923; 17.12.1923.

zu lassen.[526] Anscheinend sollte die externe Bewertung Benjamin die Einschätzung erleichtern, ob die Behandlungen auch wirksam seien. Benjamin bat stattdessen Kowarschik im November 1923 um ein Exemplar seines Buches, in dem »ja auch schon die kombinierte Roentgenbehandlung erwaehnt« war.[527] Darin erwähnte Kowarschik zwar keine expliziten Effekte der Strahlen- und Wärmetherapie auf Drüsen, aber er beschrieb eine häufig beobachtete Wirkung der Diathermie – eine »lokale Hyperämie«. Von »allen Mitteln, welche eine lokale Hyperämie« hervorrufen könnten, sei »die Wärme das praktisch brauchbarste«. Wärme führe »zu einer Dilatation der Hautgefäße durch Herabsetzung ihres Tonus. Die Erweiterung« beschränke »sich nicht allein auf die Kapillaren, sondern« betreffe »auch die größeren Gefäße. Durch die Erweiterung ihres Lumens« werde »die in der Zeiteinheit hindurchtretende Blutmenge vermehrt, die Intensität der Strömung somit erhöht«.[528]

Steinach jedoch führte die Erweiterung der Blutgefäße auf die Effekte weiblicher Sexualhormone zurück und verknüpfte die Wirkung einer Diathermiebehandlung mit seinem Konzept zur Wirkung von weiblichen Sexualhormonen. Im weiteren Verlauf schrieb er der Diathermie eine endokrin stimulierende Wirkung zu, weswegen sie sich hervorragend für Verjüngungsbehandlungen eigne, denn durch die Stimulierung der Sexualhormonproduktion werde auch die allgemeine körperliche (Lebens-)Funktion angekurbelt, ein Vorgang, den Steinach plakativ als Reaktivierung bezeichnete. Aus Steinachs physiologischer Charakterisierung des Alterns als eines Prozesses der abnehmenden Produktion lebenswichtiger Hormone ergab sich folgerichtig die Konzeption einer Therapie, die jenen Prozess durch entsprechende endokrine Substanzen wieder rückgängig machen sollte.

Das Erklärungsmodell eines endokrin gesteuerten Alternsprozesses war für Steinach äußerst attraktiv, da er durch diese Zuweisung die Diathermie nicht nur in seine laufenden Sexualhormonforschungen eingliedern, sondern auch deren Erkenntnisse in neuen Kontexten präsentieren und reproduzieren konnte. 1920 hatte Steinach in dem Artikel *Klima und Mannbarkeit* erstmals die Elemente Wärme, Sexualhormonproduktion und Hyperämie assoziiert und Hormone als die Ursache von beobachteten Diathermiewirkungen chargiert.[529] Die Verquickung der Effekte jener Wärmetherapien mit Hormoneffekten war von hier aus nur mehr ein kleiner epistemologischer Schritt, ebenso diejenige zwischen seiner eigenen Hormonforschung, der Forschung für Schering sowie den therapeutischen Versuchen in seiner Arztpraxis.

526 NYAM, Steinach an Benjamin, Wien 23.10.1923.
527 NYAM, Benjamin und Steinach, NY 26.11.1923.
528 Kowarschik, Diathermie, 1913, 81.
529 Vgl. hierzu die Ausführungen am Ende des zweiten Teils dieser Studie.

In der zweiten Jahreshälfte 1923, parallel zu den Vertragsverhandlungen mit Schering, unternahm Steinach erste therapeutische Versuche zur Kombination von Radium- und Arsenpräparaten mit der Diathermie. Er untersuchte dabei eine mögliche Kombinationsbehandlung, in der Wärme »als endocrines Stimulierungsmittel« fungieren und zusätzlich den Körper für die Wirkung von Arzneien sensibilisieren sollte. Nach dem Beginn der Kooperation mit dem Berliner Unternehmen konnte Steinach seine Versuche auch um Ovarienpräparate erweitern. Mit den Radium-, Arsen- und Organpräparaten, in der österreichischen Medizin häufig als Stimulantien eingesetzt, konnte Steinach »›glänzende‹ Erfahrungen« und »viele streng-positive Ergebnisse« verbuchen. Manchmal blieben die Effekte auch aus, wie im Dezember 1924, als Steinach berichtete, dass »Radium-Injektionen absolut reizlos« seien. Dies führte er jedoch nicht auf die Behandlungsmethode selbst zurück, die Unwirksamkeit müsse vielmehr »am Präparat liegen«. Hingegen wirke die Kombination von Diathermie mit dreißig aufeinanderfolgenden Arseninjektionen bei »nicht fetten (& faltigen) Praesenilen Frauen [...] fabelhaft«. Steinach gab diese Therapieempfehlungen nur mit äußerster Vorsicht weiter und ermahnte Benjamin, die »Idee, die Diathermy als endocrines Stimulierungsmittel zu benutzen« und die »Hyperämie-Therapie« zur (Re-)Aktivierung zu verwenden, als sein »ausschliessliches Besitztum« zu behandeln, da diese ausschließlich auf Steinachs Forschung zurückgingen.[530]

Im November 1923 drängte Benjamin jedoch Steinach, die »Hyperämie-Therapie« in einem Fachpublikum vorzustellen, da auch andere Ärzte diese physikalische Behandlungsmethode anwandten und es allein eine Frage der Zeit sei, bis einer der Kollegen darüber publiziere.[531] Etwa setzte der in Berlin tätige Gynäkologe und Röntgenarzt Manfred Fraenkel die Röntgenbestrahlung breit bei »Frauenleiden« ein, aber auch für Alterserscheinungen und eugenisch indizierte Sterilisationen.[532] Indessen wurden amerikanische Zeitschriften auf die »Steinach-Behandlung bei Frauen« aufmerksam und brachten Beiträge in Tageszeitungen und Frauenzeitschriften. Benjamin, der Steinach davon berichtete, fügte hinzu, eine »ganze Anzahl Scharlatane« annonciere in Werbetexten für Verjüngungskuren, welche angeblich »auf der Bestrahlungstechnik Steinachs« basierten. Benjamin selbst hatte Monate zuvor Röntgen- und Diathermiebehandlungen in Kombination mit Ovarienextrakten zum Einnehmen durchgeführt; Steinach wehrte sich gegen deren Veröffentli-

530 NYAM, Steinach an Benjamin, 17.5.1924; 3.12.1924; Benjamin an Steinach, NY 5.10.1923; Steinach an Benjamin, 28.1.1925. Zu Steinachs Kontakt mit dem Wiener Radiuminstitut siehe: Rentetzi, Trafficking, 2008, 194–198.

531 NYAM, Benjamin und Steinach, NY 26.11.1923.

532 Vgl. Stoff, Jugend, 2004, 107. Einen kritischen Überblick zur Eugenik in Österreich liefert: Baader, Hofer, Mayer, Eugenik, 2007.

chung aus Scheu vor negativer Presse. Seiner Ansicht nach wäre eine Kritik an der Diathermiebehandlung erst unwirksam, sobald er die Wirksamkeit der Therapie laborexperimentell belegt und genügend Fallbeispiele aus der Praxis gesammelt hätte.[533]

Benjamin berichtete schließlich 1925 bei der XIII. Jahresversammlung der Gesellschaft für medizinisch-physikalische Forschung »über die erfolgreiche Behandlung von über hundert Frauen mit ovariell bedingten Ausfallerscheinungen mit der Hyperämiemethode nach Steinach, die er mit der älteren Röntgenmethode« kombinierte. Die Frauen waren zwischen fünfunddreißig und fünfundsechzig Jahre alt und »litten an den typischen Beschwerden des Wechsels« wie »stetige Abnahme der physischen und psychischen Kräfte, mangelnde Ausdauer bei körperlicher und geistigen Anstrengungen, Abnahme des Gedächtnisses, verringertes Konzentrationsvermögen, gesteigerte psychische Erregbarkeit und die klimakterischen Beschwerden: Wallungen, Kopfschmerzen, Kreuzschmerzen und Schweiße«.[534]

In Wien wurden weitere experimentelle Arbeiten vor allem durch die im Winter 1923 begonnene Kooperation Steinachs mit Schering ermöglicht. Die von Schering finanzierte Experimentalreihe zur physiologischen Wirkung von Ovarien- und Plazentaextrakten eignete sich hervorragend für Fragestellungen zur Hyperämie und in weiterer Folge zur Diathermie. Bis Mai 1924 hatte der Physiologe »die Methode wesentlich modifiziert und ganz neue experimentelle Grundlagen geschaffen«.[535] Nachdem Steinach die erhöhte Durchblutung der Geschlechtsorgane »durch die verschiedensten Methoden hervorgerufen, beziehungsweise gesteigert« habe, sei eindeutig »die Hyperämie als ein maßgebender Mechanismus der Hormonwirkung gekennzeichnet« worden. Ab Juni 1924 wurde es zu Erich Lasts Aufgabe, Steinachs »experimentelle Ergebnisse bei geeigneten Fällen klinisch zu verwerten«, weswegen er eine »entsprechend große Zahl von Frauen« einer »sorgfältige[n] Durcharbeitung, längere[n] Beobachtung und Behandlung« unterzog.[536] An der gynäkologischen Abteilung des Krankenhauses der israelitischen Kultusgemeinde in Wien untersuchte Last in diesem Rahmen außerdem eine mögliche Wirkungssteigerung von Ovarienpräparaten durch Diathermie. Die mit Bezug auf die Gründerfamilie auch als Rothschildspital bekannte Krankenanstalt galt zwar als jüdische Institution, war jedoch für Patientinnen und Patienten jeglicher Konfession zugänglich. Last schloss seine

533 NYAM, Steinach an Benjamin, 26.2.1922; Benjamin an Steinach, 3.6.1924, 20.2.1924; Steinach an Benjamin, 29.1.1925; Benjamin an Steinach, 5.11.1925.

534 Last, Hyperämiebehandlung, 1925, 1494 f.

535 NYAM, Steinach an Benjamin, 17.5.1924 (Hervorhebungen i. O.).

536 Last, Hyperämiebehandlung, 1925, 1495.

Experimente an Frauen im Mai 1925 ab.[537] Steinach war begeistert über das Ergebnis, dass die Effekte der »als schwach od. unwirksam erwiesenen« Schering-Präparate durch »die ›Hyperaemie‹ (Diathermie) ad maximum gesteigert u. nun zur wirklichen Geltung gebracht« worden seien.[538]

Weder Last noch Steinach gingen näher auf diese Experimente an Frauen ein. In den nachfolgenden Jahrgängen der »Wiener Medizinischen Wochenschrift« sind weder ergänzende Berichte der Autoren noch Reaktionen von Seiten der Ärzteschaft zu finden. Allerdings zeugen weitere Berichte über Experimente an Frauen zur diathermischen Behandlung gynäkologischer Erkrankungen von einer gängigen Praxis klinischer Experimente zu dieser neuen Behandlungsmethode in Wien. So berichtete 1924 der Wiener Physiologe und physikalische Therapeut Paul Liebesny über Diathermiebehandlungen der Brust bei schwangeren Frauen zur Steigerung der Milchproduktion.[539] 1926 präsentierte er vor der Gesellschaft der Ärzte in Wien eine einunddreißigjährige Frau, die er wegen klimakterischer Beschwerden »erfolgreich der Diathermiebehandlung der Hypophysengegend unterzogen« habe.[540] Bei den festgehaltenen kritischen Einwänden der anwesenden Mediziner handelte es sich ausschließlich um Gegenmeinungen zur angewandten Methode, nicht jedoch zur medizinisch-ethischen Vertretbarkeit von therapeutischen Menschenversuchen.

Für Steinach war seine mit Last durchgeführte klinische Diathermiestudie von großer Bedeutung für die Anerkennung seiner Methode durch Kliniker. Eine Übertragung von Erkenntnissen aus Tierexperimenten auf den Menschen war für Labormediziner nicht ungewöhnlich und durchaus legitim, jedoch zeigten sich Kliniker stets skeptisch, was die Aussagekraft von biologischen Experimenten zu Therapien in der Humanmedizin anging.[541] Steinach war sich scheinbar der epistemologischen Grenzen des biologischen Experiments bewusst, weswegen er empirische Daten aus der medizinischen Praxis sammelte. Zusätzlich sollten die von Steinach, Benjamin und Last zwischen 1922 und 1926 festgehaltenen Fallbeispiele Steinachs Hyperämietheorie fundieren, die Ergebnisse aus den Menschenversuchen jene aus den Tierexperimenten bekräftigen und ergänzen. Für den Beweis einer nachhaltigen Verjüngung wollte Steinach auf »Dauerfälle« zurückgreifen, für die er weitere klinische Studien benötigte, die er kurz darauf durch die klinische Testung von Progynon ermöglichte. Zusätzlich stellten Fallbeispiele einen wichtigen Bestandteil in der Ver-

537 Vgl. NYAM, Steinach an Benjamin, 3.12.1924 und 30.5.1925. Zum Rothschildspital siehe: Tragl, Krankenanstalten, 2007, 754 ff.

538 NYAM, Steinach an Benjamin, 30.5.1925.

539 Vgl. Liebesny, Diathermiebehandlung, 1924.

540 Liebesny, Berichte, 1926.

541 Vgl. Griesecke u. a., Menschenversuch, 2009, Vorwort.

netzung der Arbeitsansätze der drei Verjüngungsärzte dar. Nicht nur tauschten sie gegenseitig Erfahrungen mit der Behandlungsmethode über Beispiele aus der Praxis aus, sondern sie wandten Fallbeispiele der Kollegen teilweise auch in eigenen Vorträgen und Publikationen an oder verwiesen auf deren Ergebnisse. Eine eigene Rolle in der Wahrnehmung der neuen Methode spielte die »Öffentlichkeitsarbeit«, die begeisterte Patientinnen im Anschluss an die Behandlung leisteten, um ihre (subjektive) Erfahrung der Besserung und Verjüngung mit anderen zu teilen.[542]

PATENTIERBARES PHYSIOLOGISCHES WISSEN: DIATHERMIETECHNIK

Steinach, Benjamin und Last konzentrierten sich nicht nur auf experimentelle Arbeiten im Laboratorium und in der Klinik, sondern auch auf technische Dinge – für Steinach kein ungewöhnlicher Tätigkeitsbereich, wie schon an seinen frühen Erfindungen zur Labortechnik deutlich wurde.[543] Ab dem Sommer 1925 entwickelten sie spezielle Elektroden für die Anwendung der Diathermie im Gesicht, eine Erweiterung der »Diathermie-Technik«, bestehend aus Bandagen, Staniolpapier oder galvanisiertem Tuch. Die Gesichtselektrode, von den drei Ärzten meist nur als »Maske« bezeichnet, sollte vor allem für Schönheitsbehandlungen eingesetzt werden. In ihren Anfängen war die Diathermie an Frauen von amerikanischen Zeitschriften als Schönheitsbehandlung aufgegriffen worden, was Steinach 1922 noch schockiert hatte. Ein Artikel über »›Frauenverjüngung‹ mit dem ›Wieder Natürlich-Werden der Haare‹ etc.« in der Frauenzeitschrift »Woman's Beauty Back« sei so schrecklich gewesen, dass Steinach »wie gelähmt« gewesen sei.[544] 1926 korrespondierten Steinach und Benjamin indessen, welches der beste Weg für eine Popularisierung der Diathermie als Schönheitsbehandlung sei. Beide waren sich einig, dass die Verjüngung der Gesichtshaut tatsächlich einen verschönernden Effekt habe. Benjamin solle nun »eine Anzahl Patientinnen« mit der Maske behandeln, »und zwar mit Kontroll-Photographie«. Sobald »eine Anzahl wirklich nachweisbarer Erfolge« vorliege, solle er Steinach und Last darüber verständigen und anschließend gemeinsam entschieden werden, »was geschehen« solle.[545] In der Zwischenzeit setzte Last die Maskenelektrode für Diathermieapparate technisch um und reichte die Erfindung 1925 in Österreich als Patent ein.[546]

542 Vgl. Stoff, Jugend, 2004, 386–387; Sengoopta, Ovary, 2000, 461 f.
543 Vgl. den Abschnitt Laborapparaturen im ersten Teil dieser Studie.
544 NYAM, Steinach an Benjamin, 26.2.1922 und 2.8.1925.
545 NYAM, Benjamin an Steinach, 26.4.1926.
546 Last, Electrode, 1928. Die Folgepatente waren: Last, Device, 1930; Last, Condenser, 1934.

Im Sommer 1926 begann Last, wie weiter unten noch genau beschrieben wird, mit der Testung der Scheringpräparate an Frauen in der gynäkologischen Abteilung des Kaiser Franz Josef Ambulatoriums in Wien. Diese war weiterhin eng mit den experimentellen Arbeiten zur Diathermie verbunden. Mit Last als Therapeut für diese klinischen Versuche für Schering konnte Steinach gleichzeitig seine Forschungen zur Diathermie vorantreiben, die in einem Aufsatz als »Hyperaemie-Hormonbehandlung« präsentiert werden sollten.[547] In dem Aufsatz sollten auch die Ergebnisse der Tests veröffentlicht werden, aber bis diese »theoret. und klin. Arbeiten abgeschlossen« seien, dürfe Benjamin die Versuche öffentlich noch nicht erwähnen: »Schon des Hormons wegen.«[548]

Indes versuchte Benjamin Steinach davon zu überzeugen, dass über vorläufige Ergebnisse zur kombinierten Diathermie-Hormonbehandlung berichtet werden müsse, zumindest »eine definitive Statistik über Frauen« wolle er im Vortrag am Kongress für Sexualforschung in Wien »doch nicht unerwähnt lassen«, was genug »Raum« für einen künftigen »Spezialartikel« freilassen würde. Steinach führte jedoch mahnend an, dass seine wissenschaftlichen »Gegner« nur auf solch eine Gelegenheit warten und ihre Kritik schließlich, wegen fehlender experimenteller Befunde, »die grosse Linie der Forschung verschleiern« würde. Die experimentellen Ergebnisse könnten jedoch erst in einem halben Jahr bis Jahr geliefert werden.[549]

Gleichwohl stellten Last und Steinach im Rahmen jener klinischen Versuche einen fortlaufendenden experimentellen Bezug zwischen Sexualhormon- und Diathermieforschung sowie zwischen Tier- und Menschenversuchen her. Beide versuchten, einheitliche oder zumindest ähnliche physiologische Merkmale in unterschiedlichen experimentellen Kontexten zu finden. Dabei fungierte das weibliche Sexualhormon gewissermaßen als Verbindungsglied zwischen unterschiedlichen Wirkkonzepten und erfuhr Zuschreibungen sowohl aus dem laborexperimentellen als auch aus dem therapeutischen Kontext. Eine Hautrötung auf die Drüsenfunktion zurückzuführen, speziell die Hyperämie als ein Symptom für die Ausschüttung von Sexualhormonen zu deuten, und die Hautrötung, die durch die Erwärmung der Haut während einer Diathermiebehandlung einsetzte, als sexualhormonell ausgelöste Reaktion zu interpretieren, deutet auf ein stark endokrines Körperverständnis Steinachs hin – und bildete so die Brücke zwischen den Untersuchungsobjekten. Dadurch konnten Steinach und seine Schüler die von Schering finanzierten klinischen Experimente mit Progynon für eigene Forschungsinteressen nutzen. In weite-

547 NYAM, Steinach an Benjamin, 23.7.1926.

548 NYAM, Benjamin an Steinach, 8.12.1925; Steinach an Benjamin, 29.6.1926 und 23.9.1926.

549 NYAM, Benjamin an Steinach, 24.9.1926; Steinach an Benjamin, 27.9.1926.

rer Folge ermöglichte die Zuschreibung der Hyperämie zum Wirkspektrum des weiblichen Sexualhormons, den Einsatz der Strahlen- und Wärmetherapie wissenschaftlich zu autorisieren.

Schering dürfte großes Interesse an jener Form der Wirkungssteigerung von Hormonpräparaten gezeigt haben, denn die Firma setzte diese Arbeiten im Mai 1927 in Form eines Patents um. Dabei wurden jedoch nicht die behandelten Versuchstiere oder die Patientinnen mit Wärme behandelt, sondern die Substanzen, die zu den Präparaten verarbeitet werden sollten: Durch UV-Bestrahlung von Ovarien- und Plazentaextrakten, heißt es in dem Patentantrag, sei eine enorme Wirkungssteigerung erzielt worden. Hatten die Extrakte zuvor im Tierversuch nur ein geringes Wachstum des Uterus ausgelöst, schwelle dieser nach ultravioletter Bestrahlung der Präparate deutlich an. Das Patent führt als biologisch nachweisbaren Effekt die Hyperämie an und verweist auf ähnliche physiologische Wirkungen nach der Bestrahlung von Geschlechtsdrüsen.[550] Schering koppelte also Steinachs Hyperämie- und Diathermieforschung mit ihrer Produktion, was zuletzt auch bei der Lancierung von Progyon 1928 deutlich wurde. In dem 1928 gemeinsam mit der Schering-Arbeitsgruppe publizierten Artikel beschrieben die Wiener und Berliner Laboratorien die lokale und allgemeine Hyperämie als *den* physiologischen Haupteffekt der weiblichen Sexualhormone, auf dem viele der bis dahin dokumentierten Wirkungen scheinbar basierten.[551]

Zwischen klinischem Versuch und Menschenexperiment

Aktuell wird in der Medizin- und Kulturgeschichte das 20. Jahrhundert auch als das Jahrhundert der wissenschaftlichen Versuche am lebenden Menschen beschrieben.[552] Bereits davor, 1865, stellte Claude Bernard fest, dass ein Mediziner »die Pflicht und infolgedessen auch das Recht« habe, »am Menschen einen Versuch auszuführen, wenn er ihm das Leben rettet, ihn heilen oder ihm einen Nutzen bringen kann. Der Grundsatz der ärztlichen und chirurgischen Moral besteht also darin, nie am Menschen einen Versuch auszuführen, der ihm in irgendeiner Hinsicht nur schaden kann, auch wenn das Ergebnis noch so interessant sein mag.« Demnach seien Experimente am Menschen, »die harmlos sind, erlaubt, jene, die nützen können, geboten«.

Bernards medizinethische Bezugnahme auf Menschversuche fand in einer Zeit statt, in der die therapeutisch-klinische Forschung eine immer bedeutendere Rolle in

550 Vgl. Schering-Kahlbaum A. G., Manufacture, 1927.
551 Vgl. Steinach u. a., Wirkungen, 1928, 308–311, 322 f.
552 Vgl. Griesecke u. a., Menschenversuch, 2009, Vorwort.

der Medizin zu spielen begann und in der Klinik kaum noch zwischen Heilversuch und wissenschaftlichem Versuch unterschieden wurde. Der laborexperimentellen medizinischen Forschung maß der Physiologe Bernard jedoch eine größere wissenschaftliche Bedeutung bei und sah das Krankenhaus als ein »erstes Beobachtungsfeld« an,[553] als einen Ort der klinischen Beobachtung von Krankheiten. Zugleich versah Bernard in vielen seiner Veröffentlichungen die laborexperimentelle physiologische Forschung mit der Autorität und dem Prestige der Heilkunst. Damit postulierte er auch die Einheit von wissenschaftlichem Erkenntnisstreben und therapeutischem Handeln. Der Dualismus zwischen Forscher und Arzt schien aufgehoben, ebenso die Kluft zwischen Humanexperiment und Heilversuch. Die Diskussion zu den Rechten der Patientinnen und Patienten sowie die Frage, ob deren Einwilligung zu klinischen Experimenten eingeholt werden müsse, kam erst in den 1890er Jahren auf. 1901 wurde in Deutschland schließlich eine rechtliche Regelung erlassen, die medizinische Eingriffe an Personen ausschloss, die dem Eingriff nicht zugestimmt hatten. Menschen, an denen Experimente durchgeführt werden sollten, mussten vor dem Eingriff sachgemäß über möglicherweise nachteilige Folgen informiert, die Erklärung und die Belehrung mussten dokumentiert werden.[554]

Diese Regelung, der viele Deklarationen und Richtlinien folgten, legte auch den Grundstein für das »regulierte Menschenexperiment«.[555] Tatsächlich hielten sich in Deutschland nur wenige Ärzte an diese Vorschrift, was die Berliner Ärztekammer 1928 veranlasste, die Einsetzung eines eigenen Untersuchungsausschusses zu diskutieren und eine Entschließung zu formulieren, die klinische Experimente an Menschen klar regeln sollte.[556] Diese schloss mit der Feststellung:

> »Der wissenschaftlichen Forschung dürfen, wenn sie nicht zum Stillstand gebracht werden soll, Vorschriften nicht gemacht werden; ohne Prüfung am Menschen können keine Heilverfahren erprobt und keine medizinischen Entdeckungen für den kranken Menschen nutzbar gemacht werden. Allerdings muß sich der Arzt hierbei seiner Verantwortung gegenüber Leben und Gesundheit seines Kranken ständig bewußt sein. Jede Erprobung am Menschen muß auf das unbedingt notwendige Maß beschränkt bleiben, wissenschaftlich-theoretisch gut begründet und vorher ausreichend biologisch erklärt sein. Jedem Arzt, der Versuche ausführt, muß das ›nil nocere‹ stets oberstes Gesetz sein und bleiben, denn über

553 Bernard, Einführung, 1961 (orig. 1865), 146–148, 209, zit. nach Baader, Menschenversuch, 2003, 115, 117.

554 Vgl. Baader, Menschenversuch, 2003, 118; Maio, Humanexperiment, 1996, 48 f.; Winau, Versuche, 2003, 161–168.

555 Griesecke u. a., Menschenversuch, 2009, 8.

556 Vgl. Winau, Versuche, 2003, 171 f.

aller Wissenschaft steht das Wohl des Kranken. Ferner gebietet die ärztliche Ethik, daß der Kranke oder ein gesetzlicher Vertreter vorher über Sinn und Zweck solcher Heilversuche unterrichtet wird.«[557]

Erst 1931 wurden vom Reichsgesundheitsrat verbindliche Richtlinien für Versuche an Menschen eingeführt, in denen auch der Unterschied zwischen Heilbehandlung und wissenschaftlichem Versuch definiert wurde:

»Ein Versuch am Menschen darf erst vorgenommen werden, wenn zuvor alle Unterlagen beschafft worden sind, die zu seiner Klärung und Sicherung mit den der medizinischen Wissenschaft zur Verfügung stehenden biologischen Methoden des Laboratoriumsversuchs und des Tierexperiments gewonnen werden können. Unter diesen Voraussetzungen verbietet sich jedes grund- und planlose Experimentieren am Menschen von selbst.«[558]

Tierexperimente legitimierten nicht nur die Durchführung der Versuche, sondern fungierten auch als Belege und teilweise auch als Vorbilder für ein sinnvolles und geplantes Experimentieren am Menschen. Aber ähnlich wie die Direktive aus dem Jahre 1901 blieb in Deutschland auch diese Anweisung ohne jede Wirkung. Das medizinische Experiment mit Arzneimitteln an Menschen wurde von Ärzten verhältnismäßig frei gestaltet und wenig systematisch durchgeführt. Zudem gab es weder Vorschriften für die Testung von Medikamenten an Menschen noch eine rechtliche Verpflichtung für Arzneimittelhersteller, die Wirksamkeit ihrer Präparate in klinischen Studien zu testen. So wurden in Deutschland sowohl 1928 als auch 1931 Empfehlungen und Regelungen für die klinische Prüfung von Arzneimitteln erlassen, in beiden Fällen jedoch nicht umgesetzt. Verpflichtende gesetzliche Regelungen zur pharmakologischen und toxikologischen Prüfung von Arzneimitteln wurden in Deutschland erst mit den Arzneimittelgesetzen von 1976, in Österreich 1983 festgelegt. Bis dahin wurden Teile des Arzneimittelrechts durch verschiedene Vorschriften und Verordnungen geregelt, die sich jedoch vorwiegend mit den zu erbringenden Qualitätsstandards für die Registrierung der Medikamente befassten. Bis zum Erlass des deutschen Arzneimittelgesetzes von 1976 und des österreichischen Arzneimittelgesetzes von 1983 war die Prüfung von Sicherheit und Wirksamkeit der Medikamente an Menschen gesetzlich nicht verpflichtend und die Prüfverfahren waren nicht festgelegt.[559]

557 Sitzungsbericht der Ärztekammer am 16.6.1928, zit. nach Winau, Versuche, 2003, 173.

558 Winau, Versuche, 2003, 174.

559 Vgl. Winau, Versuche, 2003, 175; Elkeles, Moralische, 1996, 126.

Bis zur Einführung verpflichtender Standards und Vorschriften bezogen sich Mediziner und Pharmakologen auf unterschiedliche, zumeist innerhalb der wissenschaftlichen Untersuchungen selbst entwickelte Kriterien für die Durchführung klinischer Medikamentenstudien. Sowohl in Deutschland als auch in Österreich hatte sich in der zweiten Hälfte des 19. Jahrhunderts die wissenschaftliche Methode des Experimentierens gegen den Ansatz der empirischen Beobachtung von Einzelfällen für die Arzneimitteltestung durchgesetzt. Um 1900 beklagten in Deutschland und Österreich viele Mediziner, dass die Pharmafirmen vor der Lancierung neuer Präparate weder eine ausreichende Arzneimitteltestung im Tierexperiment noch klinische Studien durchführten. Allgemein war man sich einig, dass mit Hilfe von Experimenten an Versuchstieren erste Aussagen zur Wirksamkeit der Medikamente und über die Gefahrlosigkeit ihrer Anwendung gemacht werden könnten. Der anschließende Versuch am Menschen wurde zumeist ohne kontrollierbare Bedingungen in der therapeutischen Anwendung durchgeführt. Die schon mehrfach erwähnten Selbstversuche spielten hier eine wichtige Rolle. Vor allem Pharmakologen und Kliniker forderten – spätestens seit den 1920er Jahren – ein differenzierteres Vorgehen. Die Tierstudien sollten durch ausgebildete Labormediziner in wissenschaftlichen Einrichtungen oder den Pharmabetrieben durchgeführt werden, die Studien an Menschen an Universitätskliniken oder großen Krankenhäusern, bei wenig toxischen Arzneimitteln auch in der Privatpraxis durch dazu besonders befähigte ärztliche Praktiker. Die Versuche an Menschen fanden dann meist mit nur wenigen Probanden und Probandinnen statt.[560]

Medizinethische Verlautbarungen aus dem frühen 20. Jahrhundert zeugen von einem »unterschütterten Glauben in die Gefahrlosigkeit therapeutischer Versuche«.[561] Erst die vermehrte Einführung industriell gefertigter Arzneimittel führte zu intensiveren ethischen Diskussionen um die klinische Arzneimittelprüfung. Die Überlegungen beschränkten sich jedoch zumeist auf die Forderung, die Ärzte sollten möglichst vorsichtig vorgehen, neue und potenziell gefährliche Medikamente nur nach Versagen der konventionellen medikamentösen Behandlung einsetzen sowie ausschließlich Arzneimittel verwenden, deren therapeutische Wirkung wahrscheinlich sei.[562]

560 Vgl. Elkeles, Moralische, 1996, 126.

561 Elkeles, Moralische, 1996, 1996, 31.

562 Vgl. Elkeles, Moralische, 1996, 31 f., 124.

DIE KLINISCHEN VERSUCHE MIT PROGYNON

Die sich in den 1910er Jahren häufenden Forderungen von Klinikern und Gynäkologen, dass Pharmabetriebe für die Qualität und die Wirksamkeit ihrer weiblichen Sexualhormonpräparate garantieren sollten, forderte die Firmen dazu heraus, vor der Markteinführung klinische Tests mit den Präparaten zu arrangieren.[563] Den Anspruch einer Wirksamkeitsgarantie versuchte Schering in der Entwicklung von Progynon auf mehreren Ebenen zu erfüllen. Dies geschah in Form von Tierversuchen sowie durch klinische Versuche an Frauen. Im Frühjahr 1926 starteten die klinischen Versuche mit Progynon. Die Testung wurde an der Universitäts-Frauenklinik in Würzburg von Arnulf Streck durchgeführt, dem jungen Assistenten des einflussreichen Gynäkologen Carl Joseph Gauss.[564] In der gynäkologischen Abteilung des Kaiser Franz Josef Ambulatoriums in Wien führten Steinachs Assistent Erwin Last und sein befreundeter Arztkollege Josef Novak, Leiter der gynäkologischen Abteilung, die Versuche durch.[565]

Schering informierte die beiden Prüfgruppen während der laufenden Studie über die jeweils untersuchten Einsatzbereiche für Progynon, gab jedoch keine Testergebnisse weiter. Würzburg und Wien sollten unabhängig voneinander agieren, sich nicht in ihren Versuchsanordnungen und Prüfungsverfahren koordinieren. Die Versuche in Würzburg starteten ein halbes Jahr vor denen in Wien, der Prüfer stand nicht in einem Kooperationsverhältnis mit Schering. Die gynäkologische Abteilung in Würzburg testete zur Mitte der 1920er Jahre die Sexualhormonpräparate mehrerer Pharmafirmen, Progynon war hier ein Präparat unter vielen.[566] In Wien wurden sämtliche Abläufe über Steinach abgewickelt, so machte er die Krankenanstalt ausfindig, stellte die Prüfer, lieferte die Extrakte und legte die Indikationen fest. Zudem führte er die Korrespondenzen mit Schering.[567]

563 Vgl. Oudshoorn, Materials, 1990, 10 f.; Goodman u. a., Bodies, 2003.

564 Anm.: Sowohl Streck als auch Gauss nahmen in der Zeit des Nationalsozialismus wegweisende Positionen ein. Das Alt-Parteimitglied Streck wurde späterer Referent für die medizinische Betreuung des Reichsparteitags und Sonderbeauftragter im Hauptamt für Volksgesundheit der Reichsleitung der NSDAP. Der Direktor des Spitals, Carl Gauss, erlangte für seine eugenisch motivierten Strahlenexperimente zur Sterilisierung von Frauen während des Zweiten Weltkriegs eine prekäre Bekanntheit. Siehe dazu: Süß, Volkskörper, 2003, 111 ff.

565 Die Diathermie-Versuche im Rothschildspital können mit den Progynon-Versuchen im Kaiser Franz-Joseph Ambulatorium vor allem durch die Untersuchungen zur Hyperämie-Wirkung der weiblichen Sexualhormone in Beziehung gesetzt werden. Weiterhin weisen personelle Kontinuitäten mit Steinachs Privatpraxis (Erwin Last, Josef Novak) auf einen größeren Anwendungs- und Forschungszusammenhang als die konkreten Präparatestudien hin. Näheres ist anhand der erhaltenen Quellen leider nicht mehr rekonstruierbar.

566 Vgl. Gaudillière, Genesis, 2004.

567 Vgl. SchA-B5/299, Steinach an Schoeller, Wien 7.6.1926, 28.6.1926, 14.11.1926.

Der klinische Prüfer Erwin Last war seit 1924 Steinachs »Assistent für Frauenbehandlung« in dessen Verjüngungspraxis und stand somit auch in einem engen Kooperations- und Abhängigkeitsverhältnis zu Schering.[568] Die Frage, ob es sich dabei um eine übliche Konstellation handelte, lässt sich nur schwer beantworten. Die klinische Forschung war in deutschen Pharmabetrieben sehr unterschiedlich organisiert, abhängig von den lokalen Kulturen und der spezifischen Geschichte der Firmen. So übernahm für die Firma Bayer eine interne »Pharmazeutische Wissenschaftliche Abteilung« die Organisation der klinischen Evaluation ihrer Produkte, welche durch ein Netzwerk lokaler Repräsentanten durchgeführt wurde, üblicherweise Pharmazeuten, die in den regionalen Büros des Konzerns arbeiteten. Dieses System wurde bei allen Produkten der IG-Farben eingesetzt – der deutschen chemischen Interessen-Gemeinschaft, der Bayer angehörte – hauptsächlich um die von ihnen unterstützte klinische Forschung von der pharmakotoxischen Testung von Chemikalien abzugrenzen, die auf nur wenig festgelegten und definierten Prüfungsverfahren basierte.[569]

Das Kaiser Franz Josef Ambulatorium war für die medizinische Betreuung ärmerer Bevölkerungsgruppen eingerichtet worden und auf Spendengelder angewiesen. Die wirtschaftlich schwierige Situation der Zwischenkriegsjahre könnte Josef Novaks Bereitschaft, in seiner Abteilung Versuche mit Medikamenten durchzuführen, überdies erhöht haben.[570] Zusätzlich interessierte er sich für Verjüngungsbehandlungen, die auch eine Rolle bei den klinischen Versuchen spielen sollten. Steinach wollte Progynon für die Behandlung von Amenorrhoe testen, deutete Schoeller gegenüber aber auch an, dass er ebenso den Einsatz von Sexualhormonen bei Alterserscheinungen untersuchen werde: »Wir werden den evtl. klimakt. Erscheinungen besondere u. interessierte Aufmerksamkeit schenken (während bei den anderen Forschern bisher die spez. gynäkol. Fälle […] das ausschliessl. Interesse in Anspruch nehmen).«[571]

Die erste Verabreichungsform, die in Wien und in Würzburg klinisch getestet wurde, waren Analsuppositorien oder »Zäpfchen«, doch kamen beide Prüfgruppen schon bald von Suppositorien ab. Streck vermittelt ein interessantes Detail zur Kulturgeschichte der Frauenleiden, wo er erläutert, warum die Zäpfchenform für sein überwiegend »ländliche[s] Klientel« nicht geeignet sei, denn für »die weibliche Landbevölkerung« sei eine »Unregelmäßigkeit der Periode ohne gleichzeitige Beschwerden im Gegensatz zur Großstadtklientel noch kein Grund zur Arztkonsultation«.

568 NYAM, Steinach an Benjamin, 30.5.1925.
569 Vgl. Gaudillière, Prepared, 2005, 629–631.
570 Vgl. NYAM, Steinach an Benjamin, Nizza 14.1.1927.
571 SchA-B5/299, Steinach an Schoeller, 14.11.1926.

Dadurch stehe ihm nur eine »relativ kleine Anzahl an geeigneten Patienten« zur Verfügung, die »höchstens zur Konsultation« erschienen, sich jedoch »fast nie stationär behandeln« ließen. Da es Streck »aus verschiedenen Gründen unzweckmäßig erschien«, den Patientinnen Zäpfchen für die Selbstbehandlung mitzugeben, wurde eine stationäre Aufnahme für die Behandlung mit Progynon obligatorisch. »Dieser Übelstand veranlaßte uns, von der rectalen zur peroralen Behandlung überzugehen und an die Herstellerin die Bitte zu stellen, das Progynon in Pillenform herauszubringen, was ausgezeichnet gelang.« Die Pillen wurden den ambulant behandelten Patientinnen zur Einnahme mitgegeben, was allerdings nicht das Problem der kleinen Probandinnenzahl löste. Streck betonte jedoch, dass er die wenigen »Fälle« besonders intensiv, »teilweise 12 Monate lang ständig und genau kontrolliert« habe.[572]

In Wien wurden ebenfalls nur wenige Frauen stationär aufgenommen, die meisten ambulant behandelt. Die Prüfer verwiesen jedoch im Unterschied zur Würzburger Gruppe auf eine schlechte Wirksamkeit der Zäpfchen. Außerdem gaben sie zu bedenken, dass diese Darreichungsform ihnen »unbequem erschien und die dadurch erzielten Erfolge wenig befriedigend« seien.[573] Die Einschätzung, »dass das Rektum ein besonders schlechter Aufnahmeort« sei, basierte vermutlich auch auf der Tatsache, dass Steinach diese Verabreichungsform in seinen Tierversuchen nicht einsetzen konnte. So schloss sich Novak seiner »Meinung an« und sah »mit Spannung dem reinen ›Injektionsöl‹ entgegen.«[574] Die Versuche »mit dem Öl« lieferten indessen »schöne klin. Erfolge« und wurden gemäß seinen Beobachtungen aus dem Frühjahr 1926 von den Frauen »absolut gut & lokal reaktionslos vertragen«.[575]

Schering ließ das ölige Progynon durch Verdünnung der konzentrierten Ovarien- und Plazentenextrakte in Sesamöl herstellen, »und zwar derart, dass 1 ccm [Kubikzentimeter, S. W.] der Lösung« in der Wirkung »1000 Zehngrammäuse-Einheiten« entsprach. Nach kurzer Zeit kam es zu Verzögerungen in der Produktion, weil die Pharmafirma »inzwischen das zum Strecken verwendete Sesamöl bakteriologisch prüfen lassen« musste.[576] Wahrscheinlich hatten Novak und Last der Pharmafirma im Verlauf des Jahres doch vom Auftreten leichter bis schwerer Entzündungen berichtet, nachdem Patientinnen das Präparat injiziert worden war. Steinach sah das Problem nicht im Lösungsmittel, sondern in den Wirkstofflösungen, die »noch mehr gereinigt werden« müssten, da auch unverdünnte Lösungen »noch öfters Infiltrate« – Flüssigkeitsansammlungen in gesundem Gewebe aufgrund von Entzündungsprozes-

572 Streck, Progynon, 1928, 1175.
573 Novak, Last, Klinische, 1928, 1716.
574 SchA-B5/299, Steinach an Schoeller, 14.11.1926.
575 NYAM, Steinach an Benjamin, 29.3.1927 und 26.4.1927.
576 SchA-B5/299, Schering an Steinach, 18.11.1926.

sen – auslösten.[577] »Die Infiltrate gingen zwar in jedem Falle ohne bleibenden Schaden zurück«, für Last und Novak waren die örtlichen Reaktionen dennoch stark genug, um die einzelnen Behandlungen abzubrechen. Zusätzlich konnte nur eine geringe Wirksamkeit der öligen Präparate festgestellt werden, wofür Novak und Last die »schwere Resorption injizierter öliger Lösungen und ihr langes Verbleiben an Ort und Stelle« verantwortlich machten.[578]

Kurz darauf gingen Novak und Last zur Testung wässriger Injektionslösungen über, die mittlerweile Walter Hohlweg in der Biologischen Versuchsanstalt herstellte. Zuvor hatte Steinach ohne Erfolg versucht, bei Schering die Produktion dieser Zubereitungsart durchzusetzen. Die Pharmafirma wollte zwar die Herstellung noch nicht im industriellen Maßstab übernehmen, dennoch hatten die Vorstände keine Einwände gegen ihre klinische Testung.[579] Die Wiener Prüfer mussten die Versuche jedoch schon bald abbrechen, weil es zu »Schwierigkeiten in der rechtzeitigen Fertigstellung und Lieferung des wässerigen Präparates« kam.[580] Einerseits fehlten Hohlweg die Kapazitäten für die Herstellung großer Mengen, andererseits traten Materialengpässe auf, da der Umwandlungsprozess enorme Substanzverluste mit sich brachte. Die Wirkung der öligen Stammlösung wurde durch die chemische Bearbeitung zur wässrigen Lösung von den ursprünglichen zehntausend Mäuseeinheiten auf zweihundert bis vierhundert Mäuseeinheiten reduziert. Dies entsprach einem Substanz- und Wirkungsverlust von achtundneunzig bis sechsundneunzig Prozent.

Im Rahmen der klinischen Testung konnte Schering mehrmals die benötigten Mengen an öliger Stammlösung nicht zur Verfügung stellen, weswegen sich Steinach einen »ewige[n] Kampf um das nötige Versuchsquantum« austragen sah.[581] Schließlich erbat er im Juni 1926 von Schering die gleichen »Tabletten, Zäpfchen oder dgl.« für die Wiener Prüfer, die die Pharmafirma »für Prof. Gauss« zubereite.[582] Novak und Last erhielten kurz darauf Dragees und stellten begeistert fest, dass es »nicht erst besonders hervorgehoben« werden müsse, dass »die orale Hormonbehandlung in der Praxis größere Vorzüge vor der Injektionsbehandlung« besitze. So stellten die Wiener Prüfer fest, dass die klinische Studie erst dann »ins rechte Fahrwasser« gekommen sei, »als sich die Firma zur Herstellung eines peroral anwendbaren Hormonpräparates« entschlossen habe.

Als Versuchspersonen wählte Novak vor allem jene unter seinen Patientinnen aus, die ihn entweder wegen ihrer »schwache[n] und verspätete[n] Menstruation« konsul-

577 NYAM, Steinach an Benjamin, 9.2.1927.
578 Novak, Last, Klinische, 1928, 1716.
579 Vgl. NYAM, Steinach an Benjamin, 29.3.1927.
580 Novak, Last, Klinische, 1928, 1716.
581 NYAM, Steinach an Benjamin, 26.4.1927.
582 SchA-B5/299, Steinach an Schoeller, Wien 28.6.1926.

tierten, oder solche, bei denen die Monatsblutung bei zuvor regelmäßigem Zyklus vollständig ausblieb, was er mit einer »sekundäre[n] Amenorrhoe« assoziierte. Eine vorangehende Untersuchung der Patientinnen auf eine vorliegende Schwangerschaft ist nicht dokumentiert. Da Novak und Last nur eine begrenzte Anzahl an Testpräparaten zur Verfügung stand, reservierten sie »das Hormonmaterial für die schwieriger zu beeinflussenden Fälle« der sekundären Amenorrhoe. Dabei handelte es »sich um Frauen im Alter von 15½ bis 36 Jahren, meist im Alter von 20–30 Jahren, bei denen die Periode 2 Monate (bloß 2 Fälle) bis 4 Jahre ausgeblieben war«. Die Symptome konnten mit Progynon behandelt werden, von »35 Fällen bekamen 30 die Menstruation. [...] Es wären dies, wenn man bei so kleinen Zahlen ein prozentuelles Verhältnis berechnen darf, 84 %.«[583] Im Vergleich dazu war Streck weniger mit einer Progynon-Knappheit konfrontiert als mit einer »relativ kleinen Anzahl von geeigneten Patienten«. In der Folge behandelte er nicht nur Frauen mit Amenorrhoe, sondern auch Patientinnen mit zu häufigen oder zu langen Blutungen sowie Regelbeschwerden. In seinem Artikel präsentierte er jedoch nur die Ergebnisse der Therapie von Amenorrhoe. Insgesamt behandelte Streck sechsundzwanzig Frauen mit ausbleibender Monatsblutung.[584] Die Zahl der in Wien behandelten Versuchspersonen war mit vierzig Patientinnen etwa anderthalbmal so hoch.

In Wien wurde in Verbindung mit Steinachs Verjüngungs- und Diathermieforschung zusätzlich das Einsatzgebiet »vasomotorische Störungen, die im Verlaufe der Klimax oder nach einer Kastration auftraten«, getestet. Dazu zählten die Prüfer »Wallungen«, die sie auf das Wegfallen der ovariellen Hormone und die folgende Umstellung des Körpers zurückführten. Insgesamt behandelten sie achtundzwanzig Frauen mit Wallungen: Siebzehn Patientinnen befanden sich im Klimakterium, fünf hatten »Ausfallserscheinungen nach einer Röntgenbehandlung«, sechs Frauen hatten Beschwerden nach der operativen Entfernung ihrer Eierstöcke. Bei allen Frauen konnte eine Abschwächung der Symptome erzielt werden. Sieben »Fälle fühlten sich ganz besonders wohl«, sodass die Prüfer die »derartig weitgehende[n] Besserungen [...] einigermaßen an die Reaktivierung (Verjüngungs-)Versuche Steinachs« erinnerten, »die er mit dem Sexualhormon bei senilen Ratten erzielte«. Doch wollten Last und Novak »derartig weitgehende Vergleiche angesichts« ihres »kleinen Materials und einer zu kurzen Beobachtungszeit nicht weiter ausspinnen«.[585] Die Verbindung der klinischen Studie mit Steinachs Verjüngungsforschung war kein Geheimnis für Schering oder die Würzburger Prüfgruppe. So wies Streck in seiner Einleitung auch

583 Novak, Last, Klinische, 1928, 1716–1718.

584 Streck, Progynon, 1928, 1175.

585 Novak, Last, Klinische, 1928, 1718.

darauf hin, dass nach längerem Ausbleiben der Menstruation die Amenorrhoe mittels der »Steinachsche[n] Reaktivierung des senilen Ovars durch Zyklushormon« therapiert werden könne.[586] Der Begriff »Zyklushormon« kann erstmals zur Mitte der 1920er Jahre in medizinischen und pharmakologischen Artikeln zu weiblichen Sexualhormonen gefunden werden. Als Zyklushormone bezeichneten Pharmakologen Substanzen, welche die »Mäusebrunst, nachweisbar durch das Testverfahren nach Allen-Doisy«, auslösten.[587] Es handelte sich somit um eine auf pharmakologische Wirkungen ausgerichtete Bezeichnung, die auch auf die zunehmende Wahrnehmung des Sexualhormons als (chemischen) Wirkstoff verweist.

Die klinische Studie in Wien beschäftigte sich vor dem Hintergrund der Erforschung von verjüngenden Sexualhormonwirkungen mit der Anwendung von Progynon bei Frauen jeder Altersgruppe mit gestörter oder wegfallender Ovarienfunktion. Die Ergebnisse dieser Untersuchungen verknüpfte die Arbeitsgruppe mit der wissenschaftlichen Lancierung von Progynon. In derselben Ausgabe von »Pflüger's Archiv«, in der am 1. Jänner 1928 die Mitarbeiter der Schering- und Steinachlaboratorien einen Artikel zur allgemeinen Wirkung von Progynon einreichten, veröffentlichte die Wiener Arbeitsgruppe Steinach, Hohlweg und Kun parallel einen Artikel zur *Reaktivierung des senilen Ovars und des weiblichen Gesamtorganismus auf hormonalem Wege*. Jener Aufsatz widmete sich Verjüngungsbehandlungen durch die »Injektion wässeriger Hormonlösung« und stellte die »perorale Verabreichung von konzentrierten Präparaten« der Firma Schering als klinisch geprüfte und aussichtsreiche Therapieform für Verjüngungsbehandlungen vor.[588]

Wässriges und drageeförmiges Progynon wurde damit auch als Verjüngungsmittel lanciert, das auf Basis von Steinachs Laborexperimenten an Tieren entwickelt und an Frauen getestet worden war. Die Übertragung der tierexperimentellen Ergebnisse auf den Menschen hatte sich dabei für Novak und Last nicht so einfach gestaltet, wie ursprünglich angenommen. Steinach hatte im Tierexperiment eine hohe Wirksamkeit der Extrakte bei einer Unterfunktion oder dem Fehlen der Eierstöcke festgestellt, was Novak und Last mit dem Krankheitsbild »primäre Amenorrhöe« verbanden, dem Nichteinsetzen der Menstruation bis zum sechzehnten Lebensjahr. Die Versuche an Frauen lieferten jedoch keine positiven Versuchsergebnisse:

> »Alle diese Fälle stammen aus der ersten Zeit unserer Progynontherapie, als wir unter dem Eindruck der Steinachschen Tierversuche mit allzu hochgespannten Hoffnungen an die

586 Streck, Progynon, 1928, 1174.
587 Streck, Progynon, 1928, 1173.
588 Vgl. Steinach, Kun, Hohlweg, Reaktivierung, 1928.

> klinische Erprobung des Präparates herangingen. Wir hofften, daß sich unter dem Einfluß des Sexualhormons ein unterentwickelter oder atrophischer Uterus in ähnlicher Weise, wie man es beim frühkastrierten Tiere beobachten kann, zur normalen Größe entwickeln würde. [...] Es liegen offenbar die Verhältnisse beim Menschen ganz anders als im Tierversuch.«[589]

Darüber hinaus beschränkte sich die Wiener Prüfgruppe nicht auf die Beobachtung von Therapieeffekten, sondern organisierte die Untersuchung aktiv als Experiment am Menschen. So fühlten sich Novak und Last einer »Reinheit der Versuchsanordnung« verpflichtet, die beispielsweise dadurch gewährleistet werden sollte, dass die Versuchspersonen ausschließlich Progynon zur Behandlung ihrer Beschwerden erhielten, obwohl für die Prüfer selbstverständlich war, dass »in der Praxis die Progynonbehandlung mit allen anderen das gleiche Ziel verfolgenden Maßnahmen« verknüpft werden müsse.[590] Demnach wurde ein künstlicher, experimenteller Rahmen geschaffen, in dem die Wirksamkeit und Anwendbarkeit des Schering-Präparats beobachtet wurde und der in seiner Struktur den vorangegangenen Steinach'schen Tierexperimenten entsprach.

Damit verpflichteten sich die prüfenden Gynäkologen nicht ihren Patientinnen, sondern den Ansprüchen physiologischer Experimentalanordnungen, ein Vorgehen, das nicht zwingend in klinischen Versuchen gefordert wurde und das fundamental der ärztlichen Pflicht zur optimalen Versorgung der Patienten widersprach. Auch Arnulf Streck achtete darauf, die Versuchspersonen »grundsätzlich nur mit Progynon« zu behandeln. Dennoch verordnete er in einem Fall zusätzlich ein anderes Präparat, »wegen Nervosität und etwas reduziertem Ernährungszustand« der Patientin. Bei zwei Patientinnen wurde von ihm die Behandlung mit »Follikulin«, dem weiblichen Sexualhormonpräparat der niederländischen Pharmafirma Organon, begonnen, »um dann mit Progynon weitergeführt zu werden«.[591] Die Behandlungen mit teilweise mehreren Präparaten führte Streck anschließend in Form von Krankengeschichten detailliert aus.[592] Beide Gruppen empfahlen die Anwendung von Progynon bei ausbleibender Monatsblutung, der sogenannten Amenorrhoe. Die Wiener Ärzte setzten es wie gezeigt zusätzlich bei Wechselbeschwerden und Alterserscheinungen ein.

Als kontraindiziert bewertete Streck eine Anwendung weiblicher Sexualhormone bei Frauen, bei denen das Aussetzen ihrer Menstruation auf eine »allgemeine Erkran-

589 Novak, Last, Klinische Erfahrungen, 1928, 1716.

590 Novak, Last, Klinische Erfahrungen, 1928, 1717.

591 Streck, Progynon, 1928, 1175.

592 Vgl. Streck, Progynon, 1928, 1173–1175.

kung« zurückgeführt werden konnte.[593] Novak und Last empfahlen, Progynon nicht bei unterernährten, »kachektischen Individuen« einzusetzen, da hier das Ausbleiben der Menstruation »ein belangloses klinisches Symptom« darstelle und durch eine »diätische Behandlung« gebessert werden könne. Bei Tuberkulose wiederum stelle die Amenorrhoe »eine heilsame Selbsthilfe der Natur« dar und solle deswegen nicht mit Sexualhormonen therapiert werden.[594] Sowohl die Würzburger als auch die Wiener Prüfer führten die Experimente an Frauen innerhalb von zweieinhalb Jahren durch und veröffentlichten die Ergebnisse im Sommer beziehungsweise Herbst 1928 in medizinischen Fachzeitschriften.[595]

Die klinischen Experimente an Frauen ermöglichten es Schering, auf praktisches Wissen zur Anwendung von Progynon zurückzugreifen. Die von den Prüfern bevorzugte Zubereitungsart, die Dosis, das Behandlungsschema und die Behandlungsdauer sowie Indikationen und Kontraindikationen für eine Sexualhormonbehandlung wurden von der Pharmafirma an künftige Zielgruppen in Form von Anwendungshinweisen weiterkommuniziert. Darüber hinaus setzte die Pharmafirma fortlaufend gewonnene Erkenntnisse in den Entwicklungsarbeiten um. Diese Interaktion zwischen klinischen Tests und pharmazeutischer Produktion war nicht ungewöhnlich, da Pharmafirmen klinische Studien als wichtigen Teil der Präparatentwicklung von biologischen Arzneimitteln betrachteten.[596] Schering modifizierte mehrmals die Zubereitungsart, was letztlich dazu führte, dass 1928 Schering Progynon in Drageeform und als wässrige Injektionslösung lancieren konnte.[597]

Für die Darreichungsform als wässrige Lösung griff die Pharmafirma auf die oben beschriebene, mittlerweile patentierte und optimierte Herstellungsmethode von Walter Hohlweg zurück. Die Entwicklungsarbeiten zu Progynon hatten vor dem Hintergrund eines »Wettrennen[s] um dieses Hormon« mit anderen Pharmafirmen stattgefunden.[598] So hatte die Konkurrentin Ciba ein Jahr vor Schering 1927 das Ovarienpräparat Prokliman in Drageeform zur Behandlung von Beschwerden in der Menopause lanciert.[599] Demnach versuchte Schering, durch die Produktion des Injektionspräparats eine Marktlücke zu füllen. In den folgenden Jahren empfahl Schering in vielgelesenen Informationsbroschüren Medizinern die Anwendung von

593 Streck, Progynon, 1928, 1175.
594 Novak, Last, Klinische, 1928, 1718.
595 Anm.: Streck publizierte seine Ergebnisse im Juni 1928 in der »Klinischen Wochenschrift«, Novak und Last die ihrigen im November 1928 in der »Medizinischen Klinik«.
596 Vgl. Gaudillière, Genesis, 2004.
597 Zur Lancierung von Progynon vgl. oben das Kapitel Scherings Einstieg in den Sexualhormonmarkt.
598 NYAM, Steinach an Benjamin, 17.1.1926.
599 Vgl. Ratmoko, Chemie, 2011, 133–140.

weiblichen Sexualhormonen erstens bei ausbleibender Menstruationsblutung oder bei Menstruationsbeschwerden, zweitens bei Wechselbeschwerden, darunter auch Hitzewallungen, Schlaflosigkeit, Depressionen und Psychosen, und drittens bei Erkrankungen, die mit anderen Hormondrüsen in Verbindung gebracht wurden, wie beispielsweise Diabetes, Morbus Basedow oder Störungen der Hypophysensekretion.[600] Ergänzend dazu setzte Steinach weibliche Sexualhormonpräparate verstärkt zu Verjüngungs- und Vitalisierungsbehandlungen ein.

Die klinischen Prüfer avancierten aufgrund der Bedeutung, die ihre Experimente für die Entwicklung des Präparats, aber auch für die Definition der Anwendungsbereiche sowie die Festlegung der Art der Anwendung hatten, schon bald zu wichtigen Partnern für Pharmafirmen.[601] Etwa investierte Schering in den Aufbau eines stabilen Netzwerks von assoziierten Ärzten. In den 1930er Jahren setzte die Firmenleitung bei der klinischen Testung ihrer Sexualhormonpräparate hauptsächlich auf Karl Kaufmann, Leiter der gynäkologischen Abteilung der Charité in Berlin, sowie Carl Clauberg von der gynäkologischen Klinik der Universität Königsberg.[602]

Die klinischen Versuche mit Progynon in Wien entsprachen, zumal angesichts der Tatsache, dass gesetzliche Regelungen für Arzneimittelstudien an Menschen fehlten, dem zeitgenössischen Entwicklungsstand. Dennoch waren sie prekär, denn die enge Verbindung zwischen dem Entwickler Steinach und den Prüfern Last und Novak führte an mehreren Stellen zu der aus ethischer Sicht problematischen Ausrichtung der klinischen Studie auf Steinachs Forschung. Etwa wurden Frauen, die sich gynäkologisch behandeln ließen und in diesem Rahmen an der Arzneimitteltestung teilnahmen, teilweise auch in das therapeutische Experiment »Verjüngung« miteinbezogen, obwohl sie dieses Thema gar nicht als Anliegen vorgebracht hatten. Oder die Prüfer entschieden sich nicht deshalb für flüssige Zubereitungsarten, weil dies die optimale Verabreichungsform für die Patientinnen gewesen wäre, sondern vor allem weil diese von Steinach empfohlen, jahrelang im Tierexperiment getestet und in seinen wissenschaftlichen Versuchen verwendet worden war. Die Injektionslösungen verursachten bei den Frauen letztlich Entzündungen. Schließlich beeinflusste die Interaktion von Prüfern und Entwickler die Versuchsanordnung. Novak und Last orientierten ihre Menschenversuche an Steinachs Tierexperimenten und fühlten sich mehr dessen physiologischem Experimentalsystem verpflichtet als ihren Patientinnen, wodurch die klinischen Versuche zu einem zusätzlichen Experimentierfeld Steinachs avancierten.

---

600 Vgl. Gaudillière, Prepared, 2005, 631 f.

601 Vgl. Gaudillière, Genesis, 2004, 528–533; Oudshoorn, Natural, 1994, 65–81; Oudshoorn, United, 1993.

602 Vgl. Gaudillière, Genesis, 2004; Gaudillière, Drug, 2005, 629–635.

Kapitel 9

Kooperation und Forschungsfinanzierung 1929–1938

Auch nach der Markteinführung von Progynon wurde Steinach bis 1938 laufend in weitere Projekte der Schering mit eingebunden. Die Kooperation zwischen dem Wissenschaftler und dem Unternehmen dauerte mit fünfundzwanzig Jahren verhältnismäßig lang an. Im Vergleich dazu ging die Schweizer Pharmafirma Ciba mit Laborwissenschaftlern nur kurze Kooperationen ein, die sie jeweils beendete, nachdem sie ihnen die Rechte an der »Erfindung« eines Medikaments abgekauft hatte. In den Niederlanden arbeitete das von Ernst Laqueur geleitete wissenschaftliche Labor an der Universität von Amsterdam über mehrere Jahrzehnte eng mit der Pharmafirma Organon zusammen. Da Laqueur aber der Gründer von Organon war und als einer von drei Direktoren fungierte, handelte es sich nicht um eine Kooperation im eigentlichen Sinne.[603] Im folgenden Abschnitt wird die Zusammenarbeit zwischen Steinach und Schering zwischen 1929 und 1938 skizziert und in den Kontext der Entwicklungen auf dem pharmazeutischen Markt gestellt, auf dem die Konkurrenz der Unternehmen im Bereich der Sexualhormonpräparate immer schärfer wurde. Schon hier ist der Rückgang der Bedeutung der physiologischen gegenüber den biochemischen Forschungen erkennbar. Eine eigene Rolle spielt die Erschwerung der Kooperation zwischen Schering und Steinach durch das antisemitische Regime der Nationalsozialisten auch schon vor dem sogenannten Anschluss Österreichs an das Deutsche Reich, bei dem das dann folgende, abschließende Kapitel dieser Studie einsetzen wird.

Im September 1928 bemerkten die Schering-Vorstände Steinachs Anwalt gegenüber, dass sie in ihrer »langjährigen industriellen Praxis selten mit einem so geschickten Vertragsgegner zu verhandeln gehabt« hätten wie mit »Herrn Prof. Steinach«.[604] Diese Bemerkung ist sicherlich kennzeichnend für eine Forscherpersönlichkeit, die immer sehr aktiv auch den Kontext ihrer Arbeit gestaltet hat. Darüber hinaus wurde es für den experimentellen Physiologen in den prekären Zwischenkriegsjahren zunehmend schwierig, die kostenintensiven Experimente an Tieren zu finanzieren. Bislang hatte Steinach aus einer Kombination von Schering-Forschungsmitteln, wissenschaftlichen Preisen, staatlichen Förderungen und privaten Mitteln seine Mitarbeiter, die Versuchstierhaltung und die Beschaffung von Chemikalien, Instrumenten

603 Vgl. Bürgi, Pharmaforschung, 2011; Ratmoko, Chemie, 2010; Oudshoorn, Natural, 1994.
604 SchA-B5/299, Schering an Hirsch, 25.9.1928.

und chirurgischen Werkzeugen bezahlt, um seine Experimente durchführen zu können.[605] Die Kooperation mit der Pharmaindustrie ermöglichte Steinach, seine Arbeit fast ungehindert weiterzuführen. Dennoch ließen ihn sein fortgeschrittenes Alter, der zunehmende Antisemitismus in Österreich sowie seine späte Heirat mit Antonie Thumim 1921 verstärkt an seine und Antonies finanzielle Zukunft denken. Gut ein Jahr lang waren komplizierte Verhandlungen geführt worden, die dem Ehepaar Steinach eine lebenslängliche Rente sichern sollten, jedoch nicht zu einem Abschluss gelangt waren. Steinachs finanzielle Forderungen überstiegen die Vorstellungen der Firma Schering bei Weitem. Im März 1929 wurden die Verhandlungen wieder aufgenommen, nachdem Schering, auch ohne vertragliche Verpflichtung, in der zweiten Jahreshälfte 1928 die Laborkosten weiter getragen hatte. Steinach zeigte sich dadurch kooperativer, reduzierte seine Ansprüche und unterzeichnete schließlich im selben Monat einen neuen Kooperationsvertrag. Dafür erhielt er einmalig 100.000 Reichsmark und bis zum Auslaufen des Vertrages zum Jahresende 1931 ausreichend Forschungsgelder sowie eine – derzeit noch nicht verpflichtende – Rente, was als ein enormes Zugeständnis und auch Anerkennung seitens Schering bewertet werden kann.[606]

Zum Höhepunkt der Wirtschaftskrise wurde Steinach vom österreichischen Bundesministerium für Unterricht ab Ende Juli 1932 in den dauernden Ruhestand versetzt. Er erhielt ab diesem Zeitpunkt staatliche Pensionszahlungen von der Universität Wien.[607] Im Vergleich zu der von Schering gezahlten Rente machten diese jedoch nur ein Sechstel des Betrags aus. Beide Ruhegehälter ermöglichten den Steinachs jedoch, ihren gewohnten Lebensstil mit Zweitwohnsitz am Semmering sowie regelmäßigen Kur- und Thermenaufenthalten in Österreich, der Schweiz, Frankreich und Italien weiterzuführen.

Der einundsiebzigjährige Physiologe konnte dank Schering seine Laborforschung auf einem hohen Niveau weiterführen. Bereits ab März 1929 überwies der Konzern wieder regelmäßig Laboratoriumszuschüsse an Steinachs Forschungskonto in Wien, scheinbar ohne mit dem Physiologen ein konkretes Forschungsprojekt fixiert zu haben, doch war geplant, weitere Sexualhormonpräparate, am geeignetsten aus der Wirkstoffgruppe des Progynon, zu entwickeln und zu testen. Im Dezember 1930 legten Schoeller und Steinach neue Themenfelder fest, die sie bearbeiten wollten. Hohlweg, der schon 1928 nach Berlin übersiedelt war, übernahm dort 1930 die

605 Vgl. AÖAW, Kassabücher »Physiologisches Laboratorium Prof. Steinach, Wien, Prater Hauptallee (Vivarium)«.

606 Vgl. SchA-B5/299, Steinach an Schering, 10.3.1929, 23.3.1929; Schering an Steinach, 8.3.1929, 25.3.1929, 18.6.1929; Interna, 31.5.1929.

607 Vgl. AUW, Dekret, Juni 1932; AÖAW-BV, 3/3, 449, BM an AW, Wien 1.6.1913.

Leitung einer eigenen Abteilung, das »Hormonlabor«, wo er tierexperimentelle Studien zur Wirkung von Hypophysenhormonen sowie zu deren Einfluss auf die Sekretion von Sexualhormonen durchführte.[608] Der pragmatische Steinach musste sich wohl mit der neuen Funktion Hohlwegs in der Scheringforschung arrangieren und zeigte sich als fairer ehemaliger Arbeitgeber. Trotz der geografischen Trennung von seinem früheren Assistenten sah er kein Hindernis für eine erneute Zusammenarbeit und schlug Schoeller vor, in den nächsten Jahren gemeinsam mit Hohlweg den experimentellen »Nachweis der biolog. und therapeutischen Wichtigkeit« von Hypophysenpräparaten zu erbringen. Steinach sollte von Schering für vermarktete Hypophysenpräparate Umsatzbeteiligungen erhalten und sicherte Schering die Prioritätsrechte auf seine Forschungsergebnisse zu.[609] Außerdem sollten »die neu gewonnenen Erkenntnisse über das Vorkommen des Corpus luteums im Hoden und des männlichen Hormons bei der Frau auf ihre praktische Bedeutung hin« ausgebaut werden.[610] Somit konzentrierten sich beide Kooperationsprojekte, in die Steinach nach 1928 involviert war, auf die tierexperimentelle Ermittlung und Fundierung von Anwendungsbereichen.

Schering zahlte für diese Projekte bis zum September 1933 monatliche Forschungszuschüsse von 1.250 RM an die physiologische Abteilung.[611] Seit Beginn der Kooperation hatte sich Steinach die Laborbeiträge je nach wirtschaftlichen Gegebenheiten in unterschiedlichen Währungen auszahlen lassen und wich, um Steuerzahlungen zu umgehen, auf Konten und Veranlagungen in der Schweiz aus. 1927 hatte er in Zürich die Immobilien-Leasinggesellschaft Rana-A. G. gegründet und deren Konten bei der Schweizerischen Kreditanstalt einrichten lassen.[612] Das Gebäude der Bank lag direkt gegenüber dem St. Gotthard Hotel, in dem Steinach seit Jahren Stammgast war. 1931 hinterlegte Steinach auch für den befreundeten Industriellen Carlos Vallin, Hersteller der Wertheim-Nähmaschinen, ein Vormundschaftsvermögen in der Schweizerischen Kreditanstalt und übernahm dessen Verwaltung. Vallin

608 Hohlweg war bis 1945 an der Entwicklung der Östrogen-Präparate Progynon und Progynon B, der Progesteron-Präparate Proluton und Proluton C, des Androgen-Präparats Proviron sowie der gonadotropen Hormon-Präparate Anteron, Prolan A und Prolan B beteiligt.

609 SchA-B5/299, Steinach an Schoeller, Wien 10.12.1930. Anm.: Bereits 1928 beschrieben Steinach und Kun in »Die entwicklungsmechanische Bedeutung der Hypophysis als Aktivator der Keimdrüseninkretion« die Wirkung der Hypophyse als aktivierend auf das hormonproduzierende Gewebe in den Hoden. Zu den Veröffentlichungen dieses Projekts zählen: Steinach, Kun, Reizstoff, 1929; Steinach, Kun, Notiz, 1930; Hohlweg, Junkmann, Regulierung, 1932; Hohlweg, Hypophysenvorderlappen, 1934; Hohlweg, Progynon, 1934; Hohlweg, Chamorro, Wirkung, 1937.

610 SchA-B5/299, Interna, 13.1.1931. Vgl. Hohlweg, Hormon, 1935.

611 Vgl. SchA-B5/295, Interna, 13.4.1933. Anm.: 1.250 RM entsprächen aktuell rund 5.000 Euro.

612 Anm.: Die Rana-A. G. wurde am 2.11.1927 im Züricher Handelsregister eingetragen.

lagerte soeben die Produktion der Nähmaschinen von Frankfurt nach Barcelona aus und konnte sich nicht persönlich um diese Bankangelegenheiten in der Schweiz kümmern. Steinach erhielt im Gegenzug einen Teil der Dividenden des Vermögens für seine Forschung.[613]

Im Februar 1932 befürchtete Steinach eine Entwertung der Reichsmark und handelte mit Schering eine Bindung der Rentenzahlungen an den deutschen Wertindex aus. Als Gegenleistung verzichtete er auf noch laufende Umsatzbeteiligungsansprüche.[614] Steinachs Verhandlungen bezogen sich aber nicht nur auf wirtschaftliche Veränderungen, sondern vor allem auf die politischen Entwicklungen. Nachdem Adolf Hitler nach der Machtübergabe am 30. Januar 1933 das Kanzleramt erhalten und das deutsche Parlament am 24. März 1933 das Ermächtigungsgesetz verabschiedet hatte, wurde unter dem antisemitischen Regime der neuen Machthaber die Zukunft der Kooperation zwischen dem Physiologen jüdischer Herkunft und der deutschen Pharmafirma ungewiss. Steinach versuchte zu retten, was möglich war, und transferierte einen Großteil der Schering-Einlagen von Bankkonten der österreichischen Länderbank auf seine Konten bei der Schweizerischen Kreditanstalt. Allerdings versteuerte er die Devisenbewegung in die Schweiz nicht, was bei den österreichischen Behörden und in der Presse nicht unbemerkt blieb. So berichtete die antisemitische und nationalsozialistische Zeitschrift »Die Brennessel« sarkastisch, dass »Professor Steinach in Wien [...] neuestens wieder einen schlagenden Beweis für seine Verjüngungsmethode erbracht« habe: »er ließ Devisen verschwinden mit einer Elastizität wie der jüngste Schieber«.[615]

Die strafrechtliche Untersuchung der Steuerangelegenheit brachte Steinach in enge Bedrängnis. Im Juli bat er Schering, seine Rente über jährlich 50.000 Schweizer Goldfranken direkt auf sein Schweizer Konto zu überweisen, damit »die Auszahlung der Rente durch Devisen- oder Transfer- oder andere Regierungsmassnahmen niemals behindert werden« könne, in Wien wechselte er die Bank.[616] Überdies bat er den Schering-Vorstand, Briefe ohne seinen Namen in der Anschrift an seinen Anwalt zu übersenden.[617] Die Schering-Vorstände zeigten sich indessen besorgt, dass die Pharmafirma von der NSDAP für die Steuerhinterziehung verantwortlich gemacht werden könnte. Interne Notizen vermitteln den Eindruck, dass einige Akteure innerhalb des Unternehmens nach Gründen suchten, diese nun problematisch erscheinende Kooperation zu beenden: Da Steinachs »wissenschaftlicher und persönlicher

613 Vgl. Vallin an Steinach, Barcelona, 5.2.1931.
614 SchA-B5/295, Steinach an Schering, Wien 12.2.1932; Interna, ca. 20.12.1938.
615 Brennessel, Kurzmeldungen, 1933.
616 SchA-B5/295, Steinach an Schering, Zürich 7.7.1933.
617 Vgl. SchA-B5/295, Steinach an Schering, Zürich 25.6.1933.

Ruf wohl als durchaus problematisch angesehen werden« könne, besprachen die Vorstände die mögliche Beendigung der Zusammenarbeit. Der Leiter der Schering-Rechtsabteilung habe »zufällig« gehört, »dass Steinach's Bedeutung auch in wissenschaftlicher Hinsicht von kompetenter Seite immer mehr in Zweifel gezogen« werde.[618] Hier ist auf die bereits oben besprochene Tatsache hinzuweisen, dass es 1927 gerade die Rechtsabteilung gewesen war, die beim Prozess der Entscheidungsfindung zur Verlängerung der Kooperation mit Steinach seinen Stellenwert unterstrichen hatte, nachdem Schering über die abnehmende Relevanz physiologischer Experimente in der Präparatentwicklung nachgedacht hatte.

Führende Sexualhormonforscher wie die in Paris tätigen Biochemiker Casimir Funk und Benjamin Harrow standen dennoch weiterhin in engem Kontakt mit Steinach. Sie wiesen bis 1930 das männliche Sexualhormon im Tierhoden sowie im Harn von Männern nach, das Adolf Butenandt ein Jahr später chemisch isolierte und als Androsteron determinierte.[619] Steinach war von Funks und Harrows Arbeiten zum männlichen Sexualhormon derart begeistert, dass er es im Jänner 1930 in einem Brief an Benjamin als »Funk-Harrow's Hormon« bezeichnete.[620] Ein halbes Jahr später mischte sich jedoch in seine Begeisterung großer Ärger, denn die beiden Biochemiker erwähnten Steinachs Forschungen in ihrem Artikel nur am Rande. Steinach fühlte sich in der Anerkennung seiner Anteile an der Sexualhormonforschung von allen Sexualendokrinologen übergangen.[621] »Keiner dieser Herrn Wissenschaftler« nenne seinen Namen oder auch nur diese Forschungen!« »[A]lle diese Ursupatoren« würden seine »Anteile kennen & absichtlich verschweigen«.[622]

Tatsächlich bauten Mediziner und Chemiker auf Steinachs Arbeiten auf, doch wurden die vergangenen physiologischen Erkenntnisse bereits als Forschungsstand, deren Weiterentwicklung in der chemischen Isolierung, Definition und teilweise auch künstlichen Synthese der Stoffe als Innovationsleistung bewertet. So stellte Steinach 1936 verbittert fest, dass vor allem die Biochemiker unter den Sexualhormonforschern seine Leistungen in der endokrinologisch-physiologischen Grundlagenforschung ignorierten.[623] Chemische Innovationen wurden auch mit hochdotierten, renommierten Preisen gewürdigt. 1939 erhielten Adolf Butenandt und Leopold Ruzicka den Nobelpreis für Chemie für ihre Arbeiten zu Sexualhormonen, und obwohl »diese Bürschchen noch in die Schule« gingen, als er selbst das erste Mal nomi-

618 SchA-B5/295, Interna, 23.6.1933.
619 Vgl. Stoff, Jugend, 2004, 494 f.
620 NYAM, Steinach an Benjamin, 18.1.1930.
621 Stoff, Jugend, 2004, 496.
622 NYAM, Steinach an Benjamin, 27.7.1930 (Hervorhebungen i. O.).
623 Stoff, Jugend, 2004, 497.

niert worden war, bekamen Steinach zufolge »den Preis für ›Sexualforschung‹ die glücklichen Ausnützer« seiner »Arbeiten und Entdeckungen«.[624]

Indessen würdigte Schering Steinachs Arbeiten zu weiblichen und männlichen Sexualhormonen in finanzieller Hinsicht jahrelang, noch bevor die Firma mit Hormonen, etwa ab 1932, erste Erlöse verbuchen konnte.[625] Tatsächlich können die wiederholten Verlängerungen des Kooperationsvertrages, wie im Herbst 1933 »für die Dauer eines weiteren Jahres«, jedoch unter Halbierung »des bisherigen Forschungskostenzuschusses«, auch als Würdigung seiner Lebensleistung bewertet werden. Nach Ablaufen des Vertrages im September 1934 hielt Steinach »eine weitere Verlängerung für selbstverständlich«, was die Schering-Vorstände so nicht bestätigen wollten. Doch wollten sie vom »Stande der Versuche, den Verwertungsaussichten und von der allgemeinen wirtschaftlichen Lage abhängig« die Laborzuschüsse für ein weiteres Jahr zahlen.[626]

Harry Benjamin versuchte Steinach indes zu einer Emigration in die USA zu bewegen. 1934 lud er den Physiologen ein, mit ihm gemeinsam eine Verjüngungsklinik in Los Angeles zu gründen. Der Wiener wollte aber seine physiologische Abteilung nicht aufgeben und sah sich der Herausforderung einer Emigration nicht gewachsen: »Wie gerne möchte ich auch dahin, aber so stramm ich auch bin, mit 73 kann ich doch kein neues Leben beginnen und muss in dem europ. Trümmerhaufen bleiben u. in meinem undotierten Puppenlaboratorium weiter wursteln, so lange es geht.«[627] Benjamin hoffte derweil für Steinach, dass Österreich »nicht der Naziinfektion verfallen« werde. Die Regierungsbildung der Nationalsozialisten tue jedem Aufschwung einen Abbruch und habe Deutschland einen »Rückschlag in's Mittelalter« versetzt. Im Juli 1934 beabsichtigte Benjamin auf einen Kongress nach Wien zu reisen und plante, »durch den Umweg ueber Paris und die Schweiz Deutschland vermeiden« zu können. Benjamin sagte schließlich die Reise ab, hauptsächlich aufgrund der Befürchtung, dass ein neuer Weltkrieg ausbrechen oder »das Hitlertum in Oesterreich seinen Einzug« halten könnte.[628]

Jenseits der schwerwiegenden politischen Entwicklungen gründeten in den 1930er Jahren die führenden pharmazeutischen Industriebetriebe Europas ein Hormonkartell. Eine wichtige Triebfeder für die industriell-chemischen Entwicklungsarbeiten an Sexualhormonpräparaten war stets der Wettbewerb zwischen Pharmafirmen gewesen, doch hatte sich dieser nun derart intensiviert, dass ein gegenseitiges Entgegenkommen unumgänglich schien. Schering schloss im März und April 1935 ein Abkommen

---

624 NYAM, Steinach an Benjamin, 15.11.1939.

625 Vgl. Bartmann, Tradition, 2003, 389.

626 SchA-B5/295, Schering an Steinach, 22.3.1933, 13.11.1934; Interna, 25.10.1934; SchA-B5/295.

627 NYAM, Steinach an Benjamin, 20.8.1934. Vgl. Stoff, Jugend, 2004, 36.

628 NYAM, Benjamin an Steinach, 21.10.1933; 24.4.1934; 9.9.1935.

mit der Hauptkonkurrentin Ciba. Das primäre Ziel bestand in der Gründung einer Arbeitsgemeinschaft auf dem Gebiet der männlichen Sexualhormone, innerhalb derer Wissen zur chemischen Isolierung und Teilsynthese des Testosterons offengelegt werden sollte. Durch ihre Kooperation konnten Schering und Ciba schon bald eine Monopolstellung am europäischen Sexualhormonpräparatemarkt einnehmen.

Im Oktober 1936 bekundeten weitere Pharmafirmen – die deutsche Boehringer, die französische Chimio und die niederländische Organon – Interesse an einer Kooperation. Die drei Pharmabetriebe, deren Produktpaletten ebenfalls Sexualhormonpräparate aufwiesen, hatten sich bereits zusammengeschlossen, um gemeinsam eine stärkere Verhandlungsposition gegenüber dem Monopolistenduo zu haben. Sie drohten, falls kein Übereinkommen zustande käme, einen »Abwehrblock« gegen die gemeinsamen Patentbesitze von Schering und Ciba zu bilden. Letztere sahen auch aufgrund der Arbeiten und Patentanmeldungen der Konkurrenzfirmen ihre Monopolstellung ernsthaft gefährdet, weswegen im Mai 1937 das Kartell erweitert wurde und die Firmen C. F. Boehringer & Söhne G.m.b.H., Les Laboratoires Français de Chimiothérapie S. A. und N. V. Organon ein Fünferabkommen abschlossen. Alle fünf Firmen wollten sich über wissenschaftliche und technische Erfahrungen zu Sexualhormonen austauschen sowie einander gegenseitig Herstellungs- und Verkaufslizenzen erteilen.[629] Diese Arbeitsgemeinschaft fokussierte ausschließlich auf biochemisch erfasste Hormone, weswegen biologische Laboratorien nicht mit eingegliedert wurden. Steinachs Bemühungen, die grundsätzliche Gleichwertigkeit der Arbeiten seines Labors mit denen von Scherings pharmazeutischen und chemischen Laboratorien hervorzuheben, blieben ohne Erfolg; er wurde nicht in die Arbeitsgemeinschaft aufgenommen.[630]

Ab September 1935 genehmigte die Devisenabteilung der Schering die Zahlungen an Steinach in Schweizer Franken nicht mehr, die der Physiologe ab 1927 in seiner eigens gegründeten Gesellschaft in Zürich angelegt hatte. Alle Beträge wurden ab diesem Zeitpunkt in Schillingen nach Österreich überwiesen.[631] Zusätzlich verkomplizierten sich auch die Geldtransfers von Berlin nach Wien. Für die Auszahlung der Forschungsbeihilfe und der Rente musste Schering vierteljährlich eine Genehmigung von der Devisenstelle des Landesfinanzamts Berlin einholen. Dennoch verlängerte Schering bis 1938 den Vertrag mit Steinach ohne längere Verhandlungen jährlich und überwies Forschungsbeihilfen bis einschließlich März 1939.[632]

629 Vgl. Ratmoko, Chemie, 2010, 207–228.

630 Vgl. SchA-B5/295, Steinach an Schering, Wien 1.4.1937.

631 SchA-B5/295, Schering an Steinach, 4.2.1935.

632 Vgl. SchA-B5/295, Schering an Steinach, 15.3.1937, 1.11.1937; SchA-B5/295, Steinach an Schering, Zürich 10.8.1938; NYAM, Steinach an Benjamin, Zürich 24.12.1939.

Trotz der Wirtschaftskrise und der prekären finanziellen Situation in den Zwischenkriegsjahren befand sich Steinach vor und nach seiner Emigration in einer ökonomisch guten Position. Seine Forschungsmittel und sein Vermögen basierten auf mehreren finanziellen Säulen: Zum einen konnte er auf ein Familienvermögen zurückgreifen. Steinachs Vater war, ebenso wie der Großvater, in Hohenems als Gemeindearzt tätig; beide behandelten aber auch Patienten in der benachbarten Schweiz. Die Mutter Flora Rosenthal stammte aus einer durch die Industrialisierung reich gewordenen Familie in Vorarlberg. Seit Jahrzehnten in der Textilindustrie tätig, konnten die Rosenthals um 1900 Firmenniederlassungen und Geschäfte in New York eröffnen. Steinachs jüngerer Bruder Josef übernahm in etwa derselben Zeit die Leitung des Familienbetriebs, einer Textilfabrik im vorarlbergischen Rankweil. Nach einem Kutschenunfall, bei dem sich Steinachs Eltern teilweise schwere Verletzungen zugezogen hatten, übersiedelten Simon und Flora Steinach 1893 nach Wien. Simon Steinach starb 1904, Flora Steinach nur fünf Jahre später. Seine Eltern unterstützten Eugen Steinach während und nach seinem Studium und hinterließen ihm nach ihrem Ableben ein größeres Vermögen.[633]

Daneben bezog Steinach ein staatliches Gehalt, von 1894 bis 1917 über die deutsche Universität in Prag, von 1917 bis 1919 über die Österreichische Akademie der Wissenschaften, von 1919 bis 1932 über die medizinische Fakultät der Universität Wien. Nach seiner Pensionierung 1932 hatte er auch Anspruch auf staatliche Rentenzahlungen, die er bis 1938 bezog. Schließlich lukrierte Steinach während seiner gesamten wissenschaftlichen Tätigkeit Forschungsmittel, darunter Forschungspreise, private und staatliche Förderungen sowie Stiftungen. Beispielsweise finanzierte er 1906 sein Prager Laboratorium mit einem medizinischen Forschungspreis, dem »Philipp Knoll Preis«, 1909 und 1918 wurde ihm der privat geförderte Forschungspreis des österreichischen Wissenschaftlers Ignaz Lieben verliehen. 1920 erhielt Steinach Mittel aus der Treitl-Stiftung der Akademie der Wissenschaften.[634]

Außerdem eröffnete Steinach um 1920 in seiner Wiener Stadtvilla in der Böcklinstraße 51 im (jüdischen) Stadtteil Leopoldstadt eine private Arztpraxis. Die Höhe der Einnahmen ist jedoch nicht mehr nachvollziehbar, ebenso wenig das kleine Vermögen, das seine Ehefrau Antonie Thumim 1921 mit in die Ehe brachte.[635] Nicht zuletzt erhielt Steinach zwischen 1923 und 1939 Forschungsgelder von der Berliner

---

633 Vgl. Benjamin, Steinach, 1945, 427; NYAM, Steinach an Benjamin, 1939; Sternberg, Simon Steinach, 1904, 659; Tänzer, Juden in Hohenems, 1905, 773; Flatz, Hohenemser, 1994, 47.

634 Vgl. AUP, Professorenkollegium an k. k. Ministerium für Cultus und Unterricht, Prag 16.6.1906; Steinach, Künstliche, 1920, 12; Soukup, Steinach, 2008, 8.

635 Vgl. AT-OeStA/AdR DG-VA 8312,72, Verzeichnis über das Vermögen von Juden, gez. Antonie Steinach, Zürich 15.7.1938

Pharmafirma Schering mit zusätzlichen Gratifikationen für Vertragsabschlüsse sowie ab 1929 eine Rente.[636] Vor allem auf diese Gelder konnte Steinach nach seiner Vertreibung in die Schweiz im April 1938 jedoch nicht mehr zurückgreifen.

636 Vgl. Kapitel 6 und 9.

Teil IV: Vertreibung und Exil

Kapitel 10

Vertreibung und das Ende von Steinachs Laborforschung

Mit dem Gesetz über die Wiedervereinigung Österreichs mit dem Deutschen Reich vom 13. März 1938 wurde die antijüdische Gesetzgebung des nationalsozialistischen Deutschland auch auf dem Gebiet des bis dahin bestehenden Österreichischen Bundesstaates gültig. Dies umfasste unter anderem das Berufsverbot wie auch eine spezielle Steuergesetzgebung für Juden. Damit nahmen Steinachs Arbeit an der Biologischen Forschungsanstalt in Wien sowie seine Zusammenarbeit mit Schering ein abruptes Ende. Dieses Kapitel, das die vorliegende Untersuchung beschließt, schildert die Enteignung der Institutsvorstände sowie die »Arisierung« der Biologischen Versuchsanstalt durch von den Nationalsozialisten eingesetzte Wissenschaftler und verfolgt, wie die Firma Schering und Eugen Steinach auf diese Übernahme reagierten. Dabei wird deutlich, wie sich das Berliner Unternehmen einerseits um eine gewisse Fairness und die Einhaltung der vertraglichen Übereinkünfte mit Steinach bemühte, andererseits aber auch um eine – nicht zuletzt wirtschaftlich – möglichst vorteilhafte Position gegenüber den Nationalsozialisten. Steinach gerät in diesem Kapitel als verantwortungsvoller Arbeitgeber in den Blick. Das Bild des – nur lückenhaft dokumentierten – schweizerischen Exils von Antonie und Eugen Steinach ist geprägt von menschlichen Zerrüttungen. Hierzu sind sicherlich auch die vergeblichen Versuche zu zählen, die der Physiologe unternahm, um mit seiner Forschung noch einmal Fuß zu fassen. Mit deren Darstellung entsteht auch eine grobe Skizze des Status seiner Forschungsansätze innerhalb der internationalen Wissenschaftslandschaft in den späten 1930er Jahren. Ein Epilog schildert den Verbleib des nicht unbedeutenden Vermögens des Forschers, der im akademischen Wissenschaftsbetrieb des Habsburgerreichs mit fünfunddreißig Jahren das erste Gehalt für seine Arbeit bekommen hatte.

Die Biologische Versuchsanstalt nach 1938

Nur wenige Tage nach der Eingliederung Österreichs in das Deutsche Reich ließ der von der NSDAP eingesetzte kommissarische Leiter der Akademie der Wissenschaften und kommissarische Rektor der Universität Wien, der Botaniker und überzeugte Nationalsozialist Fritz Knoll, über Nacht die Schlösser der Biologischen Versuchsanstalt austauschen, um jüdischen Wissenschaftlern den Zutritt zu verwehren. Selbst die Institutsgründer Hans Przibram und Leopold Portheim konnten das Gebäude nicht mehr betreten. Sie mussten sämtliches Inventar und ihre Forschungsunterlagen im Institut zurücklassen. Am 4. April 1938 besetzten drei nationalsozialistisch gesinnte Mitarbeiter der Akademie und der Universität Wien die Führungspositionen der Biologischen Versuchsanstalt. Franz Köck, wissenschaftlicher Akademiebeamter oder »Adjunkt«, übernahm ab 5. April die kommissarische Leitung der Biologischen Versuchsanstalt, Fritz Knoll die Position des Kuratoriumobmanns und Heinrich Ritter von Sribik die Präsidentschaft der Akademie der Wissenschaften.[637]

Auf Erlass des Österreichischen Unterrichtsministeriums organisierte Knoll bis zum 23. April 1938 die Entlassung von 252 wissenschaftlichen Mitarbeitern der Universität Wien aus »rassischen« oder politischen Gründen. Außerdem ließ Knoll zur »Wahrung der Interessen der Landesleitung der NSDAP in Oesterreich für den Bereich der Akademie der Wissenschaften« die Biologische Versuchsanstalt bis 25. April absperren, um das Forschungsinstitut daraufhin nur für die mit Zulassungsscheinen ausgestatteten Mitarbeiter wieder zu öffnen.[638] Eugen und Antonie Steinach befanden sich während dieser Ereignisse auf einer Urlaubs- und Vortragsreise in Südfrankreich und Italien.[639]

Von den dreiundzwanzig Mitarbeitern und sieben Mitarbeiterinnen wurden fünfzehn als Volljuden eingestuft und mussten ihre Laboratorien sofort verlassen, wodurch das Institut sämtliche Abteilungsleiter und zwei Drittel des Personals verlor.[640] Heinrich Kun, auf einer »Liste der Arbeitenden« als »Halbjude« kategorisiert, erhielt die Erlaubnis, zur Weiterführung begonnener Arbeiten die Räume der physiologischen Abteilung zu betreten.[641] Ein Tierpfleger und dessen Frau als Gehilfin waren seine einzigen Labormitarbeiter.[642] Kun führte die zwischen Steinach und Walter Schoeller im April 1938 vereinbarten »Versuche über die Anwendung des männlichen Hormons in Salben« weiter.[643]

Ein Schering-Mitarbeiter der medizinisch-wissenschaftlichen Abteilung besprach am 17. Mai 1938 mit Franz Köck die Möglichkeiten einer weiteren Zusammenarbeit des Laboratoriums mit Schering. Köck hatte bis dato als »administrativer Beamter«

637 Vgl. Taschwer, Knoll, 2013, 49; Reiter, Zerstört, 1999, 609.

638 AÖAW–NL Knoll, 933, Protokoll, 25.3.1938.

639 Vgl. SchA-B5/295, Steinach an Schering, Zürich 28.8.1938.

640 Vgl. Taschwer, Knoll, 109 ff. Anm.: Bekanntlich spielte es aus der Perspektive der nationalsozialistischen Rassentheorie keine Rolle, ob jemand religiös war oder nicht oder ob er wie Steinach zum Christentum übergetreten war.

641 SchA-B5/295, Steinach an Schering, 20.8.1938.

642 Vgl. SchA-B5/295, Interna, 24.8.1938.

643 SchA-B5/295, Interna, 2.9.1938.

gearbeitet und hielt eine weitere Überweisung der Forschungsbeihilfe durch die Pharmafirma natürlich für sinnvoll, sollte die Schering weiteres Interesse »an den praktischen Forschungsergebnissen des phys. Laboratoriums« haben. Dies sollte jedoch unter der Voraussetzung geschehen, »dass neben Herrn Dr. Kun noch ein jüngerer, arischer Mitarbeiter in dem phys. Laboratorium tätig« werde. Firmenintern wurde entschieden, die »Frage der Subvention zweckmäßigerweise möglichst lange« hinauszuschieben, da »zunächst über die Zukunft des Instituts anscheinend keine Klarheit zu erlangen« sei.[644]

STEINACHS EXIL UND DIE FORTSETZUNG DER KOOPERATION MIT SCHERING

In einem Brief vom 28. April 1938 an Harry Benjamin beschreibt Steinach, wie er auf seiner Reise in Italien von den Ereignissen erfuhr:

> »Dort haben uns die Nachrichten blitzartig getroffen. Alles übrige könnt Ihr Euch denken!! Wir fuhren hierher [nach Zürich; S. W.], wo ich ja alljährlich zur Behebung der Sterilität nützliches arbeite. Momentan die einzige Zerstreuung u. Trost in der alles verheerenden Zeit. Wir hoffen hier bleiben zu können. Dr. Kun arbeitet noch in meinem Labor, ohne Zweifel nicht mehr lange. Sie wissen, was mir dieses Labor war u. was ich aus ihm für die Welt machen durfte. Alles umsonst ...«[645]

In Zürich mieteten sich die Steinachs wie jedes Jahr auch für diesen Sommer im Hotel St. Gotthard in der Nähe des Bahnhofs ein. Seit den 1920er Jahren arbeitete Steinach mit Schweizer Tierärzten zu Einsatzmöglichkeiten von Sexualhormonen in der Landwirtschaft und reiste jährlich nach Zürich, um Injektionsversuche mit Progynon bei Kühen durchzuführen, von denen sich die Forscher die Steigerung der Milch- und Fleischproduktion oder die Behebung von Sterilität erwarteten.[646] Nun war Steinach von seinem Laboratorium in Wien »völlig abgeschnitten«. Im Mai berichtete Benjamin über einen amerikanischen Freund, der soeben von einem Aufenthalt aus Wien zurückgekehrt sei. Benjamin hatte ihn gebeten, in Steinachs Wohnung in der Böcklinstraße anzurufen. Die SA soll auf den Anruf geantwortet und die Auskunft gegeben haben, dass Steinach sich nicht in Wien befinde.[647] Benjamin

644 SchA-B5/295, Interna, 17.5.1938; 2.8.1938.
645 NYAM, Steinach an Benjamin, Zürich 28.4.1938.
646 Vgl. NYAM, Benjamin an Steinach, 24.4.1934; Antonie Steinach an Benjamin, Wien 4.2.1936. Siehe: Steinach u. a., Sterilität, 1934; Steinach, Räude, 1921.
647 NYAM, Benjamin an Steinach, 10.5.1938.

zeigte sich besorgt und lud die Steinachs erneut in die Vereinigten Staaten ein. Der wissenschaftliche Leiter des United States »Department[s] of Agriculture, bureau of animal industry in Washington«, John R. Mohler, sei an Steinachs Forschungen zur Sterilität von Nutztieren interessiert und würde sich über eine Zusammenarbeit freuen.[648] Der Physiologe wollte jedoch vorerst in Zürich bleiben, erkundigte sich aber nach notwendigen Sprachkenntnissen, dem Klima sowie den Lebenspreisen in den USA.[649]

Am 22. Juli 1938 erhielt Steinach die Aufenthaltsbewilligung in der Schweiz »zur Durchführung wissenschaftlicher Arbeiten und Verbringung des Lebensabends im Einverständnis mit der eidgenössischen Fremdenpolizei.« Grundlegend für den Kanton Zürich war Steinachs wissenschaftliche Zusammenarbeit mit »schweizerischen Tierärzten« sowie die Aussicht, »dass die Ergebnisse Ihrer Forschungen in Zukunft in vermehrtem Masse der schweizerischen Landwirtschaft zugute kommen werden.«[650] Allerdings bewilligte die Fremdenpolizei die Weiterführung seiner Forschungen zur Sterilität von Zuchttieren nur unter der Bedingung, dass er »officiell auf ärztl. Erwerb verzichte«.[651] Dem Physiologen war die »Gründung und Erhaltung eines Laboratoriums in der Schweiz« ein wichtiges Anliegen.[652] Doch auch seine Verjüngungsbehandlungen wollte er, wenn auch inoffiziell, weiterführen, wobei sich die Kontaktierung seiner Patientinnen und Patienten als große Hürde herausstellte, da sämtliche »Protokolle mit Adressen [...] mit allem übrigen verloren gegangen« waren. Steinach bat Benjamin, in einer amerikanischen »namhaften Zeitung« eine kurze Notiz zu veröffentlichen, die über seinen neuen Wohnsitz informiere: »Vielleicht verirrt sich dann doch eine od. andere Patient [sic] hierher.«[653] Über Kontakte zu einem Redakteur der New York Times konnte Benjamin dort im Oktober 1938 einen Kurzbeitrag einbringen:

> »Steinach Now at Work in Zurich. According to his friends and pupils here, Professor Eugen Steinach, distinguished pioneer in the study of sex hormones, has established a laboratory in Zurich, Switzerland. There he is continuing the work that he began in endocrinology as a Professor of Physiology in the University of Vienna. Professor Steinach was out of the country when Germany annexed Austria and never returned. His records, books and other personal property were confiscated.«[654]

648 NYAM, Steinach an Benjamin, 27.5.1938.
649 Vgl. NYAM, Steinach an Benjamin, Zürich 16.7.1938, 4.8.1938.
650 SchA-B5/295, Polizeidirektion Kanton Zürich an Steinach, 22.7.1938.
651 NYAM, Steinach an Benjamin, Zürich 24.10.1938.
652 SchA-B5/295, Steinach an Schoeller, Zürich 21.12.1938.
653 NYAM, Steinach an Benjamin, 2.9.1938.
654 New York Times, 22.10.1938.

Neben der Sicherung des Aufenthaltsrechts und von Arbeitsmöglichkeiten in der Schweiz kümmerte sich Steinach um sein Vermögen in Österreich. Auch der Umgang mit den zwischen Schering und ihm vereinbarten Zahlungen für seine Rente sowie an das Forschungslabor war zu klären. Steinach war kurz nach dem Eingehen seiner Aufenthaltsbewilligung für die Schweiz von der NSDAP angewiesen worden, Reichsfluchtsteuer für seine Ausreise in die Schweiz zu bezahlen. Bis zur Entrichtung dieser Zwangsabgabe, die fünfundzwanzig Prozent des Gesamtvermögens ausmachte, beschlagnahmte das Wiener Finanzamt seinen gesamten Besitz, darunter Barvermögen, Wertsachen, Schmuck, ein Stadthaus in der Wiener Böcklinstraße 51, ein Ferienhaus am Semmering und ein Grundstück in Wiener Neustadt. Bereits im März 1938 hatte Steinachs Anwalt in Wien einen zusätzlichen Juristen, Eugen Bochner, mit dem Vermögenstransfer in die Schweiz betraut. Bochner bemühte sich ab Juli 1938 bei der Devisenstelle des Wiener Finanzamtes um die Freigabe von Steinachs Barvermögen, damit sein Mandant die Reichsfluchtsteuer bezahlen könne. Ein wichtiges Argument Bochners war die Tatsache, dass Steinach die Emigration in die Schweiz nicht geplant und somit keine Reichsflucht begangen habe, sondern »vor dem Umbruche, wie alljährlich seine Auslandreise angetreten, um auch in der Schweiz wissenschaftliche Arbeit zu leisten, und hat er sich auch die Pässe, Fahrkarten etc. nachweisbar schon früher besorgt«.[655]

Die Berliner Pharmafirma beauftragte indessen den Juristen Edmund Ackermann aus der Schering-Rechtsabteilung mit der Regelung der Rentenzahlungen in die Schweiz, wohin Devisenzahlungen durch ein Verrechnungsabkommen möglich waren. Seit der »Arisierung« der Biologischen Versuchsanstalt hatte Schering keine weiteren Laborzuschüsse gezahlt.[656] Steinach drängte Ackermann, die Zahlungen wieder aufzunehmen, und zwar, wie bei Schering intern notiert wurde, »anscheinend vor allem mit Rücksicht auf die bedrohte Existenz seiner bisherigen Mitarbeiter«.[657] Zusätzlich bat Steinach um die Übersendung einer »Forschungsbeihilfe« in die Schweiz, da er die endokrinologischen Untersuchungen für Schering gemeinsam mit Züricher Tierärzten und Klinikern fortsetzen wolle. Für Ackermann war eindeutig, dass »nach der Wohnsitzverlegung« Steinachs »dessen Verbindung mit dem [Wiener] Institut gelöst« sei, was Schering rechtlich zu keinen weiteren Zahlungen von Laborbeiträgen in die Schweiz verpflichte.[658] Schoeller besuchte Steinach im August 1938

655 SchA-B5/295, Bochner an Ackermann, Wien 21.7.1938.

656 Vgl. SchA-B5/295, Bochner an Ackermann, Wien 11.8.1938; SchA-B5/295, Interna, 17.10.1938.

657 SchA-B5/295, Interna, 2.8.1938.

658 SchA-B5/295, Interna, 2.8.1938.

in Zürich und konnte anschließend die Schering-Vorstände dazu bewegen, eine weitere Zusammenarbeit nicht endgültig auszuschließen.[659]

Die Situation im Exil erlebten Eugen und Antonie Steinach als bedrückend. Dabei spielte offensichtlich auch die finanzielle Situation eine wichtige Rolle. Um Anwaltskosten zu sparen, korrespondierte Steinach mit Schering nun direkt über Walter Hohlweg und nicht mehr über Kanzleien. Mit Rücksicht auf ihre unsichere Zukunft zog Antonie in eine kleinere Pension, während Steinach nicht aus dem Hotel Gotthard ausziehen wollte: Vielleicht ziehe später auch hinüber. M. Frau ist über diese m. konservative Bequemlichkeit meinerseits sehr wütend.«[660] Wenige Tage nach dem Umzug beging Antonie Steinach am 12. September 1938 im Hotelzimmer des Gotthardhotels Selbstmord.[661] Zum Tod seiner Frau äußerte sich Steinach in Briefen nur indirekt; so war ihm Ende Oktober »körperl. & seelisch noch immer elend« zumute.[662]

Im September 1938 ließ ein Schering-Mitarbeiter im Auftrag der Berliner Unternehmensführung einen Teil der Einlagen von Steinachs Forschungskonto für die Finanzierung des Wiener Laboratoriums bar auszahlen. In Berlin zeigte man sich über die Höhe des Kontostands überrascht und fragte bei Köck nach, ob es sich tatsächlich ausschließlich um Scherings Projektgelder handelte: »Immerhin wäre es denkbar, dass auch Prof. Steinach aus privaten Mitteln Beiträge auf das Forschungskonto geleistet hat, so dass sich daraus der Guthabensbestand erklärt.«[663] Steinachs übrige »Vermögensteile grösseren Umfanges lagen bzw. liegen bei einer anderen Bank (Privatbank)«.[664] Wahrscheinlich bezog sich diese Feststellung auf Steinachs Anlagen in der Schweizerischen Kreditanstalt, denn als die NSDAP sein Vermögen beschlagnahmte, befand sich nur ein relativ geringes Guthaben von 1.415,89 RM auf seinem Postsparkassenkonto in Wien.[665]

Köck zeigte sich im September 1938 nach wie vor interessiert an einer Zusammenarbeit mit Schering und versicherte dem Vorstand, dass in der physiologischen Abteilung nach dem 1. April ausschließlich im Interesse der Pharmafirma gearbeitet worden sei und Schering weiterhin das alleinige Recht auf die Auswertung sämtlicher Forschungsergebnisse habe.[666] Schering wollte keinesfalls ihre Zahlungen an das

659 Vgl. SchA-B5/295, Schoeller an Schering, Zürich 9.8.1938.
660 NYAM, Steinach an Benjamin, 2.9.1938.
661 Vgl. Soukup, Steinach, 2004, 152.
662 NYAM, Steinach an Benjamin, Zürich 24.10.1938.
663 AÖAW-BV, 3/4, 408, Schering an Köck, Wien 27.9.1938.
664 AÖAW-BV, 3/4, 408, Steinach an Schering, Zürich 7.10.1938.
665 AT-OeStA/AdR, DG-VA 8311, 72, Bochner an Vermögensverzeichnisstelle, Wien 23.12.1938.
666 Vgl. AÖAW-BV, 3/4, 408, Schering an Zweigbüro Wien, Berlin 27.9.1938.

Laboratorium von Köck als Subventionen verstanden wissen, sondern als Bezahlung einer Leistung, die ausschließlich von Steinach erbracht werden könne:

> »Mithin erscheint es uns auch ratsam, weit weniger auf die besondere Bedeutung des als Hormonforscher richtunggebenden Prof. St. hinzuweisen, als auf den Umstand, dass dieser auf Grund eines Vertrages zu einer intensiven Bearbeitung der durch uns gestellten Aufgaben verpflichtet und an der Erfüllung dieser Pflichten unmittelbar interessiert war. Im Laufe einer fast 20jährigen Zusammenarbeit hat sich hier natürlich eine Arbeitsgemeinschaft entwickelt, bei der sich nicht einfach das bisher von Prof. St. Geleistete durch einen anderen ersetzen lässt.«[667]

Bis zur Beendigung des laufenden Forschungsprojekts wolle die Firma aber ihre Zahlungen fortsetzen.

Nachdem Steinach keinen Zugriff mehr auf seine Konten hatte, trat er im Oktober 1938 an die Schering-Vorstände heran, die Hälfte der Reichsfluchtsteuer zu übernehmen. Diese nutzten die Gelegenheit, um die pekuniären Angelegenheiten mit der Biologischen Versuchsanstalt zu regeln. Sie räumten Köck Zugriffsrechte auf das Forschungskonto der physiologischen Abteilung ein, wofür Steinach auf ihr Betreiben hin dem kommissarischen Leiter widerwillig eine schriftliche Vollmacht erteilte. Im Gegenzug garantierte dieser Kun die Beibehaltung seiner Bezüge bis einschließlich März 1939. Danach wollte sich Schering zu keinen weiteren Zahlungen mehr verpflichten lassen.[668] Ein Teil des Geldes zählte zu Steinachs Privatvermögen, was allen Beteiligten vermutlich bewusst war, doch wollte sich Schering in diese Problematik »nicht hineinmischen«.[669] Bis Ende März 1939 überwies Schering die Forschungsbeihilfen dann nicht mehr an Steinach, sondern zahlte sie direkt an die Biologische Versuchsanstalt.[670]

Steinachs Rechtsanwälte und der Schering-Jurist Ackermann verhandelten im Dezember 1938 mit dem Finanzamt von Steinachs Wohnbezirk Leopoldstadt und der Reichsfluchtsteuerstelle darüber, ob und wie Schering die Ausfallbürgschaft für Steinach, sollte dieser seinen Steuerverpflichtungen nicht nachkommen, übernehmen könne. Sicher war, dass die Firma 2.500 Reichsmark an offenen Zinsen auf die Reichsfluchtsteuer bezahlen würde.[671] Der Firma war es bei der entsprechenden

667 SchA-B5/295, Ackermann an Partisch, Berlin 18.10.1938.
668 Vgl. SchA-B5/295, Steinach an Schering, 7.10.1938, 27.10.1938; SchA-B5/295, Interna, 18.10.1938.
669 SchA-B5/295, Interna, 18.10.1938.
670 Vgl. SchA-B5/295, Steinach an Schering, 20.8.1938, 10.8.1938; Schering an Steinach, 1.11.1937. SchA-B5/295, Steinach an Schering, Zürich 10.8.1938.
671 SchA-B5/295, Aktennotiz Ackermann, 7.12.1938.

Kommunikation wichtig, sich vor den Nationalsozialisten nicht als »Philosemiten« zu positionieren:

> »Ich glaube im übrigen, die zuständigen Behörden davon überzeugt zu haben, dass es sich bei Ihrem und unserem Bemühen um eine baldige Regelung der Angelegenheit keineswegs um eine Wahrnehmung der Belange eines Juden handelt, sondern im wesentlichen um das Interesse der Firma Schering, zu verhüten, dass im Ausland gegen sie Stimmung gemacht wird«[672]

Die Schering-Vorstände zeigten sich zunehmend besorgt, dass ihr Engagement in den Angelegenheiten des jüdischen Wissenschaftlers politische Folgen für den Pharmakonzern haben könnte. In Vorstandssitzungen wurde diskutiert, ob die Nutzung der gemeinsamen Arbeiten mit Steinach von den Nationalsozialisten verboten sowie der Firma »durch einen Gerichtsspruch die Verpflichtung auferlegt« werden könne, sich »jeder Verwertung Steinach'scher Gedanken und Anregungen zu enthalten«. Schließlich wurden die Mitglieder sich einig, dass die vergangene Zusammenarbeit mit Steinach und Scherings Hilfestellung in der Gegenwart von den Nationalsozialisten keineswegs als etwas anderes als ein reines Geschäftsverhältnis gesehen werden könnten. Steinachs herausragende Qualifikationen seien in wissenschaftlichen Kreisen bekannt gewesen, »Einwendungen, dass Prof. St.'s Verdienste von uns überschätzt und übertrieben seien, würden daher neben dem Kern der Sache liegen«.[673]

Um vom Finanzamt die Genehmigung zu erhalten, als Bürgin Steinachs Steuern zu bezahlen, musste Schering eine genaue Aufstellung über die bisherigen Zahlungen an Steinach liefern. Diese zog der Leiter der Reichsfluchtsteuerstelle als Berechnungsgrundlage für die Bemessung der zu bezahlenden Steuern heran. Von den laufenden Beträgen wurden nun fünfundvierzig Prozent des Kapitalwerts eingefordert, zusammengesetzt aus fünfundzwanzig Prozent Reichsfluchtsteuer und zwanzig Prozent der ebenfalls verpflichtenden »Judenkontribution«.

Die fiskalen Maßnahmen der NSDAP zur Judenverfolgung hatten eine enorme Besteuerung jüdischen Eigentums zur Folge. Das Finanzamt Wien schätzte Steinachs Villa in der Böcklinstraße 51 auf den Wert von 50.000 RM und beschlagnahmte das Gebäude zur Sicherung von Einkommensteuern und Judenkontributionen als Pfand. Im Vergleich zu Steinachs Stadtvilla wurde der Wert des gesamten Gebäudekomplexes der Biologischen Versuchsanstalt mit umgerechnet 20.000 RM verhältnismäßig niedrig geschätzt. Zusätzlich belastete das Finanzamt den Nachlass von Antonie

672 SchA-B5/295, Ackermann an Bochner, 10.12.1938.
673 SchA-B5/295, Interna, Berlin 20.12.1938.

Steinach mit einer hohen Erbschaftssteuer. Indessen bemühte sich Schering seit Monaten um eine Unbedenklichkeitserklärung für die Überweisung von Steinachs Rente in die Schweiz. Die deutsche Devisenstelle beharrte auf genaue Angaben über Steinachs Rentenvermögen in der Schweiz, bevor sie einen weiteren Geldtransfer genehmigen wollte. Schering gab die Information weiter, dass in den vergangenen drei Jahren Rentenzahlungen in Höhe von insgesamt 250.000 Schweizer Goldfranken überwiesen worden waren.[674] Zusätzlich habe die Pharmafirma bis Dezember 1938 an das Wiener Finanzamt »weit über 120 000 RM für die Steuern, Abgaben und Kosten bar ausbezahlt«.[675]

Seit seiner Emigration hatte Steinach auf die Fortsetzung seiner »Laboratoriums-Tradition« durch Heinrich Kun gehofft. Während er sich selbst zunächst keinen Neubeginn in den Vereinigten Staaten vorstellen konnte, sollte doch Kun dort »eine Möglichkeit bekommen, in der Hormonforschung weiter zu arbeiten u. gleichzeitig seine (unsere) Erfahrungen in der Hormontherapie zu verwerten (Blutdilatation [sic!], Hochdruck, Prostata, Reaktivierung etc.).« Steinach wolle währenddessen mit Kun »in fruchtbarem Kontakt bleiben«.[676] Im September 1938 bat er Benjamin, Kun ein Affidavit – eine beglaubigte Bürgschaftserklärung von Freunden und Bekannten – für die USA zu besorgen. Während eines Kongresses, wahrscheinlich in Luzern, sprach Steinach mit den einflussreichen amerikanischen Endokrinologen Herbert McLean Evans, Oscar Riddle und Benjamin Harrow über Arbeitsmöglichkeiten seines Assistenten in ihren Laboratorien. Alle wollten es »sich überlegen u. bemühen etc.«, wirkten aber nicht überzeugend auf Steinach.[677] Im Oktober 1938 hatte Benjamin die gute Nachricht, für Kun und dessen Ehefrau die notwendige Einreisereiseerlaubnis mit einem Affidavit besorgen zu können. Er könne Kun zwar vor seiner Ankunft noch kein fixes Gehalt oder eine Anstellung garantieren, doch wolle er ihn gemeinsam mit Harrow Ärztekollegen vorstellen. Benjamin zeigte sich beeindruckt, dass Steinach sich trotz seiner eigenen schwierigen Lage »so sehr um die Existenz« seines Assistenten sorge.[678] Kun erscheine, antwortete Steinach, die Emigration ohne einen gesicherten Arbeitsplatz jedoch zu gewagt und unsicher, weswegen er vorerst in Wien bleiben wolle.[679]

Im Dezember 1938 bestimmte Köck »E. Zeif« und »J. Schachl« als Nachfolger für Kun, die seine Arbeiten für Schering übernehmen und »eine kleine (vorläufig) Arbeit

674 Vgl. SchA-B5/295, Bochner an Ackermann, Wien 11.8.1938, 12.12.1938; Schering an Steinach, 20.10.1938; Interna, ca. 20.12.1938; AÖAW-BV, 2/2, Aktennotiz BV, Juni 1938.
675 SchA-B5/295, Schoeller an Steinach, 13.12.1938.
676 NYAM, Steinach an Benjamin, 2.9.1938, 22.3.1939.
677 NYAM, Steinach an Benjamin, 2.9.1938.
678 NYAM, Benjamin an Steinach, 11.10.1938.
679 Vgl. NYAM, Steinach an Benjamin, 4.5.1939; 2.9.1938; Benjamin an Steinach, 28.10.1938.

über spezifische und unspezifische Reizstoffe in Verbindung mit Hormonen« durchführen sollten.[680] Kun hatte vom Reichsinnenministerium eine Ausnahmegenehmigung für jüdische Forscher für die Fortsetzung seiner Arbeiten an der Biologischen Versuchsanstalt bis Weihnachten 1938 erhalten. Als die Genehmigung ablief, wurde ihm nach langen Verhandlungen bewilligt, das Institut zur ordnungsgemäßen Übergabe des Laboratoriums noch einmal zu betreten. Sämtliches Laborinventar sollte nach Anordnung der Leitung der Versuchsanstalt dort belassen werden. Schering versuchte zu intervenieren, die Firma erhob Anspruch auf teure Messgeräte wie einen Leitz-Colorimeter, Proben von Hormonpräparaten und Versuchsprotokolle zu Tierexperimenten.[681] Steinach schaltete sich ebenfalls ein. Für ihn waren hauptsächlich seine Aufzeichnungen und andere Forschungsunterlagen von Bedeutung und er bat einen Schering-Mitarbeiter, dass dieser »umgehend meine Schering dedizierte Sammlung der anatom. und mikroskop. Präparate, ferner die physiolog., mikroskop., chirurg. operativen und klinischen Apparate und Einrichtungen in Euren und, als bisherigem Besitzer [sic!], auch in meinem Namen anfordert und sobald wie möglich wegschafft«. Acht Jahre zuvor habe ihm »ein amerikanisches Institut 20 000 USD für meine ›historisch‹ Endokrinolog. Sammlung angeboten«; diese habe, scheint der Physiologe die aktuelle Bedeutung seiner Forschung unterstreichen zu wollen, »aber nicht bloß kulturellen, sondern auch materiellen Wert«.[682]

Schering versuchte die Übergabe des Inventars mit Köck diplomatisch zu lösen. So überwiesen sie die Gehaltszahlungen für Kun, trotz seines Ausschlusses aus der Biologischen Versuchsanstalt, bis 31. März 1939 weiterhin an das Forschungsinstitut. Am 8. Jänner 1939 übertrug Steinach das Recht auf seine Labormaterialien auf Schering. Steinach bat Schoeller, die Materialien für ihn und Kun für künftige Arbeiten aufzubewahren.[683] Neben den Präparaten, Apparaten, Mikroskopen und Instrumenten umfasste die Sammlung Bücher, Separatdrucke sowie Fotos. Einen Teil davon hatte Steinach bereits aus Prag mitgenommen. Er hoffte nun, dass die Sammlung später im Berliner Schering-Museum einen Platz finden würde. Der Schering-Vorstand bemühte sich, ihr und Steinachs Laboreigentum zu erhalten, was sich als eine juristische, organisatorische und strategische Herausforderung herausstellte, die letztlich an der Weigerung Köcks scheiterte. Im Dezember 1940 stellte Schering schließlich der physiologischen Abteilung das Inventar leihweise zur Verfügung.[684]

680 SchA-B5/295, Köck an Schering, Wien 23.12.1938.

681 Vgl. SchA-B5/295, Interna, 24.12.1938.

682 SchA-B5/295, Steinach an Schoeller, 28.12.1938.

683 Vgl. SchA-B5/295, Steinach an Schöller, Zürich 21.12.1938; Interna, 29.12.1938; Schering an Steinach, 31.12.1938.

684 Vgl. SchA-B5/295, Schering an Steinach, 31.12.1938; Steinach an Schering, Zürich 8.1.1939; AÖAW-

Als im August 1939 der baldige Kriegsausbruch in der Luft lag, drängte Steinach Benjamin, Kun eine Anstellung in einem amerikanischen Forschungslaboratorium mit einem garantierten, fixen Gehalt für die nächsten Jahre zu organisieren. Der Physiologe war »gar nicht sicher, ob nicht die politischen Verhältnisse und Drohungen zu einer Katastrophe führen und damit doch unsere Bemühungen und Pläne umschmeissen« könnten.[685] Benjamin musste resigniert feststellen, dass es unmöglich war, einen solchen Arbeitsplatz für Kun aufzutreiben, und versuchte Steinach die schwierige Lage zu vermitteln:

> »Die Hormonforschung in Amerika ist nicht mehr in den Haenden der Physiologen und Biologen, sondern fast ausschliesslich in denen der Chemiker. Die Arbeit der Physiologen ist beendet. Auf ihr baut sich nun die Arbeit der Chemiker auf. […] Was dabei an Tierexperimenten noetig ist, dazu bedarf es keines Steinachs und nicht einmal eines Kuns. Das ist die allgemeine Auffassung, wie ich sie aus zahlreichen Unterhaltungen […] herausgehoert habe. […] ›Ist Kun Chemiker?‹ ist daher immer die erste Frage. ›Wie viel weiss er von den Stereolen?‹«[686]

Bis zum Dezember 1939 konnte Steinach mit der Unterstützung Scherings »trotz der Hasswelle und der Judengesetze« Kuns Existenz in Wien sichern. Er sah dies auch als einen Erfolg seiner ständigen Interventionen bei Schering: »Die diesbezügl. Korrespondenz mit Berlin würde einen Band füllen.« Die Pharmafirma stimmte zu, für Kun die Reisekosten in die Vereingten Staaten zu übernehmen sowie ein Anfangskapital von 350 USD beizusteuern. Steinach wiederum garantierte Kuns »alte[r] Mutter in Wien eine monatliche Rente von 200 Rmark« aus seinem Pensionsguthaben bei Schering, welche ihr die Pharmafirma laufend zukommen lassen wolle: »Die Akten laufen gegenwärtig durch die schwierigen Steuer- u. Genehmigungsstellen.«[687] Als Kun schließlich im März 1940 in die USA fliehen wollte, wurde ihm die Einreise aufgrund seines angeblich schlechten Gesundheitszustandes verweigert. Von Kuns weiterem Schicksal ist nichts bekannt.[688]

Für Steinach selbst ergab sich keine Möglichkeit mehr, Europa zu verlassen, obwohl Benjamin über verschiedene Wege versuchte, ihn zu sich einzuladen. Keiner dieser Versuche sollte sich als tragfähig erweisen. Neben Bedenken aufgrund seines

BV, 3/4, 163, Steinach an Schering, Zürich 4.1.1939; 4/1, 435, Schering an Köck, Wien 4.12.1940; Schering an BV, Wien 6.12.1940.

685 NYAM, Steinach an Benjamin, Zürich 12.8.1939.

686 NYAM, Benjamin an Steinach, 3.11.1939.

687 NYAM, Steinach an Benjamin, 24.12.1939.

688 Vgl. NYAM, Benjamin an Steinach, 11.3.1940; Stoff, Ewige Jugend, 2004, 37.

fortgeschrittenen Alters oder der öffentlichen Ressentiments über seine Verjüngungsforschung zeigten sich Universitäten, Forschungseinrichtungen oder private Organisationen nur wenig an physiologischer Sexualhormonforschung interessiert. In dem Nachruf des Freundes fasst Benjamin später die Positionierung der Sexualhormonforscher innerhalb seines amerikanischen Netzwerks zusammen: »If Steinach would be a biochemist, we would go to any length to bring him here.«[689] Die vielen Niederschläge hatten Steinach zunehmend desillusioniert und frustriert. Der bereits abgekämpfte und empfindliche Forscher wollte ausschließlich aufgrund seiner wissenschaftlichen Leistungen, nicht als »Humanitätsakt«, eine Einreisebewilligung erhalten.[690] Zusätzlich scheute sich der Physiologe, der kein Englisch sprach, vor den Anstrengungen einer Flucht auf einen anderen Kontinent.

Am 9. Februar 1940 brachte der New Yorker Verlag Viking Press Steinachs letzte Publikation heraus: die wissenschaftliche Autobiografie *Sex and Life*, welche er in Zusammenarbeit mit dem Prager Arzt und Schriftsteller Josef Loebel verfasst und die Benjamin für ihn ins Englische übersetzt hatte. Inhaltlich war Steinach primär daran gelegen, seine wissenschaftliche Stellung in der Sexual- und Hormonforschung zu demonstrieren, sich als Pionier zu positionieren und seine Arbeit in den USA zu popularisieren.[691] Er selbst kommentierte das Werk in einem Brief an Benjamin: Die Geschichte seiner »ganz natürlich sich entwickelnden, wachsenden Sex.Hormonforschung« solle den »plastische[n] Nachweis« liefern, »dass die ganze Sexualhormonlehre u. ihre nachfolgenden u. neueren Konsequenzen auf« seinen »grundlegenden Experimenten« aufbaue.[692] Erst die Etablierung seiner physiologischen Sexualhormonforschung habe Chemiker dazu bewogen, sich der Herausforderung einer Produktion von Hormonextrakten aus den Geschlechtsdrüsen zu stellen. Zwar hätten sie allmählich den Bezug ihrer Arbeiten auf seine Forschung aus den Augen verloren, dies könne Steinach allerdings nicht kränken. Im Gegenteil, es verschaffe ihm eine Befriedigung, denn es zeige, dass seine Erkenntnisse als wissenschaftliche Grundlagen angenommen und akzeptiert wurden.[693]

Tatsächlich ist heute unumstritten, dass die biochemische Hormonforschung auf den Ergebnissen der medizinischen Forschung aufbaute, vor allem in Hinblick auf zugeschriebene Wirkungen.[694] Das methodische Repertoire der physiologischen

---

689 Benjamin, Steinach, 1945, 442.

690 NYAM, Steinach an Benjamin, Zürich 19.7.1939. Vgl. Stoff, Ewige Jugend, 2004, 36.

691 Vgl. NYAM, Steinach an Benjamin, Zürich 20.8.1939, 23.9.1939, 25.9.1939; Benjamin an Steinach, NY 3.11.1939, 26.1.1940.

692 NYAM, Steinach an Benjamin, Zürich 25.9.1939.

693 Vgl. Steinach, Sex and Life, 192.

694 Vgl. Oudshoorn, Beyond, 1994.

Laborforschung erwies sich als idealer Zugang für pharmakologische Tierstudien bei noch unbekannten Wirkstoffen. Allerdings kam auch zunehmende Multidisziplinarität bei der Durchführung der Studien und der Entwicklung der Präparate ins Spiel, denn Pharmazeuten, Biologen, Chemiker und Mediziner arbeiteten gleichermaßen an neuen Präparaten und versuchten, unbekannte Wirkstoffe, neue pharmakologische Wirkungen und chemische isolierbare Sexualhormone zu finden. Es waren dann allerdings erst die Reinstoffisolierung und die Strukturaufklärung der Sexualhormone, die in der wissenschaftlichen Gemeinschaft als wissenschaftliche »Entdeckung«, als Endpunkt eines jahrzehntelangen medizinischen und chemischen Forschungsprozesses verstanden wurden. Dadurch nahmen beispielsweise die chemischen Arbeiten Adolf Butenandts den Stellenwert einer wissenschaftlichen Innovation ein, die auch mit wissenschaftlichen Preisen gewürdigt wurden.[695]

Die letzten Lebensjahre Steinachs waren von Krankheit und körperlichen Beschwerden geprägt. Der Pionier der Verjüngungsbehandlungen erlebte – mit achtzig Jahren – den »Beginn scheusslichen Alters«.[696] Bereits 1936 und 1937 hatte er mehrmals in der Mundhöhle und am Unterkiefer operiert werden müssen, anscheinend aufgrund von sich wiederholenden Infekten und einer entzündeten Speicheldrüse. 1939 berichtete er über Probleme mit dem Darm und dem Herzen, die er medikamentös mit Digitalis- und Chininpräparaten behandelte. Chinin hatte er überdies bereits seit Jahren als Stimulans eingenommen. In späteren Jahren berichtete er häufig über Beschwerden wie Zittern, Herzbeschwerden, Gicht und Schwindel. Im Februar 1940 erholte sich Steinach in Lugano im Grand Hotel Palace von einer Grippe.[697] 1941 musste er einen schmerzhaften Eingriff wegen eines Harnrückstaus aufgrund einer vergrößerten Prostata durchführen lassen. Nachdem die Ableitung des Harns durch ein Katheter und die Einnahme eines Antibiotikums nur wenig Besserung brachten, bereute Steinach, dass er seine Operation zur Behandlung von Alterserscheinungen – die Reaktivierung durch Vasoligatur – nicht vor Jahren bei sich selbst hatte vornehmen lassen: »Ich verfluche mich«. In der Schweiz fehlten ihm nun die geschulten Ärzte für den Eingriff.[698]

Steinach starb im Exil, während eines Aufenthaltes in Territet bei Montreux, im Alter von vierundachtzig Jahren am 14. Mai 1944.[699] In einem seiner letzten Interviews hatte er noch 1942 über experimentelle Arbeiten zu einem Hormonserum berichtet und sich überdies zuversichtlich gezeigt, dass die Vereinigten Staaten den

---

695 Zu pharmazeutischen Innovationen siehe: Wimmer, Wir haben, 1994; Schlich, Tröhler, Risks, 2006.
696 NYAM, Steinach an Benjamin, Zürich 11.2.1941.
697 Vgl. NYAM, Steinach an Benjamin, 1.7.1936, 5.6.1937, 10.9.1939, 26.2.1940.
698 NYAM, Steinach an Benjamin, Zürich 19.8.1941.
699 Benjamin, Vortrag, 12. Jahrestagung der Society for the Scientific Study of Sex, 1.11.1969.

Krieg beenden würden.[700] Harry Benjamin würdigte Steinach mit einem Nachruf in der New York Times, in dem er ihn als »eine der mutigsten und herausragendsten Persönlichkeiten« der wissenschaftlichen Welt und der modernen Medizin bezeichnete, dessen Forschung »Biochemikern einen enormen Impuls gegeben« habe, »speziell jenen, die sich mit endokrinen Drüsen wie die Hypophyse und der Nebennieren beschäftigt« hatten, und der, trotz »ungerechter Kritik« an seiner Reaktivierungsforschung, das Beste aus dem Exil in der Schweiz gemacht habe.[701]

EPILOG

Eugen Steinach hinterließ ein beträchtliches Vermögen, das nach seinem letzten Willen in die Gründung einer sozialen Stiftung einfloss.[702] Nach der Tilgung der Willensvollstreckungskosten und der Finanzierung der Beerdigung sollten die restlichen Vermögensbestandteile der Rana-A. G. und maximal 300.000 Schweizer Franken für die Errichtung des »Prof. Dr. Eugen Steinach-Fonds« verwendet werden.[703] Der Zweck der Stiftung war erstens, »[d]ie Unterstützung bei der Ausbildung und Versorgung unbemittelter Mädchen im Kanton Zürich, ohne Unterschied der Nationalität und Konfession (christlich, jüdisch, konfessionslos)«. Zweitens die »Hilfeleistung an Emigranten in der Schweiz, die infolge ihrer Rasse- oder Religionszugehörigkeit ihr Heimatland verlassen mussten, ohne Unterschied der Nationalität oder Konfession«. Die Beiträge seien an die vom Schweizer Staatenbund »anerkannten Flüchtlingsorganisationen auszurichten und zwar im Verhältnis ihrer vergangenen und gegenwärtigen Leistungen für Flüchtlingszwecke«. Drittens sollte die Stiftung »[i]n dringenden Fällen zur Linderung allgemeiner Not in der Schweiz (Naturkatastrophen, Epidemien etc.« eingesetzt werden. »Zur Erreichung dieses Zweckes« sollten die »jährlichen Zinsen des Kapitals« und in dringenden Fällen das Kapital selbst »zur Verwendung gelangen«. Für »den Fall, dass die Schweiz als selbständiger Staat aufhöre zu existieren oder in mit ihrer Souveränität nicht mehr verträgliche Abhängigkeit geraten sollte«, war vorgesehen, »das Stiftungsvermögen in nordamerikanische [...] Verwaltung« zu bringen.[704]

Die Stiftungskommission setzte sich nach Steinachs im Testament ausgedrücktem Willen aus fünf Mitgliedern zusammen: zwei der Testamentsvollstrecker, darunter

700 Dr. Steinach, New York Times, 1944.
701 Vgl. Benjamin, New York Times, 1944.
702 Stiftungsurkunde, Zürich, 1.6.1948.
703 Vgl. Testament Steinach, 8.1.1942; Stiftungsrichtlinien, Zürich, 9.1.1942.
704 Stiftungsrichtlinien, Zürich, 9.1.1942.

Steinachs Rechtsanwalt und ein Vertreter der Schweizer Kreditanstalt, ein Vertreter des Regierungsrates des Kantons Zürich, »Frau Regierungsrat Dr. Robert Briner« und ein von den genannten Vertretern zu wählendes Mitglied. Am 6. April 1944 in Territet hatte Steinach – kurz vor seinem Tod– »Waisenrat Dr. Walter Kronauer« als Ersatzvollstrecker eingesetzt.[705] 1948 wurde schließlich der Stiftungsrat gewählt und der Steinach-Fonds ins Züricher Handelsregister eingetragen. In der ersten Sitzung des Stiftungsrates wurde Steinachs Züricher Rechtsanwalt Robert Meyer zum Präsidenten gewählt und die Fürsorgedirektion des Kantons Zürich mit der Stiftungsaufsicht betraut.[706] Das Sozialamt des Kantons finanziert noch heute Projekte mit den Erträgen des Steinach-Fonds.

705 Änderungen vom 14.1.1943 und 6.4.1944.
706 Vgl. Sitzungsprotokoll, Zürich, 2.7.1948; Verfügung Fürsorgedirektion, 30.9.1948.

Zusammenfassung und Fazit

Im Zentrum der vorliegenden Studie stand die Entwicklung der Sexualhormone vom biologischen Konzept bis hin zu einem Pharmapräparat, die entlang der Karriere und Experimente des Physiologen Eugen Steinach zwischen 1894 und 1938 verfolgt wurde. Dabei wurden einerseits akademische, industrielle und therapeutische Interessen an der Sexual-, Drüsen- und Hormonforschung beleuchtet, andererseits die Eigenschaften der konkreten wissenschaftlichen Objekte, die aus Steinachs Experimenten hervorgingen, beschrieben. Schließlich erfuhr der Wirkstoff Sexualhormon von seiner konzeptuellen Planung bis zu seiner Markteinführung eine nähere Betrachtung. Insgesamt folgt die Studie chronologisch der Genese des epistemischen Dings Sexualhormon in Steinachs Forschung: von seinen experimentellen Ursprüngen in der Elektrophysiologie über seine Interpretation aus der Perspektive der Endokrinologie bis hin zur Untersuchung der medizinischen Einsatzmöglichkeiten von Sexualhormonen in der Pharmaindustrie. Dabei wurde auch die Herausbildung eines Experimentalsystems deutlich, bei dem wissenschaftliche Forschungsarbeit und technische Errungenschaften, aber auch unterschiedliche diskursive und ökonomische Strukturen moderner Gesellschaften ineinander griffen. Vor allem wird aber deutlich, dass die epistemischen Dinge, um die sich Steinachs Experimente kristallisierten, gleichzeitig konkrete und flexible Einheiten darstellten.

Eugen Steinach eignete sich in knapp zwanzig Jahren elektrophysiologischer Tätigkeit spezifische experimentelle Techniken an, entwickelte eigene Versuchsanordnungen und schuf damit wichtige Voraussetzungen für eigenständige Untersuchungen in noch wenig beforschten Bereichen wie der Sexual- und Hormonforschung. Weiterhin suchte Steinach sich im akademischen System der Habsburgermonarchie als experimentell arbeitender Mediziner zu etablieren, wobei seine jüdische Herkunft eine wesentliche Rolle spielte. Als früher Anhänger des Zionismus, der sein erstes Studienjahr vielleicht auch deshalb in Genf verbrachte, um dem Antisemitismus an österreichischen Hochschulen auszuweichen, entschied sich Steinach nach Abschluss des Grundstudiums doch für eine wissenschaftliche Karriere und die dafür notwendig erscheinende Konvertierung zum Protestantismus. Aufgrund der mangelhaften Quellenlage zu persönlichen Belangen konnte die jüdische Identität Steinachs in seinen späteren Lebensjahren nicht weiter rekonstruiert werden. Seine Familienchronik verweist auf eine reiche jüdische Tradition, die im vorarlbergischen Hohenems im Kontext der Textilindustrie sowie der medizinischen Praxis gelebt wurde. Schließlich verhalf das weitreiche Netzwerk des Vaters Eugen Steinach, 1880 sein Studium nach Wien zu verlagern und eine Spezialisierung innerhalb der jungen

Disziplin der Elektro- und Neurophysiologie in Innsbruck und Prag zu verwirklichen.

Viele von Steinachs experimentellen Zugängen und Thesen hatten ihren Ursprung in seiner frühen Forschungstätigkeit in der Elektro- und Neurophysiologie. Danach durchliefen seine Körpermodelle eine Entwicklung von elektrophysiologischen über inkretorische und endokrinologische bis hin zu pharmakologischen Forschungsansätzen. Den Höhepunkt seiner wissenschaftlichen Karriere feierte er um 1920, gekrönt durch den spektakulären öffentlichen Erfolg des *Steinach-Films* der UfA, einem »Lehrfilm auf wissenschaftlicher Grundlage« zur inneren Sekretion und deren Wirkung auf den Alterungsprozess und das körperliche und seelische Befinden, der auch als »Aufklärungsfilm« in die deutschen Kinos kam. Ebenso wie in Steinachs Forschungspraxis nimmt auch im Steinach-Film das wissenschaftliche Experiment eine zentrale Stellung ein. Wie viele Laborwissenschaftler seiner Zeit vertrat Steinach die Ansicht, dass die objektive Ableitung des epistemisch und technisch versierten Experimentators die Brücke zwischen Perzeption, Konzeption und Erkenntnis schlage. Epistemische Dinge würden demnach »entdeckt« werden, indem der objektive Blick des Experimentators mithilfe von technischen Hilfsmitteln »die« wissenschaftliche Tatsache erfasste und in ein Faktum konstruierte.

LABORATORIEN UND FORSCHUNGSFINANZIERUNG

Steinachs epistemische Dinge *Reiz*, *Trieb*, *Sekret* und *Hormon* nahmen ihre konkrete Gestalt in Experimenten an, für die er im Laufe seiner wissenschaftlichen Karriere den geeigneten äußeren Rahmen gestaltete. Der Physiologe etablierte zwei innovative laborexperimentelle Institutionen: das *Laboratorium für allgemeine und vergleichende Physiologie* an der Deutschen Universität in Prag und die *Abteilung für experimentelle Physiologie und Morphologie* an der Biologischen Versuchsanstalt in Wien. Hinter deren Gründung sowie Erhaltung verbirgt sich eine komplexe und spannende Episode wissenschaftlicher Praxis – die multidisziplinäre Entwicklung explorativer Experimente an Tieren und Menschen zur Erforschung des trieb- und hormongesteuerten Körpers. Dabei spielten auch die wissenschaftshistorischen Bedingungen der späten Habsburgermonarchie, des Ersten Weltkriegs und der prekären Zwischenkriegsjahre eine Rolle. Die nähere Betrachtung der politischen und sozialen Voraussetzungen dieser Zeitabschnitte hat gezeigt, wie in der Kooperation von Pharmaindustrie, Wissenschaft und Patentwirtschaft ein reziprokes Verhältnis von ökonomischen Aspekten und Entwicklungen in der Behandlungs- und Forschungspraxis deutlich wurde.

Die prekären Anstellungsverhältnisse für junge Wissenschaftler, zumal solche jüdischer Herkunft, an verschiedenen Universitäten in der Habsburgermonarchie prägten Steinachs Berufsstrategie. Im Anschluss an sein Studium in Wien ging Steinach an die physiologischen Institute in Innsbruck und danach in Prag, wo er schließlich nach zwölf Jahren unbezahlter wissenschaftlicher Arbeit ein regelmäßiges Gehalt bekam. Bis dahin waren noch nicht etablierte Wissenschaftler in der Habsburgermonarchie vom Vermögen der Familie, von Forschungsförderungen und von Mäzenen abhängig. Darüber hinaus stellte das Forschen nach patentierbarem Wissen eine Ausweichstrategie dar – im Falle Steinachs waren dies technische Laborbehelfe für chirurgische Eingriffe an Tieren oder histologisches Präparieren –, ebenso wie pharmakologische Untersuchungen, beispielsweise von lokalanästhetischen Wirkstoffen für operative Eingriffe am Auge, oder später in technischen Behelfen für diathermische Verjüngungsbehandlungen. Wissenschaftliche Randgebiete oder Forschungsfelder an den Rändern der etablierten Disziplinen, die gerade erst im Entstehen begriffen waren – hierzu zählte beispielsweise die vergleichende Physiologie –, boten diesen Wissenschaftlern Möglichkeiten, wissenschaftliches Neuland zu erschließen und sich damit in der etablierten wissenschaftlichen Welt einen Namen zu machen. Auch die Sexual- und Geschlechterforschung ist ein Beispiel einer im Entstehen begriffenen und deswegen noch wenig renommierten Disziplin, die zu einem hohen Prozentsatz von jüdischen Wissenschaftlern praktiziert wurde – auch Eugen Steinach sollte hier einflussreich wirken.

Mit der Gründung einer eigenen Abteilung für experimentelle Physiologie und Morphologie war gleichzeitig Steinachs Wechsel in die Sexual- und Drüsenforschung markiert, die eng mit den Forschungen von Mitarbeitern des Anatomischen Instituts der Universität Wien verwoben war. Für Wissenschaftler zur Zeit der Habsburgermonarchie war ein Ortswechsel in die Residenzstadt Wien ein wichtiger Karriereschritt; im Rahmen des regen kulturellen Austauschs in der Stadt konnten vor allem Netzwerke geknüpft und Fördermöglichkeiten erschlossen werden. Die gut ausgestattete Biologische Versuchsanstalt bot zudem hervorragende Forschungsbedingungen. Die Anbindung an die Kaiserliche Akademie der Wissenschaften in Wien und zusätzliche staatliche Unterstützung – selbst in Zeiten des Krieges und der Weltwirtschaftskrise – bedeuteten für die Einrichtung eine nicht zu unterschätzende wissenschaftliche und gesellschaftliche Anerkennung und erleichterten zudem die Bewältigung der ökonomischen Herausforderung bei der Erhaltung der aufwändigen experimentellen Anlagen auf dem modernsten Stand der Technik.

Der Ausbruch des Ersten Weltkriegs, der folgende Zerfall des österreichischen Vielvölkerstaates und die prekären Jahre der Weltwirtschaftskrise stellten markante Brüche für die Laborforschung in Österreich dar. Steinach verstand es, sich an die ständig wechselnden strukturellen, finanziellen und personellen Bedingungen anzupassen, indem er wissenschaftliche, therapeutische und industrielle Kooperationen einging, eigene und externe Fördermittel für seine Arbeiten einsetzte und seine Zusammenarbeit von Biologen und Medizinern wie Julius Tandler, Guido Holzknecht und Paul Kammerer auf Chemiker wie Walter Hohlweg und Pharmazeuten wie Max Dohrn ausweitete. Diese Beispiele zu Steinachs Kooperationen und Interaktionen veranschaulichen zudem, wie vielfältig sich Steinachs Tätigkeitsbereich, seine Ressourcen und Verbündeten gestalteten. In den 1910er und 1920er Jahren gelang es ihm, seine Thesen und Experimentalmethoden in die österreichische und deutsche medizinische Forschungslandschaft zu integrieren, was einerseits auf wissenschaftlichem Austausch, andererseits auf anwendungsorientierter Zusammenarbeit basierte. Etwa lieferte er Magnus Hirschfeld nicht nur eine epistemische Grundlage für dessen Zwischenstufentheorie, sondern ebenso eine Therapie der Homosexualität, die Patienten vor der Strafverfolgung durch den Paragrafen 175 des deutschen Strafgesetzbuches bewahren sollte. Eine enge Freundschaft verband Steinach auch mit seinem in den Vereinigten Staaten ansässigen Kollegen Harry Benjamin, mit dem er die sognannten Reaktivierungsbehandlung im Sinne einer Verjüngung von Frauen ausbaute.

Bereits während des Krieges führte Steinach seine Studien unter enormem, auch persönlichem, finanziellen Aufwand durch. Ab 1919, mit der Autonomie der vormals österreichischen Hochschulen in den ehemaligen Kronländern, übernahm die Universität Wien Steinachs Prager Professorengehalt. Er verlegte seinen Forschungsstandort nun auch offiziell nach Wien. Mit zusätzlichen staatlichen und industriellen Mitteln baute Steinach die Physiologie als die höchstdotierte Forschungsrichtung innerhalb der Biologischen Versuchsanstalt aus und machte aus seinem Laboratorium ein internationales Forschungszentrum für die experimentelle Sexual- und Hormonforschung. Der Physiologe zeichnete sich dabei nicht nur durch fachliche Kompetenz aus, sondern auch durch seine Fähigkeit, Trends wahrzunehmen, Allianzen zu schließen, sein Wiener Institut voranzutreiben sowie Biologen und Mediziner zu motivieren, sich an seinen Themen und Arbeiten zu beteiligen. Spätestens in den 1920er Jahren war Steinach ein international anerkannter Wissenschaftler, der als früher Akteur der endokrinen Sexualforschung, als Katalysator für spätere Durchbrüche der Wissenschaftsgemeinde und für Scherings Einstieg in den Hormonmarkt betrachtet wurde. Die Anträge, mit denen die Leiter der Versuchsanstalt in den Zwischenkriegsjahren um Förderung ansuchten, verdeutlichen das große Interesse staatlicherseits, auf die die Geschlechter- und Sexualforschung und insbesondere Steinachs Behandlungsvorschläge für Homosexualität stießen.

GESCHLECHTSSPEZIFISCHE HORMONE UND THERAPEUTISCHE EINSATZMÖGLICHKEITEN

Die Drüsen- und Hormonforschung war, im deutschsprachigen Raum im Allgemeinen und in der Habsburgermonarchie im Speziellen, stets von gesellschaftlichen Erwartungen geprägt. Die zwischen 1910 und 1920 untersuchten medizinisch-biologischen Forschungsaspekte verweisen auf ein komplexes Wechselspiel von Beobachtungen aus der Klinik und gezielten Experimenten an Versuchstieren, die sich gegenseitig ergänzten, aufeinander übertragen wurden und als Belege für induktive Schlussfolgerungen funktionierten. Experimentatoren wie Steinach abstrahierten die im Tierversuch beobachteten Phänomene und formulierten diese in eine allgemeine biologische Erkenntnis um. Damit gelang es Steinach, aus einer Vielzahl an Untersuchungen zu und Therapien von tierischer Homosexualität oder Alterserscheinungen, empirische Daten zu sammeln, diese in eine Theorie zu übersetzen und entsprechende Behandlungsschemata für Menschen zu entwickeln (siehe unten). Dass dabei seine Untersuchungen zur Existenz, Ätiologie und Wirkung von Sexualhormonen von breiten gesellschaftlichen Diskursen um geschlechtsspezifische Charaktere, Sexualität und Fortpflanzung geprägt waren, ist wenig überraschend. Ebenso wie die Tatsache, dass nicht nur Steinachs Experimente deutlich vom Zeitgeist seiner Epoche geprägt waren, sondern auch die von ihm untersuchten epistemischen Dinge. Kennzeichnend ist jedoch die konsequente Konstruktion seines vielschichtigen Theoriengebäudes, das er sorgfältig entlang den Konventionen der von ihm präferierten Zielgruppen und Netzwerke ausrichtete.

Die Art und Weise, wie Steinach Geschlecht in seinen Forschungen konzipierte, führt paradigmatisch vor Augen, welche immanente Bedeutung die Kategorie Geschlecht bei der Herstellung wissenschaftlichen Wissens einnahm: So beschrieb er die Wirkung der Sexualhormone streng bipolar geschlechtsspezifisch männlich oder weiblich, ein weibliches Hormon könne keine an männlichen Hormonen festgemachten Wirkungen auslösen und umgekehrt. Nicht nur die Wirkungen waren geschlechtsspezifisch, auch die Sexualhormone selbst wurden von ihm als männliche oder weibliche Objekte oder Dinge verstanden, die sich antagonistisch verhielten. Prallten diese beiden Objekte doch einmal im Körper aufeinander, beherrschte das männliche Hormon die Physiologie und Morphologie, denn es war Steinach zufolge dem weiblichen Hormon überlegen. Insgesamt schrieb er beiden Sexualhormonen aktivierende und verjüngende Eigenschaften zu, wobei diese Wirkungen geschlechtsspezifisch definiert waren: Während weibliche Sexualhormone das Klimakterium der Frauen verzögerten, sie schöner und empfindsamer machten, erweckten die männlichen Hormone in Männern den Tatendrang, machten sie lebhaft, leidenschaftlich und kreativ.

Diese verschiedenen Fragestellungen und Interpretationen verdichteten sich im Einsatz von Sexualhormonen in Steinachs therapeutischer Praxis. Aus seiner Sexualhormontheorie leitete Steinach radikale humanmedizinische Therapien ab, die er nicht zuletzt anhand pragmatischer Erwägungen an die Bedürfnisse seiner Patientinnen und Patienten anpasste. Die Möglichkeiten der Intervention in die physiologischen Prozesse des lebenden Organismus schienen mit der Entdeckung von Hormondrüsen schier unendlich, womit auch der Forschung kaum technische und experimentelle Grenzen gesetzt wurden. Steinachs Geschlechtsumwandlungs- und Verjüngungsforschung sind markante Beispiele für das Potenzial, das zeitgenössische Wissenschaftler und Ärzte in endokrinen Körpern sahen. Die internationale positive Resonanz auf Steinachs endokrine Behandlungsmethoden sowohl von wissenschaftlicher als auch von öffentlicher, staatlicher und wirtschaftlicher Seite und die enorme Berühmtheit, die Steinach durch eben diese Forschung erlangte, zeugen auch von dem großen Vertrauen in die therapeutischen Möglichkeiten, die man sich von den noch nicht chemisch materialisierten Sexualhormonen erwartete.

Die therapeutische Nutzung wissenschaftlichen Wissens erfolgte nicht immer als eine Umsetzung von experimentellen Ergebnissen. Teilweise verlief der Erkenntnisprozess sozusagen invers zu der von den Wissenschaftlern präsentierten Chronologie – vom therapeutischen Konzept zur experimentellen Fundierung der Behandlungsmethode. Häufig fand die therapeutische Umsetzung parallel zu weiteren experimentellen Studien statt, wonach Therapie und sogenannte Grundlagenforschung zunehmend verschränkt wurden. Eigens entwickelte diagnostische Verfahren stellten zwischen jenen zwei Forschungsebenen gewissermaßen eine Brücke dar. Etwa versuchte Steinach, homosexuelles Verhalten auf organische Ursachen in den Geschlechtsdrüsen zurückzuführen. Für den Nachweis dieser These entwickelte er 1916 eine eigenes histologisches Verfahren, mittels derer die an weiblichen Zellen im männlichen Körper und umgekehrt festgemachte Pathologie der Homosexualität nachgewiesen werden könne. Das diagnostische Verfahren selbst lieferte jedoch nicht den gewünschten Befund. Erst die entsprechende Interpretation der histologischen Schnittpräparate machte dieses Verfahren zu einem Nachweisverfahren von organisch bedingter Homosexualität. Jene Histotechnik kann als Ausdruck seiner prinzipiellen Vorannahmen gelesen werden, entlang derer er seine experimentellen Befunde bewertete, womit er sein Experiment auch in eine gewählte Richtung veränderte. Letztlich ermöglichte Steinach dieser »objektive« Nachweis der Pathologie der Homosexualität auch, ein therapeutische Behandlung anzubieten. Die weitere Untersuchung seiner experimentellen Praxis verdeutlichte zudem, wie Steinachs konkrete Vorstellung von der Disposition der Sexualhormone auch seine Arbeit am weiblichen Sexualhormonpräparat Progynon leiteten.

KOOPERATION MIT DER PHARMAINDUSTRIE UND WISSENSCHAFTLICHE NETZWERKE

Die Entwicklungsarbeiten zu Progynon waren unter anderen von epistemischen, institutionellen und ökonomischen Interessen geprägt. Das Präparat war das Resultat einer engen Kooperation zwischen der Berliner Pharmafirma Schering und Steinach. Während Letzterer vorwiegend aus wirtschaftlichen Gründen mit der Pharmaindustrie zusammenarbeitete, versuchte Schering, ihre pharmazeutische Produktpalette durch biologische Arzneimittel zu erweitern. Die Biologische Versuchsanstalt war zum größten Teil während des Kriegs zerstört worden und wurde nun mit Hilfe von staatlichen Subventionen, die physiologischen Laboratorien mit zusätzlichen industriellen Mitteln und privatem Vermögen Steinachs wieder aufgebaut. Scherings Entscheidung, aufgrund des größeren Marktes ein Produkt für Frauen zu entwickeln, hatte bedeutende Auswirkungen auf die Experimentalanordnungen Steinachs. Denn nun sollten auch weibliche Versuchstiere gezüchtet werden, während Steinach bis zu seinem Einstieg in die Pharmaforschung 1923 bei Untersuchungen zu Sexualhormonen nur wenige Experimente an weiblichen Versuchstieren durchgeführt, sondern die Ergebnisse der Versuche an männlichen Tieren zumeist auf den weiblichen Körper übertragen hatte. Somit entstand ein neuer Forschungsbereich, dessen Darstellung in diesem Band Einblicke in die Entwicklungsarbeiten von hormonellen Arzneimitteln über den Zugriff auf neue Forschungsmaterialien ermöglichte. Ein zentraler Befund ist die kontinuierliche Aufweichung der Grenze zwischen Experiment und Theorie. Denn die von Steinach herangezogenen Forschungsmaterialien hielten nicht nur Einzug in die Experimente in den physiologischen Laboratorien, sondern fanden auch Einsatz in der gynäkologischen Klinik. Die Ergebnisse aus beiden Anwendungsbereichen wurden wiederum aneinander angeglichen und miteinander verflochten.

Die klinischen Versuche mit Progynon können folglich zwischen Menschenexperiment, wissenschaftlicher Forschung und Therapie eingeordnet werden. In ihrem Verlauf kommen auch die Spannungen in den Blick, die die Zusammenarbeit zwischen Steinach und Schering prägten, aber auch die Geduld und Zielstrebigkeit, die es ermöglichten, dass das ursprünglich für drei Jahre geplante Projekt nach fünf Jahren zum Ende gebracht werden konnte. Hierzu wurde die Zusammenarbeit 1926 ausgebaut und Steinach in die klinische Testung der Präparate miteinbezogen. Die Betrachtung der äußerst produktiven Verflechtung von Steinachs klinischen Versuchen in Wien mit seiner Laborforschung an Tieren und seinem privaten Behandlungsangebot zur Verjüngung von Frauen zeigt Steinach als Arzt und Wissenschaftler, der pragmatisch und sachlich an seinen Forschungsgegenstand heranging. Die klinischen Versuche ermöglichten Schering den Zugriff auf detailliertes Wissen zur praktischen Anwendung von Progynon, das die Firma in Form von Hinweisen zur Anwendung und zur Wirkung an die künftige Zielgruppe kommunizierte. Das in Entwicklung befindliche Progynon wurde während der Versuche noch optimiert.

Bei seiner wissenschaftlichen Arbeit stützte sich Steinach auf ein breites Netzwerk an Laborwissenschaftlern und praktizierenden Ärzten – darunter Sexualwissenschaftler, Endokrinologen, Entwicklungsbiologen, Röntgenologen, Gynäkologen, Eugeniker, Pharmazeuten und Chemiker –, das neben den deutschsprachigen Ländern Europas bis nach Italien, in die Niederlande, Skandinavien und in die Vereinigten Staaten reichte. Die Wissenschaftler interessierten sich nicht nur für seine Forschung zur Wirkung männlicher und weiblicher Drüsen, Sekrete und Hormone, sondern auch für die entsprechend konzipierten Therapien für die »Heilung« von Homosexualität sowie für Verjüngungsbehandlungen an Männern und Frauen. Röntgengeräte und wärmende Elektroden kamen bei der Umsetzung der wissenschaftlichen Konzepte über die Sexualhormone in Therapien ebenso zum Einsatz wie chirurgische Eingriffe und Medikamente, darunter Arsen-, Radium- und Sexualhormonpräparate.

Nach der Markteinführung von Progynon verlängerte Schering bis 1938 jährlich den Kooperationsvertrag mit Steinach, was einerseits durch die werbewirksame öffentliche Aufmerksamkeit an den Arbeiten des Physiologen erklärt werden kann. Andererseits erfuhr das Präparat stetige pharmazeutische Entwicklungsarbeiten, die tierexperimentell und klinisch getestet wurden: Bei dem 1928 lancierten Progynon handelte es sich um ein Ovarien- und Plazentaextrakt, das Schering als weibliches Cykluspräparat oder Sexualhormonpräparat bezeichnete und erst nach 1929 durch ein Östronpräparat ersetzte, in dem die tierischen Rohstoffe – nach chemischer und pharmazeutischer Bearbeitung – als kristalline Stoffe bzw. pharmazeutische Wirkstoffe präsentiert wurden. Wichtige Themen waren in diesen Jahren die Senkung der Produktionskosten, die Erweiterung der Produktpalette, die Verbesserung der technologischen Arzneiform (Galenik) und der Rezeptur von Progynon, die Suche nach alternativen Rohstoffen sowie die Isolierung, Identifizierung und Teilsynthese des Wirkstoffs der Extrakte. In den Jahren nach der Markteinführung von Progynon verlagerte Schering ihren Schwerpunkt zunehmend auf biochemische Innovationsprozesse. Die chemisch identifizierten Stoffe konnten synthetisch variiert und anschließend patentiert werden, wodurch ursprünglich biologische Substanzen zum Eigentum der Pharmafirma wurden. Neben dem finanziellen Vorteil durch den Besitz des Patents – in den zähen Verhandlungen mit Schering hatte Steinach über lange Zeit durchsetzen können, dass ein Teil der Patentrechte für das Sexualhormon bei ihm lag – lag der Vorteil dieser neuen Herstellungsweise für das Unternehmen auch darin, dass chemische Stoffe verhältnismäßig einfach und kostengünstig als pharmazeutisches Präparat produziert werden konnten. Die dahinter stehenden wissenschaftlichen, technologischen, aber auch vertraglichen Aktivitäten und ökonomischen Absichten sind in dieser Studie in ihren produktiven Zusammenhängen erörtert worden, um nachzuvollziehen, wie aus den raren Ovarienextrakten der späten 1920er Jahre in den 1930er Jahren schließlich massenproduzierte Wirkstoffpräparate wurden.

Mit der Machtergreifung der NSDAP in Deutschland und später Österreich wurde die Kooperation zwischen Schering und dem jüdischen Wissenschaftler Steinach zunehmend erschwert und fand schließlich durch die Flucht von Eugen Steinach in die Schweiz 1938 ein jähes Ende. Dennoch unterstützte die Firma Schering Steinach bis zu seinem Ableben 1944 finanziell sowie dessen ehemalige Mitarbeiter in der Biologischen Versuchsanstalt. Die Tätigkeiten in der physiologischen Abteilung der nunmehr »arisierten« Biologischen Versuchsanstalt, die in den Jahren zuvor in ein externes Schering-Laboratorium umgewandelt worden war, fanden im Zuge des politischen Bruchs aber ein Ende.

Epistemische Dinge und Wirkkonzepte

Sexualhormone stellten zu Beginn des 20. Jahrhunderts ausgesprochen diverse Wissensobjekte dar, die erst im Laufe des Forschungsprozesses an Gestalt gewannen. Für den Physiologen waren sie zunächst unsichtbar. Einzig ihre vermeintlichen Wirkungen oder das, was er als ihre Effekte auf den Körper bewertete, konnte er erforschen und in einen kausalen Zusammenhang mit dem Ding selbst bringen. Der Physiologe Steinach war in sämtliche Phasen der Materialisierung des weiblichen Sexualhormons involviert und konzipierte die gängigen Wirkkonzepte – Triebe, Reize und Signale – mit, wenn auch nicht in chronologischer Reihenfolge und in linearen Entwicklungsbahnen. Wie wandelbar diese Konzepte waren, zeigt sich anhand der unterschiedlichen anatomischen Strukturen, denen der Physiologe seine Wissensobjekte im Lauf seines Forscherlebens zuordnete: Nervengewebe, Pubertätsdrüsen, Zwischenzellen, inneren Sekreten, Sexualhormonen. In seinen Publikationen verwendete er diese Begriffe letztlich stellvertretend füreinander und es kann demnach davon ausgegangen werden, dass in seinem Denken diese Objekte ineinander übergingen und zu einem einzigen Aktionsprinzip kumulierten. Dies kann durch die Vermengung von Wissensinhalten seiner vorgestellten Gegenstände (Drüse, Sekret, Hormon) und ihrer vermuteten Funktionsweisen (Trieb, Reiz, Signal) erklärt werden. Mit der Hybridisierung von Wissensinhalten innerhalb seines Experimentalsystems schuf Steinach sich eine ungewöhnlich vielseitige äußere Struktur, die es ihm ermöglichte, seine Konzepte im Laufe des Forschungsprozesses flexibel – je nach Erfordernissen – unterschiedlichen anatomischen Strukturen und Stoffen zuzuordnen.

Eines dieser Konzepte stellte die »Pubertätsdrüse« dar, die er innerhalb seines Experimentalsystems konstruiert hatte. Dieses epistemische Ding definierte er entlang seines vermeintlichen physiologischen Effekts auf den tierischen und menschlichen Körper – die Auslösung der Pubertät. Gut unter dem Mikroskop sichtbar und deswegen ein geeignetes Forschungsobjekt, entschlüsselte Steinach die Pubertätsdrüse schließlich als ein Konglomerat geschlechtsspezifischer Zellen, die jene inneren Sekrete sezernierten, die über den Blutstrom in den gesamten Körper gelangten. Aus einem durch ein Organ bzw. eine Drüse repräsentierten epistemischen Ding hatte Steinach einen zellulären Komplex entworfen. Nach mehreren Veröffentlichungen konnte er die Existenz einer Pubertätsdrüse soweit als wissenschaftliche Tatsache etablieren, dass sie als indirekter Beweis für ein nicht sichtbares epistemisches Ding dienen konnte: die inneren Sekrete, die er als biologische Ursache für erotische Anziehung und geschlechtsspezifische Handlungsweisen auslegte. Diese Sekrete stellten für ihn Flüssigkeiten dar, die von der Pubertätsdrüse produziert und in den Blutkreislauf ausgeschüttet würden. Im Laufe seiner Kooperation mit Schering beschrieb Steinach die inneren Sekrete zunehmend als Botenstoffe, Wirkstoffe oder Hormone in seinen Publikationen, womit das kristallin-stoffliche epistemische Ding das dritte Forschungsobjekt wurde. Im Zuge von Steinachs Experimenten an Tieren und Menschen untersuchte er ihre Funktion als Transportmedien, die Informationen von Geschlechtsdrüsen über die Blutbahn an das Gehirn und das Zentralnervensystem übermittelten. Die Nachrichten, die sie in den Vorstellungen des ehemaligen Elektrophysiologen übermittelten, erinnerten an telegrafische Signale, die geschlechtsspezifische physische und psychische Reaktionen auslösen sollten. Wenn auch das epistemische Ding Sexualhormon in seiner Forschung niemals eine konkrete Form einnahm, so lieferte er seinen Kooperationspartnern und Mitarbeitern dennoch wichtige Grundlagen für die chemische Verstofflichung von Sexualhormonen.

Dieser Prozess war von der Epistemologie der beteiligten Physiologen, Chemiker, Pharmazeuten und Gynäkologen geprägt. Zusätzlich hatten die beteiligten Akteure von dem Produkt dieser kooperativen Entwicklung sehr unterschiedliche Vorstellungen. Während dem Physiologen Steinach eine Steigerung der Ausbeute aus den tierischen Rohstoffen mittels operativer Eingriffe an den liefernden Tieren noch vor deren Kastration vorschwebte, bemühten sich Schering-Chemiker bereits intensiv um die Isolierung (die sogenannte kristalline Reindarstellung) des weiblichen Sexualhormons, um den Wirkstoff patentieren und eine kostengünstigere Teilsynthese anvisieren zu können. Alle diese unterschiedlichen Ziele wurden in dem nicht immer intentional geplanten, letztlich aber konstruktiven Miteinander der Akteure verfolgt und kondensierten in dem Objekt Sexualhormon. Progynon – Scherings Bezeichnung sowohl für den pharmazeutischen Wirkstoff als auch für das weibliche Sexualhormonpräparat der Firma – erfuhr somit im Spannungsfeld zwischen experimentell erforschten physiologischen und pharmakologischen Wirkungen, pharmazeutisch-chemischen Entwicklungsarbeiten und therapeutischen Versuchen in der Gynäkologie und der Verjüngungspraxis seine Ausformung.

Folglich mündeten Steinachs langjährige Untersuchungen zu den physiologischen Mechanismen von Liebe, Leben und Sexualität in eine Physiologie der Sexualhormone, deren Objekte erstaunlich undefiniert, gleichzeitig flüssig und fest, Elixiere und Stoffe waren – je nach experimentellen Rahmenbedingungen oder den Bedürfnissen des Betrachters – und möglicherweise gerade deshalb in so unterschiedlichen Kontexten produktiv gemacht werden konnten. Diese Objekte strukturierten seine Epistemologie von *Sex and Life*, wie er seine Forschungsagenden im Titel seiner wissenschaftlichen Autobiografie zusammenfasste, und ließen Steinach zeitweise sogar als Erfüller des Menschheitstraums von der ewigen Jugend erscheinen.

Anhang

ABKÜRZUNGSVERZEICHNIS

AeGeSe	Ärztliche Gesellschaft für Sexualwissenschaft
AÖAW	Archiv der Österreichischen Akademie der Wissenschaften
AUP	Archiv der Karls-Universität in Prag (Univerzita Karlova v Praze)
AUW	Archiv der Universität Wien
AW	Akademie der Wissenschaften
BÖFV	Bund Österreichischer Frauenvereine
BM	Bundesministerium
BV	Biologische Versuchsanstalt
K	österreichische Kronen
KBV	Kuratorium der Biologischen Versuchsanstalt
ME	Mäuseeinheit
MKU	k. k. Ministerium für Kultus/Cultus und Unterricht
NV	Nationalversammlung
NYAM	Archiv der New York Academy of Medicine
OeStA	Österreichisches Staatsarchiv
RM	Rentenmark, später Reichsmark
SchA	Schering-Archiv
SfU	Staatsamt für Unterricht
USD	United States Dollar

ABBILDUNGSVERZEICHNIS

Abb. 1: AÖAW, Nachlass Fritz Knoll, 1/2, Fotoalbum für Eugen Steinach, 1931.
Abb. 2: AÖAW, Nachlass Fritz Knoll, 1/2, Fotoalbum für Eugen Steinach, 1931.
Abb. 3: AÖAW, BV, 1/2, Bericht Przibram an Kuratorium der AW, 1919.
Abb. 4: AÖAW, Nachlass Fritz Knoll, 1/2, Fotoalbum für Eugen Steinach, 1931.
Abb. 5: AÖAW, Nachlass Fritz Knoll, 1/2, Fotoalbum für Eugen Steinach, 1931.

UNVERÖFFENTLICHTE QUELLEN

Archivbestände

ARCHIV DER KARLS-UNIVERSITÄT, PRAG

Personalakte Eugen Steinach
Bestand Rex – Akten Eugen Steinach

ARCHIV DER ÖSTERREICHISCHEN AKADEMIE DER WISSENSCHAFTEN, WIEN

Bestand Subventionen, Akte II, Subventionen der math.-nat. Klasse
Bestand Biologische Versuchsanstalt
Nachlass Fritz Knoll
Kassabücher »Physiologisches Laboratorium Prof. Steinach, Wien, Prater Hauptallee, (Vivarium)«

ÖSTERREICHISCHES STAATSARCHIV, WIEN

Vermögensentzugsakten Eugen Steinach und Antonie Steinach

SCHERING-ARCHIV, SCHERINGIANUM, BERLIN

B5-299, 295 – Personalakten Eugen Steinach, Korrespondenzen mit der Rechts- und Personalabteilung zu und mit Steinach
B5-72, 73 – Personalakten Walter Hohlweg, Korrespondenzen mit der Rechts- und Personalabteilung zu und mit Hohlweg

NYAM, THE NEW YORK ACADEMY OF MEDICINE, RARE BOOK ROOM, HISTORICAL COLLECTION, NEW YORK

Korrespondenzen Harry Benjamin mit Eugen Steinach

Privatbestände

Carlos Guillard – Briefwechsel zwischen Carlos Vallin und Eugen Steinach
Werner Soukup – Brief von Eugen Steinach an Iwan Bloch

Vorträge

Hess, Volker, ›Der Selbstversuch im Labor: Animalische Elektrizität als epistemologisches Experimentierfeld‹, unveröffentl. Beitrag im Workshop *Der Mensch im Experiment 1850–1980*, Berlin, 22.–24. Mai 2008.

VERÖFFENTLICHTE QUELLEN UND LITERATUR

Patente

Hohlweg, Walter, ›Verfahren zur Gewinnung der wirksamen Keimdrüsenstoffe in wasserlöslicher Form‹, *Reichspatentamt*, (Deutschland: 1926).
Hohlweg, Walter, ›Germ-gland substance‹, *Canada Intellectual Property Office* (Canada: 1926).
Last, Erwin, ›Electrode to be applied to the human body‹, *United States Patent Office* (USA: 20.11.1928; Anmeldung Österreich: 14.11.1925).

Last, Erwin, ›Device for the diathermic treatment of the human body‹, *United States Patent Office* (USA: 30.12.1930; Anmeldung Österreich: 21.2.1929).

Last, Erwin, ›Condenser Type Electrode‹, *United States Patent Office* (USA: 27.4.1937; Anmeldung Österreich: 10.1.1934).

Schering, Chemische Fabrik auf Actien, ›Improvements relating to Obtaining the Active Constituents of Germ Glands‹, *His Majesty's Stationary Office* (United Kingdom: 1926).

Schering, Chemische Fabrik auf Actien, ›Process for the Manufacture of Hormone from the Sexual Organs‹, *Carpmaels & Ransford* (United Kingdom: 1927).

Schering-Kahlbaum, Aktiengesellschaft, ›The manufacture of active extracts from sexual organs‹, *Reichspatentamt* (Deutschland: 23.5.1927).

Steinach, Eugen, ›Verfahren zur Gewinnung von therapeutisch wirksamen Extrakten aus Hoden‹, in Schering, ed., *Reichspatentschrift* (Deutsches Reich: 1924).

Zeitungen

Die Brennessel, 21. Juni 1933.

Die Fackel, 16 (1914), 68–9.

Neue Freie Presse, 4. Februar 1921.

Neue Zürcher Zeitung, 5. Mai 2007.

New York Times, 15. Mai 1944, 3. Juni 1944.

Gedruckte Quellen

Allen, Edgar, Edward A. Doisy, ›An ovarian hormone. Preliminary report on its localization, extraction and partial purification, and action in test animals‹, *Journal of the American Medical Association*, 81 (1923), 819–21.

Benjamin, Harry, ›Eugen Steinach, 1861–1944: A Life of Research‹, *The Scientific Monthly*, 61 (1945), 427–42.

Benjamin, Harry, ›Reminiscences‹, *12th Annual Conference of the Society for the Scientific Study of Sex* (Archive for Sexology, Humboldt-Universität zu Berlin, 1969).

Bernard, Claude (kommentiert von Karl Eduard Rothschuh), *Einführung in das Studium der experimentellen Medizin* (Leipzig: 1961 (orig. 1865)).

Du Bois-Reymond, Emil H., ›Beschreibung einiger Vorrichtungen und Versuchsweisen zu elektro-physiologischen Zwecken‹, *Abhandlungen der Berliner Akademie der Wissenschaften*, (1862), 102.

Browning, Carl H., ›The Biochemistry of Immunity Reactions‹, *British Medical Journal*, 6 (1915), 239–43.

Butenandt, Adolf, ›Über »Progynon« ein krystallisiertes weibliches Sexualhormon‹, *Die Naturwissenschaften*, 17 (1929), 879.

Dohrn, Max, ›Ist der Allen-Doisy-Test spezifisch für das weibliche Sexualhormon?‹, *Klinische Wochenschrift*, 6 (1927), 359–60.

Ekhardt, Robert, *Professor Dr. Steinachs Verjüngungsverfahren* (Naumburg a. S.: Carl August Tancré Verlag, 1920).

Federmann, Reinhard, ed., Bertha Zuckerkandl, *Österreich intim. Erinnerungen 1892–1942* (Frankfurt a. M., Berlin, Wien: Ullstein, 1970).

Freud, Sigmund, *Drei Abhandlungen zur Sexualtheorie (1904–1905). 4. Auflage* (Leipzig, Wien: Deuticke, 1920a).

Freud, Sigmund, ›Über die Psychogenese eines Falles von weiblicher Homosexualität‹, *Gesammelte Werke, Band 12* (Frankfurt a. M.: Fischer, 1920b), 271–302.

Heape, Walter, ›The »sexual season« of mammals‹, *Quarterly Journal of Microscopic Science*, 44 (1900).
Herrmann, Edmund, Marianne Stein, ›Über den Einfluß eines Hormons des Corpus luteum auf die Entwicklung männlicher Geschlechtsmerkmale‹, *Wiener Medizinische Wochenschrift*, 6 (1916), 246–7.
Herrmann, Edmund, Marianne Stein, ›Ueber die Wirkung eines Hormones des Corpus luteum auf männliche und weibliche Keimdrüsen‹, *Wiener klinische Wochenschrift*, 25 (1916), 778–82.
Higuchi, Shigeji, ›Über die Transplantation der Ovarien‹, *Archiv für Gynäkologie*, 91 (1910), 214–25.
Hirschfeld, Magnus, ›Die Untersuchungen und Forschungen von Prof. E. Steinach über künstliche Vermännlichung, Verweiblichung und Hermaphrodisierung. Vortrag im Wissenschaftlich-Humanitären Komitee Berlin‹, *Jahrbuch für sexuelle Zwischenstufen*, 17 (1916), 1–18.
Hohlweg, Walter, W. Faure, ›Die Auswertung der Sexualhormone (Progynon und Anteron)‹, *Medizinische Mitteilungen*, (1929), 71–6.
Hohlweg, Walter, ›Über allgemein-endokrine Wirkung des Progynon‹, *Medizinische Mitteilungen*, (1930).
Hohlweg, Walter, ›Ein Blick hinter die Kulissen der Progynonerzeugung‹, *Medizinische Mitteilungen*, (1932a), 135–9.
Hohlweg, Walter, Karl Junkmann, ›Die hormonal-nervöse Regulierung der Funktion des Hypophysenvorderlappens‹, *Klinische Wochenschrift*, 11 (1932b), 321–23.
Hohlweg, Walter, ›Progynon und Sexualzyklus‹, *Medizinische Mitteilungen*, (1934a), 9–13.
Hohlweg, Walter, ›Veränderungen des Hypophysenvorderlappens und des Ovariums nach Behandlung mit großen Dosen Follikelhormon‹, *Klinische Wochenschrift*, 13 (1934b), 9–13.
Hohlweg, Walter, ›Corpus luteum-Hormon und Kastrationshypophyse‹, *Klinische Wochenschrift*, 14 (1935), 1027–28.
Hohlweg, Walter, Antonio Chamorro, ›Über die Luteinisierende Wirkung des Follikelhormons durch Beeinflussung der Luteogenen Hypophysenvorderlappensekretion‹, *Klinische Wochenschrift*, 16 (1937a), 196–7.
Hohlweg, Walter, ›Ueber die Isolierung eines östrogenen Wirkstoffes aus Butea superba und seine biologischen Wirkungen‹, (Technische Universität Wien, Dissertation, 1937b), 61.
Hohlweg ,Walter, Hans Herloff Inhoffen, ›Neue per os-wirksame weibliche Keimdrüsenhormonderivate: 17-Aethinyl-oestradiol und Pregnen-in-on-3-ol-17‹, *Die Naturwissenschaften*, 26 (1938), 96.
Holthusen, H., ›G. Holzknecht‹, *Klinische Wochenschrift*, 10 (1931), 2326–7.
Holzknecht, Guido, ›Gibt es eine Reizwirkung der Röntgenstrahlen‹, *Münchener medizinische Wochenschrift*, (1923), 761–2.
Holzknecht, Guido, ›Gibt es eine indirekte Reizwirkung der Röntgenstrahlen?‹ *Wiener Medizinische Wochenschrift*, 75 (1925), 161–3.
Kammerer, Paul, ›Steinachs Forschungen über Entwicklung, Beherrschung und Wandlung der Pubertät‹, *Ergebnisse der Inneren Medizin und Heilkunde*, 17 (1919), 295–398.
Kammerer, Paul, ›Vererbung und Verjüngung‹, *Urania*, 1 (1925/1926), 228–33.
Kaufmann, Willy, ›Steinach – Rummel – Foxtrot‹, (Zürich: Musikhaus Hüni, 1920).
Kitahara, Yoshitake, ›Über die Entstehung der Zwischenzellen der Keimdrüsen des Menschen und der Säugetiere und über deren physiologische Bedeutung‹, *Archiv für die Entwicklungsmechanik der Organismen*, 52 (1923), 550–615.
Knauer, Emil, ›Die Ovarientransplantation‹, *Wiener klinische Wochenschrift*, (1899).
Knauer, Emil, ›Die Ovarientransplantation. Experimentelle Studie‹, *Archiv für Gynäkologie*, (1900).
Kölliker, A., ›Physiologische Studien über die Samenflüssigkeit‹, *Zeitschrift für wissenschaftliche Zoologie*, 7 (1856).
Kowarschik, Josef, *Die Diathermie* (Berlin: Springer, 1913).
Kowarschik, Josef, ›Fünfzig Jahre Diathermie‹, *Elektromedizin, Zeitschrift für Klinik und Praxis*, 3 (1958), 97–102.

Landsteiner, Karl, ›Zur Kenntnis der antifermentativen, lytischen und agglutinierenden Wirkungen des Blutserums und der Lymphe‹, *Zentralblatt für Bakteriologie*, (1900).
Laqueur, Ernst, ›Über weibliches Sexualhormon, im bes. das Menformon‹, *Klinische Wochenschrift*, 6/9 (1927), 390–6.
Last, Erwin, ›Hyperämiebehandlung nach Steinach‹, *Wiener Medizinische Wochenschrift*, 25 (1925), 1494–5.
Lichtenstern, Robert, ›Mit Erfolg ausgeführte Hodentransplantation am Menschen‹, *Münchener medizinische Wochenschrift*, 63 (1916), 673–5.
Liebesny, P., ›Die Diathermiebehandlung der weiblichen Brust‹, *Wiener Medizinische Wochenschrift*, 13 (1924), 657.
Liebesny, P., ›Berichte aus den wissenschaftlichen Vereinen‹, *Wiener Medizinische Wochenschrift*, 23 (1926), 702–3.
Lipschütz, Alexander, ›Die Gestaltung der Geschlechtsmerkmale durch die Pubertätsdrüsen‹, *Development Genes and Evolution*, (1918), 396–416.
Lipschütz, Alexander, ›New experimental data on the question of the seat of the endocrine funktion of the testicle‹, *Endocrinology*, 7 (1923), 1–18.
Lipschütz, Alexander, *The Internal Secretions of the Sex Glands* (Cambridge: Heffers, 1924).
Loebel, Josef, ed., Eugen Steinach, *Sex and Life. Forty Years of Biological and Medical Experiments* (New York: Routledge, 1940).
Malassez, L. C., ›Contentiv-Apparat für Vivisectionen‹, *Pflüger's Archiv*, 53 (1893), 585–7.
Meng, Heinrich, *Grundfragen der Psychotherapie. Die Lehre von S. Freud – Die Experimentalforschung von E. Steinach. Die Organpsychose. Folgerungen für Therapie und Prophylaxe* (Bern: Huber, 1944).
Novak, Josef, Erwin Last, ›Klinische Erfahrungen mit Progynon, einem hochwertigen weiblichen Sexualhormon‹, *Medizinische Klinik*, 46 (1928), 1715–8.
Österreichische Akademie der Wissenschaften, ed., *Arthur Schnitzler: Tagebuch 1917–1919* (Wien: Verlag Österreichische Akademie der Wissenschaften, 1981).
Österreichische Akademie der Wissenschaften, ed., *Arthur Schnitzler: Tagebuch 1920–1922* (Wien: Verlag Österreichische Akademie der Wissenschaften, 1985).
Peczenik, Otto, ›Eduard Steinach‹ [sic!], in Ulrich, Hermann, ed., *Österreichische Wissenschaft: Essays, Biographien, Betrachtungen* (London: Free Austrian Movement – Kulturelle Schriftenreihe, 9, 1945), 29–32.
Rahn, L., ›Organotherapie‹, *Hagers Handbuch der pharmazeutischen Praxis für Apotheker, Ärzte, Drogisten und Medizinalbeamte* (Berlin: Springer, ca. 1920), 637–45.
Sand, Knud, ›Experimenteller Hermaphroditismus‹, *Pflüger's Archiv*, 173 (1919), 1–7.
Sand, Knud, ›Experiments on the endocrinology of the sexual glands‹, *Endocrinology*, 7 (1923), 273–301.
Schäfer, Edward A., ›Address in physiology on internal secretions‹, *Lancet*, (1895), 321–4.
Schäfer, Edward A., ›The hormones which are contained in animal extracts: Their physiological effects‹, *Pharmaceutical Journal*, (1907), 670–4.
Schultz, Walter, ›Transplantation der Ovarien auf fremde Species, Varietäten und Männchen‹, *Archiv für die Entwicklungsmechanik der Organismen*, 29 (1910), 79–108.
Slotopolsky, Benno, ›Sexualchirurgie‹, *Zeitschrift für Sexualwissenschaft*, 12 (1925), 103–17.
Schmidt, Peter, *Theorie und Praxis der Steinach'schen Operation* (Wien: Rikola, 1922).
Schmidt, Peter, ›Über biologische Altersbekämpfung‹, *Archiv für Frauenkunde*, 13 (1927), 89–122.
Starling, Ernest, ›Lecture‹, *The Lancet*, (1905).
Steinach, Antonie, ›Aus der Tätigkeit des Bundes österreichischer Frauenvereine‹, *Die Österreicherin*, 1 (1.2.1928), 10.
Steinach, Eugen, ›Vergleichend-physiologische Studien über Pupillarreaktion‹, *Zentralblatt für Physiologie*, 1 (1887a).

Steinach, Eugen, ›Siebdosen, eine Vorrichtung zur Behandlung mikroskopischer Präparate‹, *Zeitschrift für wissenschaftliche Mikroskopie*, 4 (1887b), 433–8.

Steinach, Eugen, ›Eine physiologische Wirkung der Strophantuspräparate‹, *Wiener klinische Wochenschrift*, 1 (1888a), 431–6.

Steinach, Eugen, ›Eine physiologische Wirkung der Strophantuspräparate‹, *Wiener klinische Wochenschrift*, 1 (1888b), 461–5.

Steinach, Eugen, ›Untersuchungen zur vergleichenden Physiologie der Iris. I. Über Irisbewegung bei den Wirbeltieren und über die Beziehung der Pupillarreaktion zur Sehnervenkreuzung im Chiasma‹, *Pflüger's Archiv*, 47 (1890).

Steinach, Eugen, ›Zur Anatomie und Physiologie des Sphincter Pupillae der Amphibien und Fische und einiger Wirbellosen‹, *Lotos Jahrbuch für Naturwissenschaften*, 12 (1891a).

Steinach, Eugen, ›Demonstration pigmentierter glatter Muskelfasern‹, *Verhandlung der anatomischen Gesellschaft München*, (1891b).

Steinach, Eugen, ›Über den Farbenwechsel bei niederen Wirbeltieren, bedingt durch direkte Einwirkung des Lichtes auf die Pigmentzellen‹, *Zentralblatt für Physiologie*, 5 (1891c).

Steinach, Eugen, ›Untersuchungen zur vergleichenden Physiologie der Iris. II. Über die direkte motorische Wirkung des Lichtes auf den Sphincter Pupillae bei Amphibien und Fischen und über die denselben aufbauenden pigmentierten glatten Muskelfasern‹, *Pflüger's Archiv*, 52 (1892).

Steinach, Eugen, ›Über die motorische Innervation des Darmtractus durch die hinteren Spinalnervenwurzeln‹, *Lotos Jahrbuch für Naturwissenschaften*, 14 (1893).

Steinach, Eugen, ›Über die negative Schwankung des Nervenstromes bei nicht elektrischer Reizung des Nervenstammes oder der Wurzeln‹, *Pflüger's Archiv*, 55 (1893).

Steinach, Eugen, ›Ein Kopfhalter für Versuchsthiere verschiedener Grösse‹, *Pflüger's Archiv*, 53 (1893), 171–74.

Steinach, Eugen, ›Bemerkungen betreffend den Contentivapparat für Vivisektionen nach Dr. Malassez‹, *Pflüger's Archiv*, 54 (1893), 552–54.

Steinach, Eugen, ›Untersuchungen zur vergleichenden Physiologie der männlichen Geschlechtsorgane, insbesondere der accessorischen Geschlechtsdrüsen‹, *Pflüger's Archiv*, 56 (1894), 304–38.

Steinach, Eugen, ›Motorische Funktionen hinterer Spinalnervenwurzeln‹, *Pflüger's Archiv*, 60 (1895).

Steinach, Eugen, ›Über die elektromotorischen Erscheinungen der Haut-Sinnesnerven bei adäquater Reizung. Ein Beitrag zur objektiven Sinnesphysiologie‹, *Pflüger's Archiv*, 63 (1896).

Steinach, Eugen, ›Über die viscero-motorischen Funktionen der Hinterwurzeln und über die tonische Hemmungswirkung der Medulla Oblongata auf den Darm des Frosches‹, *Pflüger's Archiv*, 71 (1898), 532–54.

Steinach, Eugen, ›Ein Vacuum-Quecksilberschlüssel für Stromunterbrechung und Nebenschluss‹, *Pflüger's Archiv*, 78 (1899), 286–90.

Steinach, Eugen, ›Ueber die centripetale Erregungsleitung im Bereiche des Spinalganglions‹, *Pflüger's Archiv*, 78 (1899), 291–314.

Steinach, Eugen, ›Studien über die Hautfärbung und über den Farbenwechsel der Cephalopoden‹, *Pflüger's Archiv*, 87 (1901), 1–37.

Steinach, Eugen, ›Ueber die locomotorische Funktion des Lichtes bei Cephalopoden‹, *Pflüger's Archiv*, 87 (1901), 38–41.

Steinach, Eugen, R. H. Kahn, ›Echte Contractilität und motorische Innervation der Blutcapillaren‹, *Pflüger's Archiv*, 97 (1903), 105–33.

Steinach, Eugen, ›Über Summation einzeln unwirksamer adäquater Reize‹, *Vorläufige Mitteilung, Pflüger's Archiv*, 125 (1908), 347–8.

Steinach, Eugen, ›Die Summation einzeln unwirksamer Reize als allgemeine Lebenserscheinung‹, *Pflüger's Archiv*, 125 (1908), 290–346.

Steinach, Eugen, ›Geschlechtstrieb und echt sekundäre Geschlechtsmerkmale als Folge der innersekretorischen Funktion der Keimdrüsen‹, *Zentralblatt für Physiologie*, 24 (1910), 551–66.
Steinach, Eugen, ›Willkürliche Umwandlung von Säugetier-Männchen in Tiere mit ausgeprägt weiblichen Geschlechtscharakteren und weiblicher Psyche‹, *Pflüger's Archiv*, 144 (1912), 71–108.
Steinach, Eugen, ›Feminierung von Männchen und Maskulierung von Weibchen‹, *Zentralblatt für Physiologie*, 27 (1913), 717–23.
Steinach, Eugen, ›Pubertätsdrüsen und Zwitterbildung‹, *Archiv für Entwicklungsmechanik*, 42 (1916), 307–32.
Steinach, Eugen, Guido Holzknecht, ›Erhöhte Wirkungen der inneren Sekretion bei Hypertrophie der Pubertätsdrüsen‹, *Archiv für Entwicklungsmechanik*, 42 (1916), 490–507.
Steinach, Eugen, Richard Lichtenstern, ›Umstimmung der Homosexualität durch Austausch der Pubertätsdrüsen‹, *Münchner medizinische Wochenschrift*, (1918), 165–8.
Steinach, Eugen, ›Künstliche und natürliche Zwitterdrüsen und ihre analogen Wirkungen‹, *Archiv für Entwicklungsmechanik*, 46 (1920), 12–28.
Steinach, Eugen, ›Histologische Beschaffenheit der Keimdrüse bei homosexuellen Männern‹, *Archiv für Entwicklungsmechanik*, 46 (1920), 29–37.
Steinach, Eugen, Paul Kammerer, ›Klima und Mannbarkeit‹, *Archiv für Entwicklungsmechanik*, 46 (1920), 391–455.
Steinach, Eugen, ›Verjüngung durch experimentelle Neubelebung der alternden Pubertätsdrüse‹, *Archiv für Entwicklungsmechanik*, 46 (1920), 557–610.
Steinach, Eugen, *Verjüngung durch experimentelle Neubelebung der alternden Pubertätsdrüse* (Berlin: Springer, 1920).
Steinach, Eugen, ›Altersbekämpfung und Räude‹, *Wiener Medizinische Wochenschrift*, 31 (1921).
Steinach, Eugen, Heinrich Heinlein, Berthold P. Wiesner, ›Auslösung des Sexualzyklus, Entwicklung der Geschlechtsmerkmale, reaktivierende Wirkung auf den senilen weiblichen Organismus durch Ovar- und Placentaextrakt.‹, *Pflüger's Archiv*, 210 (1925), 599–611.
Steinach, Eugen, Heinrich Kun, ›Antagonistische Wirkungen der Keimdrüsen-Hormone‹, *Biologia Generalis*, 2 (1926), 815–34.
Steinach, Eugen, ›Biological Methods against the Process of Old Age‹, *Medical Journal & Rec.*, 125 (1927).
Steinach, Eugen, Max Dohrn, Walter Schoeller, Walter Hohlweg, Wilhelm Faure, ›Über die biologischen Wirkungen des weiblichen Sexualhormons‹, *Pflüger's Archiv*, 219 (1928), 306–24.
Steinach, Eugen, H. Kun, Walter Hohlweg, ›Reaktivierung des senilen Ovars und des weiblichen Gesamtorganismus auf hormonalem Wege‹, *Pflüger's Archiv*, 219 (1928), 325–36.
Steinach, Eugen, Heinrich Kun, ›Die entwicklungsmechanische Bedeutung der Hypophysis als Aktivator der Keimdrüseninkretion‹, *Medizinische Klinik*, 24 (1928), 524–9.
Steinach, Eugen, Heinrich Kun, ›Ein Reizstoff des Centralorgans und die centrale Funktion‹, *Medizinische Klinik*, 25 (1929), 1273–76.
Steinach, Eugen, Heinrich Kun, ›Notiz zur biologischen Prüfung eines Hirnreizstoffes‹, *Medizinische Klinik*, 4 (1930), 119–21.
Steinach, Eugen, Heinrich Kun, ›Luteingewebe und männliche Geschlechtscharaktere‹, *Pflüger's Archiv*, 227 (1931), 266–78.
Steinach, Eugen, ›Die Wirkungen des männlichen Sexualhormons auf die psychischen und somatischen Geschlechtsmerkmale‹, *Akademischer Anzeiger der Akademie der Wissenschaften Wien / Mathematisch-Naturwissenschaftliche Klasse*, 18 (1933).
Steinach, Eugen, A. Stäheli, F. Grüter, ›Behebung der Sterilität bei landwirtschaftlichen Nutztieren (Rinder, Kühe, Schweine) durch das weibliche Sexualhormon‹, *Wiener klinische Wochenschrift*, 47 (1934).
Steinach, Eugen, Otto Peczenik, ›Diagnostischer Test für hormonbedingte Störungen der männlichen Sexualfunktion und seine klinische Anwendung‹, *Wiener klinische Wochenschrift*, 13 (1936), 388–90.

Steinach, Eugen, Heinrich Kun, Otto Peczenik, ›Beiträge zur Analyse der Sexualhormonwirkungen‹, *Wiener klinische Wochenschrift*, 29 (1936), 899–908.

Steinach, Eugen, O. Peczenik, Heinrich Kun, ›Über hormonale Hyperämisierung insbesondere über den Einfluß der männlichen Sexualhormone und ihrer Kombination mit weiblichem Hormon auf erhöhten Blutdruck und Hypertonus‹, *Wiener klinische Wochenschrift*, 51 (1936).

Steinach, Eugen, ›Zur Geschichte des männlichen Sexualhormons und seiner Wirkungen am Säugetier und beim Menschen‹, *Wiener klinische Wochenschrift*, 49 (1936).

Steinach, Eugen, Heinrich Kun, ›Transformation of male sex hormones into a substance with the action of a female hormone‹, *The Lancet*, (1937), 845.

Sternberg, Maximilian, ›Dr. Simon Steinach‹, *Wiener klinische Wochenschrift* (1904), 659–60.

Stieve, Hermann, ›Das Verhältnis der Zwischenzellen zum generativen Anteil im Hoden der Dohle (Colaeus monedula)‹, *Archiv für die Entwicklungsmechanik der Organismen*, 45 (1919), 455–97.

Stieve, Hermann, ›Verjüngung durch experimentelle Neubelebung der alternden Pubertätsdrüse von E. Steinach‹, *Die Naturwissenschaften*, 8 (1920), 643–45.

Stieve, Hermann, ›Entwicklung, Bau und Bedeutung der Keimdrüsenzellen. Eine Kritik der Steinachschen Pubertätsdrüsenlehre‹, *Ergebnisse der Anatomie und Entwicklungsgeschichte*, 23 (1921), 1–249.

Streck, Arnulf, ›»Progynon«-Schering, ein neues Zyklus-Hormonpräparat‹, *Klinische Wochenschrift*, 7 (1928), 1172–8.

Stockard, Charles R., George N. Papanicolaou, ›The existence of a typical oestrous cycle in the guinea-pig - with a study of its histological and physiological changes‹, *American Journal of Anatomy*, 22 (1917), 225–83.

Stockard, Charles R., George N. Papanicolaou, ›A rhythmical »heat period« in the guinea-pig‹, *Science*, 46 (1917), 42–4.

Schultz, Walter, ›Transplantation der Ovarien auf fremde Species, Varietäten und Männchen‹, *Archiv für die Entwicklungsmechanik der Organismen*, 29 (1910), 79–108.

Tandler, Julius, Siegfried Grosz, ›Untersuchungen an Skopzen‹, *Wiener klinische Wochenschrift*, 21 (1908), 277–82.

Tandler, Julius, Siegfried Grosz, ›Über den Einfluss der Kastration auf den Organismus I, II, III: Die Eunuchoide‹, *Archiv für die Entwicklungsmechanik der Organismen*, 27, 29, 30 (1910), 290–324.

Tandler, Julius, ›Über den Einfluß der innersekretorischen Anteile der Geschlechtsdrüsen auf die äußere Erscheinung des Menschen‹, *Wiener klinische Wochenschrift*, 23 (1910).

Tandler, Julius, Siegfried Grosz, ›Über den Saisondimorphismus des Maulwurfhodens‹, *Archiv für die Entwicklungsmechanik der Organismen*, 33 (1911), 297–302.

Tandler, Julius, Siegfried Grosz, *Die biologischen Grundlagen der sekundären Geschlechtscharaktere* (Berlin: Springer, 1913).

Tarchanoff, Iwan Romanowitsch, ›Zur Physiologie des Geschlechtsapparates des Frosches‹, *Pflüger's Archiv*, 40 (1887), 330–51.

Vintschgau, Max, Eugen Steinach, ›Ueber die Reactionszeit von Temperaturs-Empfindungen‹, *Pflüger's Archiv*, 41 (1887), 367–70.

Vintschgau, Max, Eugen Steinach, ›Zeitmessende Versuche über den Temperatur- und Drucksinn‹, *Pflüger's Archiv*, 43 (1888), 152–94.

Wiesner, Berthold P., ›Die autophore Ovartransplantation bei der Wanderratte‹, (Wien: Univ. Diss., 1923).

Wiesner, Berthold P., ›Zur Verwendung des Sexualzyklus als Test bei der Prüfung von Organextrakten‹, *Klinische Wochenschrift*, 5 (1926), 1269–72.

Zondek Bernhard, Aschheim Selmar, ›Experimentelle Untersuchungen über die Funktion und das Hormon des Ovariums‹, *Klinische Wochenschrift*, 127 (1925), 1388–90.

Zondek, Bernhard, *Hormone des Ovariums und des Hypophysenvorderlappens* (Wien: Springer, 1935).

Literatur

Appignanesi, Lisa, John Forrester, *Freud's Women* (New York: Other Press, 2000).

Aulinger, Barbara, *Vom Gulden zum Euro. Geschichte der österreichischen Banknoten* (Wien, Köln, Weimar: Böhlau, 2000).

Baader, Gerhard, Veronika Hofer, Thomas Mayer, eds., *Eugenik in Österreich: Biopolitische Strukturen von 1900 bis 1945* (Wien: Czernin Verlag, 2007).

Balz, Viola, Alexander v. Schwerin, Heiko Stoff, Bettina Wahrig, eds., *Precarious Matters / Prekäre Stoffe. The History of Dangerous and Endangered Substances in the 19th and 20th Centuries* (Berlin: Max-Planck-Institut für Wissenschaftsgeschichte, 2008).

Bartmann, Wilhelm, *Zwischen Tradition und Fortschritt: Aus der Geschichte der Pharmabereiche von Bayer, Hoechst und Schering von 1935–1975* (Stuttgart: Franz Steiner Verlag, 2003).

Becker, Ruth, Beate Kortendiek, eds., *Handbuch Frauen- und Geschlechterforschung: Theorie, Methoden, Empirie* (Wiesbaden: VS Verlag für Sozialwissenschaften, 2004).

Beller, Steven, *Wien und die Juden 1867–1938* (Wien, Köln, Weimar: Böhlau, 1993).

Bickel, Marcel H., *Die Entwicklung zur experimentellen Pharmakologie 1790–1850* (Basel: Schwabe & Co., 2000).

Bleier, Ruth, *Science and Gender: A critique of biology and its theories on Women* (New York: Pergamon, 1985).

Borell, Merriley, ›Brown-Séquard's Organotherapy and its Appearance in America at the End of the Nineteenth Century‹, *Bulletin of the History of Medicine*, 50 (1976), 309–20.

Borell, Merriley, ›Organotherapy, British Physiology, and Discovery of the Internal Secretions‹, *Journal of the history of Biology*, 9 (1976), 235–68.

Borell, Merriley, ›Setting the standards for a new science: Edward Schäfer and endocrinology‹, *Medical History*, 22 (1978), 282–90.

Borell, Merriley, ›Organotherapy and the emergence of reproductive endocrinology‹, *Journal of the history of Biology*, 18 (1985).

Bovet, Daniel, *Une chimie qui guérit. Histoire de la découverte des sulfamides* (Paris: Payot, 1988).

Brix, Emil, ›The role of culture in the decline of European empires‹, in E. Brix, K. Koch, E. Vyslonzil, eds., *Decline of Empires* (Wien: Verl. f. Geschichte & Politik, 2001), 9–20.

Bürgi, Michael, *Pharmaforschung im 20. Jahrhundert: Arbeit an der Grenze zwischen Hochschule und Industrie* (Zürich: Chronos, 2011).

Butler, Judith, *Gender trouble: Feminism and the subversion of identity* (New York, London: Routledge, 2006).

Chadarevian, Soraya de, ›Die ›Methode der Kurven‹ in der Physiologie zwischen 1850 und 1900‹, in Michael Hagner, Hans-Jörg Rheinberger, eds., *Die Experimentalisierung des Lebens: Experimentalsysteme in den biologischen Wissenschaften 1850/1950* (Berlin: Akademie Verlag, 1993), 28–49.

Chast, Francois, *Histoire contemporaine des médicaments* (Paris: La Découverte, 1995).

Christensen, A. K., ›A history of studies on testicular Leydig cells: The first Century‹, in M. Hardy, A. Payne, L. Russell, eds., *The Leydig Cell* (Vienna: Cach River Press, 1996), 2–30.

Coen, Deborah R., ›Living Precisely in Fin-de-Siècle Vienna‹, *Journal of the history of Biology*, 39 (2006), 493–523.

Daston, Lorraine, Peter Galison, *Objektivität* (Frankfurt a. M.: Suhrkamp, 2007).

Dierig, Sven, *Wissenschaft in der Maschinenstadt. Emil Du Bois-Reymond und seine Laboratorien in Wien* (Göttingen: Wallstein, 2006).

Ebeling, Smilla, ›Wenn ich meine Hormone nehme, werde ich zum Tier. Zur Geschichte der ›Geschlechtshormone‹‹, in S. Schmitz, S. Ebeling, eds., *Geschlechterforschung und Naturwissenschaften* (Wiesbaden: VS-Verlag, 2006), 235–46.

Ebeling, Smilla, Sigrid Schmitz, eds., *Geschlechterforschung und Naturwissenschaften* (Wiesbaden: VS-Verlag, 2006).

Eder, Franz X., *Kultur der Begierde: Eine Geschichte der Sexualität* (München: C. H. Beck, 2002).

Eder, Franz X., Lesley Hall, Gert Hemka, eds., *Sexual Cultures in Europe* (Manchester: Manchester University Press, 1999).

Eifert, Christiane, Angelika Epple, Martina Kessel, eds., *Was sind Frauen? Was sind Männer? Geschlechterkonstruktionen im historischen Wandel* (Frankfurt a. M.: Suhrkamp, 1996).

Elkeles, Barbara, *Der moralische Diskurs über das medizinische Menschenexperiment im 19. Jahrhundert* (Stuttgart, Jena, New York: G. Fischer, 1996).

Eybl, Erik, *Von der Eule zum Euro: Nicht nur eine österreichische Geldgeschichte* (Klagenfurt, Wien: Hermagoras, 2005).

Fausto-Sterling, Anne, *Sexing the body. Gender politics and the construction of sexuality* (New York: Basic Books, 2006).

Feichtinger, Johannes, ›Kulturelle Marginalität und wissenschaftliche Kreativität. Jüdische Intellektuelle im Österreich der Zwischenkriegszeit‹, in J. Feichtinger, Peter Stachel, eds., *Das Gewebe der Kultur. Kulturwissenschaftliche Analysen zur Geschichte und Identität Österreichs in der Moderne* (Innsbruck, Wien: Studien-Verl., 2001), 311–33.

Fengler, Silke, *Kerne, Kooperation und Konkurrenz: Kernforschung in Österreich im internationalen Kontext 1900–1950* (Wien: Böhlau, 2014).

Flatz, Markus, ›Liberales Hohenemser Judentum in der 2. Hälfte des 19. Jahrhunderts dargestellt am Arzt Dr. Simon Steinach‹, (Universität Innsbruck: Diplomarbeit, 1994).

Fleck, Ludwik, ›Zur Krise der Wirklichkeit‹, *Die Naturwissenschaften*, 17 (1929), 425–30.

Fleck, Ludwik, *Entstehung und Entwicklung einer wissenschaftlichen Tatsache. Einführung in die Lehre vom Denkstil und Denkkollektiv* (Frankfurt a. M.: Suhrkamp, 1980 (orig. 1935)).

Foucault, Michel, *Histoire de la sexualité, 1: La volonté de savoir* (Paris: Gallimard, 1976).

Foucault, Michel, *Die Geburt der Klinik: Eine Archäologie des ärztlichen Blicks* (München: Hanser, 1973).

Foucault, Michel, *Dispositive der Macht: Über Sexualität, Wissen und Wahrheit* (Berlin: Merve, 1978).

Forsbach, Ralf, *Die Medizinische Fakultät der Universität Bonn im »Dritten Reich«* (München: Oldenbourg, 2006).

Gaudillière, Jean-Paul, Ilana Löwy, eds., *The Invisible Industrialist. Manufactures and the Production of Scientific Knowledge* (London: MacMillan u. a., 1998).

Gaudillière, Jean-Paul, ›Genesis and development of a biomedical object: styles of thought, styles of work and the history of the sex steroids‹, *Stud. Hist. Phil. Biol. & Biomed. Sci.*, 35 (2004), 525–43.

Gaudillière, Jean-Paul, ›Biochemie und Industrie. Der »Arbeitskreis Butenandt-Schering« im Nationalsozialismus‹, in Achim Trunk, Wolfgang Schieder, eds., *Adolf Butenandt und die Kaiser-Wilhelm-Gesellschaft. Wissenschaft, Industrie und Politik im »Dritten Reich«* (Göttingen: Wallstein, 2004), 198–246.

Gaudillière, Jean-Paul, ›Better prepared than synthesized: Adolf Butenandt, Schering Ag and the transformation of sex steroids into drugs (1930–1946)‹, *Stud. Hist. Phil. Biol. & Biomed. Sci.*, 36 (2005), 612–44.

Gaudillière, Jean-Paul, ›Introduction: drug trajectories‹, *Studies in History and Philosophy of Biological and Biomedical Sciences*, 36 (2005), 603–11.

Gaudillière, Jean-Paul, *La médecine et les sciences* (Paris: La Découverte, 2006).

Gaudillière, Jean-Paul, ›Professional or industrial order? Patents, biological drugs, and pharmaceutical capitalism in early twentieth century Germany‹, *History and Technology*, 24 (2008), 107–33.

Gaudillière, Jean-Paul, Volker Hess, eds., *Ways of Regulating: Therapeutic Agents between Plants, Shops, and Consulting Rooms*, Preprint 363 (Berlin: Max-Planck-Institut für Wissenschaftsgeschichte, 2008).

Georgieff, Andrey, *Nacktheit und Kultur: Adolf Koch und die proletarische Freikörperkultur* (Wien: Passagen-Verlag, 2005).

Goodman, Jordan, Vivien Walsh, *The Story of Taxol: Nature and Politics in the Pursuit of an Anti-cancer Drug* (Cambridge: University Press, 2001).

Goodman, Jordan, Anthony McElligot, Lara Marks, eds., *Useful bodies: humans in the service of medical science in the twentieth century* (Baltimore: John Hopkins University Press, 2003).

Grau, Günter, *Iwan Bloch: Hautarzt – Medizinhistoriker, Sexualforscher* (Berlin: Hentrich & Hentrich, 2007).

Griesecke, Birgit, Marcus Krause, Nicolas Pethes, Katja Sabisch, eds., *Kulturgeschichte des Menschenversuchs im 20. Jahrhundert* (Frankfurt a. M.: Suhrkamp, 2009).

Grossmann, Atina, *Reforming Sex: The German Movement for Birth Control & Abortion Reform, 1920–1950* (New York, Oxford: Oxford University Press, 1995).

Hacking, Ian, The Self-Vindication of the Laboratory Sciences, in Andrew Pickering, ed., *Science as Practice and Culture* (Chicago: University Press, 1992), 29–64.

Haraway, Donna, *Primate Visions: Gender, Race, and Nature in the World of Modern Science* (New York: Routledge, 1989).

Harding, Sandra, *Feministische Wissenschaftstheorie: Zum Verhältnis von Wissenschaft und sozialem Geschlecht* (Hamburg: Argument Verlag, 1990).

Hausen, Karin, Helga Nowotny, eds., *Wie männlich ist die Wissenschaft?* (Frankfurt a. M.: Suhrkamp, 1986).

Hausen, Karin, ›Öffentlichkeit und Privatheit. Gesellschaftspolitische Konstruktionen und die Geschichte der Geschlechterbeziehungen‹, in Heide Wunder, ed., *Frauengeschichte-Geschlechtergeschichte* (Frankfurt am Main, New York: Campus, 1992).

Hausen, Karin, ›Die Polarisierung der »Geschlechtscharaktere«. Eine Spiegelung der Dissoziation von Erwerbs- und Familienleben‹, in Sabine Hark, ed., *Dis/Kontinuitäten: Feministische Theorie* (Opladen: Leske + Budrich, 2001), 162–7.

Heindl, Waltraud, ›Geschlechterbilder und Geschlechterrollen: Ideologie und Realitäten‹, in A. Wandruszka, H. Rumpler, eds., *Die Habsburgermonarchie 1848–1918,* 9/1, (Wien: Verl. d. ÖAW, 2010), 701–23.

Herrn, Rainer, Christine N. Brinckmann, ›Von Ratten und Männern: Der Steinach-Film‹, *Montage A/V,* 14/2 (2005), 78–100.

Herzer, Manfred, *Magnus Hirschfeld. Leben und Werk eines jüdischen, schwulen und sozialistischen Sexologen* (Frankfurt a. M.: Campus, 2001).

Hofer, Veronika, ›Rudolf Goldscheid, Paul Kammerer und die Biologen des Prater-Vivariums in der liberalen Volksbildung der Wiener Moderne‹, in Christian H. Stifter, Mitchell G. Ash, eds., *Wissenschaft, Politik und Öffentlichkeit: Von der Wiener Moderne bis zur Gegenwart* (Wien: WUV Universitätsverlag, 2002), 149–84.

Honegger, Claudia, *Die Ordnung der Geschlechter. Die Wissenschaften vom Menschen und das Weib 1750–1850* (Frankfurt a. M.: Campus, 1991).

Hubenstorf, Michael, ›Österreichische Ärzte-Emigration‹, in F. Stadler, ed., *Vertriebene Vernunft I: Emigration und Exil österreichischer Wissenschaft 1930–1945* (Münster: Lit-Verl., 2004), 358–415.

Hubenstorf, Michael, ›Vertriebene Medizin: Finale des Niedergangs der Wiener Medizinischen Schule?‹, in F. Stadler, ed., *Vertriebene Vernunft II: Emigration und Exil österreichischer Wissenschaft* (Münster: Lit.-Verl., 2004), 766–93.

Ingold, Niklaus, ›»Light showers« as vitality boosters: Sunlamps and the hygienic lifestyle in an industrialized environment‹, in Lisa Petermann u.a., eds., *Proceedings of the 18th History of Medicine Days Conference 2009* (Newcastle: Cambridge Scholars Publishing, 2009), 105–26.

Jones, Ernest, *Sigmund Freud: Leben und Werk, Band 3* (München: DTV, 1984).

Johnston, William M., *Österreichische Kultur- und Geistesgeschichte: Gesellschaft und Ideen im Donauraum 1848 bis 1938* (Wien u. a.: Böhlau, 2006, 4. erg. Aufl.).

Kalbus, Oskar, ›Der Steinachfilm‹, in Edgar Beyfuss, A. Kossowsky, eds., *Das Kulturfilmbuch* (Berlin: Chryselius, 1924), 223–4.

Karlson, Peter, *Adolf Butenandt. Biochemiker, Hormonforscher, Wissenschaftspolitiker* (Stuttgart: Wiss. Verl.-Ges., 1990).

Keller, Fritz, ed., *Lobau – die Nackerten von Wien* (Wien: Junius, 1985).

Klein, Ursula, ›The laboratory challenge: Some revisions of the standard view of early modern experimentation‹, *Isis*, 99 (2008), 769–82.

Kobrak, Christopher, *National cultures and international competition: The Experience of Schering AG, 1851–1950* (Cambridge: Cambridge University Press, 2002).

Koestler, Arthur, *Der Krötenküsser: Der Fall des Biologen Paul Kammerer* (Wien: Czernin, 2010).

Kohlstedt, Sally G., Helen E. Longino, ›Women, Gender, and Science: New Directions‹, *Osiris*, 12 (1997).

Kölliker, A., ›Physiologische Studien über die Samenflüssigkeit‹, *Zeitschrift für wissenschaftliche Zoologie*, 7 (1856).

Krauss, Wolfgang, ›Die physikalische Medizin und die jüdischen Ärzte‹, *Medizin, Gesellschaft und Geschichte*, 14 (Wien: Univ. Diss., 1995), 83–120.

Krauss, Wolfgang, ›Die physikalische Medizin und die jüdischen Ärzte‹, *Medizin, Gesellschaft und Geschichte*, 14 (1995), 83–120.

Krementsov, Nikolai, ›Hormones and the Bolsheviks. From Organotherapy to experimental Endocrinology, 1918–1929‹, *Isis*, (2008), 486–518.

Kühschelm, Oliver, ›Das Bürgertum in Cisleithanien‹, in A. Wandruszka, H. Rumpler, eds., *Die Habsburgermonarchie 1848–1918*, 9/2 (Wien: Verl. d. ÖAW, 2010), 849–907.

Lang, Gudrun, *Geschichte der histologischen Technik* (Wien: Springer, 2006).

Laqueur, Thomas, *Auf den Leib geschrieben. Die Inszenierung der Geschlechter von der Antike bis Freud* (Frankfurt a. M.: Campus, 1992).

Latour, Bruno, *Science in Action: How to Follow Scientists and Engineers through Society* (Milton Keynes, Bucks.: Open University Press, 1987).

Leidenberger, Freimut, Thomas Strowitzki, Olaf Ortmann, *Klinische Endokrinologie für Frauenärzte* (Heidelberg: Springer Verlag, 2009).

Lenoir, Timothy, *The Strategy of Life. Teleology and Mechanics in Nineteenth-Century German Biology* (Chicago: Cambride University Press, 1982).

Lenoir, Timothy, *Politik im Tempel der Wissenschaft. Forschung und Machtausübung im deutschen Kaiserreich* (Frankfurt a. M., New York: Campus, 1992).

LeRider, Jacques, *Das Ende der Illusion. Die Wiener Moderne und die Krisen der Identität* (Wien: Österr. Bundesverl., 1990).

Lesch, John E., ›Chemistry and biomedicine in an industrial setting: The invention of the sulfa drugs.‹, in S. H. Mauskopf, ed., *Chemical sciences in the modern world* (Philadelphia: University of Pennsylvania Press, 1993), 158–215.

Logan, Cheryl A., ›»[A]re Norway rats ... things?«: Diversity versus Generality in the use of albino rats in experiments on development‹, *Journal of the history of Biology*, 34 (2001), 287–314.

Logan, Cheryl A., ›Reproduction versus endocrine bisexuality: Eugen Steinach and the mammalian puberty gland‹, in Gerhard Pohl, Mitchell G. Ash, Wolfgang L. Reiter, eds., *Mäzenatentum und naturwissenschaftliche Forschung in Österreich, 1865 bis 1938* (Wien: Bildtonträger zum Lieben-Symposium 2004, 2004).

Logan, Cheryl A., ›Overheated Rats, Race, and the Double Gland: Paul Kammerer, Endocrinology and the Problem of Somatic Induction‹, *Journal of the history of Biology*, 40 (2007), 683–715.

Logan, Cheryl, *Hormones, Heredity, and Race: Spectacular Failure in Interwar Vienna* (New Brunswick: Rutgers Univ. Press, 2013).

März, Eduard: *Österreichische Bankpolitik in der Zeit der grossen Wende 1913–1923* (München: Verl. G&P, 1981).

Maio, Giovanni, ›Das Humanexperiment vor und nach Nürnberg. Überlegungen zum Menschenversuch und zum Einwilligungsbegriff in der französischen Diskussion des 29. und 20. Jahrhunderts‹, in Andreas Frewer, Claudia Wiesemann, eds., *Medizin und Ethik im Zeichen von Auschwitz: 50 Jahre Nürnberger Ärzteprozess* (Erlangen: Palm & Enke, 1996), 45–78.

Medvei, Victor C., *The history of clinical endocrinology* (New York: Parthenon Carnforth, 1993).

Meyer, Stefan, ›Die Vorgeschichte der Gründung und das erste Jahrzehnt des Institutes für Radiumforschung‹, in Stefan Meyer, ed., *Festschrift des Institutes für Radiumforschung anläßlich seines 40jährigen Bestandes 1910–1950* (Wien: 1950), 1–26.

Mildenberger, Florian, ›... *in der Richtung der Homosexualität verdorben‹: Psychiater, Kriminalpsychologen und Gerichtsmediziner über männliche Homosexualität 1850–1970* (Hamburg: MännerschwarmSkript, 2002).

Molnar, Michael, Freud Museum London, eds., *Freud: Tagebuch 1929–1939. Kürzeste Chronik* (Basel, Frankfurt a. M.: Stroemfeld, 1996).

Nordlund, Christer, *Hormones of Life: Endocrinology, the Pharmaceutical Industry, and the Dream of a Remedy for Sterility 1930–1970* (Sagamore Beach, MA: Watson, 2011).

Opitz, Gerda, *Tierversuche und Versuchstiere in der Geschichte der Biologie und Medizin* (Jena: Dissertation, 1968).

Oudshoorn, Nelly, ›On the making of sex hormones: Research Materials and the Production of knowledge‹, *Social Studies of Science*, 20 (1990).

Oudshoorn, Nelly, ›Labortests und die gemeinsame Klassifikation von Sexualität und Geschlecht‹, in Michael Hagner, Hans-Jörg Rheinberger, eds., *Die Experimentalisierung des Lebens. Experimentalsysteme in den biologischen Wissenschaften 1850/1950* (Berlin: Akademie Verlag, 1993), 150–62.

Oudshoorn, Nelly, ›United We Stand: The Pharmaceutical Industry, Laboratory, and Clinic in the Development of Sex Hormones into Scientific Drugs, 1920–1940‹, *Science, Technology & Human Values*, 18 (1993), 5–24.

Oudshoorn, Nelly, *Beyond the Natural Body. An Archeology of Sex Hormones* (London, New York: Routledge, 1994), 195.

Palmier, Jean-Michel, ›Otto Weininger, Wien und die Moderne‹, in Jacques LeRider, Norbert Leser, eds., *Otto Weininger: Werk und Wirkung* (Wien: Österreichischer Bundesverlag, 1984), 80–95.

Pfitzner, Georg, *Der Naturismus in Deutschland, Österreich und der Schweiz* (Hamburg: Danehl, 1964).

Pickstone, John V., ›Ways of Knowing: Towards a Historical Sociology of Science, Technology and Medicine‹, *British Journal for the History of Science*, 26 (1993), 433–58.

Pickstone, John V., *Ways of knowing. A new history of science, technology and medicine* (Manchester: Manchester University Press, 2000).

Rathkolb, Oliver, ed., *Der lange Schatten des Antisemitismus. Kritische Auseinandersetzungen mit der Geschichte der Universität Wien im 19. und 20. Jahrhundert* (Göttingen: V&R unipress, 2013).

Ratmoko, Christina, *Geschlecht aus dem Labor: die Anfänge der industriellen Herstellung von weiblichen und männlichen Hormonen (1914–1938)* (Universität Zürich, Dissertation 2007).

Ratmoko, Christina, *Damit die Chemie stimmt: die Anfänge der industriellen Herstellung von weiblichen und männlichen Sexualhormonen 1914–1938* (Zürich: Chronos, 2010).

Reiter, Wolfgang R., ›Zerstört und vergessen: Die Biologische Versuchsanstalt und ihre Wissenschaftler/innen‹, *Österreichische Zeitschrift für Geschichtswissenschaften*, 10 (1999), 585–614.

Rentetzi, Maria, *Trafficking Materials and Gendered Experimental Practices: Radium Research in Early 20th Century Vienna* (New York: Columbia, 2008).

Rheinberger, Hans-Jörg, *Experimentalsysteme und epistemische Dinge. Eine Geschichte der Proteinsynthese im Reagenzglas* (Frankfurt a. M.: Suhrkamp, 2001).

Rheinberger, Hans-Jörg, *Epistemologie des Konkreten. Studien zur Geschichte der modernen Biologie* (Frankfurt a. M.: Suhrkamp, 2006).

Rheinberger, Hans-Jörg, Staffan Müller-Wille, *Vererbung: Geschichte und Kultur eines biologischen Konzepts* (Frankfurt a. M.: Fischer-Taschenbuch-Verlag, 2009).

Roelcke, Volker, ›Tiermodell und Menschenbild‹, in Birgit Griesecke u. a., eds., *Kulturgeschichte des Menschenversuchs im 20. Jahrhundert* (Frankfurt: Suhrkamp, 2009).

Rothschuh, Karl Eduard, *Geschichte der Physiologie* (Berlin: Springer, 1953).

Sablik, Karl, *Julius Tandler: Mediziner und Sozialreformer* (Wien: Schendl, 1983).

Sachse, Carola, ed., *Die Verbindung nach Ausschwitz: Biowissenschaften und Menschenversuche an Kaiser-Wilhelm-Instituten. Dokumentation eines Symposiums* (Göttingen: Wallstein Verlag, 2003).

Sarasin, Philipp, Jakob Tanner, eds., *Physiologie und industrielle Gesellschaft: Studien zur Verwissenschaftlichung des Körpers im 19. und 20. Jahrhundert* (Frankfurt a. M.: Suhrkamp, 1998).

Sarasin, Philipp, *Reizbare Maschinen: Eine Geschichte des Körpers, 1765–1914* (Frankfurt a. M.: Suhrkamp, 2001).

Satzinger, Helga, ›Adolf Butenandt, Hormone und Geschlecht. Ingredienzien einer wissenschaftlichen Karriere‹, in Wolfgang Schieder, Achim Trunk, eds., *Adolf Butenandt und die Kaiser-Wilhelm-Gesellschaft. Wissenschaft, Industrie und Politik im »Dritten Reich«* (Göttingen: Wallstein, 2004), 78–132.

Satzinger, Helga, ›Rasse, Gene und Geschlecht: Zur Konstituierung zentraler biologischer Begriffe bei Richard Goldschmidt und Fritz Lenz, 1916–1936‹, in Carola Sachse, ed., *Ergebnisse 15* (Berlin: Wallstein, 2004).

Satzinger, Helga, *Differenz und Vererbung: Geschlechterordnungen in der Genetik und Hormonforschung 1890–1950* (Köln: Böhlau, 2009).

Scheich, Elvira, ed., *Das Geschlecht der Natur: Feministische Beiträge zur Geschichte und Theorie der Naturwissenschaften* (Frankfurt a. M.: Suhrkamp, 1995).

Schiebinger, Londa, *The Mind has No Sex? Women in the Origins of Modern Science* (Cambridge, Mass., London: Harvard University Press, 1989).

Schieder, Wolfgang, Achim Trunk, eds., *Adolf Butenandt und die Kaiser-Wilhelm-Gesellschaft. Wissenschaft, Industrie und Politik im »Dritten Reich«* (Göttingen: Wallstein, 2004).

Schlich, Thomas, *Die Erfindung der Organtransplantation. Erfolg und Scheitern des chirurgischen Organersatzes (1880–1930)* (Frankfurt a. M., New York: Campus, 1998).

Schlich, Thomas, Ulrich Tröhler, eds., *The risks of medical innovation* (London, New York: Routledge, 2006).

Schmersahl, Katrin, *Medizin und Geschlecht: Zur Konstruktion der Kategorie Geschlecht im medizinischen Diskurs des 19. Jahrhunderts* (Opladen: Leske & Budrich, 1998).

Schmidgen, Henning, ›Of frogs and men: the origins of psychophysiological time experiments, 1850–1865‹, *Endeavour*, 26 (2002).

Schmidgen, Henning, ›Telegraphie, Zeit und Lärm. Über die stabile Umgebung von Reaktionsversuchen‹, in Henning Schmidgen, Peter Geimer, Sven Dierig, eds., *Kultur im Experiment* (Berlin: Kadmos, 2004), 270–306.

Schmidgen, Henning, Peter Geimer, Sven Dierig, eds., *Kultur im Experiment* (Berlin: Kadmos, 2004).

Schorske, Carl E., *Fin-de-Siècle Vienna: Politics and Culture* (London: Weidenfeld & Nicolson, 1980).

Scott, Joan W., ›Gender: A useful category of historical analysis‹, in Joan W. Scott, ed., *Feminism and History* (Oxford: Oxford Univ. Press, 1996).

Sengoopta, Chandak, ›Glandular Politics: Experimental Biology, Clinical Medicine, and Homosexual Emancipation in Fin-de-Siecle Central Europe‹, *Isis*, 89 (1998), 445–73.

Sengoopta, Chandak, ›The Modern Ovary: Constructions, Meanings, Uses‹, *History of Science*, 38 (2000), 425–88.

Sengoopta, Chandak, *Otto Weininger: Sex, science, and self in imperial Vienna* (Chicago: Univ. of Chicago Press, 2000)

Sengoopta, Chandak, ›Dr Steinach Coming to Make Old Young: Sex Glands, Vasectomy and the Quest for Rejuvenation in the Roaring Twenties‹, *Endeavour*, (2003), 22–6.

Sengoopta, Chandak, *The most secret quintessence of life: Sex, glands, and hormones, 1850–1950* (Chicago, London: University of Chicago Press, 2006).

Severit, Frauke, ›Wien um 1900 – eine Stadt im Widerstreit von Tradition und Moderne‹, in Frauke Severit, ed., *Das war alles ich. Politikerinnen, Künstlerinnen, Exzentrikerinnen der Wiener Moderne* (Wien, Köln, Weimar: Böhlau, 1998).

Simmer, Hans H., ›Organotherapie mit Ovarialpräparaten in der Mitte der neunziger Jahre des 19. Jahrhunderts. Medizinische und pharmazeutische Probleme‹, in Erika Hickel, Gerald Schröder, eds., *Neue Beiträge zur Arzneimittelgeschichte. Festschrift für Wolfgang Schneider zum 70. Geburtstag* (Stuttgart: 1982), 229–64.

Simmer, Hans H., ›Bilaterale Oophorektomie der Frau im späten 19. Jahrhundert. Zum methodologischen Wert der Kastration für die Entdeckung ovarieller Hormone‹, *Geburtshilfe und Frauenheilkunde*, 43 (1983), 54–9.

Simmer, Hans H., ›Zur Geschichte der Endokrinologie der Fortpflanzung‹, in J. Zander, ed., *Gynäkologie und Geburtshilfe* (Stuttgart, New York: Springer 1987).

Södersten, Per, David Crews, Cheryl Logan, Rudolf W. Soukup, ›Eugen Steinach. The First Neuroendocrinologist‹, *History of Endokrinology*, (2014), 1–15.

Soukup, Werner R., ›Eugen Steinach 1861–1944‹, in Werner R. Soukup, ed., *Die wissenschaftliche Welt von gestern* (Wien, Köln, Weimar: Böhlau Verlag, 2004), 143–54.

Soukup, Rudolf W., ›Eugen Steinach: Spiritus rector des ersten zyklusregulierenden Hormonpräparates‹, *Vortrag am Lieben-Symposium 2008* (Wien: 2008).

Spitzer, Giselher, *Der deutsche Naturismus: Idee und Entwicklung einer volkserzieherischen Bewegung im Schnittfeld von Lebensreform, Sport und Politik* (Ahrensburg: Czwalina, 1983).

Star, Susan Leigh, James R. Griesemer, ›Institutional Ecology, ›Translations‹ and Boundary Objects: Amateurs and Professionals in Berkeley's Museum of Vertebrate Zoology, 1907–39‹, *Social Studies of Science*, 19 (1989), 387–420.

Staudacher, Anna L., »... *meldet den Austritt aus dem mosaischen Glauben«. 18000 Austritte aus dem Judentum in Wien, 1868–1914: Namen – Quellen – Daten* (Frankfurt a. M., Wien: Lang, 2009).

Stoff, Heiko, ›Degenerierte Nervenkörper und regenerierte Hormonkörper. Eine kurze Geschichte der Verbesserung des Menschen zu Beginn des 20. Jahrhunderts‹, *Historische Anthropologie*, 11/2 (2003), 224–39.

Stoff, Heiko, *Ewige Jugend. Konzepte der Verjüngung vom späten 19. Jahrhundert bis ins Dritte Reich* (Köln: Böhlau, 2004).

Stoff, Heiko, ›Die hormonelle und die utopische Geschlechterordnung: Verjüngungsoperationen und der neue Mensch in den zwanziger Jahren‹, in Andreas Pretzel, Ursula Ferdinand, Andreas Seeck, eds., *Verqueere Wissenschaft? Zum Verhältnis von Sexualwissenschaft und Sexualreformbewegung in Geschichte und Gegenwart* (Münster: Lit Verlag, 2005), 245–60.

Stoff, Heiko, *Wirkstoffe: Eine Wissenschaftsgeschichte der Hormone, Vitamine und Enzyme, 1920–1970*, Studien zur Geschichte der Deutschen Forschungsgemeinschaft, 9 (Stuttgart: Franz Steiner-Verl., 2012).

Stork, Sebastian W., ›History of gonad transplantation‹, in Tobias H. Duncker, Dominik Groß, eds., *Farbe – Erkenntnis – Wissenschaft: Zur epistemischen Bedeutung von Farbe in der Medizin* (Münster: Lit Verlag, 2006), 197–208.

Süß, Winfried, *Der »Volkskörper« im Krieg: Gesundheitspolitik, Gesundheitsverhältnisse und Krankenmord im nationalsozialistischen Deutschland 1939–1945* (München: Oldenbourg, 2003).

Tänzer, Aron, *Die Geschichte der Juden in Hohenems und im übrigen Vorarlberg* (Meran: Ellmenreich, 1905).

Taschwer, Klaus, ›Die zwei Karrieren des Fritz Knoll‹, in J. Feichtinger u. a., eds., *Die Akademie der Wissenschaften in Wien 1938–1945* (Wien: Verl. d. ÖAW, 2013), 47–54.

Tragl, Karl Heinz, *Chronik der Wiener Krankenanstalten* (Wien: Böhlau, 2007).

Travis, Anthony S., *The rainbow makers. The origins of the synthetic dyestuffs industry in Western Europe* (Bethlehem, London: Lehigh University Press, 1993).

Vosahlikova, Pavla, ›Einleitung: Ämter und Beamte unter Franz Joseph I.‹, in Pavla Vosahlikova, ed., *Von Amts wegen: k. k. Beamte erzählen* (Wien, Köln, Weimar: Böhlau, 1998), 7–42.

Weatherall, Miles, *In Search of a Cure: A History of Pharmaceutical Discovery* (Oxford: Oxford University Press, 1990).

Wetterer, Angelika, *Arbeitsteilung und Geschlechterkonstruktion: »Gender at work« in theoretischer und historischer Perspektive* (Konstanz: UVK Verlagsgesellschaft, 2002).

Wimmer, Wolfgang, *»Wir haben fast immer was Neues«. Gesundheitswesen und Innovationen der Pharma-Industrie in Deutschland, 1880–1935* (Berlin: Duncker & Humblot, 1994).

Winau, Rolf, ›Versuche mit Menschen: Historische Entwicklung und ethischer Diskurs‹, in Carola Sachse, ed., *Die Verbindung nach Ausschwitz: Biowissenschaften und Menschenversuche an Kaiser-Wilhelm-Instituten. Dokumentation eines Symposiums* (Göttingen: Wallstein Verlag, 2003), 158–77.

Wise, Norton, *The values of precision* (Princeton: Princeton University Press, 1995).

Wlasich, Gert J., *Aus einem Jahrhundert Schering-Forschung* (Berlin: Schering Aktiengesellschaft, 1991).

Namensregister

böhlau

WISSENSCHAFT, MACHT UND KULTUR IN DER MODERNEN GESCHICHTE

HERAUSGEGEBEN VON
MITCHELL G. ASH UND CAROLA SACHSE

BAND 1
SILKE FENGLER, CAROLA SACHSE (HG.)
KERNFORSCHUNG IN ÖSTERREICH
WANDLUNGEN EINES INTERDISZIPLINÄREN FORSCHUNGSFELDES 1900–1978
2012. 411 S. 9 S/W-ABB. FRANZ. BR.
ISBN 978-3-205-78743-3

BAND 2
IRENE RANZMAIER
DIE ANTHROPOLOGISCHE GESELLSCHAFT IN WIEN UND DIE AKADEMISCHE ETABLIERUNG ANTHROPOLOGISCHER DISZIPLINEN AN DER UNIVERSITÄT WIEN, 1870–1930
2013. 341 S. FRANZ. BR.
ISBN 978-3-205-78937-6

BAND 3
SILKE FENGLER
KERNE, KOOPERATION UND KONKURRENZ
KERNFORSCHUNG IN ÖSTERREICH IM INTERNATIONALEN KONTEXT (1900–1950)
2014. 373 S. FRANZ. BR.
ISBN 978-3-205-79512-4

BAND 4
INA HEUMANN
GEGENSTÜCKE
POPULÄRES WISSEN IM TRANSATLANTISCHEN VERGLEICH (1948–1984)
2014. 391 S. 29 S/W- UND 35 FARB. ABB.
FRANZ. BR. | ISBN 978-3-205-79511-7

BAND 5
SOPHIE LEDEBUR
DAS WISSEN DER ANSTALTSPSYCHIATRIE IN DER MODERNE
ZUR GESCHICHTE DER HEIL- UND PFLEGEANSTALTEN AM STEINHOF IN WIEN
2015. 319 S. 11 S/W-ABB. UND 3 TAB.
FRANZ. BR. | ISBN 978-3-205-79582-7

BAND 6
SONJA WALCH
TRIEBE, REIZE UND SIGNALE
EUGEN STEINACHS PHYSIOLOGIE DER SEXUALHORMONE. VOM BIOLOGISCHEN KONZEPT ZUM PHARMAPRÄPARAT, 1894–1938
2016. CA. 250 S. CA. 5 S/W-ABB. FRANZ. BR. | ISBN 978-3-205-20200-4

BÖHLAU VERLAG, WIESINGERSTRASSE 1, A-1010 WIEN, T: +43 1 330 24 27-0
INFO@BOEHLAU-VERLAG.COM, WWW.BOEHLAU-VERLAG.COM | WIEN KÖLN WEIMAR
RK996